EUL VERLAG

# PLANUNG, ORGANISATION UND UNTERNEHMUNGSFÜHRUNG

Herausgegeben von Prof. Dr. Dr. h. c. Norbert Szyperski †, Köln, Prof. Dr. Udo Winand, Kassel, Prof. (em.) Dr. Joachim Griese, Bern, Prof. Dr. Harald F. O. von Korflesch, Koblenz, Prof. Dr. Ludwig Theuvsen, Göttingen, und Prof. Dr. Jan Marco Leimeister, Kassel

Band 132
Katja Theuerkorn
**Corporate Social Responsibility als Erfolgsfaktor bei M&A-Transaktionen**
Lohmar – Köln 2013 • 360 S. • € 64,- (D) • ISBN 978-3-8441-0233-8

Band 133
Christian Zuber
**Kulturelle Veränderungen bei international handelnden Unternehmen** – Der Bedarf eines kulturellen Managements im internationalen Wertschöpfungsverbund
Lohmar – Köln 2013 • 340 S. • € 63,- (D) • ISBN 978-3-8441-0254-3

Band 134
J. Ruben Dost
**Produktionsverlagerungen deutscher Unternehmen nach China** – Eine neo-institutionalistische Perspektive
Lohmar – Köln 2014 • 524 S. • € 74,- (D) • ISBN 978-3-8441-0315-1

Band 135
Kerim Galal
**Strategic Positioning in the Consulting Industry** – An Emperical Analysis of Strategic Groups and Performance
Lohmar – Köln 2014 • 200 S. • € 49,- (D) • ISBN 978-3-8441-0365-6

Band 136
Claus Conzelmann
**Zeit-Nutzenpotenziale als interne Steuerungsgröße für das strategische Management wissensintensiver Unternehmen**
Lohmar – Köln 2017 • 356 S. • € 72,- (D) • ISBN 978-3-8441-0491-2

JOSEF EUL VERLAG

# Zeit-Nutzenpotenziale als interne Steuerungsgröße für das strategische Management wissensintensiver Unternehmen

Dissertation

zur Erlangung des Doktorgrades

der Wirtschaftswissenschaften

vorgelegt von

Claus Conzelmann
aus Tailfingen

genehmigt von der Fakultät für Energie- und Wirtschaftswissenschaften
der Technischen Universität Clausthal,

Tag der mündlichen Prüfung
4. November 2016

Dekanin

Prof. Dr. rer. pol. Inge Wulf

Vorsitzender der Promotionskommission

Prof. Dr. rer. pol. Mathias Erlei

Betreuer

Prof. Dr. rer. pol. Wolfgang Pfau

Gutachter

Prof. Dr. rer. pol. Ernst Deuer

Dissertation TU Clausthal 2016

D104

Reihe: Planung, Organisation und Unternehmungsführung · Band 136

Herausgegeben von Prof. Dr. Dr. h. c. Norbert Szyperski †, Köln, Prof. Dr. Udo Winand, Kassel, Prof. (em.) Dr. Joachim Griese, Bern, Prof. Dr. Harald F. O. von Korflesch, Koblenz, Prof. Dr. Ludwig Theuvsen, Göttingen, und Prof. Dr. Jan Marco Leimeister, Kassel

Claus Conzelmann

# Zeit-Nutzenpotenziale als interne Steuerungsgröße für das strategische Management wissensintensiver Unternehmen

EUL VERLAG

**Bibliografische Information der Deutschen Nationalbibliothek**

Die Deutsche Nationalbibliothek verzeichnet diese Publikation in der Deutschen Nationalbibliografie; detaillierte bibliografische Daten sind im Internet über <http://dnb.d-nb.de> abrufbar.

**Dissertation, Technische Universität Clausthal, 2016**

D 104

ISBN 978-3-8441-0491-2
1. Auflage Februar 2017



JOSEF EUL VERLAG GmbH
Brandsberg 6
53797 Lohmar
Tel.: 0 22 05 / 90 10 6-80
Fax: 0 22 05 / 90 10 6-88
E-Mail: info@eul-verlag.de
https://www.eul-verlag.de

**Bei der Herstellung unserer Bücher möchten wir die Umwelt schonen. Dieses Buch ist daher auf säurefreiem, 100% chlorfrei gebleichtem, alterungsbeständigem Papier nach DIN 6738 gedruckt.**

# Vorwort

Eine überzeugende Strategie des Managements, danach handelnde Individuen des Personalbestands mit ihren verfügbaren Zeit-Potenzialen und mit der produktiven Nutzung ihrer Wissens- und Kompetenzenpotenziale in Leistungsprozessen innerhalb eines adäquaten Zeithorizonts. Dies sind im Wesentlichen die hier entwickelten Faktoren und Variablen eines möglichen relationalen Zeit-Erfolgs und Wert-Erfolgs von wissensintensiven Unternehmen.

Ein Betriebswirt mag jetzt ergänzend technologische Ressourcen und ein Volkswirt das Kapital und den Standort nennen. Gleichwohl lassen die Börsenwerte marktlich hoch bewerteter wissensintensiver Unternehmen häufig darauf schließen, dass die rein materiellen Produktionsfaktoren und materiellen Ressourcen dort eher als nachrangig gelten.

Kann dann das strategische Management im Kern der Unternehmensführung mit einer zielgerichteten Strategie, mit einem qualifizierten und kompetenten Personalbestand und der strategischen Ausrichtung von individuellen Wissens- und Kompetenzenpotenzialen in unterschiedlichen Leistungsprozessen ein wissensintensives Unternehmen operational steuern?

Die betriebswirtschaftliche Antwort ist bislang eher unbefriedigend: Eigentlich kaum. Denn es fehlt eine interne und einheitlich operationalisierte strategische Steuerungsgröße neben den Orientierungen zum Beispiel an Marktanteilen oder Kundenzufriedenheits-Indices. Wenn sich ein Liquiditäts-Erfolg in der Finanz-Dimension mit einem Wert-Erfolg in der Wert-Dimension steuern lässt, wie kann dann im operationalen Kern der Wert-Erfolg gesteuert werden? Dabei haben Theorie und Praxis des strategischen Managements bereits eine Vielzahl von Managementmodellen für die Umsetzung von entwickelten Strategien in operative Geschäftsplanungen vorgelegt. Gleichwohl lenken deutlich vernehmbare Klagen aus der Unternehmenspraxis den Blick auf zahlreiche Schwierigkeiten bei der Operationalisierung der strategischen Planung und der Implementierung von Strategien. Dies trotz zahlreicher informationstechnologischer Weiterentwicklungen innerhalb der Business Intelligence zum Beispiel im Rahmen des Advanced Planning.

Diese Forschungsarbeit verortet die gesuchte einheitliche strategische Steuerungsgröße für wissensintensive Unternehmen in der hier so bezeichneten relationalen Zeit-Dimension.

Die relationale Zeit-Dimension wird hier verstanden als einheitlich operationalisierbare Handlungs-Dimension von Individuen, ausgedrückt mit ihren verfügbaren und produktiven Handlungszeiten für die Nutzengenerierung innerhalb eines definierten Zeit-Potenzials.

Es erscheint zunächst als ein Widerspruch, eine Vielzahl individueller Handlungen in wissensintensiven Leistungsprozessen mit höchsten Anforderungen an Wissen und Kompetenzen vermeintlich mit der Uhrzeit und Kalenderzeit in einer Zeit-Dimension malträtieren zu wollen. Diese Art von Zeitvorstellung einer hier so bezeichneten absoluten Zeit-Dimension für die Koordination und Synchronisation ist jedoch *nicht* das zentrale Erkenntnisobjekt dieser Forschungsarbeit.

Im Kern der Forschungsarbeit werden die strategische Ausrichtung der Zeit-Potenziale des Personalbestands mit seinen Handlungszeiten und relationalen Zeit-Erfolgen und deren Zusammenhänge mit potenziellen Wert-Erfolgen untersucht. In der Gesamtsicht plädiert der Autor für eine Neuorientierung des strategischen Managements bei der strategischen Potenzialsteuerung. Dies insbesondere im Rahmen der strategischen Planung mit einem umfassend integrierten strategischen Produktivitätsmanagement und Produktivitätssystem.

Wie in allen Forschungsarbeiten gleichen die Suche, das Heben und die Präparation des vermeintlichen Schatzes in den weiten Feldern von Management und Zeit-Dimension einer wissenschaftlichen Expedition. Wissenschaft soll aber auch den Wettbewerb neuer Ideen fördern. In diesem Zusammenhang wurde meine Forschungsarbeit von zahlreichen kompetenten Menschen unterstützt, die ich nachfolgend besonders erwähnen möchte.

An erster Stelle sehr herzlich bedanken möchte ich mich vor allem bei meinem Betreuer und Doktorvater *Professor Dr. Wolfgang Pfau* für seine Ermutigungen, den interdisziplinären Herausforderungen des strategischen Managements mit Kreativität, Wissenseinsatz, immenser Beharrlichkeit und wissenschaftlichem Anspruch gleichermaßen zu begegnen. Dies förderte ganz wesentlich meine zunehmende Begeisterung für die Zeit-Dimension, die in Grundzügen ja schon früh von Peter Ferdinand Drucker für das Management in der Wissensökonomie vorgezeichnet worden ist.

Die regelmäßigen Doktorandenseminare bei *Professor Dr. Wolfgang Pfau* am Institut für Wirtschaftswissenschaft der *Technischen Universität Clausthal* in der Abteilung für Betriebswirtschaftslehre und Unternehmensführung waren zudem eine wertvolle und willkommene Quelle kritischer akademischer Anregungen.

Bedanken möchte ich mich in diesem Zusammenhang vor allem bei *Dr. rer. pol. Stephan Mangliers*, *Dr. rer. pol. Karsten Jänsch* und *Dr. rer. pol. Christin Unger* sowie bei Dipl.-Wirtschaftsingenieur *Sebastian van Cayzeele*, *Jens Hilgedieck* M.Sc. , *Dr. rer. pol. Cornelius Hummel*,

*Benjamin Keune* M.Sc. und *Dr. rer. pol. Till Alexander Kulgemeyer* sowie bei *Dr. rer. pol. Michael Lindemann.*

Zu besonderem Dank bin ich Frau Dipl.-Kffr. *Ingrid Genau*, Consultant und Strategieberaterin verpflichtet, die mir die exemplarische Nutzung und Anwendung ihrer umfangreichen Unternehmens-Fallstudie für den empirischen Teil meiner Forschungsarbeit ermöglicht hat und zugleich für zahlreiche Erörterungen und Diskussionen zum Fallstudien-Unternehmen zur Verfügung stand.

Den liebenswerten und vor allem geduldigen Menschen aus meinem privaten Umfeld gilt mein abschließender und ganz besonders herzlicher Dank für ihre persönliche Unterstützung.

Ehrenkirchen-Norsingen Claus Conzelmann

Meinen lieben Eltern

Rudi und Marion Conzelmann

## Abstract

Forschung, Schrifttum und Praxis des strategischen Managements fordern seit längerem eine ganzheitliche Sichtweise auf strategische Steuerungsgrößen und insbesondere eine einheitliche und nachvollziehbare operationale strategische Planung. Für das strategische Management in wissensintensiven Unternehmen wird deshalb eine neuartige Steuerungskonzeption mit der relationalen Zeit-Dimension handelnder Individuen der Personen des Personalbestands in Leistungsprozessen vorgeschlagen. In dieser relationalen Zeit-Dimension ist eine Operationalisierung der produktiven Nutzung, Gestaltung und Entwicklung von verfügbaren individuellen Wissens- und Kompetenzenpotenzialen der handelnden Individuen in Verbindung mit Ressourcenpotenzialen als hier so bezeichneter relationaler Zeit-Erfolg möglich. Die relationale Zeit-Dimension ergibt zusammen mit der Wert- und Finanz-Dimension und deren ausweisbaren Wert- und Finanz-Erfolgen eine umfassendere Darstellung des Unternehmens-Umwelt-Systems im dynamischen Wettbewerbskontext. Auf Basis der Konzeption der gesamtwirtschaftlichen Arbeitszeitrechnung mit der Arbeitsproduktivität aus geleisteten Arbeitsstunden und erzielter Bruttowertschöpfung wird ein Ursache-Wirkungs-Zusammenhang zwischen dem relationalen Zeit-Erfolg in der Zeit-Dimension und dem Wert-Erfolg in der Wert-Dimension abgeleitet.

Im entwickelten theoretischen Modell der strategischen Zeit-Nutzenpotenziale wird in der reversibel und irreversibel ausgeprägten relationalen Zeit-Dimension $t_r$, $t_i$ das verfügbare und produktive Zeit-Potenzial $X_{Pot}$ des Personalbestands $P_1$, $P_2$, ...$P_n$ als maßgeblich für die Erzielung eines relationalen Zeit-Erfolgs im Zeithorizont $Z_T$ aufgefasst. Die Beeinflussungen des Zeit-Potenzials des Personalbestands durch die Einflussvariable $X_{Ver}$ für die Verfügbarkeit sowie durch die Einflussvariable $X_{Prod}$ für die Produktivität reduzieren oder erhöhen den relationalen Zeit-Verbrauch. Damit erhöht oder reduziert sich auch der relationale Zeit-Erfolg in Form des konzipierten strategiegeleiteten Zeit-Nutzenpotenzials.

Das im Strategieprozess in der relationalen Zeit-Dimension ableitbare strategische Zeit-Nutzenpotenzial wird als einheitliche strategische Steuerungsgröße und weiterführend als strategische Vorsteuerungsgröße für den Wert-Erfolg in der Wert-Dimension bemessen als Wertschöpfung vorgeschlagen. Mit dem gestalteten strategischen Planungsmodell können die spezifischen Bestandteile von Zeit-Nutzenpotenzialen in relationalen Zeit-Ergebnisrechnungen als Zeit-Nutzenpotenzialrechnung, Zeit-Überschussrechnung und bilanzähnliche Zeit-Bestandsrechnung einheitlich und operational geplant werden.

# Inhaltsübersicht

# Inhaltsverzeichnis

# Abbildungsverzeichnis

# Tabellenverzeichnis

# Abkürzungs- und Akronymverzeichnis

| Abkürzung/Akronym | Bezeichnung |
|---|---|
| a. a. O. | am angegebenen Ort |
| Abb. | Abbildung |
| AK | Arbeitskreis |
| ArbZG | Arbeitszeitgesetz |
| AZR | Arbeitszeitrechnung |
| BA | Bundesagentur für Arbeit |
| BARC | Business Application Research Center |
| BDU | Bund deutscher Unternehmensberater |
| BI | Business Intelligence |
| BIP | Bruttoinlandsprodukt |
| BK | Beziehungskapital |
| BMBF | Bundesministerium für Bildung und Forschung |
| BP | Beziehungspotenzial |
| BPM | Business Process Management |
| BSC | Balanced Scorecard |
| bspw. | beispielsweise |
| CD | Compact Disk |
| DCF | Discounted Cash Flow |
| DEA | Data Envelopment Analysis |
| DIC | Direct Intellectual Capital |
| DIN | Deusche Industrie-Norm |
| Diss. | Dissertation |
| EFI | Expertenkommission Forschung und Innovation |
| EG | Europäische Gemeinschaften |
| einschließl. | einschließlich |
| EIRO | European Industrial Relations Observatory |
| EN | Europäische Norm |
| ERP | Enterprise Resource Planning |

| **Abkürzung/Akronym** | **Bezeichnung** |
|---|---|
| ESVG 2010 | Europäisches System Volkswirtschaftlicher Gesamtrechnungen 2010 |
| et al. | et alii (und andere) |
| EU | Europäische Union |
| Eurofound | European Foundation for the Improvement of Living and Working Conditions |
| Eurostat | Europäisches Statistisches System (Statistisches Amt der Europäischen Union) |
| f. | folgende (Seite) |
| ff. | folgende (Seiten) |
| FuE | Forschung und Entwicklung |
| GF | Geschäftsführung |
| ggf. | gegebenenfalls |
| GmbH | Gesellschaft mit beschränkter Haftung |
| GoP | Grundsätze ordnungsgemäßer Planung |
| GPO-WM | Geschäftsprozessorientiertes Wissensmanagement des Fraunhofer IPK |
| GuV | Gewinn- und Verlustrechnung |
| HC | Human Capital |
| HGB | Handelsgesetzbuch |
| HK | Humankapital |
| HP | Humanpotenzial |
| Hrsg. | Herausgeber |
| i. e. S. | im engeren Sinn |
| i. S. | im Sinn |
| i. S. v. | im Sinne von |
| i. V. m. | in Verbindung mit |
| IAB | Institut für Arbeitsmarkt- und Berufsforschung |
| ID | Identifier |
| IdU | Institut der Unternehmensberater |
| IFRS | International Financial Reporting Standards |
| IK | Intellektuelles Kapital |
| IKT | Informations- und Kommunikationstechnologie |
| IPK | Fraunhofer Institut für Produktionsanlagen und Konstruktionstechnik |

| Abkürzung/Akronym | Bezeichnung |
|---|---|
| ISI | Fraunhofer Institut für System- und Innovationsforschung |
| ISO | International Organization for Standardization |
| IT | Informationstechnologie, Informationstechnik |
| Kap. | Kapitel |
| KER | Kosten- und Erlösrechnung |
| KMU | Kleine und mittlere Unternehmen |
| KOM | Kommission |
| KOMPASS | Konzept zur mehrdimensionalen Planung und Analyse strategischer Erfolgs-Segmente |
| MCM | Market Capitalizing Methods |
| MFKR | Materialflusskostenrechnung |
| Mio. | Millionen |
| NACE | Nomenclature générale des activités économiques dans les Communautés Européennes |
| NIW | Niedersächsisches Institut für Wirtschaftsforschung |
| Nr. | Nummer |
| NWB | Neue Wirtschafts-Briefe |
| o. S. | ohne Seite |
| OECD | The Organisation for Economic Cooperation and Development |
| $P_1, P_2, \ldots P_n$ | Personalbestand |
| PC | Personal Computer |
| PDF | Portable Document Format |
| PIMS | Profit Impact of Market Strategies |
| PNR | Putnam Norden Rayleigh (Gleichung) |
| Pos. | Position |
| PROMIDES | Produktivitätsmanagement für industrielle Dienstleistungen stärken |
| QQS | Qualität, Quantität und Systematik |
| Rev. | Revision |
| RL | Rentabilität, Liquidität |
| ROA | Return on Assets |
| RTE | Real Time Enterprise |

| Abkürzung/Akronym | Bezeichnung |
|---|---|
| S. | Seite |
| SC | Scorecard |
| SK | Strukturkapital |
| SP | Strukturpotenzial |
| Std. | Stunden |
| Strat. | Strategisch(es) |
| SWOT | Strengths, Weaknesses, Opportunities, Threats |
| Tab. | Tabelle |
| TEUR | Tausend Euro |
| $t_i$ | relationale Zeit-Dimension in irreversibler Ausprägung |
| $t_r$ | relationale Zeit-Dimension in reversibler Ausprägung |
| u. | und |
| u. a. | unter anderem |
| US-GAAP | United States Generally Accepted Accounting Principles |
| vgl. | vergleiche |
| VGR | Volkswirtschaftliche Gesamtrechnungen |
| WM | Wissensmanagement |
| WZ | Wirtschaftszweige |
| $X_{Pot}$ | unabhängige Variable X des Zeit-Potenzials des Personalbestands |
| $X_{Prod}$ | unabhängige Moderatorvariable X der Produktivität des Zeit-Potenzials des Personalbestands |
| $X_{Ver}$ | unabhängige Moderatorvariable X der Verfügbarkeit des Zeit-Potenzials des Personalbestands |
| $Y_{Erf}$ | Abhängige Variable Y des Zeit-Erfolgs |
| z. B. | zum Beispiel |
| ZEW | Zentrum für Europäische Wirtschaftsforschung |
| $Z_T$ | Zeithorizont |

# 1 Neuorientierung des strategischen Managements in der Wissensökonomie

## 1.1 Relationale Zeit-Dimension als Forschungsobjekt mit strategischer Relevanz

Erfolge aus der Nutzung, Gestaltung und Entwicklung von strategischen Potenzialen mit individuellem Fachwissen und individuellen Kompetenzen in Leistungserstellungs- und Leistungsverwertungsprozessen wissensintensiver Unternehmen werden in der hier vertretenen Auffassung zuerst innerhalb einer handlungsbasierten relationalen Zeit-Dimension generiert. Erst auf dieser Grundlage sind anschließende wirtschaftliche Erfolge in einer Wert- und Finanz-Dimension realisierbar.[1]

Als *Zeit-Dimension* wird in diesem Zusammenhang nicht lediglich die Ausdehnung eines Zeithorizonts auf einer linear unterteilten Zeitskala verstanden.[2] Vielmehr soll der hier einzuführende Begriff der relationalen Zeit-Dimension in einer ökonomischen Sichtweise das Auftreten und die Erfassbarkeit der Zeit überhaupt erst durch individuelle Handlungen in einer wissensintensiven Unternehmung ausdrücken. Die zeitliche Reichweite auf einem Zeithorizont ist demnach mit unterschiedlichen handlungsbasierten Ausprägungen innerhalb dieser relationalen Zeit-Dimension wesentlich zu ergänzen.[3]

Die absolute Zeit-Dimension hingegen, dargestellt insbesondere mit den Koordinationsinstrumenten von Uhrzeit und Kalenderzeit, ist in der hier vertretenen Sicht *nicht* als absolute Hintergrundzeit existent. Die Zeit in der relationalen Sichtweise generiert sich erst unmittelbar aus spezifischen individuellen Handlungen und Handlungsabfolgen als eine Art von substantiierter

---

1 Vgl. Gälweiler 2005, S. 27 f. u. S. 33 f. zum strategisch relevanten Ursache-Wirkungs-Zusammenhang im Zeithorizont zwischen einem Erfolg bei der Generierung von Erfolgspotenzialen und dem daraus bewirkten Werterfolg sowie Finanz- bzw. Liquiditätserfolg.

2 Vgl. Kaplan/Norton 2004, S. 42 u. S. 348 f. zum Zeithorizont von Leistungsprozessen in Relation zum Zeitpunkt und zur Höhe ihrer jeweiligen Wertgenerierung. Vgl. Kümmerer 2006, S. 28 f. zu den Zeitelementen von Zeitpunkt und Zeitdauer auf einer systemspezifischen Zeitskala. Jedes System wird demnach durch eine charakteristische Zeitskala geprägt.

3 Vgl. Luhmann 2005, S. 259 f. zur soziologischen Theorie der Wirtschaft mit der Zeit-Dimension als zentralem Orientierungsmaßstab zukünftigen Wirtschaftens unter Anwendung des ökononomischen Prinzips. Vgl. Macharzina/Wolf 2010, S. 427 zur Zeit-Dimension i. S. v. Zeithorizonten mit kurz-, mittel- und langfristiger zeitlicher Reichweite in horizontaler und vertikaler Schichtung in Planungs- und Kontrollsystemen. Vgl. Huch/Neuschulz 2000, S. 380 ff. zur Zeit-Dimension i. S. v. veränderlichen Mengen- und Wertkomponenten im Zeithorizont mit der Darstellung durch Petri-Netze. Vgl. Bendixen 2011, S. 107 ff. u. S. 149 ff. zur Zeit-Dimension und Raum-Dimension als explizite Systemeigenschaft der Unternehmung. Ergänzend vgl. dazu Heinen 1970, S. 157 f. als Beispiel zur häufigen Vernachlässigung einer ökonomischen Zeit-Dimension hier i. S. v. fehlenden Zeithorizonten zwischen Kosteneinflussgrößen und Kosten.

Zeit in einer relationalen Zeit-Dimension.[4] Damit kann die absolute Zeit-Dimension in ihrer Koordinations- und Synchronisationsfunktion für sich genommen im ökonomischen Sinn weder eine Ressource noch einen Produktionsfaktor darstellen.

Das Auftreten und die Erfassbarkeit von Zeit über individuelle Handlungen in dieser relationalen Zeit-Dimension müsste dann auf der elementaren Ebene von Individualhandlungen die grundsätzliche Möglichkeit eröffnen, für Leistungsprozesse eine bestimmte Art von *relationalem Zeit-Erfolg* zu ermitteln. Wirtschaftliche Erfolge wissensintensiver Unternehmen in der Wert-Dimension könnten dann mit spezifisch erzielten Zeit-Erfolgen in der relationalen Zeit-Dimension in einem engeren Zusammenhang erklärt werden. Für das strategische Management mit den Aufgaben der strategischen Gestaltung und Entwicklung einer nachhaltigen Wettbewerbsfähigkeit in sich schnell verändernden Wettbewerbsumwelten der Wissensökonomie wären deshalb die hohen Anforderungen an dynamische strategische Kompetenzen zusätzlich mit der Vorstellung von *strategischen Zeitkompetenzen* in der Zeit-Dimension zu verknüpfen.[5]

**Operationale strategische Zeit-Erfolgsgröße im zentralen Forschungsinteresse**

Basierend auf den oben dargelegten Grundüberlegungen orientiert sich das *Forschungsinteresse* in dieser Arbeit an der folgenden *Forschungsfrage*: Kann das strategische Management für wissensintensive Unternehmen eine unternehmensspezifische und handlungsbezogene relationale Zeit-Dimension in ihrem Kern identifizieren, deren relationale Zeit-Erfolgsgröße als strategische Steuerungsgröße bestimmen sowie systematisch und operational für interne Steuerungszwecke nutzen und damit zugleich wirtschaftliche Erfolge in der Wert-Dimension vorsteuern?[6]

---

4 Dazu Cramer 1996, S. 71 zur „substantiierten Zeit" und zur „Zeit in einem Substrat" aus Handlungen, Abläufen und Ereignissen je Zeiteinheit auf Grundlage der Ablehnung einer absoluten Hintergrundzeit. Ergänzend interpretiert Callender 2010, S. 33 die Zeit-Dimension als eine „emergente Eigenschaft" der Welt. Erstaunlich dazu der seltene Hinweis aus der Ökonomie von Blanchard/Illing 2009, S. 337 in einer Randbemerkung zu volkswirtschaftlichen Stromgrößen als „Variablen mit einer Zeit-Dimension", im Gegensatz zu Bestandsgrößen *ohne* eine Zeit-Dimension, dies im Zusammenhang von Produktion, Sparen und Investitionen mit dem Kapitalstock und der Beschäftigung innerhalb der Wachstumstheorie.

5 Vgl. Knyphausen-Aufseß 2000, S. 132 u. S. 133 ff. zu einem strategischen Verständnis der unternehmensspezifischen Zeit-Dimension mit einer Abkehr des strategischen Managements von Vorstellungen exogen induzierter Zeitknappheiten mit dem ökonomischen Zeitverständnis des Planungshorizonts hin zu einer selbstorganisatorischen und eigenverantwortlichen Zeitverwendung. Vgl. Teece 2009, S. 3. f. u. S. 6 f. zum Umfang zeitdynamischer Kompetenzen u. a. mit Fähigkeiten zur Generierung neuer Geschäftsmodelle. Vgl. Kaplan/Norton 2004, S. 60-65 zur Bildung von Zeitkompetenzen in der Lern-und Entwicklungsperspektive für den Einsatz u. a. in Produktions- und Logistikprozessen z. B. zur Verkürzung von Prozesszeiten.

6 Wert-Erfolge werden nachfolgend als Ausprägung innerhalb der Wert-Dimension verstanden, hier unter Berücksichtigung verschiedener Teilsysteme der Unternehmensrechnung.

Hiermit wird eine *ressourcen-, wissens- und kompetenzbasierte These* in der Form zugrunde gelegt, dass die Summe aller Erfolge in der relationalen Zeit-Dimension aus der Nutzung von Fachwissen und Kompetenzen in eine Ursache-Wirkungs-Beziehung zu wirtschaftlichen Erfolgen in der Wert-Dimension gestellt werden[7]. Die oben formulierte Forschungsfrage hinsichtlich einer internen Zeit-Erfolgsgröße als strategische Steuerungsgröße ist aus Sicht des strategischen Managements auch vor dem Hintergrund teilweise ungelöster Gestaltungs-, Lenkungs- und Entwicklungsaufgaben im Zusammenhang mit immateriellen Erfolgspotenzialen relevant.[8] Mit einer neuartigen strategischen Steuerungsgröße in der relationalen Zeit-Dimension ließe sich zusätzlich der von Theorie und Praxis seit langem kritisierte fehlende operationale Zusammenhang zwischen *strategischer und operativer Planung* konsistenter gestalten.[9]

Das theoretische Interesse an der relationalen Zeit-Dimension zielt in dieser Arbeit auf einen Ursache-Wirkungs-Zusammenhang zwischen einem noch zu bestimmenden strategischen Zeit-Erfolg in dieser Zeit-Dimension wissensintensiver Leistungsprozesse und dem in Geldeinheiten bemessenen Erfolg in der Wert-Dimension. Im technologischen Sinn sollen anschließend aus noch zu gestaltenden strategischen Planungsrechnungen in der relationalen Zeit-Dimension weitere Handlungs- und Gestaltungsempfehlungen für das strategische Management in wissensintensiven Unternehmen abgeleitet werden.

**Betriebliches Zeitmanagement für Leistungsprozesse**

Zwar hat das sog. *Time Based Management* bzw. das *betriebliche Zeitmanagement* der frühen 1990-er Jahre mit Timing Strategien im globalen Zeitwettbewerb für optimierte Markteintritte erste Grundlagen für eine strategisch orientierte Zeit-Dimension geschaffen. Doch blieb die strategische Integration und Ausrichtung von Wissen und Kompetenzen innerhalb dieser Zeit-

---

7 Vgl. Bea/Haas 2005, S. 28 ff. u. Bea/Haas 2013, S. 30 ff. zum ressourcenbasierten Ansatz im strategischen Management mit Wissens- und Kompetenzkonstrukten. Vgl. Welge/Al-Laham 2008, S. 100 ff. zu den im Kern wissensbasierten dynamischen Ressourcen-, Kernkompetenz- und Lernansätzen sowie a. a. O. , S. 102 ff. kritisch zur Operationalisierbarkeit. Vgl. kritisch zu Kompetenzkonstrukten Moldaschl 2010, S. 3 ff.

8 Vgl. Gälweiler 2005, S. 26 ff. zur strategischen Steuerungsgröße von bestehenden und neuen Erfolgspotenzialen als Konstrukt aller markt- und produktspezifischen Vorbedingungen für die Vorsteuerung von Erfolgen in der Wert- und Finanz-Dimenion. Zu den spezifischen Einflussfaktoren des sog. intellektuellen Kapitals in den Bereichen Human-, Struktur- und Beziehungskapital vgl. Alwert/Bornemann/Will 2008, S. 20.

9 Vgl. Bea/Haas 2005, S. 50 u. S. 120 sowie Bea/Haas 2013, S. 37, S. 126 f. und S. 258 zu einer fehlenden operationalen strategischen Erfolgsgröße für die Bestimmung des strategischen Erfolgs. Vgl. Welge/Al-Laham 2008, S. 730 ff. zu den Problemen bei der Operationalisierung strategischer Vorsteuerungsgrößen, mit weiteren Schwierigkeiten für die wertorientierte Führung vgl. a. a. O., S. 738 f. sowie zu Schwierigkeiten bei der Strategieimplementierung i. S. einer nachvollziehbaren Übertragung von Erfolgspotenzialen in operative Einheiten vgl. a. a. O., S. 816 f. Vgl. Schweitzer/Küpper 2011, S. 213 ff. kritisch zum Stand strategisch-taktischer Planungsrechnungen als Erfolgspotenzialrechnung wegen noch fehlender Operationalität.

Dimension noch weitgehend im Hintergrund.[10] In der neueren erweiterten Konzeption des *Real Time Enterprise (RTE)* mit geforderten Echtzeit-Aktionen und Echtzeit-Reaktionen erhält diese Zeitauffassung neue Anforderungskriterien hinsichtlich ihrer Anpassungsfähigkeiten für marktnotwendige Geschwindigkeits- und Rhythmuswechsel in zentralen Leistungsprozessen.[11] Gleichwohl kritisch zu sehen ist die Vorstellung, qualifizierte und kompetente Wissensarbeit per se in Leistungsprozessen vordergründig mit der Uhr gestalten und lenken zu wollen.[12] Dennoch können individuell-personenbezogenes spezifisches Fachwissen und Kompetenzen in Lernprozessen zur Generierung höherer Geschwindigkeiten und annähernden Echtzeiten in Leistungsprozessen herausgebildet und genutzt werden.[13]

**Künstlerischer Ansatz zur Modellierung einer relationalen Zeit-Dimension**

Geht man mit hallenden Schritten in der asymmetrischen Welt des Guggenheim Bilbao Museum durch *Richard Serra' s* gewaltige Stahlskulptur *„The Matter of Time"*, siehe Abb. 1, einem Respekt einflößenden Gebilde aus über 180 Tonnen massivem gelagerten Stahl mit einer Gesamtlänge von fast 50 Metern, einer Höhe von 4 Metern und einer Breite von bis zu 10 Metern, scheint die Erfassbarkeit von Handlungszeit mit ihren verschiedenen Ausprägungen buchstäblich greifbar zu werden.[14]

Besucher bewegen sich in hohen, kreisförmig verlaufenden Gebilden, die sowohl in vertikaler als auch in horizontaler Perspektive öffnend oder verengend erscheinen können. Wird dann eine Kreisform verlassen, eröffnet dies unmittelbar neue Möglichkeiten beim zufälligen Streifzug auf der Suche nach weiteren Gebilden. Der Gang durch hohe, wellenartige Linienformen übt eine beschleunigende Wirkung aus, bei gleichzeitiger Ungewissheit und Nichtsichtbarkeit des Ausgangs. Danach finden sich wieder neuartige, kreisförmig verlaufende Gebilde, die beim

[10] Vgl. Stalk/Hout 1990, S. 169 ff. zum Redesign von Organisationen mit einer globalen Time-based Strategy, gleichwohl unter Berücksichtigung von internen Produktivitätsaspekten. Bereits kritisch dazu vgl. Dichtl/Leach 1997, S. 45 ff. zu Widersprüchen von strategischen Konzeptionen des reinen Zeitwettbewerbs.

[11] Vgl. Abolhassan 2003, S. 2 f. zu Echtzeit-Unternehmen (Real Time Enterprises) unter den technischen Voraussetzungen einer raumzeitlich vernetzten IT-Infrastruktur sowie Bierer/Liappas (2003), S. 18 f. zur Nutzung von Echtzeit-Performance-Kennzahlen im Rahmen der Strategieentwicklung.

[12] Vgl. North 2011, S. 276 ff. zum Aufbau wissensfördender Rahmenbedingungen innerhalb einer Vertrauenskultur sowie North/Güldenberg 2008, S. 94 ff. zur Gestaltung einer hierarchisch flachen und offenen Führungsorganisation in wissensintensiven und lernenden Organisationen.

[13] Vgl. Kaplan/Norton 2004, S. 60-65 zur Bildung und Ausrichtung von Zeit-Kompetenzen in der Lern-und Entwicklungsperspektive.

[14] Vgl. Guggenheim Bilbao 2007, ohne Autor, S. 44-47 zur Entstehungsgeschichte und zum Aufbau der Stahlskulptur *The Matter of Time* von Richard Serra (geb.: 1939), entstanden 1993/1997-2005 als permanente Installation in der sog. Großen Halle des Guggenheim Bilbao Museum.

Eintritt an einen wiederkehrenden Rhythmus und an einen vertrauten periodischen Ablauf erinnern. In diesen Formen kann die (relationale) Zeit-Dimension als „... *chronological time and the time of experience...*“[15] interpretiert werden.

Abb. 1: Richard Serra: The Matter of Time. Foto: RAFA RIVAS/AFP/Getty Images[16]

In einer ersten Annäherung lässt sich die von *Richard Serra* nach Abb. 1 modellierte (relationale) Zeit-Dimension mit deren kreisförmig verlaufenden Gebilden als periodische und reversibel ausgeprägte Zeit aus Handlungen interpretieren.[17] Demgegenüber findet der vollständig offene Raum mit den wellenförmigen Liniengebilden zwischen den kreisförmigen Gebilden seine Entsprechung in der Vorstellung einer irreversiblen Ausprägung der Zeit mit einem hohen Grad an Potenzialen aber niedrigen Graden an Bestimmtheit.[18]

---

15 Guggenheim Bilbao 2007, ohne Autor, S. 44.

16 Bildnachweis: RAFA RIVAS/AFP/Getty Images. Lizenzierte Inhalte von Getty Images für diese Publikation. Bildnummer: 128413817, Kollektion: AFP. Erstellt am 7. Oktober 2011 unter dem Titel „People walk among US artist Richard Serra´s sculptures „The Matter of Time”, during the presentation of the Guggenheim Bilbao Museum´s latest exhibition „Brancusi-Serra“, on October 7, 2011, in the northern Spanish Basque city of Bilbao.“ RAFA RIVAS, freier Fotograf.

17 Vgl. Adam/Whipp/Sabelis 2002, S. 20 ff. zu Zeitebenen und Zeitformen in der Zeit-Dimension sowie Biervert/Held 1995, S. 23 ff. zur Dichotomie der Zeit in kreisförmiger und ungerichteter Ausprägung.

18 Vgl. Cramer 1996, S. 104 f. u. S. 116-122 zum Modell des Zeitbaums mit dem reversiblen Zeitkreis t (r) und dem offenen irreversiblen Zeitvektor t (i).

**Strategische Gestaltungsmöglichkeiten in der relationalen Zeit-Dimension**

Für das strategische Management wissensintensiver Unternehmen eröffnen sich mit der Entfaltung einer relationalen Zeit-Dimension die folgenden Gestaltungsmöglichkeiten:

- Erstens eine operationale *strategische Vorsteuerung* des Wert-Erfolgs über noch zu bestimmende unabhängige Variablen eines relationalen Zeit-Erfolgs aus verfügbaren, produktiven Handlungen auf Basis des individuellen Fachwissens und der individuellen Kompetenzen des Personalbestands mit deren Nutzung von Ressourcenpotenzialen der Unternehmung.
- Zweitens die Entwicklung einer operationalen *strategischen Planungsrechnung* zur Berücksichtigung strategischer Programme und Initiativen, mit der konsistenten Darstellung eines relationalen Zeit-Erfolgs als *strategische Steuerungsgröße* und deren Übertragung in die operative Planung von Aufträgen und Funktionsbereichen im Rahmen der Strategieimplementierung.

## 1.2 Kritik an der strategischen Planung im Fokus des strategischen Managements

Im Mittelpunkt der Aktivitäten des strategischen Managements stehen die Gestaltung, Lenkung und Entwicklung von erfolgsrelevanten strategischen Potenzialen im Rahmen eines strategischen Planungsprozesses mit der Strategieentwicklung und Strategieimplementierung.[19] Eine nachvollziehbare, konsistente und operational gestaltbare *strategische Planung* ist deshalb von großem Interesse für das strategische Management.[20]

Gleichwohl fehlt als Basis für eine strategische Planungsrechnung eine einheitlich dimensionierte *interne strategische Steuerungsgröße*, was bislang zum Teil wiederum auf die mangelnde

---

19 Vgl. Welge/Al-Laham 2008, S. 186 f. zum Prozessmodell des strategischen Managements mit der strategischen Ziel- und Analysephase sowie der Strategieentwicklungs- und Strategieimplementierungsphase.

20 Vgl. Hinterhuber 2004, S. 143 ff. zur zielbasierten strategischen Planung sowie zum strategischen Plan als verbindliche und verständliche Dokumentation einer Unternehmens- und Geschäftsbereichsstrategie einschließlich des strategischen Fit.

Operationalisierbarkeit erfolgsrelevanten Wissens und erfolgsrelevanter Kompetenzen zurückzuführen ist.[21] Damit rückt zugleich der als schwierig angesehene Prozess einer *sachorientierten Strategieimplementierung* in der Schnittstelle zwischen strategischer Potenzialplanung und operativer Erfolgsplanung in den Mittelpunkt des Interesses.[22]

**Erhöhter Bedarf der Unternehmenspraxis an strategisch-operativen Planungskonzepten**

In einer Befragung von mittleren und großen Unternehmen im deutschsprachigen Raum zur strategischen Planung durch das Business Application Forschungsinstitut *BARC*[23] erwarten fast 80% der Befragungsteilnehmer aus den Bereichen Finanzen, Controlling, IT, Unternehmensentwicklung und Management eine weiter zunehmende Bedeutung der strategischen Planung. Zugleich wird von den Unternehmen eine stärkere operationale und prozessuale Verbindung zwischen strategischer und operativer Planung gefordert, die derzeit nur in 15% der befragten Unternehmen durchgängig realisiert zu sein scheint.[24] Nach *BARC*[25] ist aus diesen Befunden auf einen zukünftig steigenden Bedarf an inhaltlich-theoriebasierten und technologischen Lösungen für die konsistente Zusammenführung von strategischer und operativer Planung zu schließen.[26] Die zukünftige Bedeutung der strategischen Planung wird nach *Weber*[27] auch aus Sicht des *Controllings* in größeren deutschen, österreichischen und schweizerischen Unternehmen als hoch eingeschätzt.

Forderungen nach einer verbesserten Integration von Managementprozessen beim *Performance Management* zwischen den Elementen von Strategiemanagement, Planung, Budgetierung und

---

21 Vgl. dazu Bea/Haas 2005, S. 50 u. S. 120 sowie Bea/Haas 2013, S. 37, S. 126 f. u. S. 258 kritisch zur theoretischen Fundierung der strategischen Planung u. a. wegen des Quantifizierungsproblems einer strategischen Erfolgs- bzw. Steuerungsgröße. Vgl. Macharzina/Wolf 2010, S. 219 u. S. 263 kritisch zu fehlenden internen strategischen Steuerungsgrößen außerhalb der Wert- und Finanz-Dimension und zur unbefriedigenden Operationalisierung von Erfolgspotenzialen. Vgl. Schweitzer/Küpper 2011, S. 213 ff. kritisch zur derzeitigen Praktikabilität strategisch-taktischer Planungsrechnungen auf Erfolgspotenzialebene.

22 Vgl. Lachnit/Wulf 2009, S. 526 ff. und Wulf 2008, S. 53 ff. mit neueren Ansätzen zur Operationalisierung immaterieller Potenziale für Zwecke der wertorientierten Unternehmensführung. Vgl. Welge/Al-Laham 2008, S. 820 ff. zur Phase der Strategieimplementierung im Übergang zwischen strategischer und operativer Planung sowie S. 932 ff. zu empirisch ermittelten Implementierungsproblemen u. a. in den Bereichen Kommunikation, Maßnahmen, Ressourcen, Verantwortung, Zeithorizonten und Informationssystemen. Nach Macharzina/Wolf 2010, S. 385 ff. sind bei der Strategieimplementierung neben Schwierigkeiten bei der Sachorientierung zusätzliche Widerstände in der System- und Verhaltensorientierung zu berücksichtigen. Vgl. Menz et al. 2011, S. 19 ff. u. S. 30 f. zur Verbesserung der Implementierungskompetenz mit dem Einsatz strategischer Initiativen und strategischer Programme in einer Mittlerfunktion.

23 Vgl. BARC 2011a, S. 6 und S. 13.

24 Vgl. BARC 2011a, S. 7 und S. 30. Zu den zentralen Ergebnissen der Studie vgl. a. a. O. , S. 6-13.

25 Vgl. BARC 2011a, S. 30-32.

26 In der Befragung selbst beziehen sich die strategischen Daten insbesondere auf das Markt- und Wettbewerbsumfeld, deren Bedeutung von den befragten Unternehmen als hoch eingeschätzt wird. Mögliche inhaltliche Ansätze zur Verknüpfung der strategischen mit der operativen Planung wurden in der Befragung nicht entwickelt, vgl. BARC 2011a, S. 27-32.

27 Vgl. Weber 2011, S. 24 f.

Forecasting sowie dem Berichtswesen und der Analyse ergeben sich aus Befunden einer weiteren Befragung durch *BARC*[28] bei mittleren und großen Unternehmen im deutschsprachigen Raum. Die von den befragten Unternehmen vermuteten Effizienzpotenziale für das strategische Management zielen im Kern auf den Einsatz eines *Corporate Performance Managements*[29] in der Erwartung auf strategisch-operationale Steuerungsgrundlagen.[30]

Neuere Befunde nach *BARC*[31] verdeutlichen, dass in deutschen, österreichischen und schweizerischen Unternehmen in breiten Branchen- und Größenverteilungen die strategische Planung sowie die Integration von Planung und Strategiemanagement im Vergleich zur operativen Jahres- und Budgetplanung immer noch weit unterrepräsentiert sind. Die unzureichende Berücksichtigung strategischer Aspekte rangiert dabei auf Rang 2 der meist genannten Planungsprobleme, nach zu langwierigen Abstimungsprozessen auf Rang 1. In einer von *BARC*[32] ähnlich breit angelegten Untersuchung mit Unternehmen in Deutschland, Österreich und der Schweiz zum Advanced Planning werden die unbefriedigende Integration von strategischer und operativer Planung sowie die fehlende Integration strategischer Gesichtspunkte an erster Stelle der Probleme im Planungsprozess genannt.

Die bislang in Theorie und Praxis als unbefriedigend empfundene operationale Verzahnung von strategischer Potenzialplanung und operativer Erfolgsplanung innerhalb konsistent gestalteter Unternehmensrechnungssysteme konnte bislang auch nicht in den *Grundsätzen ordnungsgemäßer Planung (GoP)* des Instituts der Unternehmensberater (IdU) im BDU[33] gelöst werden. Die Methoden der strategischen Planungsrechnung beschränken sich dort z.B. auf die Darstellung von Prognose- und Simulationsverfahren. Ansätze von strategischen Unternehmensrechnungssystemen werden explizit nicht aufgeführt. Die Schwerpunkte der GoP liegen hingegen

28 Vgl. BARC 2011b, S. 7-8, S. 11-12 und S. 26 f. Zum erweiterten Umfang eines Performance Managements für die Gestaltung und Lenkung von Produktivität und Rentabilität auf strategischer und taktisch-operativer Ebene vgl. a. a. O. , S. 4 f.

29 Vgl. Heß 2005, S. 10 ff. zum Corporate Performance Management (CPM) als umfassende methodologische und technologische Kontroll- und Steuerungskonzeption für die Wertschöpfung in systemrelevanten Leistungsprozessen auf einer parallelen Zeit-, Qualitäts- und Kostenebene. Als entscheidend wird eine für das Management nachvollziehbare und erkennbare Verbindung zwischen Verhaltensmustern auf der individuellen Ebene, den Einflussfaktoren und den generierten Kennzahlen auf allen drei Ebenen gesehen, vgl. a. a. O. , S. 11.

30 Vgl. BARC 2011b, S. 26-28 zusammenfassend zu Optimierungansätzen in Prozessen des Performance Managements aus Anwendersicht. Das Strategiemanagement sollte demnach wesentlich stärker mit Planungs-, Budgetierungs-, Forecasting- und Analyseprozessen verknüpft werden.

31 Vgl. BARC 2014, S. 17 ff. zur strategischen Planung und zu Performance-Management-Prozessen, vgl. a. a. O. , S. 21 zu wesentlichen Problemen im Planungsprozess.

32 Vgl. BARC 2015, S. 6, S. 17 f. sowie S. 21 ff. Advanced Planning meint hier u. a. die Integration von Strategiemanagement, Risikomanagement, Berichtswesen, Werttreiber, Szenarien-Simulationen und Prognosen, vgl. a. a. O. , S. 8 u. S. 19 ff.

33 Vgl. IdU/BDU 2009, S. 15-25 zur Planung, insbes. S. 15 ff. zur strategischen Planung und S. 18 ff. zur operativen Planung.

auf der Darstellung einer detaillierten und rechentechnisch konsistenten operativen Planung in Form von kurz- bis mittelfristigen Ergebnis-, Liquiditäts-, und Bilanzplanungen mit weiteren operativen Teilplänen.

**Erfordernis einer konsistenten strategisch-operativen Unternehmensplanung**

In der Gesamtsicht der bisherigen Erkenntnisse benötigen Unternehmen eine möglichst einheitlich dimensionierte und operationale interne strategische Erfolgsgröße als hierarchisch oberste strategische Steuerungsgröße für die Vorsteuerung von wirtschaftlichen Erfolgen in der Wert-Dimension.[34] Für das strategische Management von besonderer Bedeutung erscheint dabei die Integration von Wissen und Kompetenzen zur Nutzung, Gestaltung und Entwicklung von Ressourcenpotenzialen.[35] Damit ließe sich auch das Schnittstellenproblem im Prozess der Strategieimplementierung zwischen strategischer und operativer Planung reduzieren.

## 1.3 Begriffliche Grundlagen und Begriffsbestimmungen

### 1.3.1 Personengebundenheit des Wissens als konstitutive Rahmenbedingung

Als Minimalkonsens eines Verständnisses des Konstrukts *Wissen* hat sich die Personengebundenheit ausgedrückt als individuelle, logische Begründungsfähigkeit in Kausalzusammenhängen innerhalb eines subjektiven Wahrnehmungsverständnisses herausgebildet.[36] Abnehmende innere Logik reduziert dann auf die bloße Kenntnisse von Informationen (anstatt Erkenntnissen) mit eher geringen Bedeutungszusammenhängen, ausgedrückt zum Beispiel als Meinung.[37]

In dieser Forschungsarbeit wird das Erfordernis einer unbedingten Bindung von Wissen an jeweils einzelne Individuen bzw. Personen, nachfolgend in der Summe als *Personalbestand* eines Unternehmens bezeichnet, als *konstitutiv* betrachtet.

**Wissensarten mit stufenweiser Erweiterung zur Handlungskompetenz**

In einer aufsteigenden hierarchischen Ordnung von Bedeutungszusammenhängen lassen sich *Wissensarten* nach Fakten-, Kausal-, Handlungs- bzw. Konzeptions- sowie Erfahrungswissen

---

34 Vgl. Schweitzer/Küpper 2011, S. 2 f. zur Festlegung von Zielgrößen als koordinierende Maßnahme im Rahmen der Planung sowie zum Begriff der Steuerung als zielausgerichtete Einflussnahme.

35 Vgl. Simon 2004, S. 96 f. zur Problematik strategischer Steuerung in Wissensunternehmen.

36 Vgl. Lehner 2014, S. 55 mit einer umfangreichen Quellenauswahl.

37 Vgl. Caspers/Kreis-Hoyer 2004, S. 18, vgl. North 2002, S. 39 f., vgl. Probst/Raub/Romhardt 1999, S. 46.

unterscheiden. Auf den höheren Ebenen eines zunehmenden Erfahrungswissens erfolgt ein fließender Übergang zum *Kompetenz-Konstrukt* als hier so verstandene wettbewerbstaugliche, ziel- und bedarfsorientierte Handlungsfähigkeit bzw. als *Kompetenzenpotenzial.*[38]

Die genannte Wettbewerbstauglichkeit von Wissen ist stetigen Lernprozessen unterworfen und weist somit auf einen Zeithorizont des Wissens bezüglich der *Wissensbereitschaft* hin. Wegen der anerkannten Bedeutung von Wissen und Kompetenzen für Wettbewerbserfolge wird nachfolgend auch deren *strategische Bereitschaft* betont.[39]

**Zusammenfassende Beschreibung des Konstrukts Wissen**

*Wissen* lässt sich demnach bezeichnen als individuelle und logische Begründungsfähigkeit in Kausalzusammenhängen innerhalb eines subjektiven Wahrnehmungsverständnisses, differenziert nach Fakten-, Kausal- und Konzeptionswissen mit Erfahrungswissen als fließender Übergang zum Kompetenz-Konstrukt für ziel- und bedarfsorientierte Handlungsfähigkeit mit einer unbedingten individuellen Personengebundenheit.

### 1.3.2 Verarbeitung und Transformation von Informationen

Die oben postulierte Personengebundenheit des Wissens als kontextbezogenes, sog. *implizites Wissen*[40] einschließlich eingeübter Handlungsroutinen macht eine Übertragung von Wissen an Personen, Kollektive oder Organisationen im Sinn einer Begründung von speicherfähigem sog. *explizitem Wissen* schwierig bis unmöglich.[41]

Für eine eindeutige Begriffsabgrenzung, zur Vermeidung von Überschneidungen und zur Betonung des Individual- bzw. individuellen Lerncharakters von Wissen wird beim Übergang von Wissen auf andere Individuen, Kollektive oder Organisationen im Wirkungsergebnis von einer kommunizierbaren oder speicherbaren *Information* ausgegangen, z. B. in Form einer Informationsdatenbank.[42]

---

[38] Vgl. Caspers/Kreis-Hoyer 2004, S. 19 f. sowie a. a. O. , S. 24 ff. zum Orientierungswissen in kulturspezifischen Kontext, vgl. North 2002, S. 39 f. Vgl. Freiling/Welling 2006, S. 110 f. und Freiling 2008, S. 11 f. zum kompetenzbasierten Ansatz, vgl. dazu auch Moldaschl 2005b, S. 57 ff. sowie Martin/Hansen 2010, S. 60 f.

[39] Vgl. Kaplan/Norton 2004, S. 192 f., vgl. Bea/Haas 2013, S. 495 ff.

[40] Vgl. Pfau/Mangliers 2009, S. 130 ff. aus strategischer Sicht.

[41] Vgl. North 2002, S. 38 ff.

[42] Vgl. Caspers/Kreis-Hoyer 2004, S. 20 f. Vgl. Pfau/Mangliers 2009, S. 130-137 zur Ausrichtung eines human- und technologieorientierten Wissensmanagements.

**Zusammenfassende Beschreibung des Konstrukts Information**

*Informationen* können somit als subjektiv von Individuen bewertete, häufig entscheidungsrelevante, zweck- und zeitbezogene Daten verstanden werden, die gleichwohl bei Datenabsender und Datenempfänger zu unterschiedlichen Wirkergebnissen führen können.[43] Im wohlverstandenen Sinn kann Information maximal zur „Teil-Wissenstransformation" zwischen Individuen mit den genannten Einschränkungen (Absender-Empfänger-Rezeption) beitragen. Die dazu verwendete *Überträgertechnologie* ist von der Information explizit abzugrenzen.[44]

**Informationsverarbeitung in Unternehmen**

Die *technische Informatik* bzw. Informationstechnik oder IT trägt in vielfältiger Weise über Dateisysteme, Datenbankmanagement, Datenbankarchitekturen und umfangreiche Datenbanktechnologien zur Informationsgenerierung und -verarbeitung für operative Prozesse oder zum Beispiel für Managementsysteme bei. Dafür sind verarbeitete bzw. veredelte Daten als Input erforderlich.[45] Wegen der weiter zunehmenden Bedeutung von Information zum Beispiel aus Kundendatenanalysen für weitergehende Produktentwicklungen sind diese auch als Produktionsfaktor aufzufassen.[46] In dieser Sichtweise sind aus veredelten Daten generierte Informationen zusammen mit der technischen Informatik als *betriebliche Informationsverarbeitung* den Ressourcen einer Unternehmung zuzuordnen.[47]

### 1.3.3 Erweiterung des Individual-Wissenskonstrukts zu handlungsbezogenen Wissens- und Kompetenzenpotenzialen

Mit dem bereits oben angeführten Kompetenzbegriff im erweiterten Wissensspektrum werden explizit die wettbewerbsausgerichteten Handlungsmöglichkeiten bzw. Handlungspotenziale auf Wissensbasis von individuellen Personen als besondere individuelle und strukturrelevante potenzielle *Handlungsfähigkeiten* verstanden. Potenziale deswegen, weil damit ein Raum zukünftiger Möglichkeiten bei der Ressourcenkonfiguration in rational-entschei-dungsorientierter Perspektive aus strategischer Sicht angesprochen werden soll.[48]

43 Vgl. Lehner 2014, S. 56 f. Vgl. Bea/Haas 2013, S. 270 ff. zur strategischen Bedeutung von Informationen. Vgl. North 2002, S. 39 zur sog. Wissenstreppe. Vgl. Caspers/Kreis-Hoyer 2004, S. 22 ff.

44 Vgl. Lehner 2014, S. 57.

45 Vgl. Lehner 2014, S. 3 f. u. S. 56.

46 Vgl. Lehner 2014, S. 6 f. u. S. 14.

47 Vgl. Bea/Haas 2013, S. 265 ff. zur Information als Bestandteil des strategischen Managements.

48 Vgl. Welge/Al-Laham 2008, S. 25 ff.

*Unternehmensressourcen* materieller und immaterieller Art sind im hier verstandenen Kontext des kompetenzbasierten Ansatzes bereits aus Kompetenzen durch individuelle Dispositionen und Konfigurationen des Personalbestands veredelte betriebliche Produktionsfaktoren.[49]

**Nutzung von Ressourcenpotenzialen durch wissens- und kompetenzenbasiert handelnde Individuen**

Die Ressourcen einer Organisation in Form von materiellen und immateriellen Ressourcen zum Beispiel in Form von Sach- und Finanzmitteln, Geschäftsprozessen, Informationen oder Rechten werden beim Kompetenzansatz gleichwohl nur dann als wettbewerblich relevant eingestuft, wenn wissens- und kompetenzenbasiert handelnde Individuen des Personalbestands im Zeithorizont stets in der Lage sind, diese Ressourcen auch produktiv nach Ziel- (Effektivität) und Bedarfskriterien (Effizienz) zu nutzen, zu gestalten und zu entwickeln.[50]

Aus diesem Grund erfolgt hier eine strikte Differenzierung zwischen wissens- und kompetenzenbasiert handelnden Personen sowie materiellen und immateriellen Unternehmensressourcen.[51]

Derart handelnde Personen nutzen zur Wertschöpfung in Leistungsprozessen innerhalb eines Zeithorizonts ihr individuelles Fachwissen und ihre individuellen Kompetenzen als Handlungspotenziale bzw. als Wissens- und Kompetenzenpotenziale für die kombinierte Nutzung, Gestaltung und Entwicklung von materiellen und immateriellen Ressourcen einschließlich Informationen ausgedrückt als *Ressourcenpotenziale* des Unternehmens. Der Begriff *Potenziale* weist auch hier auf zukünftige Möglichkeitsräume der Konfiguration aus strategischer Sicht.

**Kombinationen von Wissen und Kompetenzen mit Ressourcenpotenzialen**

Verbundene Wissen-Kompetenzen-Ressourcenpotenziale einer Organisation lassen sich als Bestandteile strategischer Potenziale[52] verstehen und in Anlehnung an die *Wissensbilanz* unter

---

49 Vgl. Freiling 2008, S. 11 f.

50 Zum Ressourcenbegriff vgl. Macharzina/Wolf 2010, S. 64 ff. sowie Pfau 2001, S. 41. Ausführlich in der erweiterten Sichtweise von Ressourcen in Kombination mit individuellem Wissen und Kompetenzen als strategische Potenziale vgl. Bea/Haas 2013, S. 491 ff. zu strategischen Leistungspotenzialen.

51 Vgl. Welge/Al-Laham 2008, S. 100 ff. , vgl. Kaplan/Norton 2004, S. 181 ff., vgl. Teece/Pisano 1998, S. 56-59 sowie Teece 2009, S. 3 f. und S. 6 f. Vgl. Bea/Haas 2013, S. 30 ff. u. S. 491 ff., vgl. Bleicher 1999, S. 458 f. Vgl. Martin/Hansen 2010, S. 67 f. zum Unternehmens-Umwelt-Fit.

52 Vgl. Bleicher 1999, S. 474 i. V. m. S. 462 u. S. 465.

die drei Kategorien *Humanpotenziale* (Wissen und Kompetenzen von Individuen), *Strukturpotenziale* (zum Beispiel mit Informationstechnik und Informationstechnologie) und *Beziehungspotenziale* (zum Beispiel mit Kundendaten oder Kundeninformationen) subsumieren.[53]

Eine Kombination von individuellen Wissens- und Kompetenzenpotenzialen und Unternehmensressourcen im Sinn strategischer Potenziale würde zum Beispiel dann stattfinden, wenn Personen des Personalbestands mit Ihren individuellen Wissens- und Kompetenzenpotenzialen in einem Projektteam arbeiten (Nutzung von anderen Humanpotenzialen), Weiterbildungsmaßnahmen nutzen (Entwicklung von Humanpotenzialen), eine neue Web-Kommunikationstechnologie installieren (Gestaltung von Strukturpotenzialen) oder mit externen Kunden oder Lieferanten des Unternehmens kooperieren (Nutzung von Beziehungspotenzialen).

Gleichwohl ist darauf hinzuweisen, dass auf der hier explizit betonten *Handlungsebene der Einzelpersonen* des Personalbestands ein Erfolg nur dann möglich erscheint, wenn diese Nutzung, Gestaltung und Entwicklung von individuellen Wissens- und Kompetenzenpotenzialen mit Ressourcenpotenzialen auf vorgegebene *produktive Art und Weise* erfolgt. Dies kann zum Beispiel vom technischen Reifegrad der eingeführten Web-Kommunikationstechnologie oder vom technischen Wissen der Benutzer abhängig sein.

Als entscheidender Punkt wird angesehen, wie diese beschriebenen Kombinationen zwischen personenspezifischen Wissens- und Kompetenzenpotenzialen des individuellen Personalbestands und der vielfältigen Ressourcenpotenziale einer Organisation operationalisiert und mit Hilfe einer quantifizierbaren Größe der strategischen Steuerung zugänglich gemacht werden kann. Angesprochen ist damit eine extrahierbare strategische Steuerungsgröße in quantifizierbarer Ausprägung. Dies könnte nach der hier vertretenen Ansicht über den *Handlungsbezug des individuellen Personalbestands* und dessen Verfügbarkeit und Produktivität bei der Nutzung von Ressourcenpotenzialen geschehen.

**Zusammenfassende Beschreibung von Wissens- und Kompetenzenpotenzialen**

*Wissens- und Kompetenzenpotenziale* können somit als unbedingt individuelle, personenbezogene Handlungspotenziale von Einzelpersonen basierend auf Wissen und Kompetenzen mit individuellen Wissenshierarchien nach Fakten-, Kausal- und Konzeptionswissen und individuellen Erfahrungswissen-Ausprägungen bezeichnet werden. In der Summe des gesamten

---

[53] Vgl. Alwert/Bornemann/Will 2008, S. 20.

Personalbestands ergeben sich dann die Wissens- und Kompetenzenpotenziale einer gesamten Organisation.

### 1.3.4 Wissensunternehmen in der Wissensökonomie und Informationswirtschaft

Individuen, Organisationen, Unternehmen und Netzwerke als Elemente eines Wirtschaftssystems bzw. einer Ökonomie sind dann als wissensausgerichtet aufzufassen, wenn Wissen und Kompetenzen in den oben beschriebenen Stufen und handlungsbezogenen Ausprägungen auf einer personenbezogenen Individualebene in einem zunehmenden Maß für die produktive Nutzung, Gestaltung und Entwicklung von Potenzialen mit Zielrichtung einer wertschöpfenden Leistungserstellung und Leistungsverwertung eingesetzt werden. In diesem Zusammenhang kann auch im Sinn eines gesellschaftlichen Teilsystems von einer Wissensökonomie mit spezifischen Strukturen und Förderanreizen gesprochen werden.[54]

Da individuelle Wissens- und Kompetenzenpotenziale von Personen im Sinn des Ressourcenansatzes bzw. des Produktionsfaktors Arbeit betrachtet werden, ist gleichwohl kritisch zu hinterfragen, ob nicht zunehmend für jede wirtschaftliche Leistungserbringung ein gewisses Maß an Individual-Wissens- und Kompetenzenpotenzialen erforderlich ist.[55] Dies könnte dann mit dem Begriff einer wissensbasierten Wirtschaft umschrieben werden.

**Transformation von Daten und Informationen in der Wissensökonomie**

Hervorzuheben ist nochmals, dass in einer Wissensökonomie in der hier vertretenen Ansicht im Sinn von Transformationsergebnissen das Wissen nicht virtuell als materielles oder immaterielles Produkt erzeugt werden kann, sondern in den Köpfen der Individuen und des jeweiligen Personalbestands eines Unternehmens oder Netzwerkes verbleibt oder dort neu generiert wird. Im Fall von Transformationsprozessen ist dann besser von erzeugten *Informationsprodukten* auf materieller oder immaterieller Ressourcenbasis auszugehen, zum Beispiel in Form von Informationsdatenbanken auf Datenträgern.

Deshalb zutreffend geht *Lehner*[56] auch von einem eigenständigen *Informationssektor* als zunehmend bedeutender Wirtschaftszweig innerhalb einer Wissensökonomie aus. Der Informa-

---

[54] Vgl. Caspers 2004, S. 68 f. zu den Säulen einer Wissensökonomie in den Formen von Institutionen, Bildungsniveau, Infrastruktur und Innovationssystemen.

[55] Vgl. von Garrel et al. 2014, S. 8 ff.

[56] Vgl. Lehner 2014, S. 5f.

tionssektor produziert und vertreibt Informationen und existiert unabhängig neben dem primären (i. S. v. Urproduktion), sekundären (i. S. v. Produktion) und tertiären Sektor (i. S. v. Dienstleistungen). Davon zu unterscheiden ist die *Telekommunikationstechnik* für reine Übertragungsleistungen.

**Net Economy und Electronic Business als spezielle Ausprägungen von Wissensökonomie und Informationswirtschaft**

Der elektronische Geschäftsverkehr innerhalb der Netzökonomie ist in besonderer Weise geeignet, die Bedeutung des Faktors Information im Sinn von Informationsaustausch, Informationsführerschaft, Informationstechnik und Informationstechnologie zu verdeutlichen. Zum elektronischen Geschäftsverkehr zählen die Plattformen *E-Procurement* für den elektronischen Einkauf, *E-Shop* für den elektronischen Verkauf und *E-Marketplace* für den elektronischen Handel sowie verknüpften Informationstechnologien von Internet, Mobilfunk und interaktivem Fernsehen.[57]

Dabei dient die *Informationstechnik* mit ihren Bereichen Rechnerleistung, Digitalisierung, Vernetzung und Datenübertragung als technische Grundlage des Informationsaustausches einer Netzökonomie. Die *Informationstechnologie* beinhaltet die erweiterte, anwendungsorientierte Verknüpfung von Telekommunikation, Information, Medien und Elektro (TIME).[58]

**Information als Produktionsfaktor und wesentlicher Erfolgsfaktor für den Wettbewerb**

Aufgrund der zunehmend hohen Bedeutung des *Informationsaustausches* zwischen individuellen Personen, Personengruppen oder Kollektiven zur Generierung von Informationsüberlegenheit erweitert sich damit das Informationskonstrukt als Produktionsfaktor zu einem maßgeblichen Wettbewerbsfaktor innerhalb einer elektronischen Wertschöpfungskette.[59]

---

57 Vgl. Kollmann 2013, S. 43 ff. u. S. 52 f. Vgl. Schmelzer/Sesselmann 2013, S. 494 ff. zur Informationstechnologie im Rahmen der elektronischen Geschäftsabwicklung.

58 Vgl. Kollmann 2013, S. 1 ff. u. S. 13 ff. Vgl. Schmelzer/Sesselmann 2013, S. 465 ff. zum Einsatz von Informationstechnologien im Geschäftsprozessmanagement z.B. in Form von betriebswirtschaftlichen Planungssystemen innerhalb von ERP-Systemen sowie als Anwendungen für Customer Relationship Management (CRM), Supply Chain Managment (SCM), Product Lifecycle Management (PLM) oder Business Process Management (BPM).

59 Vgl. Kollmann 2013, S. 29 ff. u. S. 43 ff. Vgl. Schmelzer/Sesselmann 2013, S. 495 ff. zu Erweiterungen des E-Business als Electronic Collaboration für die räumlich unabhängige Kommunikation und Transaktion (z. B. kooperative Entwicklungsarbeiten) zwischen Mitarbeitern, Organisationseinheiten oder Unternehmen (Collaborative Business) über Tools wie E-Mail, Multimedia Messaging Services (MMS), Unified Massaging (UM), Instant Massaging (IM), Videokonferenzen oder Webkonferenzen, mit Weblogs (Blogs), Microblogging oder Wikis.

Damit verdeutlicht sich nochmals die eindeutige Differenzierung auf der einen Seite in individuell-personengebundene *Wissens- und Kompetenzenpotenziale* zur Nutzung, Gestaltung und Entwicklung der Ressourcenpotenziale von zum Beispiel Informationstechnik und Informationstechnologie.

### 1.3.5 Arbeitszeiten und Arbeitsproduktivität in der gesamtwirtschaftlichen Arbeitszeitrechnung

Ziel der nachfolgenden Darstellungen mit Hilfe der gesamtwirtschaftlichen Arbeitszeitrechnung (AZR) ist es, die Beziehungen zwischen dem Personalbestand mit seinen *Arbeitszeiten* und dem daraus abzuleitenden Wert-Erfolg bemessen als *Bruttowertschöpfung* auf der gesamtwirtschaftlichen Ebene zu beleuchten.

Diese Betrachtung der gesamtwirtschaftlichen Zusammenhänge von Arbeitszeiten soll die einzelwirtschaftliche Bedeutung der hier so bezeichneten Zeit-Dimension wissensintensiver Unternehmen unterstützen. Dies gilt insbesondere für die Konzeption eines möglichen *Zeit-Erfolgs* als strategisches Vorsteuerungsinstrument für einen *Wert-Erfolg*, hier bemessen als Wertschöpfung.[60]

**Begriff der geleisteten Arbeitsstunden in der Arbeitszeitrechnung**

Die tatsächlich geleisteten Arbeitsstunden von Arbeitnehmern und Erwerbstätigen mit Arbeitsplatz in Deutschland (Inlandskonzept) berechnet das *Institut für Arbeitsmarkt- und Berufsforschung* (IAB) als Forschungseinrichtung der Bundesagentur für Arbeit (BA) in Zusammenarbeit mit dem Statistischen Bundesamt.

Mit tatsächlich geleisteten Arbeitsstunden ist gemeint, dass diejenigen Arbeitsstunden berücksichtigt werden, die im Arbeitszeitkonzept als *Anwesenheitszeiten* gelten, zum Beispiel einschließlich Bereitschaftsdienst oder Überstunden, aber abzüglich zum Beispiel von Krankheits- und Urlaubszeiten. Der Begriff der Anwesenheit oder Abwesenheit nach dem Arbeitszeitkonzept wird hier für die nachfolgende Modellbildung als *Verfügbarkeit* oder *Nicht-Verfügbarkeit* bezeichnet.[61]

---

60 Vgl. zur gesamtwirtschaftlichen Arbeitszeitrechnung Anhang 2 mit Tab. 2, Tab. 3 u. Tab. 4 zu geleisteten Arbeitsstunden und erzielter Bruttowertschöpfung in verschiedenen Ausprägungen. Vgl. einführend Belitz/Clemens/Gornig 2008, S. 5 ff. u. S. 14 ff. , Gehrke/Frietsch/Rammer 2010, S. 3 ff. , Frenkel/John 2011, S. 130 f. sowie Mankiw/Taylor 2012, S. 649 ff.

61 Vgl. Anhang 3 zu Abwesenheitszeiten, vgl. Wanger/Weigand/Zapf 2014, S. 10 ff.

**Wert-Erfolg in der gesamtwirtschaftlichen Arbeitszeitrechnung als Bruttowertschöpfung**

Der Wert-Erfolg wird in der gesamtwirtschaftlichen Arbeitszeitrechnung als Bruttowertschöpfung der volkswirtschaftlichen Gesamtrechnung definiert. Diese Bruttowertschöpfung bestimmt sich im Rahmen der Berechnungen des Bruttoinlandsprodukts (BIP) im sog. Produktionsansatz als Entstehungsrechnung. Dazu werden vom Wert sämtlicher produzierter Güter und Leistungen alle Vorleistungen des Leistungsprozesses abgezogen.[62]

**Wert-Erfolg in der betriebswirtschaftlichen Darstellung als Wertschöpfung**

Für diese Arbeit soll zur Bestimmung des betrieblichen Wert-Erfolgs als abgeleitetes Wirkungsergebnis des noch zu entwickelnden betrieblichen Zeit-Erfolgs in Anlehnung an die gesamtwirtschaftliche Arbeitszeitrechnung ebenfalls das Konstrukt der Wertschöpfung verwendet werden.

Für die betriebswirtschaftliche Ermittlung der Wertschöpfung bietet sich aus Gründen der zwischenbetrieblichen Vergleichbarkeit für Unternehmen mit Sitz in Deutschland eine *Entstehungsrechnung* auf Basis der handelsrechtlichen Gewinn- und Verlustrechnung (GuV) in Form des sog. Gesamtkostenverfahrens an. Auch hier erfolgt die Ermittlung der Wertschöpfung als Differenz der Gesamtleistung (Produktionswert) abzüglich sämtlicher Vorleistungen. Die *Gesamtleistung* beinhaltet die Umsatzerlöse unter Berücksichtigung der Bestandsveränderungen zuzüglich aktivierter Eigenleistungen und sonstiger betrieblicher Erträge. Die davon abzuziehenden *Vorleistungen* beinhalten die Aufwendungen für Roh-, Hilfs- und Betriebsstoffe, bezogene Waren, bezogene Leistungen, alle sonstigen betriebliche Aufwendungen sowie planmäßige Abschreibungen auf immaterielle Vermögensgegenstände des Anlagevermögens und Sachanlagen.[63]

Der Vorteil dieser Darstellung eines Wert-Erfolgs als *Wertschöpfung* liegt wie bei der gesamtwirtschaftlichen Arbeitszeitrechnung darin, diesen Wert-Erfolg als gemeinsame Leistung der Produktionsfaktoren Arbeit und Kapital darstellen zu können. Spezifischer lässt sich damit in

---

62 Vgl. Mankiw/Taylor 2012, S. 604 ff. i. V. m. S. 649 ff. Vgl. Anhang 2, Tab. 3.

63 Vgl. Coenenberg/Haller/Schultze 2014, S. 1176 ff. zur Entstehungsrechnung für die Ermittlung der Wertschöpfung nach HGB sowie kritisch zu speziellen Abgrenzungsfällen. Vgl. a. a. O. , S. 1177 zum verkürzten betriebswirtschaftlichen Begriff von Bruttowertschöpfung als Umsatz minus Materialaufwand. Vgl. Coenenberg 2005, S. 1106 ff. zu Ermittlung der Wertschöpfung nach HGB im selben Schema, allerdings noch mit Sonderfällen hinsichtlich des Abzugs der außerplanmäßigen AfA und sonstigen Steuern.

einer Verteilungsrechnung die Wertschöpfung als Arbeitsertrag, Fremdkapitalertrag, Eigenkapitalertrag und Gemeinertrag (Steuern) ausdrücken.[64]

**Arbeitsproduktivität und Lohnstückkosten in der gesamtwirtschaftlichen Arbeitszeitrechnung**

Die gesamtwirtschaftliche Arbeitszeitrechnung (AZR) sieht sich in der Lage, eine Beziehung zwischen der tatsächlich geleisteten *Erwerbstätigenstunde* oder *Arbeitnehmerstunde* zur erwirtschafteten Bruttowertschöpfung herzustellen. Differenzierungen sind nicht nur möglich zwischen Erwerbstätigen und Arbeitnehmern, sondern auch zwischen verschiedenen Wirtschaftszweigen, hier zum Beispiel für das produzierende Gewerbe.[65]

Für Unternehmen oder Tarifvertragsparteien von besonderem Interesse ist der Quotient aus eingesetzten Arbeitszeiten und erzielter Bruttowertschöpfung als sog. *Arbeitsproduktivität.* Der daraus abgeleitete *Lohnstückkosten-Index* nach dem Stundenkonzept errechnet sich dann als Quotient aus Arbeitnehmerentgelten je geleisteter Arbeitnehmerstunde und der Arbeitsproduktivität je geleisteter Erwerbstätigenstunde.[66]

**Arbeitsstunden in der gesamtwirtschaftlichen Arbeitszeitrechnung als Anwesenheitsstunden bzw. Verfügbarkeit**

Mit dem Begriff der tatsächlich geleisteten Arbeitsstunden als *Anwesenheitsstunden* im Sinn des Arbeitszeitkonzepts lässt sich innerhalb einer einzigen Betrachtungsperiode, also zum Beispiel innerhalb eines Kalenderjahres, keine Aussage zur Entwicklung der Produktivität zum Beispiel für Arbeitnehmer im Wirtschaftszweig des produzierenden Gewerbes treffen. Eine Veränderung der in der AZR so bezeichneten *Arbeitsproduktivität* im Verhältnis von geleisteter Arbeitsstunde bzw. Anwesenheitsstunde zur erwirtschafteten Bruttowertschöpfung ist nur im Rahmen des gesamtwirtschaftlichen Periodenvergleichs möglich.

**Anstieg der Bruttowertschöpfung je Erwerbstätigenstunde: Effektivere und effizientere Nutzung knapper verfügbarer Handlungszeiten**

Gleichwohl muss in der hier vertretenen Ansicht bei einem registrierten Anstieg der erzielten Bruttowertschöpfung je geleisteter Arbeitsstunde eines einzelnen Erwerbstätigen (Erwerbstätigenstunde) innerhalb der zurückliegenden Zeitperiode eine bessere Nutzung der knappen verfügbaren Arbeitszeit bzw. Handlungszeit stattgefunden haben. Diese bessere Nutzung

64 Vgl. Coenenberg/Haller/Schultze 2014, S. 1179 f. zur Verteilungsrechnung der Wertschöpfung.

65 Vgl. Anhang 2, Tab. 3.

66 Vgl. Anhang 2, Tab. 3. Vgl. Mankiw/Taylor 2012, S. 649 ff. zur Bedeutung der Produktivität für das wirtschaftliche Wachstum und den Lebensstandard.

knapper Handlungszeiten hinsichtlich Zielausrichtung (Effektivität) und Bedarfsorientierung (Effizienz) könnte zum Beispiel durch eine höhere individuelle Fachkompetenz mit der Nutzung moderner Informationstechnologien und der Ansprache neuer Kunden-Zielgruppen erreicht worden sein. In der Folge reduzieren sich bislang unproduktivere Handlungszeiten und erhöhen damit den Anteil produktiverer Handlungszeiten. Dies immer mit der Maßgabe der Randbedingung definierter Arbeits- bzw. Handlungszeiten im Sinn der Arbeitszeitkonzepte der bezahlten und vertraglichen Stunden.[67]

**Relationaler Zeit-Erfolg als produktive Nutzung von Handlungszeiten mit Wert-Erfolgspotenzial**

Ziel dieser Forschungsarbeit ist es, auf einzelwirtschaftlicher Ebene eines Unternehmens die produktivere Nutzung verfügbarer Handlungszeiten des Personalbestands mit einem Periodenergebnis als Zeit-Erfolg innerhalb der relationalen Zeit-Dimension zu konzipieren. In Verbindung zur gesamtwirtschaftlichen Arbeitszeitrechnung mit der Beziehung von eingesetzten Arbeitsstunden und erzielter Bruttowertschöpfung kann dann dieser konzipierte relationale Zeit-Erfolg als Vorsteuerungsinstrument für Wert-Erfolge weiterentwickelt werden. Damit ergibt sich die erste Begriffsbestimmung für einen relationalen Zeit-Erfolg:

Ein *relationaler Zeit-Erfolg* als Ausprägung und Ausdruck einer handlungsbasierten relationalen Zeit-Dimension eines Unternehmens ist das periodenbezogene Handlungsergebnis der produktiven und produktiveren Nutzung verfügbarer Handlungszeiten des Personalbestands gemessen in Arbeitsstunden mit dem Potenzial zur Erhöhung von Wert-Erfolgen bemessen als Wertschöpfung.

**Zusammenhänge und Folgerungen aus geleisteten Arbeitsstunden und erzielter Wertschöpfung**

Der Personalbestand wissensintensiver Unternehmen einschließlich seiner Organvertreter steht in der hier vertretenen Ansicht mit seinen verfügbaren und produktiv genutzten Arbeitszeiten im Mittelpunkt der Betrachtungen. Damit stünde auch die wirtschaftliche Disposition über den Einsatz, die Nutzung, die Gestaltung und Entwicklung von Ressourcenpotenzialen weitgehend dem Personalbestand zu. Die häufig getrennte Betrachtung von Kapital als Kapitalproduktivität und Arbeit als Arbeitsproduktivität dürfte sich dann in diesem Zusammenhang relativieren.

[67] Vgl. Anhang 2, Tab. 1 zu Arbeitszeiten in Unternehmen. Zu Krankenstand-Stunden und Überstunden vgl. Anhang 2, Tab. 4.

In den nachfolgenden Betrachtungen sollen die gesamtwirtschaftlichen Zusammenhänge von Beschäftigten und deren Arbeitszeiten mit den jeweils generierten Wert-Erfolgen in Form der Bruttowertschöpfung näher beleuchtet werden, vor allem hinsichtlich Fachqualifikation, Fachkompetenz und Nutzung von Technologie.[68]

Als Untersuchungsmaterial werden insbesondere Quellen des deutschen *Statistischen Bundesamtes* für die Inlandsbetrachtung sowie der *OECD* für die deutsche und internationale Betrachtung herangezogen. Wie schon oben erwähnt, handelt es sich bei den geleisteten Arbeitsstunden um Anwesenheitsstunden des Arbeitszeitkonzepts. Neben international generell unterschiedlichen bezahlten und vertraglich vereinbarten Arbeitsstunden[69] ist der Unterschied von Erwerbstätigen und Arbeitnehmern zu berücksichtigen. Zu den Erwerbstätigen zählen in der Regel Arbeitnehmer, Beamte, geringfügig Beschäftigte sowie Selbstständige einschließlich mithelfender Familienangehöriger. Bei Arbeitnehmern gibt es u. a. Unterscheidungen bezüglich Vollzeit oder Teilzeit in jeweils unterschiedlichen Wirtschaftszweigen (WZ).[70]

**Ausrichtung des gesamten Personalbestands auf die Produktivität in individuellen Arbeitszeiten**

Die Ausrichtung auf Produktivität im Sinn einer effektiveren und effizienteren Nutzung der verfügbaren Arbeitszeiten als Handlungszeiten kann zu höheren Wert-Erfolgen führen. Aus Sicht der Arbeitszeiten lässt sich diese zunehmend wirtschaftlichere Nutzung von Handlungszeiten der Beschäftigten, zum Beispiel durch zunehmende Fachqualifikationen und Technologie-Einsatz sowie die daraus resultierenden Wert-Erfolge belegen. So stieg zum Beispiel nach Angaben des Statistischen Bundesamtes für den Zeitraum von 1991-2011 die je Arbeitsstunde von Erwerbstätigen in Deutschland erzielte Bruttowertschöpfung um insgesamt 34,8%.[71]

Eine Gesamtübersicht der gesamtwirtschaftlichen Arbeitszeitrechnung für Dienstleistungsbereiche und das produzierende Gewerbe in Deutschland für 1991-2015 zeigt Abb. 2. Dabei stieg je geleisteter Erwerbstätigenstunde die Bruttowertschöpfung in jeweiligen Preisen (Tab. 2.12) in den *Dienstleistungsbereichen* (einschl. öffentliche Dienstleister) von 24,35 Euro in 1991 auf 44,52 Euro in 2015 und im *produzierenden Gewerbe* (einschl. Baugewerbe) von 24,74 Euro in 1991 auf 52,58 Euro in 2015.

---

68 Vgl. zur Beziehung von Bruttoinlandsprodukt und Bruttowertschöpfung Mankiw/Taylor 2012, S. 609 f.

69 Vgl. Anhang 2, Tab. 1.

70 Vgl. Anhang 2, Tab. 2 u. Tab. 4.

71 Vgl. Statistisches Bundesamt 2012, S. 1. Auf die Erwerbstätigenzahl bezogen um 22,7%. Vgl. Anhang 2, Tab. 3 zur Entwicklung im produzierenden Gewerbe in Deutschland.

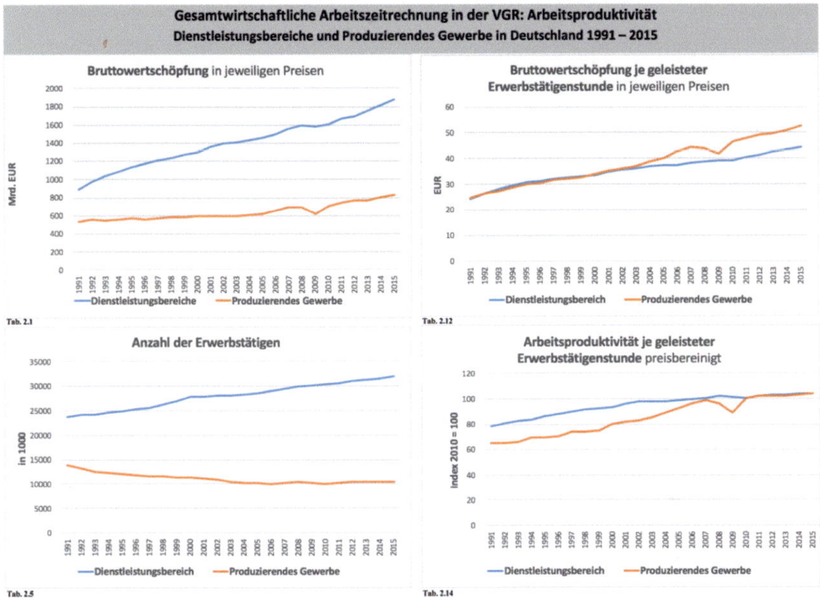


Abb. 2: Arbeitszeitrechnung für Unternehmen in Deutschland 1991-2015[72]

**Berücksichtigung von Verfügbarkeit und Produktivität von Arbeitszeiten des Personalbestands**

Rückgänge bei geleisteten Arbeitsstunden sowie Rückgänge bei der Produktivität führen nach *OECD*[73] zu unterdurchschnittlichen Zuwachsraten beim Wert-Erfolg.

**Erhöhung des Personalbestands für Wert-Erfolge unter Berücksichtigung der Produktivität**

Die *OECD*[74] stellt dazu für Deutschland im Zeitraum 1992-2008 mit durchschnittlichen jährlichen Wachstumsraten des Bruttoinlandsprodukts von bis zu 4% auch einen Zusammenhang zum Beschäftigtenzuwachs her. Gleichzeitig konnten alle Beschäftigten den Wert-Erfolg je Arbeitsstunde erhöhen.

72 Vgl. Statistisches Bundesamt 2016c, mit Tab. 2.1 zur Bruttowertschöpfung gesamt in jeweiligen Preisen, mit Tab. 2.12 zur Bruttowertschöpfung je geleisteter Erwerbstätigenstunde in jeweiligen Preisen, mit Tab. 2.5 zur Anzahl der Erwerbstätigen und mit Tab. 2.14 zur Arbeitsproduktivität je geleisteter Erwerbstätigenstunde preisbereinigt mit Index 2010 gleich 100.

73 Vgl. OECD 2012, S. 29 f.

74 Vgl. OECD 2010, S. 45 f.

**Fachqualifikation und Fachkompetenz des Personalbestands für effizientere Technologienutzung**

Die *OECD*[75] kann international Korrelationen zwischen Beschäftigtenqualifikationen und Produktionsleistung herstellen. Die Informationstechnologie zur möglichen Erhöhung der Produktivität steht dabei im engen Zusammenhang mit der Anzahl der Beschäftigten und deren technischen Kompetenzen für effiziente Nutzungsmöglichkeiten.

### 1.3.6 Wert-Dimension und Wert-Erfolge

Als Begriff *Wert* wird nachfolgend das Resultat von Messungen mit anschließenden Bewertungen der betrieblichen Leistungs- und Güterbewegungen im Unternehmens-Umwelt-System verstanden. Diese Bewertung erfolgt üblicherweise in Geldeinheiten und soll sowohl Kostenwerte als auch bilanzielle Werte mit einschließen.[76] *Kostenwerte* beinhalten dann bestimmte Bewertungsfreiheiten z. B. bezüglich Tagesbeschaffungspreisen, Verrechnungspreisen oder der Einbindung kalkulatorischer Kosten. *Bilanzielle Wertbegriffe* beschränken sich auf aufwandsgleiche Kosten ohne Berücksichtigung von Wiederbeschaffungspreisen und kalkulatorischen Kosten, gleichwohl mit variablen und fixen Kosten.[77]

Der Begriff *Geldeinheit* wird somit als Maß für die Wert-Dimension angesehen. Im Gegensatz dazu soll der Begriff *Geld* oder *Geldbetrag* als reines Zahlungsmittel in der *Finanz-Dimension*, dort in Form von Einzahlungen und Auszahlungen verstanden werden. Auf die Bezeichnung der Bewertung in Geldeinheiten als „Monetarisierung" soll hier aus Gründen der deutlicheren Abgrenzung verzichtet werden. Wenn die ökonomische und die sozialwissenschaftliche Zeitforschung in den verkürzten Bezügen von Zeit, Wert und Geld sowie Individuum und Handlung argumentiert, wird diese Sichtweise nachfolgend in eine umfassende betriebliche *Zeit-Dimension, Wert-Dimension und Finanz-Dimension* transformiert.

**Ausprägungen des Begriffs Wert**

Der häufig kontrovers diskutierte Begriff des Werts beinhaltet selbst in der hier maßgeblichen betriebswirtschaftlichen Perspektive durchaus verschiedene Ausprägungen. So können nach

---

75 Vgl. OECD 2004, S. 11, S. 25 ff. , S. 78 ff. u. S. 92 ff. zur Unternehmensebene. Vgl. OECD 2004, S. 22 i. V. m. S. 24 ff.

76 Vgl. einführend Coenenberg/Haller/Schultze 2014, S. 93 ff. zu Wertbegriffen nach nationalen und internationalen rechtlich bindenden Normen. Vgl. Schweitzer/Küpper 2011, S. 15 ff. zur Kosten- und Erlösbewertung.

77 Vgl. ausführlich Coenenberg/Haller/Schultze 2014, S. 1177 ff. zur betrieblichen Wertschöpfungsrechnung nach HGB mit einer Entstehungs- und Verteilungsrechnung im Rahmen der sog. erfolgswirtschaftlichen Bilanzanalyse.

dem Wirtschaftlichkeitsprinzip neben ökonomischen Bewertungen – für manche Kritiker zum Teil überraschend - auch *ökologische*, *technische* oder *soziale Bewertungsmaßstäbe* anzulegen sein.

Weiterhin beinhaltet der Begriff Wert nicht lediglich das Resultat einer bloßen „Bepreisung“, die manchmal eher als trivial betrachtet wird. Im Wert befinden sich durchaus komplexe qualitative Beurteilungsräume für Messung und Bewertung im Sinn eines als vernünftig bzw. rational angesehenen kaufmännischen Geschäftsverhaltens als subjektivistische Einzelbewertung. Dies nicht nur in der weniger beschränkten Kosten- und Erlösrechnung, sondern auch im Handelsrecht.[78]

**Zusammenfassende Beschreibung der Wert-Dimension eines wissensintensiven Unternehmens**

Die Wert-Dimension lässt sich somit wie folgt beschreiben: Die *Wert-Dimension* eines wissensintensiven Unternehmens beschreibt das Ausmaß der Resultate von Messungen mit anschließenden spezifischen Bewertungen in Geldeinheiten nach ökonomischen, ökologischen, technischen oder sozialen Zielausrichtungen mit Kostenwerten und bilanziellen Werten der dafür als relevant angesehenen Leistungs- und Güterbewegungen innerhalb eines Unternehmens-Umwelt-Systems als das bewertete Handlungsergebnis sowie als den bewerteten Handlungserfolg im Sinn eines Wert-Erfolgs.

**Zusammenfassende Beschreibung des Wert-Erfolgs eines wissensintensiven Unternehmens**

Der Wert-Erfolg lässt sich damit wie folgt beschreiben: Der *Wert Erfolg* in der Wert-Dimension eines wissensintensiven Unternehmens bemisst sich als bewerteter Handlungserfolg von bewerteten Handlungsergebnissen der dafür als relevant angesehenen Leistungs- und Güterbewegungen mit spezifischen Bewertungen in Geldeinheiten nach ökonomischen, ökologischen, technischen oder sozialen Zielausrichtungen mit Kostenwerten und bilanziellen Werten als Differenzbetrag von Erlösen und Kosten oder Erträgen und Aufwendungen.

---

78 Vgl. dazu als Beispiele aus der handelsrechtlichen Bilanzierung Coenenberg/Haller/Schultze 2014, S. 102 ff. zum Erfüllungsbetrag nach § 253 Abs. 1 Satz 2 HGB als Zugangsbewertung bei Schulden oder a. a. O. , S. 104 ff. zum beizulegenden Zeitwert nach § 255 Abs. 4 HGB zur Erfüllung von Schulden aus Altersversorgungsverpflichtungen oder vergleichbaren langfristigen Verpflichtungen, sog. Planvermögen.

**Zusammenhänge von Zeit-Dimension und Wert-Dimension wissensintensiver Unternehmen**

Nach den bislang dargelegten Ausführungen bestimmt der individuelle Personalbestand nach dem ressourcenbasierten Ansatz maßgeblich mit seinen individuellen Wissens- und Kompetenzenpotenzialen die Leistungs- und Güterbewegungen über die Nutzung, Gestaltung und Entwicklung von Unternehmensressourcen.

Die Nutzung, Gestaltung und Entwicklung von Unternehmensressourcen müsste sich dann in konzentrierter Form über produktive oder unproduktive Handlungszeiten innerhalb verfügbarer Arbeitszeiten in der relationalen Zeit-Dimension messen lassen. Damit ließe sich auch wie oben dargelegt innerhalb der handlungsbasierten relationalen Zeit-Dimension ein relationaler *Zeit-Erfolg* bestimmen. Werden Leistungs- und Güterbewegungen in toto innerhalb der Wert-Dimension mit Werten belegt, müsste demzufolge der daraus abgeleitete Wert-Erfolg – aus ressourcenbasierter Sicht - als Wirkungsresultat des bereits bestimmten Zeit-Erfolgs gelten können. Aus dieser Erkenntnis ließe sich dann eine strategische Steuerungsgröße für relationale Zeit-Erfolge und eine strategische Vorsteuerungsgröße für spätere Wert-Erfolge ableiten.

**Verwendung von Unternehmensrechnungen der Wert-Dimension aus Sicht des strategischen Managements**

Aus Sicht des strategischen Managements werden im Hinblick auf das Entscheidungsziel eines Wert-Erfolgs vor allem zwei Bereiche von Unternehmensrechnungen betrachtet.[79] Hierzu zählen das Kosten- und Erlösmanagement einschließlich dessen taktisch-strategischer Erweiterungen sowie Unternehmensrechnungen mit strategischen Orientierungen im weiteren Sinn.

Zu diesen strategischen Unternehmensrechnungen zählen insbesondere Investitionsrechnungen, Erfolgspotenzialrechnungen und Humanvermögensrechnungen. Besondere Beachtung wegen ihrer Bezüge auf Personen des Personalbestands verdienen die grundsätzlichen Ansätze und Möglichkeiten von Humanvermögensrechnungen in kostenwert- und erfolgswertorientierter Form.

---

[79] Vgl. Coenenberg/Haller/Schultze 2014, S. 507 zum Erfolgsbegriff als zentraler Maßstab der Unternehmensleistungsfähigkeit. Vgl. Schweitzer/Küpper 2011, S. 9 f.

**Besonderheiten des externen Rechnungswesens und der Wertschöpfung für das strategische Management**

Das externe Rechnungswesen mit Bilanz und GuV ist zwar auch auf die Ermittlung eines Periodenerfolgs ausgerichtet, verfolgt aber noch grundsätzlich anders geartete Informationsinteressen.[80] Gleichwohl bleibt für das strategische Management die Bilanzrechnung wichtig, und zwar hier im Hinblick auf die Bevorzugung der betriebswirtschaftlichen bzw. betrieblichen *Wertschöpfung*.[81] Die betriebliche Wertschöpfung wird in den nachfolgenden Kapiteln ähnlich wie die gesamtwirtschaftliche Arbeitszeitrechnung im Verhältnis von Arbeitszeiten und daraus generierter (Brutto)-Wertschöpfung verwendet.

### 1.3.7 Finanz-Dimension und Finanz-Erfolge

Im Gegensatz zur oben aufgeführten Wert-Dimension bemessen sich Ergebnisse und Erfolge in der *Finanz-Dimension* wissensintensiver Unternehmen *nicht* durch in Geldeinheiten bewertete bzw. bemessene Leistungs- und Güterbewegungen aus Erlösen und Kosten, Erträgen und Aufwendungen oder deren längerfristige Kapitalisierung aus Investitionsrechnungen.

Allein maßgebliches Kriterium für Finanz-Ergebnisse oder Finanz-Erfolge ist der aus den Leistungs- und Güterbewegungen resultierende, im Zeithorizont jeweils versetzte Zufluss und Abfluss von *Geld als Zahlungsmittel* in Form von Einzahlungen und Auszahlungen. Dieser Geldfluss lässt sich nur sicher – sieht man von Bargeldzählungen ab – über verlässliche Bankkontenbewegungen prüfen und feststellen, keinesfalls allein über Konten nachführender Buchführungssysteme.

**Geld als Zahlungsmittel, Geldeinheit als Wertmaß**

Ein ausführlicher Diskurs zum Geld in seinem historischen und funktionalen Kontext soll an dieser Stelle nicht geführt werden. Für alle nachfolgenden Ausführungen ist festzuhalten, dass der Begriff *Geldeinheit* als Wertmaß in der Wert-Dimension angesehen wird und der Begriff *Geld* oder *Geldbetrag* als reines Zahlungs- und Tauschmittel in der Finanz-Dimension zu verstehen ist. So wären wie in frühen Gesellschaften zum Beispiel auch Edelmetalle oder andere

---

80 Vgl. Coenenberg/Haller/Schultze 2014, S. 18 f. zu Aufgaben und Interessenskonflikten des handelsrechtlichen Jahresabschlusses.

81 Vgl. ausführlich zur betrieblichen Wertschöpfung Kap. 1.3.5. Vgl. Coenenberg/Haller/Schultze 2014, S. 1177 ff. zur betrieblichen Wertschöpfungsrechnung nach HGB mit einer Entstehungs- und Verteilungsrechnung im Rahmen der erfolgswirtschaftlichen Bilanzanalyse.

Rohstoffe als Wertmaß für Vermögen möglich, die aber nicht unbedingt zugleich Tauschmittel sein müssen bzw. waren.[82]

**Finanzmanagement in der Finanzwirtschaft des Unternehmens**

Das Finanzmanagement beschäftigt sich im Rahmen der Finanzwirtschaft des Unternehmens im Kern um eine kurz-, mittel- und langfristige Liquiditätssicherung. Innerhalb der Finanzwirtschaft gilt es dann, die für die Aufrechterhaltung und Erweiterung der Leistungs- und Güterbewegungen notwendigen Investitionen mit geeigneten Finanzierungsarten und Kapitalkosten *strukturell* sicherzustellen. Ist nachfolgend von Geld oder Finanzen die Rede, sollen damit immer Einzahlungen und Auszahlungen von Geld in Form von Buchgeld, papiernem Geld oder gemünztem Geld gemeint sein. Das Finanzmanagement sichert dann im Kern die Liquidität im Sinn einer jederzeitigen Zahlungsfähigkeit.[83]

**Beschreibung der Finanz-Dimension als Ausmaß von Einzahlungen und Auszahlungen**

Die Finanz-Dimension eines Unternehmens beschreibt damit das Ausmaß der messbaren Einzahlungen und Auszahlungen von Buchgeld (digitales Geld), Banknoten (papiernes Geld) oder Münzen (gemünztes Geld) als die aus den Handlungen der Leistungs- und Güterbewegungen innerhalb des Unternehmens-Umwelt-Systems unmittelbar resultierenden, im Zeithorizont häufig versetzten Zuflüsse und Abflüsse von Geld als anerkanntem Zahlungsmittel. Das Finanzmanagement sichert dazu im Kern seiner Aufgaben im Rahmen der gesamten Finanzwirtschaft des Unternehmens die jederzeitige Liquidität als Zahlungsfähigkeit.

## 1.4 Wissenschaftliches Ziel und forschungsleitendes Programm

Das wissenschaftliche Ziel dieser Forschungsarbeit ist die Erklärung des *Wert-Erfolgs* in der Wert-Dimension wissensintensiver Unternehmen durch den als ursächlich aufgefassten Nutzenerfolg aus knappen und bestmöglich zu verwendenden Handlungszeiten des individuellen Personalbestands in der handlungsbasierten relationalen Zeit-Dimension. Dieser Nutzenerfolg wird hier als messbarer *relationaler Zeit-Erfolg* handelnder Individuen des Personalbestands

---

82 Zum historischen und grundlegenden Verständnis von Geld bzw. besser von gemünztem Geld, etymologisch gilt (guilty), Opfer, religiöse Abgabe sowie zu Zusammenhängen von nomisma (Münze) und nomos (Gesetz) vgl. Howgego 2011, S. 14 ff. u. S. 71 ff. Vgl. Riese 1995, S. 70 ff. u. S. 74 ff. zu den Schwierigkeiten ökonomischer Theorien im Umgang mit der Geldfunktion, hier nicht i. S. als Tauschmittel oder Wertaufbewahrungsmittel, sondern als akzeptiertes Zahlungsmittel für eine individual- und marktorientierte Aufrechterhaltung wirtschaftlicher Handlungsfähigkeit.

83 Vgl. Perridon/Steiner/Rathgeber 2009, S. 7 ff. u. S. 10 ff. sowie S. 636 ff.

aus der strategiegeleiteten, verfügbaren und produktiven Nutzung von individuellen Wissens- und Kompetenzenpotenzialen gemessen in Handlungszeiten bezeichnet.

Die zu identifizierenden unabhängigen Variablen des Zeit-Erfolgs könnten dann als einheitliche und operationale strategische Steuerungsgrößen zur Vorsteuerung des Wert-Erfolgs in der Wert-Dimension eingesetzt werden. Auf der Grundlage der entwickelten strategischen Zeit-Erfolgsgröße soll mit der Gestaltung einer strategischen Planungsrechnung eine konsistente Verzahnung von strategischer und operativer Planung hergestellt werden. Dazu wird ein *theoretisches Modell der strategischen Zeit-Nutzenpotenziale in der relationalen Zeit-Dimension* entwickelt,[84] welches im Rahmen der technologischen Gestaltung zu einem *strategischen Planungsmodell* für Zeit-Nutzenpotenziale erweitert wird.[85]

Das zu entwickelnde theoretische Modell der strategischen Zeit-Nutzenpotenziale als operationale strategische Erfolgsgröße soll das strategische Management wissensintensiver Unternehmen in die Lage versetzen, *Wirkungsprognosen* und *Wirkungsanalysen* aus der produktiven Nutzung verfügbarer Wissens- und Kompetenzenpotenziale des Personalbestands für die Erzielung von wirtschaftlichen Erfolgen in der Wert-Dimension abgeben zu können. Dazu wird auf Basis einer *Theorie des relationalen Zeit-Erfolgs*[86] ein *theoretisches Modell des relationalen Zeit-Erfolgs*[87] aus der produktiven Nutzung verfügbarer Zeit-Potenziale des Personalbestands im Zeithorizont abgeleitet. Die Integration von Modellelementen des strategischen Managements und der strategischen Potenziale führt zur Entwickung des *theoretischen Modells der relationalen Zeit-Nutzenpotenziale*.[88]

Auf Basis einer bereits vorliegenden und veröffentlichten externen Einzelfallstudie für ein mittelständisches Industrieunternehmen in Form eines strategisch ausgerichteten Business Plans sollen exemplarisch die theoretisch entwickelten Erkenntnisse der relationalen Zeit-Dimension mit freundlicher Genehmigung der Autorin angewendet werden.[89]

Die erzielten Erkenntnisse aus dem theoretischen Teil der Forschung[90] werden anschließend im Gestaltungsbereich zu einem *strategischen Planungsmodell für Zeit-Nutzenpotenziale* einschließlich strategischer Zeit-Ergebnisrechnungen weiterentwickelt.[91] Die zusammenfassende

---

84 Vgl. Kap. 4.2.
85 Vgl. Kap. 5.
86 Vgl. Kap. 4.1.1.
87 Vgl. Kap. 4.1.
88 Vgl. Kap. 4.2.
89 Vgl. Anhänge 4, 5, 6 und 7.
90 Vgl. Kap. 4.
91 Vgl. Kap. 5.

Bewertung der erzielten Forschungsergebnisse[92] und die Erörterung des weiteren Forschungsbedarfs[93] schließen die Arbeit ab.

## 1.5 Wissenschaftstheoretische Einordnung

Die vorliegende Forschungsarbeit orientiert sich an der gegenwärtigen Empfehlung des Schrifttums für die strategische Forschung, eher *Rahmenbedingungen* und *Strategiekontexte* unter Produktivitätsgesichtspunkten zu berücksichtigen als Strategieinhalte oder Strategieprozesse.[94] Dieser Empfehlung wird hier insbesondere vor dem oben erläuterten Hintergrund einer fehlenden einheitlichen und operationalen strategischen Erfolgsgröße im Sinn einer strategischen Rahmenbedingung gefolgt.

Von einer einheitlichen strategischen Erfolgs- und Steuerungsgröße in der Zeit-Dimension wird zugleich eine Operationalisierung der strategischen Planung und eine konsistente Verknüpfung mit der operativen Funktionsbereichsplanung erwartet.[95]

Für diese Forschungsarbeit werden die nachfolgend aufgeführten wissenschaftstheoretischen Perspektiven und Modelle zugrunde gelegt:

- *Gesamtwirtschaftliches Konzept der Arbeitsproduktivität* mit der Bruttowertschöpfung als Wirkung von Handlungszeiten bzw. geleisteten Arbeitszeiten des Personalbestands von Unternehmen.[96]
- *Theoretisches Konstrukt der relationalen Zeit-Dimension* als Ausprägung von Handlungszeiten der Individuen zur Nutzengenerierung mit der bestmöglichen Zuteilung von knappen Handlungszeiten für nutzengenerierende Handlungen unter Verwendung der ökonomischen Konzepte der Güterzeit und Zeitallokation.[97]

---

92 Vgl. Kap. 6.

93 Vgl. Kap. 7.

94 Vgl. Bea/Haas 2005, S. 37 ff. und Bea/Haas 2013, S. 36 ff. zur Strategieforschung nach den Bedingungen für die Formulierung von effizienten Strategien sowie Macharzina/Wolf 2010, S. 264 f. zu Interdependenzen zwischen Strategieinhalt und Strategieprozess.

95 Vgl. Bea/Haas 2005, S. 50 und S. 120 sowie Bea/Haas 2013, S. 37, S. 126 f. und S. 258 zur Kritik an der strategischen Planung hinsichtlich der Ausrichtung an einem geeigneten strategischen Zielkriterium in Form des strategischen Erfolgs. Zur Planung der Gesamtstrategie von der Festlegung von Wertbeiträgen bis zur Bereitschaftsausrichtung strategischer Potenziale vgl. Kaplan/Norton 2004, S. 343 ff. Zur Phase der Strategieimplementierung vgl. Welge/Al-Laham 2008, S. 791 ff. sowie a. a. O. , S. 848 ff. mit der Verknüpfung von strategischer Planung und operativer Funktionsbereichsplanung des operativen Managements.

96 Vgl. Kap. 1.3.5.

97 Vgl. Keuth 2011, S. 155 zur relationalen Theorie des Raumes und der Zeit nach Leibniz (1646-1716) als Gegenentwurf zum absoluten Zeitbegriff der universalen Hintergrundzeit nach Newton (1643-1727). Vgl. Kuhn/Maurer 1995, S. 134 ff. Der relationale Zeitbegriff ist wesensgleich mit dem neueren Verständnis der emergenten Zeit, vgl. Callender 2010, S. 33 f.

- *Theoretisches Zeitbaum-Modell* in der reversiblen und irreversiblen Ausprägung innerhalb der relationalen Zeit-Dimension mit Handlungszeiten als substantiierte Zeit.[98]
- *PIMS-Strategieforschungsprogramm* (Profit Impact of Market Strategies) mit Erfolgsfaktoren aus der Kapital- und Kostenstruktur, insbesondere auch der Mitarbeiterproduktivität gemessen als erzielte Wertschöpfung pro Mitarbeiter.[99]
- *Theoretische Perspektive* des aus dem ressourcenbasierten Ansatz (resource-based view) weiter entwickelten *wissensbasierten Ansatzes* (knowledge-based view) in der Sichtweise des strategischen Managements.[100]
- *Theoretische Perspektive* des aus dem ressourcen- und wissensbasierten Ansatz weiter entwickelten *kompetenzbasierten Ansatzes* (competence-based View) in der Sichtweise des strategischen Managements unter besonderer Berücksichtigung des Rückgriffs auf sozialtheoretische Konstrukte mit kognitiv und kreativ handelnden Akteuren.[101]
- *Managementmodelle der strategischen Vorsteuerung* für die Vorsteuerung des Wert-Erfolgs mit bestehenden und neu zu entwickelnden strategischen Erfolgspotenzialen innerhalb von Zeithorizonten.[102]
- Theoretische Ansätze von strategischen Unternehmensrechnungssystemen als *Erfolgspotenzialrechnung* mit einer Verknüpfung von Kompetenzen-Ressourcenpotenzialen und Systemen der wertorientierten Unternehmensführung.[103]

---

98 Vgl. Cramer 1996, S. 104 f. u. S. 116-122 zum Modell des „Zeitbaums" mit dem reversiblen Zeitkreis t (r) und dem im Zeithorizont offenen irreversiblen Zeitvektor t (i). Vgl. a. a. O, S. 71 zur substantiirten Zeit aus Handlungen, Abläufen und Ereignissen je Zeiteinheit.

99 Vgl. Malik 2007, S. 202 ff. und S. 205 f. mit den Erfolgsfaktoren relativer Marktanteil, Produktivität, Investmentintensität, relativer Kundennutzen, Innovationsrate, Wachstumsrate des bedienten Marktes, Kundenprofil und vertikale Integration.

100 Vgl. Welge/Al-Laham 2008, S. 98 ff. umfassend zu wissensbasierten Ansätzen im strategischen Management einschließlich der Erweiterung mit dynamischen Kernkompetenz- und Lernansätzen sowie den Zusammenhängen zum wirtschaftlichen Erfolg.

101 Vgl. Moldaschl 2010, S. 13 ff. u. a. zur neuen Institutionenökonomik (Individualismus) und zu Systemtheorien der Organisation (Institutionalismus).

102 Vgl. Gälweiler 2005, S. 27 ff. zur planmäßigen Vorsteuerung wirtschaftlicher Erfolge mit zu erhaltenden und neu zu entwickelnden Erfolgspotenzialen mit der Marktposition als Steuerungsgröße sowie S. 33 ff. zum Planungsmodell in hierarchischen Zeithorizonten. Vgl. Malik 2007, S. 98 ff. zum Integrierten Management-System (IMS) mit der Verknüpfung von strategischer und operativer Planung in unternehmens- und mitarbeiterbezogenen Dimensionen, vgl. a. a. O. , S. 104.

103 Vgl. Lachnit/Wulf 2009, S. 529 ff. zur Integration immaterieller Potenziale in die wertorientierte Unternehmensführung sowie Wulf 2008, S. 59 ff. zur notwendigen Berücksichtigung immaterieller Potenziale in Führungskennzahlensystemen. Zu den Systemelementen einer Erfolgspotenzialrechnung vgl. Schweitzer/Küpper 2011, S. 213 ff. sowie a. a. O. , S. 739 ff. zur zukünftigen Einbeziehung strategisch relevanter Daten in Unternehmensrechnungssysteme.

## 1.6 Untersuchungsdesign

Das nachfolgende Rahmenwerk zeigt im Überblick die wesentlichen Inhalte, die Reihenfolge und die Verbindungen der Forschungsaktivitäten nach konzeptionellen, erkenntnistheoretischen und technologisch-gestaltungsorientierten Kriterien.[104] Eine Übersicht des Untersuchungsdesigns zeigt Abb. 3 mit der Darstellung der Untersuchungsobjekte für einen strategischen Erfolg wissens- und kompetenzbasierter Handlungen in der relationalen Zeit-Dimension, der Konzeption und Operationalisierung einer strategischen relationalen Zeit-Dimension in wissensintensiven Unternehmen, der Entwicklung des theoretischen Modells der strategischen Zeit-Nutzenpotenziale für die Steuerung von Wissens- und Kompetenzenpotenzialen sowie der Gestaltung eines strategischen Planungsmodells für Zeit-Nutzenpotenziale in der relationalen Zeit-Dimension.

**Darstellungbereich Kap. 2: Untersuchungsobjekte für einen strategischen Erfolg wissens- und kompetenzenbasierter Handlungszeiten in der relationalen Zeit-Dimension**

Für die Erforschung der Handlungszeiten in wissensintensiven Unternehmen mit der Ausrichtung auf Nutzungen, Gestaltungen und Entwicklungen von strategischen Erfolgspotenzialen erfolgt im ersten Schritt eine Abgrenzung des Untersuchungsraums.

Hierzu wird als *Erfahrungsobjekt* das *wissensintensive Unternehmen*[105] sowie als *Erkenntnisobjekt* die *Zeit-Dimension* in der Interpretation als messbare Ausprägung wissensbasierter Handlungen auf der Ebene der Individuen festgelegt.[106] Das *strategische Management* als Kernkonzeption der Unternehmensführung ist mit seiner Verantwortlichkeit für die Steuerung der strategischen Potenziale im Zeithorizont und damit für die Vorsteuerung von Wert-Erfolgen als weiteres zentrales Untersuchungsobjekt darzustellen.[107] Daraus ergibt sich die Notwendigkeit, das Konstrukt der *wissensbasierten strategischen Potenziale* separat mit Blick auf deren Nutzen- und Wertgenerierung zu betrachten.[108] Hinsichtlich einer einheitlichen strategischen Erfolgsgröße im Rahmen der Nutzung von strategischen Potenzialen auf der Handlungsebene wird das universale Konstrukt der *Produktivität* besonders hervorgehoben.[109]

---

104 Vgl. Töpfer 2010, S. 24 ff. zum Ablaufschema eines Untersuchungsdesigns.
105 Vgl. Kap. 2.1
106 Vgl. Kap. 2.2.
107 Vgl. Kap. 2.3.
108 Vgl. Kap. 2.4.
109 Vgl. Kap. 2.5.

Die *Wert-Dimension* wird im Sinne einer Schnittstelle zur Zeit-Dimension als ergänzendes Untersuchungsobjekt beschrieben.[110] Mit dem Blick auf die strategische Planung liegt der Schwerpunkt der Darstellung in den dort verwendeten Systemen der strategischen und operativen Unternehmensrechnung. Zur Vervollständigung des Unternehmens-Umwelt-Systems sind die Einzahlungen und Auszahlungen von Geld als Zahlungsmittel mit Hilfe der Finanz-Dimension zu beschreiben.[111]

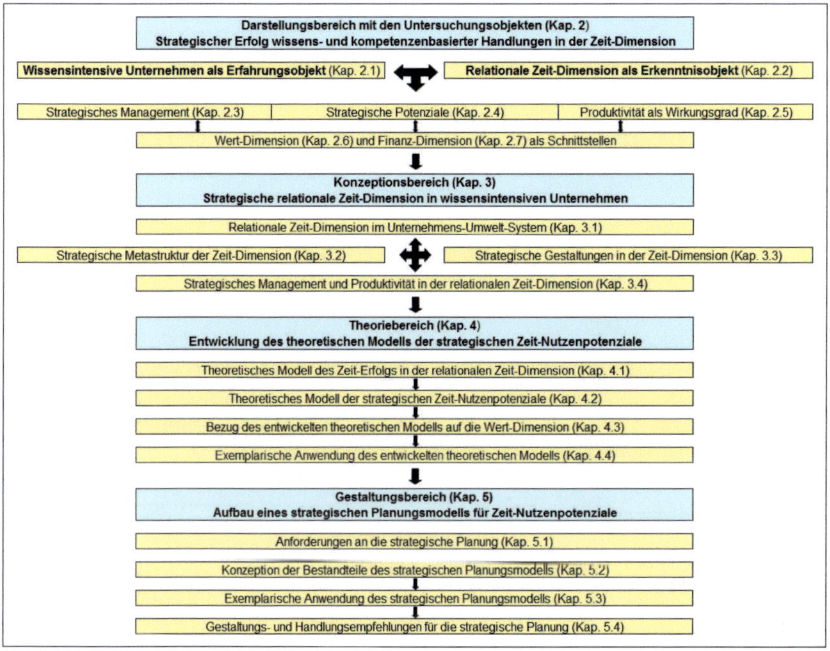


Abb. 3: Untersuchungsdesign

**Konzeptionsbereich Kap. 3: Operationalisierung einer strategischen relationalen Zeit-Dimension**

Die forschungsleitende Frage nach einem *relationalen Zeit-Erfolg* als einheitliche und operationale strategische Erfolgs- und Steuerungsgröße macht auf Basis der oben dargestellten Untersuchungsobjekte die Konzeption einer strategisch ausgerichteten relationalen Zeit-Dimension erforderlich. Hierzu wird im ersten Schritt ein mehrdimensionales Unternehmenssystem als betriebliche *Zeit-, Wert- und Finanz-Dimension im Unternehmens-Umwelt-System* entworfen.[112]

110 Vgl. Kap. 2.6.

111 Vgl. Kap. 2.7.

112 Vgl. Kap. 3.1.

Für das strategische Management wissensintensiver Unternehmen wird für den Umgang mit der Zeit eine *strategische Metastruktur mit der absoluten und der relationalen Zeit-Dimension* als spezifische Systemzeit konzipiert.[113] Dies unter Berücksichtigung der Eigenschaften und konfliktären Merkmale moderner und postmoderner Arbeitswelten. Auf dieser Grundlage können anschließend *strategische Gestaltungen in der Zeit-Dimension* im Rahmen des Zeitmanagements entwickelt werden.[114] Die Metastrukturierung und strategische Gestaltungen der Zeit-Dimension schaffen die Vorbedingungen für die Integration des strategischen Managements und der Produktivität in der relationalen Zeit-Dimension mit einem operationalen strategischen Produktivitätsmanagement auf Basis eines Produktivitätssystems.[115]

**Theoriebereich Kap. 4: Entwicklung des theoretischen Modells der strategischen Zeit-Nutzenpotenziale in der relationalen Zeit-Dimension für die Steuerung von Wissens- und Kompetenzenpotenzialen**

Im Mittelpunkt des Theoriebereichs steht die Entwicklung des theoretischen Modells der strategischen Zeit-Nutzenpotenziale in der relationalen Zeit-Dimension mit einer einheitlichen und operationalen strategischen Zeit-Erfolgsgröße aus der produktiven Nutzung von verfügbaren Wissens- und Kompetenzenpotenzialen. Dazu wird auf der Grundlage einer *Theorie des relationalen Zeit-Erfolgs*[116] das *theoretische Modell des Zeit-Erfolgs in der relationalen Zeit-Dimension* für die strategische Vorsteuerung des Wert-Erfolgs entwickelt.[117]

Die Weiterentwicklung zum *theoretischen Modell der Zeit-Nutzenpotenziale in der relationalen Zeit-Dimension* berücksichtigt zusätzlich die Modellelemente der Strategie sowie der Wissens- und Kompetenzenpotenziale des Personalbestands zusammen mit den Ressourcenpotenzialen einer Unternehmung.[118]

Die *empirisch-exemplarische Anwendung* des entwickelten theoretischen Modells in der relationalen Zeit-Dimension mit den unabhängigen Variablen des Zeit-Potenzials des Personalbestands sowie dessen Verfügbarkeit und Produktivität erfolgt auf Basis einer veröffentlichten Einzelfallstudie von *Genau.*[119] Diese hier angewendete Einzelfallstudie beinhaltet den anony-

---

113 Vgl. Kap. 3.2.
114 Vgl. Kap. 3.3.
115 Vgl. Kap. 3.4.
116 Vgl. Kap. 4.1.1.
117 Vgl. Kap. 4.1.
118 Vgl. Kap. 4.2.
119 Vgl. Anhänge 4, 5, 6 und 7.

misierten Datensatz eines mittelständischen Industrieunternehmens einschließlich Dienstleistungen mit strategischen und operativen Ausgangsdaten, strategischen Maßnahmen und Planungen sowie daraus erwarteten operativen wirtschaftlichen Ergebnissen.[120] Eine spezifische Zeit-Dimension wird in der Fallstudie nicht dargestellt.

**Gestaltungsbereich Kap. 5: Konzeption eines strategischen Planungsmodells für Zeit-Nutzenpotenziale in der relationalen Zeit-Dimension**

Auf Grundlage der bislang erzielten Erkenntnisse zur strategischen Zeit-Erfolgsgröße der Nutzenpotenziale soll zur weiteren Operationalisierung der strategischen Planung ein *strategisches Planungsmodell für Zeit-Nutzenpotenziale* in der relationalen Zeit-Dimension konzipiert werden.[121] Das strategische Planungsmodell beinhaltet die Planungselemente der Systemzeit sowie der Stamm- und Bewegungsdaten für die Generierung von strategischen Zeit-Ergebnisrechnungen im Sinn einer strategischen Erfolgspotenzialrechnung.[122]

Die Anwendung des gestalteten strategischen Planungsmodells für Zeit-Nutzenpotenziale erfolgt anschließend mit den Datensätzen der exemplarisch angewendeten Fallstudie.[123] Die aus der Gestaltung des strategischen Planungsmodells für Zeit-Nutzenpotenziale gewonnenen Erkenntnisse werden abschließend als *Gestaltungs- und Handlungsempfehlungen* für das strategische Management zusammengefasst.[124]

---

120 Vgl. Kap. 4.3 und 4.4.
121 Vgl. Kap. 5.
122 Vgl. Kap. 5.2.
123 Vgl. Kap. 5.3 i. V. m. Kap. 4.4.
124 Vgl. Kap. 5.4.

# 2 Darstellung der Untersuchungsobjekte für einen strategischen Erfolg wissens- und kompetenzenbasierter Handlungen in der Zeit-Dimension

Das primäre Forschungsinteresse an *wissensintensiven Unternehmen* als Erfahrungsobjekt[125] in Verbindung mit der relationalen Zeit-Dimension auf individueller Handlungsbasis des Personalbestands als Erkenntnisobjekt[126] erfordert im Darstellungsbereich detaillierte Begriffserklärungen, Beschreibungen und Abgrenzungen.[127]

Die weiteren Untersuchungsobjekte des *strategischen Managements* als Kernkonzeption der Unternehmensführung[128] sowie die im Mittelpunkt des strategischen Denkens stehenden *wissensbasierten strategischen Potenziale* für die Nutzen- und Wertgenerierung[129] sollen die Zusammenhänge der Erfolgsausrichtung im Zusammenspiel beider Objekte beleuchten. Bei der Frage nach einem strategischen Erfolg als zeitliche Ausprägung im Handlungsbereich von Individuen ist das Verhältnis von Arbeitszeit-Einsatzzeiten und den zu erzielenden Leistungsergebnissen im Messbereich des Produktivitätsmanagements insbesondere mit Blick auf die Arbeitsproduktivität zu berücksichtigen. Hier soll das Prinzip der Produktivität unter dem Aspekt des Wirkungsgrades wirtschaftlicher Potenzialnutzung und als Einflussvariable für den Leistungserfolg dargestellt werden.[130] Die Abgrenzung der Zeit-Dimension gegenüber der Wert-Dimension und der Finanz-Dimension wird unter dem Aspekt von Schnittstellen erörtert.[131]

## 2.1 Wissensintensive Unternehmen als Erfahrungsobjekt

Allgemein handelt es sich nach den oben genannten Begriffsbestimmungen[132] bei *Wissensunternehmen* innerhalb einer Wissensökonomie mit deren spezifischen Anreizsystemen von Bildung, Infrastruktur und Innovation in einer ersten Annäherung um Unternehmen, in denen zunehmend Personen des Personalbestands mit zunehmenden individuellen Wissens- und Kompetenzenpotenzialen aus Lernerfolgen die Ressourcenpotenziale des Unternehmens in

---

[125] Vgl. Kap. 2.1.
[126] Vgl. Kap. 2.2.
[127] Vgl. Töpfer 2010, S. 72 ff. zu den Ebenen wissenschaftlicher Erkenntnisgewinnung mit explikativer, deskriptiver, theoretischer, technologischer und philosophischer Ausprägung.
[128] Vgl. Kap. 2.3.
[129] Vgl. Kap. 2.4.
[130] Vgl. Kap. 2.5.
[131] Vgl. Kap. 2.6 und Kap. 2.7.
[132] Vgl. Kap. 1.3.3 und Kap. 1.3.4.

zunehmender Weise produktiv nutzen, gestalten und entwickeln. In dieser relativen Sichtweise im Sinn eines Entwicklungspfades ist gleichwohl noch nichts über die Bestimmung der Höhe der Intensität als gering, mittel oder hoch ausgesagt.

Mithin bleibt festzuhalten, dass bezüglich des Begriffs der *Wissensintensität* auf einzelwirtschaftlicher Basis explizit weder eine Bevorzugung von bestimmten Wirtschaftszweigen oder forschungsintensiven Industrien vorgesehen ist noch ein Ausschluss bestimmter Wirtschaftszweige.[133]

**Wissensintensität als Maßgröße**

Mit *wissensintensiv* soll im Sinn einer Maßgröße nachfolgend geringer-intensiv, mittel-intensiv und höher-intensiv gemeint sein. Abgesehen von unnötigen Diskriminierungen ganzer Wirtschaftszweige und deren qualifizierten Beschäftigten kann ein bloßer marktorientierte Ansatz (Market based View) in der hier vertretenen Auffassung nur als erste Orientierung zum Beispiel für makroökonomische Untersuchungen sinnvoll sein, nicht aber für spezifische Betrachtungsweisen einer einzelnen Unternehmung selbst.[134]

In der hier vertretenen ressourcenbasierten Auffassung sind deswegen auch individuell-personenspezifische Besonderheiten der Qualifikation und Handlungskompetenzen, mögliche Schwerpunkte bei der produktiven Nutzung, Gestaltung und Entwicklung der Unternehmensressourcen sowie Entwicklungspfade hinsichtlich zunehmender Lernerfolge gemessen in Produktivitätszuwächsen zu berücksichtigen.

**Industrielle Dienstleistungen und deren wissensintensive Handlungen und Leistungen**

Investiv ausgerichtete Dienstleistungen als Dienstleistung an andere Unternehmen eignen sich nach der hier vertretenen Auffassung wegen der hohen Personalintensität besonders gut zur weiteren Charakterisierung von wissensintensiven Unternehmen und Wissensarbeit.[135]

Zu den charakteristischen Merkmalen von wissensintensiven investiven Dienstleistungen zählen ein unmittelbarer Personenbezug mit dessen Fachwissen und Fachkompetenzen, die Not-

---

[133] Vgl. von Garrel et al. 2014, S. 6 f. zur Intensität.

[134] Vgl. Gehrke/Frietsch/Rammer 2010, S. 11 f. zu wissensintensiven Wirtschaftszweigen aus gesamtwirtschaftlicher Sicht nach NIW/ISI/ZEW mit Anhang 1.

[135] Vgl. von Garrel et al. 2014, S. 1 ff. zum Bedeutungszuwachs des tertiären Sektors in Deutschland hinsichtlich des Anteils an der Bruttowertschöpfung (1970-2010 von 48.3% auf 69%) und bei den Beschäftigten. Der Anteil wissensintensiver Dienstleistungsbereiche stieg demnach von 13,9% in 1970 auf 31,3% in 2011.

wendigkeit fortlaufender Weiterbildung, die Aufgabenkomplexität zum Beispiel bei Teamarbeit und Projektarbeit, die Problemlösungsorientierung, tendenziell wenig Routine und wenig Standards sowie Kooperationen durch die Integration dritter Personen, insbesondere auf Kundenseite mit deren spezifischen Anforderungskatalogen. Zudem beinhalten Leistungsergebnisse häufig kundenspezifische und hybride Leistungsbündel aus kombinierten materiellen und immateriellen Leistungen.[136]

**Fachwissen und Fachkompetenzen des Personalbestands als zentrale Kriterien der Wissensintensität**

Als unmittelbares Kriterium für das Maß der Wissensintensität eines Unternehmens bietet sich die Anzahl qualifizierter Beschäftigter an.[137] Zur Spezifizierung dieser Art der Bestimmung von Wissensintensität gehört der berufliche Ausbildungsstand zum Beispiel in den Formen von Berufsausbildung, Fortbildung, Studium oder berufsbegleitender Weiterbildung. Im Rahmen des beruflichen Ausbildungsstands des Personalbestands können die individuellen Wissens- und Kompetenzenpotenziale als Fachwissen und Fachkompetenzen weiter differenziert werden in Fach- und Methodenkompetenzen, Sozialkompetenzen sowie Kompetenzen in Planungs- und Steuerungsmethoden.[138]

Neben den Kriterien des beruflichen Ausbildungsstands können für Unternehmen auch Arbeitsplätze mit Kundenkontakt von Bedeutung für die Ausstattung mit wissensintensiven Arbeitsplätzen sein.[139]

Auf einer höheren Aggregationsebene können ergänzend als Ersatzgröße die durchschnittlichen Lohn- und Gehaltskosten des Personalbestands pro Mitarbeiter herangezogen werden, dann zum Beispiel im Vergleich zum Branchendurchschnitt. Ob allerdings hohe Gehälter des Personalbestands allein ohne Berücksichtigung weiterer Kriterien eng mit einem relativ hohen Maß an Wissensintensität korrelieren, lässt sich nur im Einzelfall klären.[140]

---

[136] Vgl. von Garrel et al. 2014, S. 6 ff. und S. 11 ff. zu wissensintensiven industriellen Dienstleistungen, vgl. von Garrel et al. 2014, S. 73 ff. zu empirischen Ergebnissen. Vgl. Weiß et al. 2014, S. 7 ff. zu industriellen Dienstleistungen von Industrieunternehmen als produktbegleitende Dienstleistungen. Vgl. Borchert et al. 2011, S. 91 f. zur Verbindung von Sachleistungen und Dienstleistungen bei Produktionsunternehmen zu hybriden Leistungsbündeln mit dem Ziel einer Nutzenerhöhung.

[137] Vgl. von Garrel et al. 2014, S. 6 ff.

[138] Vgl. von Garrel et al. 2014, S. 42 ff.

[139] Vgl. von Garrel et al. 2014, S. 25 ff. aus empirischen Untersuchungen.

[140] Vgl. von Garrel et al. 2014, S. 9. Vgl. Holtbrügge 2007, S. 230 f. zum Humankapital. Zur Kritik an der Reduzierung des Humanpotenzials auf eine reine Kostenbewertung vgl. Becker/Labucay/Rieger 2007, S. 38 ff. und S. 54 f. sowie Dilger 2008, S. 135 f.

**Beschreibung wissensintensiver Unternehmen nach dem ressourcenbasierten Ansatz aus Sicht des strategischen Managements**

Wissensintensive Unternehmen einer Wissens- und Informationsökonomie in den Intensitätsausprägungen von geringer-intensiv, mittel-intensiv und höher-intensiv beschäftigen aus ressourcenbasierter Sicht nach Strategieinhalt zunehmend Personen im Personalbestand mit zunehmenden qualifizierten Wissens- und Kompetenzenpotenzialen aus Lernerfolgen in Leistungsprozessen. Dies für die zunehmend produktivere Nutzung, Gestaltung und Entwicklung von unternehmensspezifischen Ressourcenpotenzialen.

Qualifizierte individuelle Wissens- und Kompetenzenpotenziale lassen sich messen insbesondere an der Höhe des beruflichen Ausbildungsstands in Verbindung mit nachweisbaren Fach-, Methoden-, Sozial- und Steuerungskompetenzen in laufender Weiterbildung mit Lernerfolgen unter anderem auf Arbeitsplätzen in Leistungsprozessen mit Teamarbeit, Projektarbeit, Kooperationen und Kundenkontakten. Dies mit zunehmenden Intensitäten von Disposition, Kreativität und Innovation.

**Wettbewerbsvorteile wissensintensiver Unternehmen aus gesamtwirtschaftlicher Sicht**

Wissensökonomien mit deren agierenden Wissensunternehmen gelingen im internationalen Wettbewerbskontext die Schaffung und Aufrechterhaltung von Wettbewerbsvorteilen mit überlegender Qualität und Technologie.[141] Dazu ist aus gesamtwirtschaftlicher Sicht eine produktive Verwendung von Wissens- und Kompetenzenpotenzialen in Kombination mit FuE-Investitionen in gewerblichen Produktionsunternehmen für forschungsintensive Spitzentechnologien, in Unternehmen für wissensintensive hochwertige Technologien sowie in wissensintensiven Dienstleistungsunternehmen erforderlich.[142]

Mit der Ausrichtung auf die gesamtwirtschaftlich für relevant erachteten Kriterien bestimmen *Gehrke/Frietsch/Rammer*[143] in Verbindung mit den entwickelten *NIW/ISI/ZEW*-Listen für den internationalen Vergleich diejenigen Industrien, produzierenden Gewerbe sowie Dienstleistun-

---

141 Vgl. Gehrke/Frietsch/Rammer 2010, S. 3.

142 Vgl. Gehrke/Frietsch/Rammer 2010, S. 3-5 sowie a. a. O. , S. 8 mit der NIW/ISI/ZEW-Übergangsliste forschungsintensiver Industrien 2010 nach WZ 2008 in vierstelliger Wirtschaftsgliederung sowie Anhang 1.

143 Vgl. Gehrke/Frietsch/Rammer 2010, S. 10. Zu den ermittelten wissensintensiven Wirtschaftszweigen vgl. a. a. O., S. 11 mit der NIW/ISI/ZEW-Liste wissensintensiver Wirtschaftszweige 2010 in zweistelliger Wirtschaftsgliederung nach WZ 2008 bzw. NACE Rev. 2, ohne die Bereiche nicht-gewerbliche Betriebe, Öffentlicher Sektor, Erziehung und Unterricht, Heime und Sozialwesen. Zur Liste wissensintensiver Industrien der Spitzentechnologie und hochwertigen Technik in vierstelliger Wirtschaftsgliederung vgl. a. a. O. , S. 8.

gen als wissensintensive Wirtschaftszweige, bei denen der Anteil der Beschäftigten in akademischen Berufen um mindestens 20% über dem Durchschnittswert der gewerblichen Wirtschaft liegt.[144] In einer zusätzlichen Auswertung unter Heranziehung von FuE-Intensitäten[145] können *Gehrke/Frietsch/Rammer*[146] wissensintensive Industrien der Spitzentechnologie isolieren, u. a. in den Branchen Atomenergie, Chemie, Elektromedizin, Informations- und Kommunikationstechnologie, Luft- und Raumfahrzeugtechnik, Optoelektronik, Pharmazie sowie Waffentechnologie.

Bei *wissensintensiven Dienstleistungen* (knowledge based services) liegt der Schwerpunkt in der Beschäftigung von hoch qualifiziertem Personal, weniger in spezieller Forschung und Entwicklung.[147] Dennoch lassen sich auch hier Dienstleistungsbereiche mit intensiven Forschungsaktivitäten identifizieren, u. a. in den Bereichen Informationstechnologie, Datenverarbeitung und Internetdienste, technische, physikalische und chemische Untersuchungen sowie FuE-Dienstleistungen für Unternehmen.[148] Zur Gesamtübersicht wissensintensiver Wirtschaftszweige nach NIW/ISI/ZEW vgl. dazu Anhang 1.

**Wissen als Unternehmensleitbild**

Wissensintensive Unternehmen mit höheren Beschäftigtenqualifikationen und ggf. höheren FuE-Aufwendungen als der Branchendurchschnitt verfolgen nach *North*[149] eine explizite Einbindung ihrer Wissens-Philosophie in Unternehmensleitbilder und Strategien. Damit verbunden sind die bewusste Gestaltung und Nutzung der verfügbaren Wissens- und Kompetenzenpotenziale des Personalbestands zur Generierung neuer Produkt-Markt-Kombinationen mit der Ausrichtung auf wissensintensive Kundenprobleme.

[144] Vgl. Gehrke/Frietsch/Rammer 2010, S. 1 f. zum Auftrag der Expertenkommission Forschung und Innovation (EFI) des BMBF an das Niedersächsische Institut für Wirtschaftsforschung (NIW) in Hannover, das Fraunhofer Institut für System- und Innovationsforschung (ISI) in Karlsruhe und das Zentrum für Europäische Wirtschaftsforschung (ZEW) in Mannheim.

[145] Vgl. Belitz/Clemens/Gornig 2008, S. 5 mit einem Vorschlag zur Bestimmung von Spitzentechnologie-Unternehmen bzw. hochwissensintensiven Unternehmen mit einem FuE-Aufwandsanteil am Umsatz von über 7%.

[146] Vgl. Gehrke/Frietsch/Rammer 2010, S. 6 f. sowie S. 8 mit der NIW/ISI/ZEW-Übergangsliste forschungsintensiver Industrien 2010 nach WZ 2008 in vierstelliger Wirtschaftsgliederung für die zwei Bereiche Spitzentechnologie und hochwertige Technik für Deutschland.

[147] Vgl. Gehrke/Frietsch/Rammer 2010, S. 5.

[148] Vgl. Gehrke/Frietsch/Rammer 2010, S. 13. Zum national und international zu beobachtenden gesamtwirtschaftlichen Anteilsanstieg wissensintensiver Dienstleistungen sowohl beim Arbeitseinsatz in Stunden als auch bei der erzielten Wertschöpfung vgl. a. a. O. , S. 8-11.

[149] Vgl. North 2011, S. 26-30.

Zur Förderung von Innovationen hat das *strategische Wissensmanagement* seine Aktivitäten gleichermaßen auf eine *Human- und Technologieorientierung* auszurichten.[150] Dabei sind Wissens- und Kompetenzenpotenziale als Wirkungsresultat systematischer und permanenter Lernprozesse in impliziter Form eng mit Personen verknüpft. In expliziter Form kann Wissen dann als Information z. B. in Form komplexer Dokumentationen von zentralen Leistungsprozessen vorliegen.

**Wissensarbeit in wissensintensiven Unternehmen**

Die Wissensarbeit von Wissensschaffenden als Beschäftigte im Personalbestand von Unternehmen ist demnach durch den strategiegeleiteten Einsatz individueller Wissens- und Kompetenzenpotenziale in Form von qualifiziertem Fachwissen sowie Fach-, Methoden-, Sozial- und Steuerungskompetenzen gekennzeichnet, verbunden mit zunehmenden Intensitäten von Disposition, Kreativität und Innovation innerhalb einer Lernumgebung.[151] Dieser strategiegeleitete individuelle Einsatz von Wissensschaffenden soll dann für eine zunehmend produktivere Nutzung, Gestaltung und Entwicklung von Unternehmensressourcen erfolgen.[152]

Gewissermaßen findet dann eine Kopplung zwischen individuellen Wissens- und Kompetenzenpotenzialen mit den Unternehmensressourcen statt, die zum Beispiel auch die anderen Mitarbeiter bzw. Wissensschaffenden (Humanpotenzial) oder dritte Personen insbesondere von Kunden aber auch von Lieferanten (Beziehungspotenziale) mit einschließen kann.[153]

**Individuell-autonomes sowie kollektives Verständnis der Wissensarbeit von Wissensschaffenden**

Wissensarbeit von Wissensschaffenden gilt es begrifflich gleichwohl noch zu erweitern. Neben der schon mehrfach angesprochenen charakteristischen individuell-autonomen Eigenschaft von Wissensarbeit gepaart mit Kreativität ist hier auch auf die kollektive Eigenschaft

---

150 Vgl. Pfau/Mangliers 2009, S. 130-137 zur Ausrichtung eines human- und technologieorientierten Wissensmanagements in KMU und Großunternehmen auf Basis einer empirischen Studie. Personengebundenes implizites Wissen wird als bedeutend für Innovationsprozesse angesehen, vgl. a. a. O., S. 137 ff.

151 Vgl. von Garrel et al. 2014, S. 69 ff. zu empirischen Erkenntnissen bei wissensintensiven investiven Dienstleistungen. Vgl. Hofmann 2012, S. 89 f. zur Wissensarbeit.

152 Vgl. Hofmann 2012, S. 89 f. zur weiterhin stetig wachsenden Bedeutung individueller Wissensarbeit und der zunehmenden Anzahl sog. Wissensarbeiter in Unternehmen für die Schaffung neuen Wissens insbesondere in allen Bereichen innovativer Anwendungen. Wissensarbeit setzt individuelle Kompetenzen im Umgang mit technischen Medien voraus, die wiederum die zeitliche und räumliche Flexibilisierung der Arbeit fördern, vgl. a. a. O. S. 90 ff. Die raum-zeitliche ökonomische Steuerung von Wissensarbeitern und komplexer Wissensarbeit wird zusätzlich erschwert durch soziale Risiken ausgehend von „entgrenzten“ (a. a. O., S. 93) Mitarbeitern und von individuell sich selbst überfordernden „Arbeitskraftunternehmern“ (a. a. O., S. 93).

153 Vgl. Moldaschl 2005b, S. 57-59, vgl. Moldaschl 2005c, S. 315-317 sowie Moldaschl 2005a, S. 21.

von Wissensarbeit innerhalb von Prozess-, Team-, Lern-, Kooperations- oder Projektorganisationen hinzuweisen, die sich zum Beispiel als Teamarbeit oder Projektarbeit unter Anwendung von Sozialkompetenzen zeigt.[154]

In raum-zeitlicher Dimension benötigt die kollektive Wissensarbeit für den Informationsaustausch (nicht Wissensaustausch) zudem noch die *Informationstechnik* und die *Informationstechnologie.*[155] Negative Ausprägungen bei der Anwendung von Informationstechnologien zeigen sich dann zum Beispiel recht offensichtlich bei der E-Mail-Technologie mit – technisch identifizierbaren – unproduktiven Handlungszeiten.[156]

**Selbstverständnis von Wissensschaffenden**

Das Selbstverständnis von Wissensschaffenden beinhaltet zum Beispiel die Bevorzugung kreativer Erkenntnismethoden, eine positive Einstellung zur Weiterbildung, die Ablehnung einfacherer Routine- und Administrationstätigkeiten, die bevorzugt kollektive Suche nach innovativen Ideen und Problemlösungen in Netzwerken oder der souveräne Umgang mit (Roh)-Daten und deren kompetente Veredelung zu Informationen.[157]

**Beschreibung von Wissensarbeit in wissensintensiven Unternehmen aus strategischer Sicht**

Wissensarbeit in ressourcenbasierter Sicht ist somit die individuell-autonome und kollektiv-informatorische sowie lernorientierte Arbeit von Wissensschaffenden des Personalbestands in wissensintensiven Unternehmen der Wissens- und Technologieökonomie mit dem strategiegeleiteten Einsatz ihrer individuellen Wissens- und Kompetenzenpotenziale als qualifiziertes Fachwissen einschließlich Fach-, Methoden-, Sozial- und Steuerungskompetenzen. Dies bei zunehmenden Intensitäten von Disposition, Kreativität und Innovation für eine strategiegeleitet zunehmend produktive Nutzung, Gestaltung und Entwicklung von Unternehmensressourcen in Form von Human-, Struktur- und Beziehungspotenzialen, zumeist in neueren Organisationsformen der Team-, Lern-, Kooperations- und Projektorganisation.

---

154 Vgl. Probst/Raub/Romhardt 1999, S. 43 ff. zu den Interdependenzen zwischen Wissensträgern und Ressourcen auf individueller und kollektiver Basis. Vgl. Bea/Haas 2013, S. 405 ff. zu neueren Organisationsmodellen aus strategischer Sicht.

155 Vgl. Kap. 1.3.4.

156 Vgl. Mankins/Brahm/Caimi 2014, S. 74 ff.

157 Vgl. North/Güldenberg 2008, S. 22. Vgl. Probst/Raub/Romhardt 1999, S. 39 ff. zum Individuum bzw. zum Wissensschaffenden als Mittelpunkt einer Wissensorganisation. Vgl. Meinsen 2003, S. 68 ff. zur konstruktivistischen Wissensarbeit.

Das Individuum kann dabei im Rahmen der Wissensarbeit auf individuelle, kollektive und organisationale Kenntnisse und Kompetenzen im Unternehmen aus Theorie, Praxis und Regelwerken in impliziter und expliziter Form zugreifen.[158] In der *konstruktivistischen Sicht* verbleibt individuell generiertes Wissen allerdings nicht in einem statischen Zustand, sondern wird permanent in internen und externen *Kommunikationsnetzwerken* mit anderen Wissensarbeitern in kollektiver Form neu konstruiert und gestaltet.[159]

**Zusammenfassende Darstellung wissensintensiver Unternehmen**

In der Gesamtsicht veranschaulicht Abb. 4 zusammenfassend die Kernbereiche wissensintensiver Unternehmen und die Herausforderungen für das strategische Management. Im Mittelpunkt steht dabei der Personalbestand, der mit seiner individuellen Wissensarbeit und der produktiven Nutzung seiner Wissens- und Kompetenzenpotenziale für die Wertschöpfung und die Generierung von wissensbasierten Wettbewerbsvorteilen als maßgeblich angesehen wird. Das strategische Management hat hierzu die gesamte strategische Bereitschaft und strategische Ausrichtung von Kompetenzen-Ressourcenpotenzialen in der globalen Wissensökonomie zu planen.

Abb. 4: Kernbereiche wissensintensiver Unternehmen und strategische Herausforderungen

---

[158] Vgl. Probst/Raub/Romhardt 1999, S. 39 ff. zum Individuum bzw. Wissensarbeiter als Mittelpunkt einer Wissensorganisation. Mehrere Individuen bilden im Kollektiv bestimmte Elemente organisationalen Wissens.

[159] Vgl. Meinsen 2003, S. 68 ff. zur konstruktivistischen Wissensarbeit.

## 2.2 Relationale Zeit-Dimension auf Handlungsbasis als Erkenntnisobjekt

Die relationale Zeit-Dimension[160] beschreibt das Ausmaß der gesamten Handlungszeiten des Personalbestands basierend auf den Leistungs- und Güterbewegungen in einem Unternehmens-Umwelt-System. Das relationale Zeitverständnis beschreibt die Zeit als substantiierte Zeit bzw. als emergente Eigenschaft von individuellen Handlungen des Personalbestands. Das ökonomische Verständnis der relationalen Zeit umfasst auf der Grundlage der Konzepte der Güterzeit und der Zeitallokation die Handlungsorientierung von Individuen mit einer Nutzenausrichtung auf Handlungsergebnisse und der Berücksichtigung von Zeitverbrauch bei Nichtverfügbarkeit und Unproduktivität von Handlungen. Die relationale Zeit ist damit ein Gegenentwurf zur absoluten Zeit der Uhr und der Kalenderzeit als – scheinbar – stetig wirkende Hintergrundzeit.

Die Verbindung zwischen der relationalen Zeit-Dimension und den Arbeitszeiten des Personalbestands in Unternehmen erfolgt abschließend mit der Darstellung der verschiedenen operationalen Arbeitszeitkonzepte und Arbeitszeiten in Unternehmen.[161]

### 2.2.1 Theoretisch-ökonomische Darstellung der relationalen Zeit-Dimension

Das Forschungsziel dieser Arbeit ist das Entdecken, Begründen und Verwerten einer ope-rationalisierbaren strategischen Steuerungsgröße für das strategische Management wissensintensiver Unternehmen. Diese strategische Steuerungsgröße soll nachfolgend als hier so bezeichneter *relationaler Zeit-Erfolg* innerhalb einer relationalen Zeit-Dimension konzipiert werden.[162] Wegen der bereits dargelegten hohen *Handlungsintensität* des Personalbestands aus zunehmender Wissensarbeit, befindet sich im Kern dieser Betrachtungen unmittelbar die *Arbeitszeit* als unterschiedliche Handlungszeiten von Personen des Personalbestands. Deshalb wird in der hier vertretenen Ansicht vermutet, diese gesuchte *strategische Steuerungsgröße* unmittelbar in der hier so bezeichneten *relationalen Zeit-Dimension* isolieren zu können.

---

[160] Vgl. Keuth 2011, S. 155 zur relationalen Theorie des Raumes und der Zeit nach Leibniz (1646-1716) als Gegenentwurf zum absoluten Zeitbegriff der universalen Hintergrundzeit nach Newton (1643-1727). In der relationalen Zeit-Dimension sind Ereignisse und individuelle Handlungen immer in Beziehung mit der Zeit zu sehen, diese generieren erst die Zeit. Der relationale Zeitbegriff ist wesensgleich mit dem neueren physikalischen Begriff der emergenten Zeit, vgl. Callender 2010, S. 33 f.

[161] Vgl. Kap. 2.2.4.

[162] Vgl. Kap. 1.3.5 zur ersten Begriffsbestimmung von Zeit-Erfolg.

**Ausgangslage für die eigene Forschung: Die absolute Zeit-Dimension nach *Newton***

Bereits an dieser Stelle sei angemerkt, dass die Erforschung geeigneter *Zeitelemente* in der Ökonomie selbst eher ernüchternd ausfällt. Deshalb wird das Forschungsgebiet auch in physikalische Bereiche erweitert. Insgesamt gesehen scheint die betriebswirtschaftliche Zeitforschung von einem Theorie- und Modelldefizit gekennzeichnet zu sein.[163] Die ökonomische Zeitforschung behandelt bislang lediglich Teilsaspekte von Zeit.[164] So zum Beispiel auch in ökonomisch-subjekivistischen Ausprägungen.[165] Gefordert wird insbesondere eine ökonomische Zeittheorie in Verbindung mit sozialen Systemen und deren individuellen Handlungen.[166] Als mögliche Modellelemente der Zeit werden Dimensionen, unterschiedliche Zeitverläufe bzw. Zeitausprägungen, Nutzenausrichtungen, Synchronisierungen sowie kulturspezifische Aspekte vorgeschlagen.[167]

Untersucht man die inhaltliche Entwicklung der Ökonomie im Sinn von Wirtschaftswissenschaft und praktischer Wirtschaft bis heute im Licht des dort weithin verwendeten *Zeitbegriffs*, kommt man zum Schluss, dass dieser Zeitbegriff wesentlich auf der *Newton´schen* Vorstellung einer mechanischen *absoluten Zeit* beruht. Dieser absolute Zeitbegriff wird im Verlauf näher ausgeführt.

Gleichsam charakteristisch für die absolute Zeit bzw. die absolute Zeit-Dimension als Ausmaß sämtlicher Uhr- und Kalenderzeiten in einem Unternehmens-Umwelt-System ist die Idee einer – scheinbar real – existierenden *Hintergrundzeit* mit der objektiven Uhr und der daraus abgeleiteten Kalenderzeit als stetige Maßeinheit symmetrisch ausgerichtet in Vergangenheit und Zukunft mit einer Zeitskala als Zeitmaß. So findet diese absolute Zeit nicht nur Anwendung in ökonomischen Modellzeiten (mit der Zeitachse $t_n$), sondern auch in höchst sinnvollen, lebensdienlichen und sehr bemerkenswerten Umsetzungen für alle Arten der standortunabhängigen, uhrzeitlichen *Koordination*, zum Beispiel für Pläne aller Art oder präzise Standortbestimmungen.

---

163 Vgl. Klier 2007, S. 117 und S. 137.

164 Vgl. Biervert/Held 1995, S. 14 f. zur ökonomischen Theorie der Allokation der Zeit nach Gary S. Becker (vgl. Becker 1982, S. 97 ff.) mit der Bindung des Preises in der Zeit der Erwerbsarbeit an den Preis der Zeit im privaten Haushalt sowie Niessen 1988, S. 70 ff. zur Theorie der Allokation der Zeit mit der Zeit als Engpassfaktor durch eine steigende Güterdichte der Konsumzeit privater Haushalte. Eine steigende Kapital- und Technologieausstattung erhöht dann die Produktivität der Konsumzeit.

165 Vgl. O´Driscoll/Rizzo 1996, S. 52 ff. zur dynamischen Konzeption einer Zeit innerhalb eines Rahmenwerks für eine dynamisch subjektivistische Ausrichtung ökonomischer Theorie unter Einbeziehung von Wissen und Entscheidungen sowie Unsicherheiten innerhalb von Gleichgewichtszuständen.

166 Vgl. Bergmann 1988, S. 79 ff. u. S. 93 ff. sowie S. 95 mit einem Bezug zu Luhmann 1984, S. 312 ff. zu selbsterhaltenden Elementen der Wirtschaft.

167 Vgl. Biervert/Held 1995, S. 13 und S. 23-26.

Dieses absolute Zeitverständnis beschreibt *Appel* im Vergleich zu einem relationalen Zeitverständnis wie folgt: *„Die Schwierigkeit, das Wesen der Zeit zu beschreiben, lässt sich auf zwei Grundfragen zurückführen: Ist die Zeit ein absoluter Hintergrund, vor dem sich das Naturgeschehen abspielt, oder ist es ein nachgeordneter Begriff, der sich aus physikalischen Vorgängen ableiten lässt und von Ihnen beeinflusst wird?"* [168]

Der absolute Zeitbegriff nach *Newton* kann nach *Cramer* auch als eine Zeitvorstellung ohne relative Bezugnahme zur Umwelt und zu Handlungen beschrieben werden: *„Die Zeit wird dadurch zu einer völlig abgelösten (=absoluten) Größe, sie wird nicht einmal mehr mit der Bewegung der Sterne in Beziehung gesetzt, wie Platon vorgeschlagen hatte, obwohl die Sterne ein bequemes Maß zu ihrer relativen Messung darstellen können. Sie sind vielmehr zu einer Uhr degradiert."*[169]

**Koordinationsfunktion der absoluten Zeit**

Die für Zwecke der zeitlichen Koordination in sozialen Gesellschaften verwendete Maßeinheit der Uhr- und Kalenderzeit zur Unterteilung von Ereignissen in der Zeit nach Zeitpunkten und zur Feststellung einer Zeitdauer ist nach *Callender*[170] ebenfalls eine charakteristische absolute Zeitvorstellung im Sinne *Newtons.*

Die für die zeitliche Koordination und Synchronisierung erforderlichen Zeitelemente von Zeitpunkten und Zeitdauer sind nach *Kümmerer*[171] grundsätzlich in allen Systemen nachweisbar. Für ökonomische Systeme in Gesellschaften mit individuellen Handlungszeiten ist gleichwohl nur die Verwendung von Uhrzeiten und Kalenderzeiten in adäquaten Zeitskalen sinnvoll. Eine Übersicht zu den Zeitelementen mit deren charakteristischen Merkmalen als Ausdruck einer absoluten Zeit-Dimension zeigt Tab. 1.

Für die Ökonomie bedeutet diese *reine Koordinationsfunktion* der (absoluten) Zeit für durchaus komplexe Synchronisierungsaufgaben gleichsam nur eine Teillösung ihrer tatsächlichen lebenswirklichen Anforderungen. In der ökonomischen Forschung verbleiben deshalb ein gewisses Unbehagen beim Umgang mit der Zeit und bislang nur vage ausgearbeitete Anforderungskataloge für mögliche Lösungsansätze. Wie sich im Verlauf der weiteren Arbeit zeigen

---

168 Appel 1997, S. 49.
169 Cramer 1996, S. 38.
170 Vgl. Callender 2010, S. 34.
171 Vgl. Kümmerer 2006, S. 28- 29. Die Unzulänglichkeiten der nur auf die menschlichen Bedürfnisse der erfahrbaren Lebensumwelt abgestimmten Zeit der Uhr werden bei einer sehr schnellen oder sehr langsamen zeitlichen Erstreckung von Vorgängen auf einer Zeitskala zum Beispiel im Mikrosekunden- oder Jahrmillionenbereich innerhalb eines abgeschlossenen Systems deutlich, vgl. a. a. O. , S. 36-38.

wird, ist die Lösung dieser ökonomischen *Zeitforschungs-Defizite* insbesondere für das Management von personalintensiven und handlungsorientierten wissensintensiven Unternehmen und für deren Personalbestand von fundamentalem Interesse.[172]

| **Absolute Zeit-Dimension: Zeitelemente von ökonomischen Systemen** | |
|---|---|
| **Zeitpunkte einer Veränderung** | **Zeitdauer einer Veränderung** |
| Beginn und Ende / vor, nach, zugleich | Zeitliche Erstreckung von Vorgängen auf einer Zeitskala im Zeithorizont |
| **Charakteristische Zeit-Merkmale** | |
| • Verhältnis von Zeitpunkten und Zeitdauern: simultane, sukzessive oder überlappende Abläufe | |
| • Verhältnis von Zeitdauer zu Veränderungsgeschwindigkeiten | |
| • Erfordernis einer Synchronisierung von Zeitpunkten und Zeitdauer | |

Tab. 1: Zeitelemente von ökonomischen Systemen in der absoluten Zeit-Dimension[173]

**Probleme der absoluten Zeit-Dimension für die Ökonomie: Koordination von Zeit anstatt Konfiguration**

Neben den unbestrittenen Vorteilen für die Koordination bringt die Idee und Vorstellung einer absolut existierenden Hintergrundzeit für die Ökonomie eine Reihe schwerwiegender Probleme mit sich, insbesondere aus Sicht handlungsausgerichteter wissensintensiver Unternehmen. Diese Schwierigkeiten werden im Verlauf dieser Arbeit ausführlicher erörtert. In einer vorgezogenen Metaperspektive könnte man vorab argumentieren, dass mit der absoluten Zeit zwar die Koordination, aber *nicht die Konfiguration* möglich sei.[174]

Bereits an dieser Stelle lässt sich feststellen, dass mit dieser Vorstellung einer absoluten Zeit als unmittelbare Konsequenz auch die Vorstellung einer „Zeit als immaterielles Gut" verknüpft ist, welche messbar und bewertbar zu sein scheint. Wie schon betont, weit *vorab* jeglicher Handlungsbezüge. Damit ist auch der Schritt zu Bezeichnungen wie der „Zeit als Ressource", der „Zeit als Produktionsfaktor", der „Zeit als Erfolgsfaktor" oder wie dem absoluten „Zeitverbrauch" als Güterverbrauch nicht weit.[175]

---

172 Vgl. Callender 2010, S. 34. Vgl. Cramer 1996, S. 38. Vgl. Hüpen 1995, S. 50. Vgl. Helmstädter 1995, S. 33 f. u. S. 37 f. Vgl. Bergmann 1988, S. 79 ff. und S. 93 ff. Zur Sicht der Zeit in der Neoklassik vgl. Hüpen 1995, S. 53-57, vgl. Biervert/Held 1995, S. 7 f. sowie S. 13 und S. 23 ff. Vgl. Klier 2007, S. 117 und S. 137.

173 Darstellung in Anlehnung an *Kümmerer 2006*, S. 28 f.

174 Vgl. Zentes 1995, S. 14 f. zu Basisdimensionen von Wettbewerbsstrategien bezügl. Wertschöpfungsaktivitäten mit Konfiguration und Koordination, dort ergänzt um Strukturierung und Transaktionsformen.

175 Vgl. Mikus 2000, S. 7 ff. Die Autorin teilt jedoch explizit nicht die Sicht der Zeit als Produktionsfaktor.

In der weiteren ökonomischen Konsequenz werden somit zum Beispiel auch *Arbeitszeiten* unabhängig von der Produktivität als absolute Zeit gleichsam en bloc zu einer abstrakten Kosteneinflussgröße nach dem Verursachungsprinzip mit der Zurechnung sämtlicher als relevant betrachteten Kosten i. S. v. Kosten als Funktion bzw. Bild der Zeit. Dieser so bezeichnete (absolute) *Zeitverbrauch* weist damit ebenfalls auf seine Quelle hin: nämlich dem Verständnis von Zeit als absolute Zeit, als existierende Hintergrundzeit im Sinne *Newtons*. Trotz verschiedentlich vorgeschlagener Anpassungskorrekturen im Feld von Personal und Kosten bleibt es bei der verengenden Sichtweise einer absoluten Zeit mit entsprechenden Problemen bei betriebswirtschaftlichen Bewertungen jeglicher Art mit Zeitbezügen.

**Anregungen der Ökonomie zur Zeit-Dimension mit Blick auf das strategische Management**

Neuere Vorstöße zur Lösung drängender Probleme im Rahmen der unternehmensspezifischen *strategischen Zeitplanung* sowie der abgeleiteten operativen sog. *Zeitbudgetierung* stammen zumeist aus der Unternehmensberatungspraxis. Zunehmende zeitliche Überforderungen und immens hohe Unproduktivitäten des Personalbestands allein bei der Nutzung der ganzen Palette von Informationstechnologien (einschließlich der „Meeting-Kultur“) sorgen für einen hohen Handlungsdruck bei den Unternehmen. Ironischerweise lassen sich über diese Technologien mit Hilfe von Auswertungsprogrammen die Unproduktivitäten des Personalbestands zunehmend direkt wieder nachweisen.[176]

Aus Sicht des strategischen Managements sind bislang keine umfassenden Theorien und Modelle zur Integration der Zeit im Sinn einer umfassenden Konfiguration für die strategische Steuerung greifbar.[177] Hier könnte sich zwar direkt das sog. *betriebliche Zeitmanagement* (nicht Arbeitszeitmanagement) anbieten. Dieses Zeitmanagement ist aber (immer noch) zu sehr der zeitlich orientierten Synchronisierung von Kompression und Simultaneität von Leistungsprozessen verhaftet. Ansonsten bleibt es im strategischen Management häufig bei Einzelaspekten der Zeit, welche vor allem hinsichtlich des *Zeithorizonts* zum Beispiel im Rahmen von Szenario-Analysen oder der Ausrichtung von strategischen Potenzialen in Leistungsprozessen angesprochen werden.[178]

---

[176] Vgl. Mankins/Brahm/Caimi 2014, S. 74 ff.

[177] Vgl. Bea/Haas 2013, S. 37, S. 126 f. und S. 258.

[178] Zum Zeitmanagement vgl. Abolhassan 2003, S. 2 f. , vgl. Bierer/Liappas 2003, S. 18 f. , vgl. Voigt 2000, S. 197 ff. , vgl. Adam/Whipp/Sabelis 2002, S. 18 ff. Zu der Zeit im strategischen Management vgl. Mikus 2000, S. 3 ff. , vgl. Schäffer 2000, S. 73 ff. , vgl. Knyphausen-Aufseß 2000, S. 121 ff. Zur Kritik an Zeit-Theoriedefiziten der Ökonomie vgl. Klier 2007, S. 117 u. S. 137, vgl. Bergmann 1988, S. 79 ff. und S. 93 ff. , vgl. Helmstädter 1995, S. 33 f. u. S. 37 zur ökonomischen Modellzeit, vgl. O´Driscoll/Rizzo 1996, S. 52 ff.

**Vorschläge der ökonomischen Zeitforschung**

Die ökonomische Zeitforschung schlägt insbesondere drei Zeitelemente zur Integration vor. Hierzu zählen eine in einem Unternehmens-Umwelt-System explizit abzugrenzende Zeit-Dimension, Differenzierungen des sog. Zeitverlaufs sowie Nutzenausrichtungen in diesem Zeitverlauf. Die Zeitverläufe selbst bleiben vorerst undeutlich und sind nachfolgend weiter auszuarbeiten.[179]

**Güterzeit und Zeitallokation zur Betrachtung von Handlungen für zielorientierte und bestmögliche Zuteilungen**

Eine weitere Anregung aus der Ökonomie für die Entwicklung einer Zeittheorie stammt aus der Nutzenorientierung von Individuen auf Basis ihrer beschränkten bzw. knappen Handlungsmöglichkeiten innerhalb eines bestimmten Zeithorizonts. Dieser Nutzenansatz soll in den nachfolgenden Kapiteln integriert werden. Dazu werden die beiden ökonomischen Konzepte der *Güterzeit* (als knappes Gut) und der *Zeitallokation* (mit der bestmöglichen Zuteilung) gemäß dem ökonomischen Prinzip auf Individualhandlungen angewendet. Im Ergebnis führt dann die verfügbare, aber nicht zielgerichtete oder nicht bedarfsorientierte Handlungszeit zu einem Nutzenentgang, hier so bezeichnet als relationaler *Zeitverbrauch* in der relationalen Zeit-Dimension. Ergänzend sei hier noch der Vorschlag aus der ökonomischen Zeitforschung für eine Art integrierter *Systemzeit* zu nennen.

Für eine mögliche neuartige *ökonomische* bzw. *betriebswirtschaftliche Zeittheorie* werden aus diesen genannten ökonomischen Vorschlägen im Verlauf der Arbeit die Zeit-Modellelemente entwickelt.[180]

**Physikalisch-zeittheoretische Erkenntnisse für die Entwicklung eigener Ansätzen einer ökonomischen Zeit-Dimension**

Nach den bislang eher verhaltenen Lösungsvorschlägen aus der Ökonomie für eine unternehmensspezifische Zeit-Dimension sollen im weiteren Verlauf wesentliche physikalische Erkenntnisse zur Zeit-Dimension integriert werden. In der Physik werden die Konzeptionen von

---

[179] Vgl. Biervert/Held 1995, S. 13 und S. 23 ff. Vgl. Biervert/Held 1995, S. 23 ff. zur Dichotomie der Zeit. Vgl. Bendixen 2011, S. 107 ff. u. S. 149 ff. zur Zeit-Dimension und Raum-Dimension als explizite Systemeigenschaft der Unternehmung.

[180] Vgl. Hüpen 1995, S. 53-57 sowie Helmstädter 1995, S. 38 f. , vgl. Kuhn/Maurer 1995, S. 134 ff. , vgl. Biervert/Held 1995, S. 11, vgl. Biervert/Held 1995, S. 23 ff. zu einer Systemzeit. Vgl. Zelewski 2008, S. 10 ff. zur Wirtschaftlichkeit.

*Raum* und *Zeit* als *die* existenzielle Wirklichkeit für Menschen schlechthin kontrovers diskutiert und sind stetigen Veränderungen unterworfen.[181]

Einen wesentlichen Beitrag zum allgemeinen Verständnis dieses Diskussionsstandes mit kompliziertem mathematischem Formelwerk in Fachpublikationen und zu möglichen Anwendungen leistet die Wissenschaftsphilosophie, hier mit Ausrichtung auf die physikalische Zeitforschung.[182]

*Callender* fasst die gegenwärtigen Forschungsergebnisse aus seiner Sicht mit dem Begriff der emergenten Zeit zusammen: *„Selbst wenn die Zeit auf einer fundamentalen Ebene nicht existiert, kann sie auf höheren Ebenen entstehen – so wie ein Tisch sich fest anfühlt, obwohl er ein Teilchenschwarm ist, der größtenteils leeren Raum umfasst. Festigkeit ist eine kollektive oder emergente Eigenschaft der Teilchen. Auch die Zeit könnte eine emergente Eigenschaft der grundlegenden Bestandteile unserer Welt sein.“*[183]

Für die eigene Weiterentwicklung der ökonomischen Zeit-Dimension werden die nachfolgenden zwei physikalischen Zeit-Phänomene sinnbildlich übernommen und mit den oben skizzierten Anregungen aus der ökonomischen Forschung verknüpft. Zu diesen ökonomischen Anregungen zählen insbesondere unterschiedliche sog. *Zeitverläufe* (welcher Art auch immer), die *Nutzenausrichtung* (welcher Art auch immer) und eine unternehmensspezifische *Systemzeit* (welcher Art auch immer). Diese Verknüpfungen erfolgen schrittweise in den nachfolgenden Kapiteln.

Als ökonomisch nutzbar sollen in der hier entwickelten Ansicht nachfolgend zwei physikalische Zeit-Phänomene für die relationale Zeit-Dimension weiterentwickelt werden. Die *relationale Zeit* als nur in (unendlichen) Zeitpunkten zu betrachtende Zeit, die im Gegensatz zur absoluten Zeit nach *Newton* als universal tickende Hintergrundzeit steht. Sowie der *Zeitpfeil* bzw. verschieden ausgerichtete *Zeitpfeile* als Richtung zunehmender Entropie im positiven Sinn von mehr Möglichkeiten, die im Gegensatz zur bloßen Richtung und Weiterführung von Uhrzeit und Kalenderzeit als Zeitmaß aus Gegenwart oder Vergangenheit in die Zukunft stehen.

---

181 Vgl. Greene 2004, S. 9 ff.

182 Vgl. so zum Beispiel *Craig Callender*, der Wissenschaftsphilosophie an der University of California in San Diego lehrt und Herausgeber und Autor zahlreicher Fachbücher und Fachartikel zum Thema Zeit ist, u. a. Herausgeber von The Oxford handbook of philosophy of Time (2011). Die hier zitierten Textinhalte von Callender 2010 stammen aus dem deutschsprachigen Fachartikel „Ist Zeit eine Illusion?“, basierend auf der Publikation „Is time an illusion?“ in *Scientific American* vom Juni 2010, Ausgabe 302 (6), S. 40-47.

183 Callender 2010, S. 33.

**Physikalisches Zeitphänomen der relationalen Zeit als substantiierte Zeit**

Die physikalisch *relative Zeit* bzw. die hier mit Handlungsbezug so bezeichnete relationale Zeit, besteht im physikalischen Sinn lediglich aus einer Aneinanderreihung von (unendlich vielen) Zeitpunkten als *„...Rohmaterial der Zeit...“*[184], die zudem durch den Raum getrennt relativ zueinander stehen können.[185] Einen „Fluss“ der (absoluten) Zeit kann es somit nicht geben. In einer erweiterten physikalischen Interpretation dieser relativen Zeit, die sich eben nicht aus einer universalen Uhrzeit generiert, können jederzeit wahrnehmbare Ereignisse, individuelle Handlungen oder Prozessabläufe als „*...substantiierte Zeit,...*“[186] oder dann diese Zeit als „*...emergente Eigenschaft*“[187] von Zuständen jedweder Art verstanden werden.

Die Zeit kann damit nach *Cramer* nur über die Kopplung mit individuellen Handlungen, Abläufen oder bestimmten Ereignissen als solche erfahrbar und nachvollziehbar sein: *„Der Prozess ist gewissermaßen substantiierte Zeit, Zeit in einem Substrat, also etwa: Strecke pro Zeit (Bewegung); Arbeit pro Zeit (Leistung); Material pro Zeit (Umsatz, Stoffwechsel, Warenfluss); ß-Zerfall pro Zeit (Radioaktivität) usw.“*[188] Entgegen einer weit verbreiteten Auffassung wird demnach nicht mit Uhren und Kalendern *„...die Zeit operationalisiert und quantifiziert...“*[189].

Zeitlich erfasste Handlungen von Personen in Leistungsprozessen können somit sinnbildlich als substantiierte Zeit oder diese erfasste Handlungszeit als emergente Eigenschaft dieser Handlungen aufgefasst werden.

**Physikalisches Zeitphänomen unterschiedlich ausgerichteter Zeitpfeile**

Der *physikalische Zeitpfeil* bezeichnet zwar im physikalischen Sinn eine scheinbare Richtung der Zeit. Aber nicht einer Uhrzeit oder Kalenderzeit als Zeitmaß in die Zukunft. Gemeint ist hier vielmehr die permanente, systemimmanente Tendenz zu höherer Unordnung.[190] In allen Systemen lässt sich demnach eine Richtung von Zuständen höherer Ordnung (niedrigere Entropie) in Zustände niedrigerer Ordnung (höhere Entropie) feststellen. *„Hohe Entropie bedeutet, dass es viele Möglichkeiten, niedrige Entropie, dass es deren nur wenige gibt.“*[191]

---

184 Greene 2004, S. 168.
185 Vgl. Greene 2004, S. 165 ff.
186 Cramer 1996, S. 71.
187 Callender 2010, S. 33.
188 Cramer 1996, S. 71. Klammern wie im Original übernommen.
189 Mikus 2000, S. 6 mit der „...objektiven Zeit...“, die „... kontinuierlich, gleichförmig und unbeeinflusst von den in ihr auftretenden Ereignissen...“ fließt.
190 Vgl. Greene 2004, S. 184. Vgl. Hawking 1989, S. 183.
191 Greene 2004, S. 181. Vgl. Greene 2004, S. 171 ff. zum speziellen Problem der sog. Zeitumkehrsymmetrie (nicht Asymmetrie) physikalischer Gesetze.

Im Gegensatz zur idealtypisch verlaufenden absoluten Zeit stehen damit bestimmte beobachtbare Vorgänge (gleichwohl nicht alle), die den Eindruck von nicht oder nur schwer reproduzierbaren Vorgängen vermitteln. Zur Darstellung verwenden *Briggs/Peat* das Bild des thermodynamischen Zeitpfeils: „*Die Wissenschaft der Thermodynamik entdeckte jedoch eine durch die Zeit verzauberte Welt. Thermodynamisch läuft alles nur in einer Richtung. Die Zeit ist irreversibel, nicht umkehrbar;...*“.[192] Und weiter: „*Ein Auto zerfällt zu einem Rosthaufen; ein Rosthaufen wird sich nie in ein Auto zurückverwandeln. Mit der Entdeckung der Thermodynamik konzentrierten sich die Physiker auf das, was man eine pessimistische Zeit nennen könnte, die Zeit des Zerfalls und der Auflösung*“.[193]

Dieser aus der Nichtumkehrbarkeit bestimmter Vorgänge gefolgerte sog. *Zeitpfeil* kann nach *Hawking*[194] in verschiedenen Formen auftreten, siehe dazu Tab. 2.

| **Zeitpfeile in der relationalen Zeit-Dimension** | | **Wirkungen in der relationalen Zeit-Dimension** |
|---|---|---|
| • Thermodynamischer Zeitpfeil | → | Zunahme der energetischen Unordnung |
| • Psychologischer Zeitpfeil | → | Fortschreiten der gefühlsmäßigen Zeit mit Erinnerung der Vergangenheit |
| • Kosmologischer Zeitpfeil | → | Ausdehnung des Universums |

Tab. 2: Zeitpfeile in der relationalen Zeit-Dimension nach *Hawking*[195]

In einer erweiterten physikalischen Interpretation dieser mehr oder weniger starken Entropietendenz entwickelt *Cramer*[196] das theoretische Modell des Zeitbaums mit einem *reversiblen Zeitpfeil* $t_r$ (horizontal) als Ausprägung für periodische Abläufe und einem hohen Grad an Determiniertheit i. S. v. Bestimmtheit sowie mit einem *irreversiblen Zeitpfeil* $t_i$ (vertikal) als Ausprägung eines niedrigen Grads an Determiniertheit mit einem hohen Potenzialgrad bei gleichzeitiger Ungewissheit von Ergebnissen. Die Darstellung des theoretischen Modells des Zeitbaums zeigt Abb. 5.[197]

---

[192] Briggs/Peat 1990, S. 200.
[193] Briggs/Peat 1990, S. 200.
[194] Hawking 1989, S. 183.
[195] Hawking 1989, S. 183.
[196] Vgl. Cramer 1996, S. 61 ff. , S. 104 ff. , S. 121 sowie a. a. O. , S. 116-122.
[197] Vgl. Cramer 1996, S. 121 mit Erläuterungen auf S. 116-122.

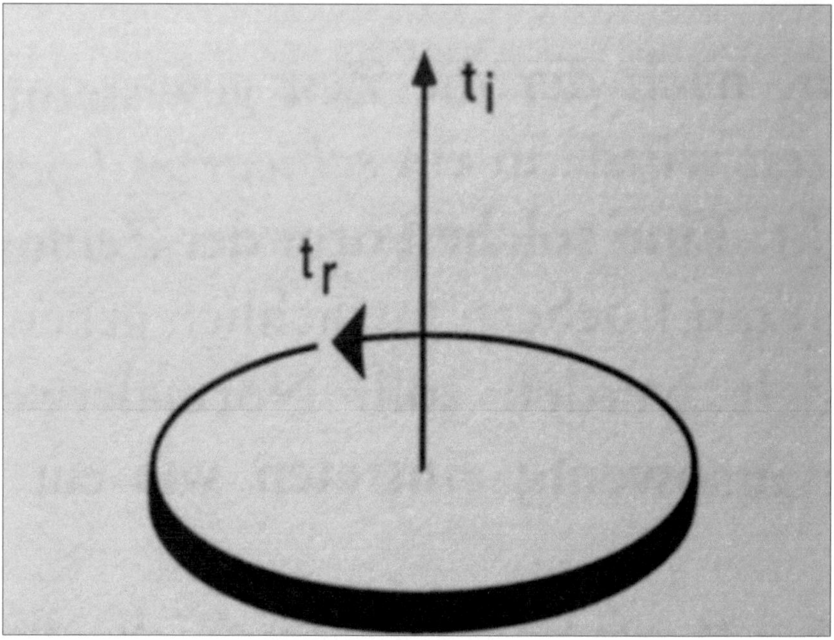


Abb. 5: Theoretisches Modell des Zeitbaums nach *Cramer*[198]

Das theoretische Modell des Zeitbaums nach Abb. 5 beschreibt *Cramer* im Detail wie folgt: *„Der Weltprozess verläuft unter ständigem Variieren des Zeitmodus: Strukturbildende Zeitkreise, Oszillationen, reversible Vorgänge sind systemerhaltend, aber sie sind in Wahrheit nur Warteschleifen, in denen das System so lange kreist, bis es an einen Chaos-Ordnungs-Übergang kommt. Dann erfolgt ein Zeitsprung, und es entsteht etwas Neues. Mit den beiden Zeitmodi $t_r$ und $t_i$ kann man erstmalig die Stabilität von Strukturen einerseits und das Entstehen des Neuen andererseits beschreiben sowie mit Hilfe der Chaostheorie die Übergänge dieser beiden Zeitformen verstehen."*[199]

Auf Basis der Chaostheorie kann nach *Cramer*[200] die weitere Entwicklung eines irreversiblen Zeitvektors $t_i$ in immer komplexere Verästelungen erklärt werden. An jeder weiteren Verzweigungsstelle treten neue Veränderungen auf, andere Entwicklungsmöglichkeiten sind für immer verloren.

198 Cramer 1996, S. 104.
199 Cramer 1996, S. 121-122.
200 Vgl. Cramer 1996, S. 116-122 und S. 83 ff. zur Chaostheorie mit den Bewegungs- bzw. Entwicklungsbahnen (Trajektorien), die in nichtlinearen Systemen über Verzweigungsstellen (Bifurkationspunkte) indeterminiert

Nach *Cramer*[201] verbleiben für die Theorie der reversiblen Zeit $t_r$ und der irreversiblen Zeit $t_i$ im theoretischen Modell des Zeitbaums offene Forschungsfragen, insbesondere hinsichtlich der Übergänge zwischen der reversiblen und irreversiblen Zeit, der Selbstorganisation von Systemen und der Entwicklung von hierarchischen Strukturen.

**Umsetzung der physikalischen Zeit-Phänomene in eine neuere theoretisch-ökonomische Zeit-Dimension**

In den nachfolgenden Kapiteln erfolgt schrittweise eine Umsetzung der beiden oben beschriebenen physikalischen Zeitphänomene in eine ökonomische Zeit-Dimension. Hierzu gehören die relative bzw. handlungsbasierte *relationale Zeit* als *substantiierte Zeit* sowie der *reversible Zeitpfeil* und der *irreversible Zeitpfeil* als Ausprägungen niedrigerer oder höherer Entropiezustände im Sinn von Periodizität versus niedrigeren Graden an Determiniertheit. Ziel ist eine möglichst praktikable und betriebswirtschaftlich sinnvolle Umsetzung. Zusammen mit den oben erwähnten Vorschlägen der ökonomischen Zeitforschung ergeben sich an dieser Stelle die theoretischen Grundlagen für eine neuere ökonomische Zeit-Dimension.

**Relationale Zeit-Dimension als zeitliches Ausmaß unterschiedlicher individueller Handlungen**

Als maßgeblich für eine erweiterte ökonomische Zeittheorie wird die Entfaltung einer relationalen handlungsbezogenen Zeit auf Grundlage der physikalisch relativen Zeit als hier so bezeichnete *relationale Zeit-Dimension* innerhalb eines Unternehmens-Umweltsystems aufgefasst. Der Dimensions-Begriff beschreibt in diesem Zusammenhang das zeitliche Ausmaß der messbaren unterschiedlichen Handlungen von Individuen bzw. hier von Personen des Personalbestands. In Abgrenzung dazu bescheibt die *absolute Zeit-Dimension* das Ausmaß sämtlicher Uhrzeiten und Kalenderzeiten innerhalb eines Unternehmens-Umweltsystems in Zeitpunkten und Zeitdauern, zum Beispiel für Pläne und Koordinationszwecke.

**Zeit als substantiierte Zeit von individuellen Handlungen**

Zur weiteren Charakterisierung dieser relationalen Zeit-Dimension dient das Konstrukt der *substantiierten Zeit* von individuellen Handlungen. Diese Art von relationaler Zeit kann dann wiederum als *emergente Eigenschaft* von individuellen Handlungen aufgefasst werden.

---

verlaufen. Vgl. dazu auch Briggs/Peat 1990, S. 212-215 zum Begriff der Bifurkation nach Ilya Prigogine als Kristallisierungspunkt und Abbild der Irreversibilität der Zeit.

201 Vgl. Cramer 1996, S. 111-114, in enger begrifflicher Anlehnung.

Erst jetzt ist somit das Auftreten und die Erfassbarkeit von Handlungszeiten der Personen des Personalbestands denkbar, ohne auf die Konstrukte einer absoluten Zeit als Ressource, einer absoluten Zeit als Erfolgsfaktor oder einer absoluten Arbeitszeit als umfassende Kosteneinflussgröße (Kosten als Funktion der Zeit) zurückgreifen zu müssen.

**Reversible und irreversible Ausprägungen von Handlungen in der relationalen Zeit-Dimension**

Als eine weitere für wichtig erachtete Umsetzung physikalischer Phänomene in eine ökonomische Zeittheorie wird der oben beschriebene *reversible Zeitpfeil* $t_r$ und der *irreversible Zeitpfeil* $t_i$ aufgefasst. In der ökonomischen Interpretation handelt es sich hierbei um zwei grundsätzlich unterschiediche Ausprägungen von Handlungen oder zusammenhängenden Prozessen mit entweder relativ hohen Graden an Determiniertheit und Reproduzierbarkeit (Reversibilität) von Handlungsergebnissen oder niedrigen Graden an Reproduzierbarkeit und Determiniertheit bei gleichzeitig hohen Potenzialen, aber auch Ungewissheiten für den Handlungsausgang (Irreversibilität). Wie nachfolgend für wissensintensive Leistungsprozesse zu zeigen sein wird, stellen mehr reversibel oder mehr irreversibel zu gestaltende Handlungsprozesse zugleich einen Zielkonflikt für Unternehmen bezüglich der Ergebnispotenziale dar.

**Einbeziehung der ökonomischen Prinzipien von Güterzeit und Zeitallokation**

Den oben erwähnten Vorschlägen aus der Ökonomie folgend, erfolgt implizit eine Einbeziehung der beiden ökonomischen Prinzipien von *Güterzeit* bzw. *Handlungszeit* als knappes Gut sowie von *Zeitallokation* für die bestmögliche nutzengenerierende Verwendung knapper Handlungszeiten von Individuen bzw. von Personen des Personalbestands einer Unternehmung.

**Ansatz einer unternehmensspezifischen Systemzeit mit der absoluten Zeit-Dimension und der relationalen Zeit-Dimension**

Mit der Begründung einer relationalen Zeit-Dimension als Ausprägung von individuellen Handlungen des Personalbestands für *Konfigurationszwecke* wird in ersten Ansätzen eine Darstellung der von der ökonomischen Zeitforschung vorgeschlagenen unternehmensspezifischen Systemzeit möglich. Hierzu ist eine Ergänzung der relationalen Zeit-Dimension mit der *absoluten Zeit-Dimension* für *Koordinations- und Synchronisierungszwecke* erforderlich. Dazu sind insbesondere die (absoluten) Zeitebenen und Zeitformen herauszuarbeiten. Die Entwicklung einer unternehmensspezifischen Systemzeit der relationalen und absoluten Zeit-Dimension stellt keinen Forschungsschwerpunkt dar und kann deshalb nur in ersten Ansätzen erfolgen.

**Eindeutige Abgrenzung von Zeit-Dimension und Wert-Dimension, ergänzend mit der Finanz-Dimension**

Mit der Entfaltung einer handlungsbasierten relationalen Zeit-Dimension als substantiierte Zeit und als zeitliches Ausmaß unterschiedlicher verfügbarer und produktiver Handlungen des Personalbestands ist damit zugleich eine eindeutige Abgrenzung zur Wert-Dimension innerhalb des Unternehmens-Umwelt-Systems eines wissensintensiven Unternehmens möglich. Wie bereits in Kap. 1 dargestellt, dient hier die Finanz-Dimension als Ausprägung von Geldeinzahlungen und -auszahlungen mit ihren Schnittstellen zur Wert-Dimension als Ergänzung dieses Unternehmens-Umwelt-Systems.

**Zusammenfassende Beschreibung der relationalen Zeit-Dimension aus Sicht des strategischen Managements**

Die relationale Zeit-Dimension als handlungsbasierte Zeit-Dimension in reversibler und irreversibler Ausprägung beschreibt das handlungsbedingte zeitliche Ausmaß der unternehmensspezifischen relationalen Zeit in wissensintensiven Unternehmung als substantiierte Zeit in Verbindung mit den Leistungs- und Güterbewegungen im Unternehmens-Umwelt-System. Dies gemessen mit dem Zeit-Potenzial von Personen des Personalbestands und deren individuellen Wissens- und Kompetenzenpotenzialen als gegenwärtige und zukünftige Handlungskompetenzen für die zielausgerichtete und bedarfsoptimale Nutzenausrichtung nach dem Wirtschaftlichkeitsprinzip zur Erzielung eines relationalen Zeit-Erfolgs.

Ein *relationaler Zeit-Erfolg* bestimmt sich dann aus verfügbaren sowie zielausgerichteten und bedarfsoptimalen Handlungszeiten des gegebenen Zeit-Potenzials von Personen des Personalbestands innerhalb dieser relationalen Zeit-Dimension.

Wird die relationale Zeit-Dimension der Konfiguration mit der absoluten Zeit-Dimension der Koordination kombiniert, könnte dies als eine abgrenzbare unternehmensspezifische Systemeigenschaft im Unternehmens-Umwelt-System beschrieben werden. Die Kenntnis der Zeit-Dimension in wissensintensiven Unternehmen sichert die Zeitautonomie im Sinn von Handlungsautonomie.

### 2.2.2 Konstrukt der subjektiven Zeit aus sozialwissenschaftlicher Sicht

In der sozialwissenschaftlichen Zeitforschung werden der Zeit der Uhr und der Zeit des Kalenders als erkennbare sog. *objektive Zeit* lediglich standardisierende, regulierende, kontrollierende und rechenbare Funktionen zugebilligt, die allerdings in keinem Zusammenhang zur lebensnahen sog. *subjektiven Zeit* innerhalb der *Eigenzeit* des Individuums stehen.[202] Der Takt der objektiven Zeit wird in dieser Sichtweise als Störvariable insbesondere für das subjektive Wohlergehen, die Kreativität und die Produktivität des Individuums aufgefasst.[203] Die objektive Zeit misst demnach lediglich die Veränderungsprozesse und dient als reines, gleichwohl machtvolles Organisationsinstrument.[204]

**Subjektive Zeitformen in der Eigenzeit von Individuen**

Die Organisations- und Koordinationsfunktion der absoluten Zeit der Uhr und Kalenderzeit wird aus sozialwissenschaftlicher Sicht zwar akzeptiert. Gleichwohl liegt die explizite Betonung auf den allein berechtigten individuellen Zeiten von Subjekten als sog. Eigenzeit.[205] *Geißler* bezeichnet die Vielfalt der Formen einer erlebten subjektiven Zeit als *„Modi der Temporalisierung"*[206] mit jeweils ganz unterschiedlich ausgeprägten Zeitverläufen in Systemen und Prozessen. Subjektive Zeiten in Systemen lassen sich dann bewusst gestalten und mit eigenen subjektiven Uhren verbinden. Die systematische Erforschung von produktiven Fähigkeiten in subjektiven Zeiten wie z.B. der Langsamkeit steht nach *Geißler*[207] gleichwohl noch aus.[208] Eine vergleichende Darstellung von subjektiv geprägten Zeiten innerhalb der individuellen Eigenzeiten zeigt Tab. 3.

Trotz der Favorisierung subjektiver Zeiten registriert die sozialwissenschaftliche Zeitforschung mit einem gewissen Unbehagen die massive Zunahme komplexer *Zeitformen in betrieblichen Systemen*, zum Beispiel in Form flexibler Arbeitsorganisationen.[209] Die sich daraus ergebenden höheren Anforderungen an die betriebliche Koordination werden nach Ansicht von *Klier*[210] zunehmend dem einzelnen Mitarbeiter *„... mit einem erhöhten Aufwand individueller Synchronisierungsleistung"*[211] aufgebürdet.

---

[202] Vgl. Geißler 2006, S. 14 ff. zur Notwendigkeit theoretischer Ansätze einer subjektiven Zeitvielfalt mit elastischen Zeithorizonten für individuelle Lebens- und Arbeitsrhythmen.

[203] Vgl. Geißler 2006, S. 16.

[204] Vgl. Geißler 2001, S. 107-110.

[205] Zur zeitphilosophischen Betrachtung der Eigenzeit u. a. im Hinblick auf Körperrhythmen vgl. Safranski 2015, S. 176 ff.

[206] Geißler 2006, S. 11.

[207] Vgl. Geißler 2006, S. 19 zur Erforschung der „Chronodiversität" jenseits der ausschließlichen Betrachtung von Schnelligkeit und Beschleunigung.

[208] Vgl. ergänzend Safranski 2015, S. 19 ff. zur Zeit der Langeweile, S. 41 ff. zur Zeit des Anfangens u. S. 63 ff. zur Zeit der Sorge.

[209] Vgl. Klier 2007, S. 52 f., S. 68 f., S. 80f.

[210] Vgl. Klier 2007, S. 202 mit dem Nachweis empirischer Forschungen zur individuellen Selbstorganisation von Arbeitszeit.

[211] Klier 2007, S. 202.

| **Subjektiv erlebte Zeitformen in der individuellen Eigenzeit** | |
|---|---|
| **Subjektive schnellere Zeiten** | **Subjektive langsamere Zeiten** |
| • Zeit der Rolltreppe | • Zeit der Barocktreppe |
| • Zeit der geraden breiten Wege | • Zeit der gebogenen engen Wege |
| • Zeit des Rationalen | • Zeit des Irrationalen |
| • Zeit der Regelungen | • Zeit der Abschweifungen |
| • Zeit der Helligkeit | • Zeit der Dunkelheit |
| • Zeit des Handelns | • Zeit des Wartens und der Pause |

Tab. 3: Subjektive Zeitformen in der Eigenzeit nach *Geißler*[212]

### 2.2.3 Relationale Zeit und absolute Zeit in der ökonomischen Sichtweise

Die oben dargelegten Begründungen für eine neuartige relationale Zeit-Dimension für wissensintensive Unternehmen sollen für spätere theoretische Modellentwicklungen und Gestaltungen ein tragfähiges Argumentationsmuster bereitstellen.[213] Auf dieser Grundlage werden nachfolgend ökonomische Gesichtspunkte der Ausprägungen einer relationalen und absoluten Zeit näher erörtert.

Absolute und relationale Zeit-Dimensionen schließen sich nicht aus und könnten als gemeinsame Bestandteile in einer unternehmensspezifischen *Systemzeit* betrachtet werden. Die absolute Zeit soll verkürzt ausgedrückt der strategischen *Koordination* dienen, die relationale Zeit-Dimension der strategischen *Konfiguration*.

**Bisherige ökonomische Modellzeit als absolute Zeit**

Gleichwohl tendiert die Ökonomie nach *Helmstädter*[214] allgemein zur zeitlichen Vereinfachung ihrer theoretischen Modelle mit einem teils vollständigen Verzicht auf Zeitaspekte. Indirekt wird dadurch der Zeit die Eigenschaft einer unerwünschten Störvariablen zugewiesen. Dazu wird bewusst eine im Hintergrund laufende unabhängige *„Modellzeit"*[215] als ökonomische Zeitform herangezogen, die keine direkten Bezüge zu Handlungen und Prozessen aufweist. Die Zeit

212 Darstellung in Anlehnung an Geißler 2006, S. 10-17. Die Begriffe sind aus dem Text abgeleitet.

213 Vgl. Kap. 2.2.1 ausführlich zur relationalen Zeit-Dimension.

214 Vgl. Helmstädter 1995, S. 33 f.

215 Helmstädter 1995, S. 37. Die ökonomische „Modellzeit" soll sich bewusst von der „wirklichen Zeit" abgrenzen, wobei über die „wirkliche Zeit" keine Vorstellungen bestehen.

in ökonomischen Modellen mit einer Zeitachse t, einem Anfangszeitpunkt, einem Gegenwartszeitpunkt und einem Zeithorizont besitzt dadurch große Ähnlichkeiten mit dem oben beschriebenen *Newton'schen* Modell[216] der absoluten Zeit.[217]

In dieser ökonomischen Modellzeit wird ergänzend die *Dispositionszeit* als weitere Zeitform abgeleitet. Diese Dispositionszeit mit einer „Zeitbudgetierung" für Handlungszeiten wäre dann eher einer handlungsbasierten relationalen Zeit-Dimension zuzuweisen. Eine Gesamtdarstellung der genannten ökonomischen Zeitformen zeigt Tab. 4.

Die Bedeutung der ökonomischen Modellzeit sehen *Hüpen*[218] und *Biervert/Held*[219] dann vor allem in deren Koordinationsfunktion für unterschiedliche Leistungsprozesse mit der Festlegung von Zeitpunkten und Zeitdauern in einem endlichen Zeithorizont.

| **Zeitformen in der Ökonomie** | | |
|---|---|---|
| **Absolute Modellzeit** | **Dispositionszeit** | **Zeithorizont mit Zeitskala** |
| Darstellung einer absoluten Zeit als universale Hintergrundzeit ohne direkten Zusammenhang mit Handlungszeiten und Prozessen | „Zeit als Budget" für eine geplante Verwendung von Handlungszeiten zwischen zwei Zeitpunkten | Zum Beispiel für die Zuteilung von finanziellen Mitteln an verschiedene Funktionsbereiche |

Tab. 4: Zeitformen in der ökonomischen Theorie nach *Helmstädter*[220]

Wie die *Synchronisierung* einer Vielzahl von „Zeitbudgets", Zeitpunkten und Zeitdauern im Zeithorizont auf einer Theoriebasis modellhaft funktionieren könnte, wird gleichwohl nicht ausgeführt. Lediglich als ergänzende Zeitperspektive wird die als nicht operational angesehene subjektive Zeit bzw. subjektiv erlebte Zeitdauer der Individuen mit schöpferisch-kreativen Inhalten genannt.[221]

In der oben dargestellten physikalischen Erkenntnis der Zeit[222] als eine emergente Eigenschaft von Handlungen ist eine Zeit als Ressource nicht existent. Ökonomisch formuliert spricht *Helmstädter* dann zutreffend von der Sinnlosigkeit der Idee, die absolute Zeit mit Geld gleichzusetzen: „*Es sind ja doch die Opportunitätskosten gemeint, das Geld also, das man gerade*

---

216 Vgl. Kap. 2.2.1.

217 Vgl. Kuhn/Maurer 1995, S. 133 f. zur ökonomisch-analytischen Zeitperspektive mit einer Zeitachse t, einem endlichen oder unendlichen Planungszeithorizont T mit Zeiteinheiten, einem Anfangszeitpunkt $t_0$ und einem Gegenwartszeitpunkt. Vgl. Helmstädter 1995, S. 37 und S. 39 f.

218 Vgl. Hüpen 1995, S. 49-53.

219 Vgl. Biervert/Held 1995, S. 17.

220 Darstellung in Anlehnung an Helmstädter 1995, S. 39-40 und S. 46. Begriffe wurden aus dem Text abgeleitet.

221 Vgl. Hüpen 1995, S. 49-53.

222 Vgl. Kap. 2.2.1.

*nicht verdient, wenn man die Zeit ungenutzt verstreichen lässt. Richtiger müsste es also heißen: „Zeit kostet Geld!“.*[223]

**Ökonomische Konzepte der Güterzeit und Zeitallokation**

Neben der absoluten Zeit[224] der ökonomischen Modellzeit verwendet die Ökonomie auch ansatzweise die handlungsorientierte Sicht des einzelnen Individuums. Werden dort geplante Handlungen mit der Zeit verknüpft, erhält diese Zeit aufgrund der beschränkten Anzahl an möglichen Handlungen innerhalb eines Zeithorizonts sowohl einen *Knappheits-Charakter* als auch einen *Nutzen-Charakter* in Verbindung mit den in einer Zeitperiode innewohnenden Handlungsmöglichkeiten.[225]

Die ökonomische Theorie verwendet dazu die Konzepte der *Güterzeit* für die Darstellung der (Handlungs)-Zeit als knappes, möglichst optimal einzusetzendes Gut sowie das Modell der *Zeitallokation* mit der verfügbaren Handlungszeit des Individuums und deren optimaler Zuteilung für nutzengenerierende Handlungen.[226] Existieren alternative und - vermeintlich - bessere Möglichkeiten einer Nutzung von Handlungszeit durch Individuen innerhalb einer akzeptierten Zeitdauer, führen bei Zeitknappheit bzw. bei beschränkten Handlungsmöglichkeiten die Nichtrealisierung oder die verzögerte Realisierung nach *Biervert/Held*[227] zu messbaren Opportunitätskosten bzw. zu einem Nutzenentgang. Die Beschränktheit bzw. Knappheit von Handlungszeit erfordert damit ein sinnvolles und planmäßiges Wirtschaften gemäß dem *ökonomischen Prinzip*,[228] wobei dann die teilweise oder gänzliche Verschwendung von Handlungszeit als *Zeitverbrauch* angesehen werden kann.

**Zeit ist keine Ressource**

Erst die relationale Zeit-Dimension als substantiierte Zeit von Handlungen des verfügbaren Personalbestands produktiver oder unproduktiver Art gemessen in Arbeitszeiten stellt jetzt si-

---

223 Helmstädter 1995, S. 42.

224 Vgl. Hüpen 1995, S. 50 zum absoluten Zeitbegriff von Newton.

225 Vgl. Hüpen 1995, S. 53-57 sowie Helmstädter 1995, S. 38 f. zum wirtschaftlichen Umgang mit der Zeit aus Sicht der Neoklassik mit einem abnehmenden Grenznutzen der Zeit innerhalb eines verfügbaren Zeitbudgets, welches nach dem Kriterium der Dringlichkeit verwendet wird.

226 Vgl. Kuhn/Maurer 1995, S. 134 ff.

227 Vgl. Biervert/Held 1995, S. 7 f. zu den historischen Grundlagen einer ökonomischen Theoriebildung für die Zeit und S. 11 zum ökonomischen Problem von Zeitknappheit und Zeit-Opportunitätskosten.

228 Vgl. Zelewski 2008, S. 10 ff. zur Auswahl und Leistungsverwendung knapper Ressourcen für die Hervorbringung optimaler Leistungsergebnis-Leistungseinsatz-Relationen.

cher, dass individuelle Zeit-Potenziale von Personen des Personalbestands *nicht* z. B. als „Ressource“, „Produktionsfaktor“, „Erfolgsfaktor“ oder „Erfolgsvoraussetzung“ angesehen, gemessen und bewertet werden können.

**Arbeitszeiten in der absoluten Zeit-Dimension als Kosteneinflussgröße mit vollständigem Zeitverbrauch**

Handlungszeiten mit resultierenden Handlungsergebnissen aus zielorientierten und bestmöglichen Handlungseinsätzen in der relationalen Zeit-Dimension wären in der Konsequenz schwierig als vollständige Kosten bzw. als vollständiger Güter- oder Zeitverbrauch zu interpretieren. Dies würde in der relationalen Zeit-Dimension explizit nur für nicht verfügbare sowie unproduktive bzw. ineffektive und ineffiziente Handlungszeiten gelten.

Mit Blick auf die Anwendung ökonomischer Zeitvorstellungen in der Betriebswirtschaft, insbesondere in der Kosten- und Erlösrechnung und dort beim Umgang mit *Arbeitszeiten* und *Personalkosten* des Personalbestands wird damit deutlich, dass dort die relationale Zeit mit einer Nutzenausrichtung auf Handlungsergebnisse bislang nur eine untergeordnete Rolle spielt.[229] So werden Arbeitszeiten des *Potenzialguts Mitarbeiter* nach dem Verursachungsprinzip bzw. dem Kosteneinwirkungsprinzip als Kosteneinflussgröße und unabhängige Variable einer Zeit-Kosten-Leistungsfunktion mit zeitlichen oder quantitativen Anpassungsmöglichkeiten[230] interpretiert und der Begriff des Güterverbrauchs mit dem Zeitverbrauch gleichgesetzt.[231]

---

229 Dazu Scholz 2000, S. 689: „Anders als bei Rohstoffen, Betriebsmitteln oder Zwischenprodukten wird bei Personalkosten nicht der Faktorverbrauch, sondern vorrangig die Anwesenheit der Arbeitnehmer bewertet.“ Zum Begriff der gesamten Personalkosten als Kostenwert für das Potenzial und die Verfügbarkeit von Arbeitsleistungen vgl. a. a. O. , S. 690. Die Personalnebenkosten beinhalten die bezahlten gesetzlichen sowie tarif- und einzelvertraglichen Leistungen wie z. B. Urlaubszeiten und Ausfallzeiten.

230 Vgl. Scholz 2000, S. 696 zur Beeinflussung der Personalkosten über die Mengenkomponente der Arbeitszeiten (nicht der Arbeitstage) z. B. in Form veränderter Mehrarbeiten bzw. Überstunden sowie in Form eines veränderten Personaleinsatzes.

231 Vgl. Schweitzer/Küpper 2011, S. 55 f. zu den Prinzipien der Kostenverteilung, vgl. a. a. O. , S. 13 zur Gleichsetzung von Güterverbrauch und Zeitverbrauch ohne Berücksichtigung individueller Nutzungsmöglichkeiten von Potenzialgütern bzw. Mitarbeitern sowie a. a. O. , S. 15 f. zur Bewertung des Zeitverbrauchs. Arbeitszeitausfälle z. B. durch Krankheiten sollen gleichwohl über eine Kosten- und Erlösplanung bei unsicheren Erwartungen berücksichtigt werden, vgl. a. a. O. , S. 442 ff. Vgl. Lücke 2000, S. 35 ff. zur Verwendung der Zeit in Produktionsfunktionen als quantitativer Zusammenhang von eingesetzten Faktormengen und ausgebrachten Gütern. Die Zeit erscheint hier lediglich als Orientierungsgröße in der Kalenderzeit. Ausnahmen werden für die Zeit als Größe für Zinsberechnungen oder für die Zeit als Reifezeit gesehen, vgl. a. a. O. , S. 37 ff.

Aus Sicht der Kostenrechnung gelten somit alle vom Personalbestand potenziell nutzbaren Arbeitsstunden sowie die verfügbaren Arbeitsstunden für die Hervorbringung definierter Leistungsergebnisse als vollständiger *Zeitverbrauch*.[232] Für diesen Zeitverbrauch ist unter Berücksichtigung des Verursachungsprinzips ein Kostenwert zu ermitteln.[233] In der Folge beinhalten Personal- und Personalnebenkosten in der *Mengenkomponente* sowohl die vom Personalbestand potenziell nutzbaren als auch verfügbaren Arbeitszeiten als Zeitverbrauch.[234]

Arbeitsstunden als Leistungs-Input und vollständiger Zeitverbrauch des Personalbestands werden mit Ausnahme der Berücksichtigung von Abwesenheitszeiten als Personalnebenkosten in der *Kostenwertbetrachtung* zumeist homogen behandelt.[235] Eine weitere Differenzierung der Arbeitszeiten über die Anwesenheitszeiten bzw. die verfügbaren Arbeitszeiten hinaus wird insbesondere im Personalmanagement für die Personalbedarfsbestimmung unter Berücksichtigung der *Produktivität* propagiert.[236]

**Vertragliche und bezahlte Arbeitsstunden als vollständiger Zeitverbrauch in der absoluten Zeit-Dimension**

Wird in der Gesamtsicht die vertragliche und bezahlte Arbeitzeit von Personen des Personalbestands als vollständiger Zeitverbrauch betrachtet, ist dies somit eine Interpretation in der absoluten Zeit-Dimension, mit der *Zeit als Ressource*. Im Gegensatz dazu kann der Zeitverbrauch

---

232 Vgl. Alter 2006, S. 760 zu den im Rahmen arbeitsgesetzlicher Möglichkeiten potenziell abrufbaren Arbeitsstunden nach dem sog. Arbeitszeitkonzept der bezahlten Stunden mit den gesetzlichen, tarif- und einzelvertraglichen Arbeitsstunden sowie den bezahlten Abwesenheitszeiten und bezahlten Überstunden. Vgl. Varnholt/Lebefromm/Hoberg 2012, S. 90 ff. zu Krankheits-, Urlaubs- und Feiertagszeiten als Mengenkomponente der Personalnebenkosten bzw. als Zeitverbrauch (hier: Nichtverfügbarkeit aus Abwesenheitszeiten). Vgl. Brandenburg/Nieder 2009, S. 13 f. zu krankheitsbedingten Abwesenheitszeiten als sog. Fehlzeiten, in denen der Mitarbeiter seine Arbeitskraft dem Unternehmen nicht zur Verfügung stellt.

233 Vgl. Schweitzer/Küpper 2011, S. 55-58 zum Verursachungsprinzip mit der Zurechnung aller relevanten Kosten auf die Einflussgrößen, hier von Personalkosten auf Arbeitsstunden.

234 Vgl. Scholz 2000, S. 696 zur Beeinflussbarkeit der Personalkosten in der Mengenkomponente hinsichtlich täglicher Arbeitszeiten (als zeitliche Anpassung), Mehrarbeitszeiten (als weitere zeitliche Anpassung) und verändertem Personaleinsatz (als quantitative Anpassung). Intensitätsbetrachtungen finden hier demnach keine Berücksichtigung, der Zeitverbrauch hängt hier nicht vom Leistungsgrad der menschlichen Arbeit ab.

235 Vgl. Varnholt/Lebefromm/Hoberg 2012, S. 90 ff. zur Bedeutung der zeitlichen Abgrenzung von Krankheits-, Urlaubs- und Feiertagsvergütungen bei den Personalnebenkosten als Kostenwert von Abwesenheitszeiten im Rahmen der Personalkostenplanung mit der Identifikation von Anwesenheitsstunden. Ein zu ermittelnder Stundensatz als Kostenwert je anwesender bzw. geleisteter Arbeitszeit wird als bedeutend zur Vermeidung von Fehlallokationen interpretiert, vgl. a. a. O., S. 92. Die Gleichsetzung von anwesender mit geleisteter Arbeitszeit schließt hier Produktivitätsbetrachtungen aus.

236 Vgl. Scholz 2000, S. 290 f. zur quantitativen Planung des Personalbestands über das grundlegende Verhältnis von Arbeitsmenge und Leistungsfähigkeit. Kennzahlen zur Personalbedarfsberechnung berücksichtigen neben der Höhe der bereitzustellenden Arbeitszeit u. a. die Arbeitsproduktivität im Basisjahr und die Steigerung der Arbeitsproduktivität, vgl. a. a. O., S. 294 ff. Zur Bestimmung des Zeitverbrauchs bei Personalbedarfsplanungen unter Berücksichtigung von Abwesenheitszeiten und Leistungsgraden vgl. ebenso Drumm 2005, S. 272 ff.

innerhalb der handlungsbasierten Sicht der relationalen Zeit-Dimension immer nur als teilweiser Nutzenentgang im Sinn des Opportunitätskostenprinzips aufgefasst werden.[237] Konsequent weiter verfolgt wäre dann in einer outputorientierten Sicht der Erlösrechnung die Bezugnahme von nutzengenerierenden Arbeitszeiten, aber nicht von allen Arbeitszeiten auf Erlöse möglich.[238]

**Zeitpfeil der ökonomischen Zeitachse $t_n$**

Der klassische Zeitpfeil $t_n$ gehört zur absoluten Zeit-Dimension der Uhrzeit und Kalenderzeit. Damit sind insbesondere zeitliche Koordinations- bzw. Synchronisierungsaufgaben leistbar, z. B. für die strategische Planung. Über mögliche reversible oder irreversible individuelle Handlungszeiten des Personalbestands in bestimmten Leistungsprozessen kann dieser Zeitpfeil $t_n$ der absoluten Zeit-Dimension gleichwohl nichts aussagen.

**Reversible Ausprägungen von Handlungszeiten in der relationalen Zeit-Dimension**

Reversible Handlungszeiten als handlungsbasierte Ausprägungen der relationalen Zeit-Dimension sollen nach der hier vertretenen Auffassung insbesondere gekennzeichnet sein durch hohe Grade an Routinen und Standardisierungen für periodische Abläufe sowie leichte Reproduzierbarkeit mit einem hohen Grad an Determiniertheit im Sinn von Bestimmtheit und Begrenztheit.

**Irreversible Ausprägungen von Handlungszeiten in der relationalen der Zeit-Dimension**

Irreversible Handlungszeiten als handlungsbasierte Ausprägungen der relationalen Zeit-Dimension sollen nach der hier vertretenen Auffassung insbesondere gekennzeichnet sein durch einen niedrigen Grad an Determiniertheit im Sinn von Bestimmtheit und Begrenztheit verknüpft mit einem hohen Grad an Potenzialen im Sinn von Möglichkeiten gleichwohl mit Unsicherheiten bei Ergebnissen. Dies bei zunehmend schwierigerer Reproduzierbarkeit von Handlungsergebnissen. Für wissensintensive Unternehmen bestehen demnach bestimmte *Zielkonflikte* zwischen reversiblen und irreversiblen Ausprägungen von Handlungszeiten und Leistungsprozessen. Für alle Arten von Handlungen und Leistungsprozessen ist gleichwohl

---

237 Vgl. Schweitzer/Küpper 2011, S. 20 ff. zur Kennzeichnung des Erlösbegriffs und zur betrieblichen Erlösrechnung als Output-Orientierung im Gegensatz zur inputorientierten betrieblichen Kostenrechnung.

238 Vgl. Biervert/Held 1995, S. 16 zu einer Theorie der Allokation der Zeit sowohl mit der Berücksichtigung von Kosten als auch von Nutzen der Zeit. Vgl. Schweitzer/Küpper 2011, S. 55 f. zur Zurechnung von Erlösen oder Kosten auf einwirkend angesehene Einflussgrößen wie Arbeitszeiten, Produktmengen oder Maschinenstunden sowie a. a. O., S. 21 ff. zum Erlösbegriff u. a. im Zusammenhang mit Mengenkomponenten der Erlöse in Form von Leistungsabgaben des Personalbestands und der Zuordnung von Preisen zur sachzielbezogenen Güterentstehung. Vgl. ergänzend dazu Coenenberg 2005, S. 1106 ff. zur Wertschöpfungsrechnung, die u. a. Personalkosten als Arbeitserträge und Erfolg verbucht.

die konkrete Vorgabe von Handlungszielen und Teilzielen sowie ggf. weiteren Soll-Leistungsdaten erforderlich. Aus Sicht des strategischen Managements dient die Kenntnis dieser Arten von Handlungszeit-Ausprägungen der Transparenz und Konfigurationskompetenz.

Eine gleichartige ökonomische Interpretation der reversiblen und irreversiblen Ausprägung von Handlungszeiten in der relationalen Zeit-Dimension zeigt Abb. 6.[239] Leistungsprozesse können demnach einerseits von eingeübten und stabilen Abläufen geprägt sein. Andererseits sollten im Unternehmen plötzliche Geschäftschancen auch genutzt werden können, die gleichwohl im Ergebnis mit Unsicherheiten behaftet sind.

| **Betriebliche Leistungsprozesse** | |
|---|---|
| **Welt von Chronos**<br>**Reversible Handlungszeit-Ausprägung** | **Welt von Kairos**<br>**Irreversible Handlungszeit-Ausprägung** |
| • Stabilität<br>• Routinen | • Möglichkeiten<br>• Unsicherheiten |

Abb. 6: Chronos und Kairos in der Zeit-Dimension betrieblicher Leistungsprozesse[240]

**Sichtweisen der Kosten- und Erlösrechnung in der absoluten Zeit-Dimension**

| **Absolute Zeit-Dimension der ökonomischen Modellzeit** | **Inputorientierte Kostenrechnung des Gütereinsatzes** | **Outputorientierte Erlösrechnung der Güterausbringung** |
|---|---|---|
| Gleichsetzung von Güterverbrauch und Zeitverbrauch<br>Personalkosten als eine Funktion der Arbeitszeiten | Mengenkomponente<br>Bezahlte und vertragliche Arbeitszeiten als vollständiger Zeitverbrauch | Mengenkomponente<br>Sachzielbezogene Güterentstehung von Produkten und Leistungen |
| | Wertkomponente<br>Markt- bzw. Beschaffungspreise oder Verrechnungspreise:<br>Darstellung des *Kostenwertes* der bezahlten und vertraglichen Arbeitszeiten als Personalkosten | Wertkomponente<br>Markt- bzw. Verkaufspreise oder Verrechnungspreise:<br>Darstellung des *Erlöswertes* der entstandenen Güter und Leistungen |

Tab. 5: Arbeitszeiten, Zeitverbrauch und Personalkosten aus Sicht der KER[241]

---

239 Vgl. Hedaa/Törnroos 2002, S. 37 ff. Vgl. Schmelzer/Sesselmann 2013, S. 69 ff. zu Geschäftsprozesstypen mit jeweils unterschiedlichen Merkmalen und Ausprägungen.

240 Darstellung in Anlehnung an Hedaa/Törnross 2002, S. 38-40, eigene Übersetzung und Ergänzungen.

241 Vgl. zur Kosten- und Erlösbetrachtung Schweitzer/Küpper 2011, S. 12 ff. u. S. 20 ff. Das Arbeitszeitkonzept der bezahlten Stunden beinhaltet gesetzliche, tarif- und einzelvertragliche Arbeitsstunden sowie die Abwesenheitszeiten und bezahlten Überstunden, vgl. Alter 2006, S. 760. Vgl. Varnholt/Lebefromm/Hoberg 2012, S. 91 f. zur zeitlichen Abgrenzung von Krankheits-, Urlaubs- und Feiertagsvergütungen als Zeitverbrauch

Die beschriebene ökonomische Sichtweise der absoluten Zeit hinsichtlich Arbeitzeiten, Zeitverbrauch und Personalkosten in der betriebswirtschaftlichen Perspektive der Kosten- und Erlösrechnung verdeutlicht oben Tab. 5.

**Mögliche Erweiterungen zu einer umfassenden Zeit-Dimension als unternehmensspezifische Systemzeit: Koordination und Konfiguration von Zeit**

Die handlungsbasierte relationale Zeit-Dimension soll in dieser Arbeit als strategischer Steuerungsrahmen für das strategische Management konzipiert werden. Ein daraus isolierbarer relationaler Zeit-Erfolg wäre dann die strategische Steuerungsgröße für eine strategische Ausrichtung der Wissens- und Kompetenzenpotenziale des Personalbestands sowie der Ressourcenpotenziale des Unternehmens.

Ergänzend besteht die Möglichkeit, die Zeit-Dimension deutlicher als dies bisher von der ökonomischen Zeitforschung geschehen ist, insgesamt neu zu strukturieren. Dies könnte in Form einer so bezeichneten unternehmensspezifischen Systemzeit geschehen. Diese Systemzeit wurde verschiedentlich von der ökonomischen Zeitforschung vorgeschlagen. Diese hier so interpretierte unternehmensspezifische Systemzeit würde dann in strategischer Sicht die absolute Zeit-Dimension für die *strategische Koordination* und die relationale Zeit-Dimension für die *strategische Konfiguration* beinhalten. Nach Maßgabe der Zeitforschung beinhaltet diese Koordination insbesondere die Synchronisation bestimmter Zeitformen.

**Zusammenfassende Darstellung der absoluten Zeit-Dimension**

Die *absolute Zeit-Dimension* nach *Newton* mit ihrer absoluten Hintergrundzeit lässt sich insbesondere mit ihrer bedeutenden Koordinationfunktion für die Ökonomie charakterisieren. Weitergehende ökonomische Anwendungen dieser absoluten „Zeit als Ressource“ führen gleichwohl zu widersprüchlichen Ergebnissen. So insbesondere im Hinblick auf Arbeitszeiten von Personen des Personalbestands einer Unternehmung, die dann als vollständiger „Zeitverbrauch“ gelten müssen. Siehe dazu im Überblick zur absoluten Zeit-Dimension Abb. 7.

sowie Brandenburg/Nieder 2009, S. 13 zu Abwesenheitszeiten und Fehlzeiten. Vgl. Scholz 2000, S. 704 ff. zu den Fehlzeiten- und Abwesenheitskosten als Reaktionskosten.

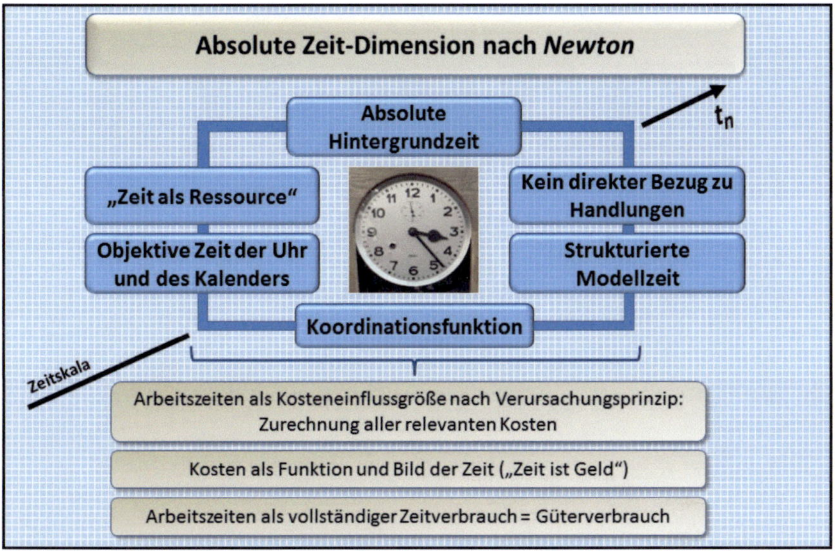


Abb. 7: Absolute Zeit-Dimension nach Newton als absolute Hintergrundzeit

**Zusammenfassende Darstellung der relationalen Zeit-Dimension**

Die *relationale Zeit-Dimension* als zeitlich messbare Ausprägung unterschiedlicher Handlungszeiten im Sinn einer substantiierten Zeit, hier in Form unterschiedlich geprägter Arbeitszeiten ist insbesondere durch die Nutzenausrichtung von individuellen Handlungen charakterisiert. Diese Nutzenausrichtung von knappen individuellen Handlungszeiten mit bestmöglicher Verwendung bei gegebenem Handlungszeiten-Potenzial kann zu einem Nutzenerfolg gemessen in Handlungszeiten bzw. Arbeitszeiten führen. Dieser zeitlich messbare Nutzenerfolg ist umso höher, je geringer die nicht nutzengenerierenden bzw. die nicht verfügbaren sowie die ineffektiven und ineffizienten Handlungszeiten ausfallen, siehe dazu Abb. 8.

Ergänzend sind im Hinblick auf die zwei Ausprägungen der relationalen Zeit-Dimension als reversible Zeit $t_r$ und irreversible Zeit $t_i$ jeweils unterschiedlich geprägte Handlungszeiten bzw. Arbeitszeiten zu berücksichtigen. Die reversiblen geprägten Handlungszeiten finden sich in periodischen und standardisierten Abläufen mit einem hohen Grad an Determiniertheit. Die irreversiblen geprägten Handlungszeiten bestimmen sich insbesondere durch niedrige Grade an Determiniertheit bei höheren Potenzialen. Siehe dazu im Überblick Abb. 8.

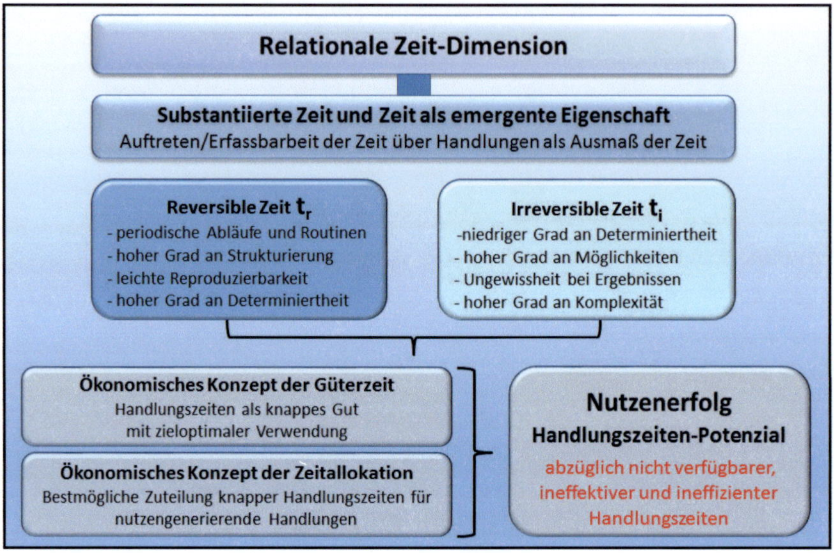


Abb. 8: Relationale Zeit-Dimension nutzenausgerichteter Handlungszeiten

### 2.2.4 Arbeitszeitkonzepte und Arbeitszeiten in Unternehmen

Innerhalb der Zeit-Dimension wissensintensiver Unternehmen mit wissens- und kompetenzenbasierten Individualhandlungen des Personalbestands sind *Arbeitszeiten* in der Sicht auf das Gesamtunternehmen als unabhängige Steuerungsvariable zu berücksichtigen.[242]

Das aus den Vorgaben des strategischen Managements abzuleitende operative Management von Arbeitszeiten erfolgt im Rahmen der *Personalbedarfsplanung* und ist dem Aufgabenbereich des Personalmanagements zuzuordnen.[243] Softwaregestützte *Zeitwirtschaftssysteme* sollen das Personalmanagement im Umgang mit Arbeitszeiten unterstützen, z. B. bei der Arbeitszeiterfassung, bei der Leistungs- und Betriebsdatenerfassung von Aufträgen und Projekten oder bei der Personaleinsatzplanung.[244] Neuere Entwicklungen bei Zeitwirtschaftssystemen berücksichti-

---

242 Vgl. Marr 2001, S. 13 ff. zum Arbeitszeitmanagement und zur Nutzung von Zeitpotenzialen als Managementaufgabe. Zur Flexibilisierung von Arbeitszeit vgl. Schlick/Bruder/Luczak 2010, S. 575 ff. sowie a. a. O. , S. 591 ff. zu Arbeitszeitsystemen und Arbeitszeitmodellen.

243 Vgl. Stock-Homburg 2008, S. 72 ff. zur Personalbedarfsplanung innerhalb des Personalmanagements mit der Bestimmung des derzeitigen und zukünftigen Mitarbeiterbedarfs. Dazu wird eine laufende Abstimmung zwischen dem Ist- und Plan-Personalbestand für notwendig angesehen.

244 Vgl. Furkel 2011, S. 56-59 zu den Anforderungen und Inhalten softwaregestützter Zeitwirtschaftssysteme mit einer Anbieterübersicht. Vgl. Alter 2006, S. 763 u. S. 766 f. zu den Schwierigkeiten von Unternehmen, plausible Angaben zu tatsächlich geleisteten Arbeitszeiten für Vollzeit- und Teilzeitbeschäftigten abzugeben.

gen zusätzlich die Personalbedarfsplanung, die Anbindung an ERP-Systeme und die Verwendung mobiler Erfassungssysteme.[245] Die für die Sicherung der eigenen Wettbewerbsfähigkeit notwendige Erfassung betrieblicher Ist-Daten von Arbeitszeiten wird nach *Alter*[246] durch den Einsatz von Arbeitszeitkonten in Kombination mit Zeitwirtschaftssystemen unterstützt.[247]

**Arten von Arbeitszeiten und Arbeitszeitkonzepten**

Nach *Alter*[248] lassen sich auf der Grundlage international verwendeter *Messkonzepte für Arbeitsstatistiken* drei Arten von Arbeitszeiten und Arbeitszeitkonzepten unterscheiden:

- Arbeitszeiten auf Basis bezahlter Stunden für das Arbeitszeitkonzept der bezahlten Stunden.
- Arbeitszeiten auf Basis vertraglicher Stunden für das Arbeitszeitkonzept der vertraglichen Stunden.
- Arbeitszeiten auf Basis geleisteter Stunden für das Arbeitszeitkonzept der geleisteten Stunden.

Hinsichtlich des vorhandenen Potenzials an Arbeitszeit in wissensintensiven Unternehmen orientiert sich diese Arbeit an einem maximal möglichen *Zeit-Potenzial des Personalbestands* als Randbedingung auf Basis der bezahlten Stunden für das gesamte Unternehmen innerhalb der jeweils vorgegebenen gesetzlichen, tarif- und einzelvertraglichen Rahmenbestimmungen für die Arbeitszeit.

**Zeit-Potenzial des Personalbestands nach dem Arbeitszeitkonzept der bezahlten Stunden**

Dieses Zeitpotenzial des Personalbestands eines Unternehmens wird in geeigneter Weise durch das *Arbeitszeitkonzept der bezahlten Stunden*[249] mit den folgenden drei Arbeitszeit-Komponenten abgebildet:

---

245 Vgl. Furkel 2011, S. 56 f.

246 Vgl. Alter 2006, S. 761, insbesondere bezogen auf die Erfassung von tatsächlich geleisteten Arbeitsstunden einschließlich unbezahlter Überstunden.

247 Vgl. Alter 2006, S. 762 f. u. S. 766 f. zu den Schwierigkeiten von Unternehmen bei der Angabe von Arbeitszeiten, insbesondere von tatsächlich geleisteten Arbeitszeiten bei Vollzeit- und Teilzeitbeschäftigten im Rahmen eines Eurostat-Forschungsprojekts zur Erfassung von Arbeitszeiten in der Arbeitskostenerhebung, durchgeführt von den Statistischen Landesämtern Sachsen und Rheinland-Pfalz für eine Machbarkeitsstudie im Jahr 2004 bei Unternehmen des produzierenden Gewerbes und des Dienstleistungsbereichs. Demnach waren im ersten Befragungsdurchgang nur 48,7% der Unternehmen in der Lage, die Höhe der tatsächlich geleisteten Arbeitszeiten anzugeben. Bei einer nachfolgenden Rückfrage konnten weitere 27,4% der Unternehmen plausible Angaben zu geleisteten Arbeitszeiten nachreichen, vgl. a. a. O. S. 762 und S. 763.

248 Vgl. Alter 2006, S. 760.

249 Vgl. Alter 2006, S. 760. Das Arbeitszeitkonzept der bezahlten Stunden, hier verwendet als Potenzialmaß für Arbeitszeiten beinhaltet nicht die unbezahlten Überstunden.

- Vertragliche Arbeitsstunden aus gesetzlichen, tarifvertraglichen und individuellen Regelungen.
- Bezahlte aber nicht geleistete Arbeitsstunden aus Urlaub, Feiertagen, Krankheit, Unfall, Unterbeschäftigung und anderen bezahlten Abwesenheiten sowie betrieblichen Sonder-regelungen.[250]
- Bezahlte Überstunden.

**Arbeitszeitkonzept der geleisteten Stunden**

Demgegenüber beinhaltet das *Arbeitszeitkonzept der geleisteten Stunden*[251] als Ist-Konzeption die tatsächlich geleisteten Normalarbeitsstunden zuzüglich der bezahlten Überstunden, der Überstunden aus Arbeitszeitkonten und der sonstigen geleisteten unbezahlten Überstunden.[252] Zu den tatsächlich geleisteten Arbeitszeiten gehören auch Zeiten der Arbeitsvorbereitung sowie Stillstandszeiten und Ruhepausen.[253] Nicht zu den geleisteten Arbeitszeiten gehören nach diesem Konzept u. a. die Essenspausen sowie Fahrtzeiten zwischen Wohnung und Arbeitsplatz.[254] Zu empirisch ermittelten Arbeitszeiten in Unternehmungen nach den Arbeitszeitkonzepten der vertraglichen, bezahlten und geleisteten Arbeitsstunden vgl. Anhang 2 mit Tab. 1 sowie Tab. 4.

**Konzeption der Abwesenheitszeiten**

Die *Arbeitszeitkonzepte* der bezahlten sowie der tatsächlich geleisteten Arbeitsstunden enthalten implizit die *Konzeption der Abwesenheitszeiten* als in Stunden gemessene Zeitdauer der Nichtverfügbarkeit von Beschäftigten für Wertschöpfungsprozesse.[255] Abwesenheitszeiten verhindern demnach weitgehend die Nutzung vorhandener Wissens- und Kompetenzenpotenziale

---

[250] Vgl. Boonstra-Hörwein 2003, S. 11-13 und 32 f. zur Konzeption der Abwesenheitszeiten sowie Anhang 3 mit einer Darstellung der verschiedenen Arten von Abwesenheitszeiten in Unternehmen.

[251] Vgl. Alter 2006, S. 760. Zu den Schwierigkeiten bei der Erhebung von Arbeitszeitdaten in Unternehmen insbesondere bei den tatsächlich geleisteten Arbeitszeiten vgl. a. a. O., S. 762 ff.

[252] Für Zwecke der volkswirtschaftlichen Gesamtrechnung erfolgt die Berechnung der tatsächlich geleisteten Arbeitsstunden von Arbeitnehmern und Erwerbstätigen mit Arbeitsplatz in Deutschland (Inlandskonzept) vom Institut für Arbeitsmarkt- und Berufsforschung (IAB) der Bundesagentur für Arbeit (BA) in Zusammenarbeit mit dem Statistischen Bundesamt, vgl. Anhang 2 mit Tab. 2, Tab. 3 und Tab. 4 zu den Arbeitszeitrechnungen mit den geleisteten Arbeitsstunden der Erwerbstätigen und Arbeitnehmer in Deutschland 2012-2015.

[253] Vgl. Statistisches Bundesamt 2010, S. 26 f. zum Durchschnittswert geleisteter Arbeitsstunden. So nivelliert der Durchschnittswert die möglichen Spannbreiten von Arbeitszeiten. So gaben 10% aller Erwerbstätigen und 39% aller Führungskräfte für das Jahr 2009 an, nicht nur gelegentlich über 48 Stunden pro Woche zu arbeiten.

[254] Vgl. Statistisches Bundesamt 2010, S. 30 zu den Wegzeiten zum und vom Arbeitsplatz. Demnach betrugen in 2008 für 68% der Berufstätigen die Wegzeiten weniger als eine halbe Stunde, für 18% der Beschäftigten weniger als eine Stunde.

[255] Vgl. Boonstra-Hörwein 2003, S. 11-14. Zu den Besonderheiten von Abwesenheitsabrechnungen in flexiblen Arbeitszeitmodellen vgl. a. a. O. , S. 20 ff.

und reduzieren das vorhandene Zeitpotenzial eines Unternehmens. Insgesamt lassen sich drei Arten von Abwesenheitszeiten unterscheiden:[256]

- Abwesenheitszeiten mit Entgeltanspruch.
- Abwesenheitszeiten ohne Entgeltanspruch.
- Sonstige Abwesenheitszeiten.

Als wirtschaftlich bedeutende Größe bei den Abwesenheitszeiten mit Entgeltanspruch gelten die *krankheitsbedingten Fehlzeiten.*[257] Zur detaillierten Darstellung der Konzeption der Abwesenheitszeiten siehe Anhang 3 sowie zu Krankenstandzeiten Anhang 2 mit Tabelle 4.

## 2.3 Strategisches Management als Kernkonzeption der Unternehmensführung

Die strategische Führung wissensintensiver Unternehmen benötigt als Rahmenwerk die Kernkonzepte des strategischen Managements. In diesem Zusammenhang interessieren nachfolgend insbesondere die Elemente der Strategie, der Strategieplanung sowie der Strategieimplementierung im Rahmen strategischer Prozesse. Im Mittelpunkt steht dabei die Frage nach spezifischen strategischen Steuerungsgrößen für eine strategische Vorsteuerung von Wert-Erfolgsgrößen.

### 2.3.1 Strategisches Management für die dynamische Gestaltung, Lenkung und Entwicklung von strategischen Potenzialen

Das Strategische Management als neueres Konzept der Unternehmensführung zeichnet sich durch seine explizite Orientierung an dynamischen Unternehmensumwelten aus.[258] Im Kern des strategischen Managementmodells sind dann die *Unternehmensressourcen* und individuellen *Wissens- und Kompetenzenpotenziale* des Personalbestands passgenau mit den sich verändernden Unternehmensumwelten im Sinne eines strategischen Fit aufeinander abzustimmen. Als bedeutend angesehene exogene Einflussfaktoren wie der globale Wissenswettbewerb, die Individualisierung von Kundenbedürfnissen und die fortschreitende Technologisierung stellen

---

256 Vgl. Boonstra-Hörwein 2003, S. 11-14 und S. 31 ff.

257 Vgl. Statistisches Bundesamt 2010, S. 22 zu den betrieblichen Krankheitszeiten. Demnach reduzierten sich die jährlichen Krankheitstage je Beschäftigten von durchschnittlich 11,2 Tagen in 1995 auf 7,3 Tage in 2009. Zur Übersicht krankheitsbedingter Fehlzeiten in der deutschen Wirtschaft nach Wirtschaftszweigen und Krankheitsbildern vgl. Meyer/Weirauch/Weber 2012, S. 291 ff. Beachtenswert ist die starke Zunahme der psychischen Erkrankungen seit 2000, vgl. a. a. O., S. 291 f. Zur zukünftigen Gesundheitsförderung an Arbeitsplätzen in flexibilisierten Arbeitswelten vgl. Becke 2012, S. 279 ff.

258 Vgl. Macharzina/Wolf 2010, S. 11-14 sowie S. 18 ff. zu diskontinuierlich sich entwickelnden Unternehmensumwelten als Gegenstand der Unternehmensführung.

dann hohe Anforderungen an die strategischen Fähigkeiten und das strategische Verhalten des Managements, z. B. im Rahmen der *Economies of Learning* und der *Economies of Competence*.[259] Das strategische Management steht damit in der besonderen Verantwortung, frühzeitig auf die Beeinflussung durch exogene und endogene Metakräfte zu reagieren.[260]

**Unternehmens-Umwelt-Fit als maßgebliche Leitlinie**

Die Leitidee des permanenten strategischen *System-Umwelt-Fit* beinhaltet eine langfristig ausgerichtete, ziel- und planungsorientierte Gestaltung und Lenkung von strategischen Erfolgspotenzialen, auch unter Berücksichtigung der internen Strukturen und Systeme sowie der Unternehmenskultur.[261] Die Weiterentwicklung von Erfolgspotenzialen in Richtung Kernkompetenzen soll dabei auf einer funktionalen Ebene erfolgen.[262] Primäres Ziel des strategischen Managements im Sinne einer strategischen Führung ist somit die langfristige wettbewerbliche Ausrichtung von individuellen Wissens- und Kompetenzenpotenzialen des Personalbestands sowie der Unternehmensressourcen mit Hilfe der *strategischen Planung* im Rahmen eines ganzheitlichen strategischen Managementprozesses.[263]

Strategisches Management umfasst damit als Hauptaufgabe die Gestaltung, Lenkung und Entwicklung der Gesamtunternehmung auf der Grundlage oberster Unternehmensziele mit daraus abgeleiteten *Strategien* und *strategischen Betätigungsfeldern* unter Beachtung einer fortwährenden Unternehmens-Umwelt-Abstimmung.[264] Auch die obersten Unternehmensziele basieren letztlich auf der Zwecksetzung einer Unternehmung, Ressourcen zusammen mit Wissen und Kompetenzen in einer bestimmten Art und Weise in Kundennutzen zu transferieren. *Malik*[265] sieht deshalb in konzentrierter Form die *Produktivität* und den *Kundennutzen* als maßgebliche Orientierungsmarken für jede Unternehmenspolitik.

---

259 Vgl. Zahn/Bullinger/Gagsch 2009, S. 111 ff.

260 Vgl. Leibold/Probst/Gibbert 2002a, S. 14-18 zu den Meta-Entwicklungen von Information zu Wissen, von Bürokratie zu Netzwerken, von Training und Entwicklung zum Lernen, von lokal/national zu transnational, global und metanational, vom Wettbewerbsdenken zum Kooperationsdenken und von Single-Verbindungen zu Multi-Verbindungen.

261 Vgl. Bea/Haas 2005, S. 16 ff. und Bea/Haas 2013, S. 16 ff.

262 Vgl. Hax/Majluf 2006, S. 72.

263 Vgl. Welge/Al-Laham 2008, S. 5 ff. Vgl. Hahn 2006a, S. 32 f. zur strategischen Führung. Vgl. Bleicher 1999, S. 54-58 zu strategische Tätigkeiten in Form von langfristigen Gestaltungen und Lenkungen wettbewerbsrelevanter Potenziale und Kompetenzen der Unternehmung. Vgl. Bamberger/Wrona 1996, S. 140 ff. zur zentralen Forderung einer langfristigen Erhaltung von Erfolgspotenzialen und Generierung konkreter Wettbewerbsvorteile.

264 Vgl. Malik 2007, S. 117-119 zum Management-Grundmodell mit den Beziehungen zwischen Umwelt, Unternehmenspolitik und Strategie.

265 Vgl. Malik 2007, S. 168 und S. 179.

### Abgrenzung zur Unternehmensführung

Der im Gegensatz zum strategischen Management weiter zu fassende Begriff der Unternehmensführung beinhaltet eine erweiterte betriebswirtschaftliche und sozialwissenschaftliche Sichtweise im Hinblick auf die ganze Unternehmung.[266] Dieser Ansatz beinhaltet sowohl die funktionalen Merkmale mit den zentralen Aufgaben der Zielbestimmung, Strategieentwicklung, Planung und Organisation als auch institutionell-personelle Merkmale.[267]

### Neuere Ansätze der Strategieforschung

Allgemein beinhaltet der Forschungsgegenstand der Strategie nach *Johnson/Scholes/Whittington*[268] drei unterscheidbare Schwerpunktbereiche mit Forschungsfragen in Richtung von *Strategieinhalten* und *Strategieprozessen* sowie von *Strategiekontexten*, z. B. unter Berücksichtigung des ressourcenbasierten Ansatzes. Die theoretischen Ansätze der Strategieforschung verfolgen nach *Bea/Haas*[269] als theoretisches Wissenschaftsziel zumeist die Erklärung von nachhaltigen wirtschaftlichen Erfolgen von Unternehmen in dynamisch sich verändernden Unternehmensumwelten einschließlich der Identifikation von strategischen Erfolgsfaktoren und der Gestaltung des strategischen System-Umwelt-Fit als ergänzendes pragmatisches Wissenschaftsziel. Für die Forschung im strategischen Management empfehlen *Bea/Haas*[270] die Suche nach geeigneten *Rahmenbedingungen* für die Strategieformulierung unter *Effizienzkriterien*, verbunden mit daraus ableitbaren effizienzorientierten Gestaltungs- und Handlungsempfehlungen. In diesem Sinn vefolgt diese Arbeit die Forschungsansätze von Strategiekontexten und Strategie-Rahmenbedingungen.

---

266 Vgl. Macharzina/Wolf 2010, S. 35 ff. zum Begriff der Unternehmensführung.

267 Vgl. auch Bleicher 1999, S. 74-78 zu den Dimensionen integrierten Managements mit den normativen, strategischen und operativen Managementfunktionen.

268 Vgl. Johnson/Scholes/Whittington 2011, S. 43 ff.

269 Vgl. Bea/Haas 2005, S. 26 ff. und Bea/Haas 2013, S. 29 ff. zu den theoretischen Ansätzen der Strategieforschung mit dem marktorientierten, ressourcenorientierten und evolutionstheoretischen Ansatz.

270 Vgl. Bea/Haas 2005, S. 50 und S. 120 sowie Bea/Haas 2013, S. 37, S. 126 f. und S. 258 zur Kritik an der strategischen Planung hinsichtlich der fehlenden Ausrichtung an einem operationalen internen Zielkriterium für den strategischen Erfolg. Zur empirischen Fundierung der Wirkung von strategischen Erfolgsfaktoren auf den strategischen Erfolg vgl. a. a. O., S. 129 ff. zum PIMS-Programm.

**Strategieinhalte als Maßnahmenbündel zur Sicherung langfristiger Unternehmenserfolge**

Als obere Zielsetzung einer *Strategieentwicklung* gilt die Sicherstellung einer langfristig nachhaltigen Unternehmensentwicklung mit der Gestaltung und Lenkung von *strategischen Erfolgspotenzialen*, die wirtschaftliche Erfolge generieren sollen.[271] Für Ergebnis- und Liquiditätskrisen werden deshalb als Vorläufer-Ursache strategische Krisen vermutet. Deren beobachtbare Signale wie z. B. technologische Neuerungen oder verändertes Kundenverhalten können den strategischen Unternehmens-Umwelt-Fit verschlechtern und zu erodierenden Erfolgspotenzialen führen.[272]

Der Begriff der *Strategie* impliziert bereits eine langfristige Ausrichtung mit der Gestaltung und Entwicklung von individuellen, handlungsorientierten Wissens- und Kompetenzenpotenzialen und Unternehmensressourcen im dynamischen Wettbewerbsumfeld.[273] Ein Mindestmaß an bestehender oder zukünftig verfügbarer Ausstattung mit Unternehmensressourcen und individuellen Wissens- und Kompetenzenpotenzialen für deren produktiven Einsatz entscheidet dann über die strategischen Fähigkeiten, die sich im Optimalfall durch Synergien zu einem *Competetive Advantage* bzw. zu Wettbewerbsvorteilen weiterentwickeln lassen.[274] Im Rahmen eines rational-ökonomischen *Ziel-Mittel-Verständnisses* von Strategie formuliert, plant und koordiniert das strategische Management zielorientiert wirkende Maßnahmenbündel, die entwicklungsorieniert längere Zeiträume umfassen, grundsätzlichen Charakter besitzen und Interdependenzen zwischen Unternehmen und Unternehmensumwelt maßgeblich beeinflussen sollen.[275]

Strategien lassen sich auch als *strategisches Programm* konkretisieren, um daraus die adäquaten Ressourcenstrategien mit den bezweckten Aktivitätsstrategien hinsichtlich der Erfolgswirkungen abzuleiten.[276] Für eine vereinfachende Darstellung von Strategien dienen sog. *Geschäftsmodelle*, welche als eine Art Testanordnung die Mechanik der Prozesse, geplante Ursache-Wirkungs-Zusammenhänge sowie Umwelteinflüsse darstellen sollen.[277]

---

271 Vgl. Macharzina/Wolf 2010, S. 255 ff. zum Verständnis und zur Zielsetzung der Strategieformulierung sowie Pfau 2001, S. 5.

272 Vgl. Paetzmann 2008, S. 182 und S. 307 zum Umgang mit strategischen Marktrisiken im Konzept der Corporate Governance.

273 Vgl. Johnson/Scholes/Whittington 2011, S. 21 f. zu Merkmalen strategischer Entscheidungen und S. 133 ff. zu strategischen Fähigkeiten, für die eine Nicht-Imitierbarkeit und Nicht-Substituierbarkeit anzustreben ist.

274 Vgl. Welge/Al-Laham 2008, S. 22 f. zu einem formalen Strategiebegriff.

275 Vgl. Welge/Al-Laham 2008, S. 19 zur Ressourcenallokation durch Strategien.

276 Vgl. Schuh et al. 2011, S. 71 und S. 97 ff. zu Geschäftsmodellen.

277 Vgl. Schuh et al. 2011, S. 97 ff.

### Strategische Planung als Kernbereich des strategischen Managements

Strategien der Unternehmens- und Geschäftsbereiche mit strategischen Programmen, strategischen Projekten und strategischen Budgets einschließlich der beabsichtigten Ziel-Mittel-Positionen manifestieren sich im *strategischen Plan.*[278] Die strategische Planung gilt mithin als zentraler Bestandteil der strategischen Unternehmensführung und beinhaltet die Entwicklung und Implementierung von Wettbewerbsstrategien und strategischen Erfolgspotenzialen einschließlich materieller und immaterieller Ressourcen.[279]

Die Struktur eines *strategischen Geschäftsplans* berücksichtigt dabei die Beschreibung von Wettbewerbsstrategien, die daraus abgeleiteten strategischen Maßnahmen für einzelne Business Units innerhalb eines Geschäftsportfolios sowie die geplanten Auswirkungen auf Markt- und Finanzergebnisse.[280] Im strategischen Geschäftsplan ebenso enthalten sein sollten Markt- und Technologietrends sowie Ziele, Meilensteine und Verantwortlichkeiten für die Strategieimplementierung.[281]

### Strategische Prozesse mit Strategieplanung, Strategieimplementierung und Strategiekontrolle

Prozessuale Merkmale kennzeichnen die Abfolge bestimmter Tätigkeiten des strategischen Managements.[282] Ein konsequent realisiertes strategisches Management beinhaltet dabei im prozessualen Sinn neben der zielorientierten *Strategieplanung* die Phasen der *Strategieimplementierung* und der *Strategiekontrolle* bzw. präziser der *strategischen Kontrolle*[283] einschließlich der Berücksichtigung von führungstechnischen, organisatorischen und unternehmenskulturellen Variablen.[284]

---

[278] Vgl. Pfau/Jänsch/Mangliers 2007b, S. 6 ff. zur Bedeutung der strategisch-langfristigen Planung in deutschen mittelständischen Unternehmen. Knapp 60% der befragten Unternehmen sehen in der strategischen Planung eine sehr große bis große Bedeutung für Ihren Geschäftserfolg, vgl. a. a. O., S. 7. Gleichwohl ergeben sich aus den Befragungen im Gesamtbild bei über zwei Dritteln der Unternehmen Defizite bei den einzelnen Bestandteilen einer strategischen Planung, vgl. a. a. O., S. 10. Vgl. Hinterhuber 2004, S. 143 ff. zur strategischen Planung.

[279] Vgl. Hammer 2011, S. 65 ff.

[280] Vgl. Sieglin 2010, S. 135 ff. zum Aufbau und Inhalt von strategischen Geschäftsplänen bei der Siemens AG.

[281] Vgl. Sieglin 2010, S. 135 ff.

[282] Vgl. Macharzina/Wolf 2010, S. 37 ff. zur Begriffsbestimmung von Unternehmensführung.

[283] Vgl. Bea/Haas 2013, S. 233 ff.

[284] Vgl. Macharzina/Wolf 2010, S. 378 ff. zum Gesamtkonzept des strategischen Managements sowie a. a. O., S. 385 ff. zur Systematik von Implementierungsproblemen im strategischen Management mit Verhaltens- und Systemwiderständen.

Dabei steht der strategische Prozessgedanke in seiner präskriptiven, *normierend-rationalen Sicht* des strategischen Managements nach *Schreyögg*[285] zumeist im Mittelpunkt des strategischen Managementdenkens. Als charakteristisch gilt ein rational-ökonomisches Kalkül von der Zielplanung über die Umwelt- und Unternehmensanalyse zur Strategieformulierung und Strategiebewertung bis hin zur Strategieimplementierung und Strategiekontrolle.[286] Diese Kernprozesse des strategischen Managements bezeichnet *Hahn*[287] auch als *strategische Führung*. Aus der eigenen strategischen Positionierung, möglichen strategischen Entwicklungsrichtungen und prozessorientierten strategischen Abläufen ergibt sich somit ein *dynamisches Modell* des strategischen Managements.[288]

**Eingeschränkte Operationalisierbarkeit strategischer Steuerungsgrößen**

Als zentrale Steuerungsgröße für das strategische Management gelten wie oben ausgeführt langfristig zu entwickelnde und zu gestaltende strategische Potenziale mit Erfolgswirkung. Als vorrangige Aufgabe des strategischen Managements gilt es, die strategischen Potenziale unter laufender Berücksichtigung auftretender Diskontinuitäten zu sichern und auszubauen.[289] Das Gesamtsystem dieser strategischen Erfolgspotenziale benötigt innerhalb der Zeit-Dimension eine zu berücksichtigende Aufbauzeit im Zeithorizont. Dazu *Gälweiler*: *"Ganz allgemein versteht man unter dem Erfolgspotenzial das gesamte Gefüge aller jeweils produkt- und marktspezifischen erfolgsrelevanten Voraussetzungen, die spätestens dann bestehen müssen, wenn es um die Erfolgsrealisierung geht. Alle dazu gehörenden Voraussetzungen haben vor allem die gemeinsame Eigenschaft, dass für ihre Schaffung eine lange Zeit gebraucht wird, die grundsätzlich nicht beliebig verkürzt werden kann."*[290]

Für das strategische Management sind deshalb nach *Gälweiler*[291] beim Umgang mit Erfolgspotenzialen bestimmte zusätzliche Kriterien zu berücksichtigen. Hierzu zählen die Abstimmung von Zeithorizonten, die explizite Abgrenzung zu Daten der Erfolgsrechnung, eine möglichst quantitative Darstellung mit einer maximal erreichbaren Obergrenze sowie die Bestimmung von Wachstums- oder Schrumpfungstendenzen.

---

285 Vgl. Schreyögg 1984, S. 77 ff. zur präskriptiv-rationalen Strategietheorie, vgl. im Gegensatz dazu a. a. O., S. 139 ff. die deskriptiv-empirische Strategietheorie mit begrenzter Informationsverarbeitung von Entscheidern und den Einflüssen von Individual- und Gruppendynamiken.

286 Vgl. Welge/Al-Laham 2008, S. 29 ff. mit einer entwicklungshistorischen Übersicht rational-entscheidungsorientierter Perspektiven sowie a. a. O., S. 189 ff. zu den strategischen Prozessabläufen.

287 Vgl. Hahn 2006a, S. 32 f.

288 Vgl. Johnson/Scholes/Whittington 2011, S. 35 f.

289 Vgl. Macharzina/Wolf 2010 , S. 263.

290 Gälweiler 2005, S. 26.

291 Vgl. Gälweiler 2005, S. 28- 33.

**Erfolgsfaktoren als Vorsteuerungsgrößen mit mutmaßlicher Erfolgswirkung**

Gleichwohl bleibt die Operationalisierung von unternehmensspezifischen Erfolgspotenzialen mit erheblichen Restriktionen verbunden.[292] Dies gilt hinsichtlich der möglichen Inhalte von Ressourcenkombinationen, deren Messung und deren mögliche Erfolgswirkung. Als strategische Hilfssteuerungsgrößen werden daher beeinflussbare, allgemeiner bestimmte *Erfolgsfaktoren* empfohlen.[293] Die Kenntnis dieser erfolgsrelevanten Wirkungsfaktoren wird als maßgebliche Voraussetzung für den Aufbau unternehmensspezifischer strategischer Erfolgspotenziale angesehen.

**Kritische Erfolgsfaktoren im Strategieforschungsprogramm PIMS – Profit Impact of Market Strategies**

Vermutete herausragende unternehmensinterne und unternehmensexterne Gründe für den wirtschaftlichen Erfolg werden dann als *kritische Erfolgsfaktoren* bezeichnet.[294] *Malik*[295] hebt dazu aus dem Strategieforschungsprogramm PIMS acht als kritisch angesehene Erfolgsfaktoren hervor, die bis zu 70% eines Unternehmenserfolgs gemessen als Return-on-Investment erklären können. In konzentrierter Darstellung tragen nach den PIMS-Daten die Kapital- und Kostenstruktur u. a. mit dem Faktor *Produktivität* gemessen als *Wertschöpfung pro Mitarbeiter* sowie die Wettbewerbsposition u. a. mit dem Faktor *Marktanteil* zu gleich großen Teilen zum Erfolg von Unternehmen bei, ergänzt um den Erfolgsbeitrag der *Marktattraktivität*.[296] Im Sinn einer wertorientierten Führung wird dem Management ergänzend die Verwendung sog. *Wertetreiber* mit zugehörigen Einflussgrößen empfohlen. Hierzu zählen z. B. kundenbezogene Wertetreiber wie die Lieferqualität, mitarbeiterbezogene Wertetreiber wie die Mitarbeiterzufriedenheit oder inhaberbezogene Wertetreiber wie die Rentabilität.[297]

---

292 Vgl. Pfau 2001, S. 105 f. kritisch zum Erfolgspotenzial-Konzept.

293 Vgl. Welge/Al-Laham 2008, S. 213 ff. zum Zusammenhang von Erfolgspotenzialen, Erfolgsfaktoren und wirtschaftlichem Erfolg. Im Rahmen der Strategiebewertung zeigen empirische Befunde vermutlich wegen der mangelnden Operationalisierbarkeit ein eher geringes Interesse der Praxis an Erfolgspotenzialen und Erfolgsfaktoren. Im Vordergrund stehen hier interne Durchführbarkeitsstudien, vgl. a. a. O., S. 785 f.

294 Vgl. Krüger 1994, S. 27 ff. zum KOMPASS-Modell mit den Erfolgsfaktoren Strategie, Träger, Realisationspotenzial, Systeme, Struktur und Philosophie/Kultur sowie a. a. O., S. 27 mit Hinweis auf Peters/ Waterman 1990, S. 32 zur Darstellung von Erfolgsfaktoren im 7-S-Modell mit den Faktoren Struktur, Strategie, Systeme, Selbstverständnis, Spezialkenntnisse, Stammpersonal und Stil.

295 Vgl. Malik 2007, S. 202 ff. zum PIMS-Programm sowie a. a. O. , S. 205 f. mit den Erfolgsfaktoren relativer Marktanteil, Produktivität, Investmentintensität, relativer Kundennutzen, Innovationsrate, Wachstumsrate des bedienten Marktes, Kundenprofil und vertikale Integration.

296 Vgl. Malik 2007, S. 207. Zum Nutzen und zur Kritik am PIMS-Programm vgl. a. a. O., S. 211 f. Vgl. Macharzina/Wolf 2010, S. 367 ff. zur Erfolgsfaktorenforschung im Rahmen der PIMS-Studien mit der Anwendung im Marktattraktivitäts-Wettbewerbsvorteils-Portfolio nach McKinsey.

297 Vgl. Arbeitskreis Schmalenbach-Gesellschaft 2003, S. 529.

**Kritischer Prozess der Strategieimplementierung in der Schnittstelle zwischen dem strategischen und operativen Management**

Die systematische und effiziente *Strategieimplementierung* ist für das strategische Management von vitalem Interesse und gilt als wirkungsrelevant für den wirtschaftlichen Erfolg.[298] Im Kern lässt sich die Implementierungsproblematik von Strategien auf nicht konsistent ausgebaute strategische Planungs- und Controllingsysteme mit kaum nachvollziehbaren Ursache-Wirkungs-Beziehungen zu den gängigen operativen Budgetierungs- und Controllingsystemen zurückführen.[299] Die Konfrontation der strategischen Ebene der vermeintlichen Markt- und Erfolgspotenziale mit der internen operativen Ebene der kurzfristigen Budgetierung und periodenbezogenen Erfolgs- und Liquiditätsrechnungen kann zwar durch Anpassungsmaßnahmen bestimmter *Implementierungs-Erfolgsfaktoren* wie z. B. der Unternehmenskultur, der Kommunikationspolitik oder von Anreizsystemen erleichtert werden.[300] Dennoch lassen sich derzeit aus der strategischen Planung von Erfolgspotenzialen unmittelbar keine konsistenten operativen Planungen und Budgets ableiten.[301]

Für die Vereinfachung von Implementierungsprozessen umfangreicher strategischer Programme wird ergänzend die Aufteilung in Portfolios mit einzelnen *strategischen Initiativen* vorgeschlagen.[302] Gleichwohl sind für strategische Initiativen ebenfalls strategische Implementierungsplanungen einschließlich Ressourcen- und Budgetplanungen sowie Performance-Messungen vorzunehmen. Das eigentliche Operationalisierungsproblem zwischen strategischer und operativer Planung wird hierdurch lediglich verlagert.

---

298 Vgl. Welge/Al-Laham 2008, S. 791 ff.

299 Vgl. Welge/Al-Laham 2008, S. 13 f.

300 Vgl. Macharzina/Wolf 2010, S. 385 ff. zur Lösung von Implementierungsproblemen im strategischen Management mit Ansätzen zur Überwindung von Verhaltens- und Systemwiderständen.

301 Vgl. Welge/Al-Laham 2008, S. 791-816 zur Prozessphase der Strategieimplementierung sowie S. 871 ff. zum Umfang der perioden- und funktionsbezogenen kurzfristigen Budgetierung.

302 Vgl. Menz et al. 2011, S. 19 ff. und S. 30f. zu strategischen Initiativen als strategisches Führungsinstrument.

### 2.3.2 Ressourcen-, wissens- und kompetenzenbasierter Ansatz als theoretische Fundierung

Der *ressourcenbasierte Ansatz*[303] als Theorie der Unternehmensführung lenkt die Aufmerksamkeit des strategischen Managements[304] auf die Gestaltung und Entwicklung interner Ressourcen-Konfigurationen in Kombination mit individuellen Wissens- und Kompetenzenpotenzialen des Personalbestands. Ziel ist die Schaffung einzigartiger Wettbewerbsvorteile gegenüber den konkurrierenden Unternehmen.[305] Das Wissen mit den Handlungskompetenzen von Personen lässt sich dabei in Lernprozessen über eine längere Zeitdauer in hochkomplexe, prozessorientierte Routinefähigkeiten verfeinern, die nur schwer oder gar nicht von Wettbewerbern kopiert werden können.[306]

**Produktive Verwendung und Nutzung von Unternehmensressourcen durch individuelle Wissens- und Kompetenzenpotenziale des Personalbestands**

Der Bezug des strategischen Managements auf den ressourcenbasierten Ansatz unter Berücksichtigung der materiellen und immateriellen Unternehmensressourcen sowie der individuellen Wissens- und Kompetenzenpotenziale von Personen bedingt eine langfristig anzustrebende maximierende produktive Verwendung und Nutzung dieser unternehmensspezifischen Ressourcenkombinationen für die Generierung nachhaltiger Wettbewerbspositionen mit überdurchschnittlichen Gewinnaussichten.[307]

Die ressourcenbasierte Sicht führt damit die Wettbewerbsposition und den wirtschaftlichen Erfolg von Unternehmen auf die spezielle Qualität und Ausstattung unternehmensspezifischer

---

303 Vgl. Macharzina/Wolf 2010, S. 44 ff. mit einer Gesamtsicht zu den unternehmensorientierten Theorien der Unternehmensführung mit dem Prozessansatz, dem quantitativen Ansatz, dem verhaltensorientierten Ansatz der Human-Relations-Bewegung, dem institutionenökonomischen Ansatz und dem ressourcenbasierten Ansatz sowie den umweltorientierten Führungstheorien u. a. mit dem evolutionstheoretischen Ansatz sich selbst steuernder und organisierender Systeme und dem eigenständigen Interpretationsansatz.

304 Vgl. Welge/Al-Laham 2008, S. 25 ff. zur theoretischen Fundierung des strategischen Managements mit rational-entscheidungsorientierten Perspektiven, mit den ökonomischen Perspektiven der Institutionenökonomik, der Spieltheorie, der Industrieökonomik und der evolutorischen Ökonomik sowie den ressourcen- und wissensbasierten Ansätzen, den organisationsökologischen Ansätzen und den evolutionären und interpretativen Ansätzen.

305 Vgl. Kap. 1.3.3 zur Begründung von individuellen Wissens- und Kompetenzenpotenzialen des Personalbestands.Vgl. Fried 2005, S. 143-145. Zur historischen Entwicklung des Resourced-based-view bis zur Kompetenz- und Wissensorientierung vgl. a. a. O., S. 146 f.

306 Vgl. Fried 2005, S. 157 f.

307 Vgl. Welge/Al-Laham 2008, S. 87 ff. zu den Basisannahmen des ressourcenorientierten Ansatzes und einer Diskussion ökonomischer Rentenkonzepte. Als notwendige Voraussetzungen für den ökonomischen Erfolg im Sinne von Theoremen zählen die Nicht-Imitierbarkeit heterogener Ressourcenbündel, die Nicht-Verfügbarkeit dieser Ressourcenbündel auf externen Märkten, unvollkommene Inputfaktorenmärkte mit Informationsasymmetrien sowie eine geringe Substituierbarkeit durch alternative Ressourcenkombinationen, vgl. a. a. O., S. 90 ff.

Ressourcenkombinationen zurück, die für Ihren Aufbau eine längere Zeitdauer benötigen.[308] Damit wären aus der strategischen Perspektive des Resources-conduct-Performance-Paradigma wirtschaftliche Erfolge primär aus der strategieprozessorientierten und unternehmensspezifischen *Konfiguration* und *Koordination* materieller und immaterieller Ressourcen in Verbindung mit individuellen Wissens- und Kompetenzenpotenzialen des Personalbestands erzielbar.[309]

**Kritik am ressourcenbasierten Ansatz**

Der theoretische Ansatz der ressourcenbasierten Unternehmensführung steht nach *Macharzina/Wolf*[310] in keiner unmittelbar nachvollziehbaren Entwicklungshistorie. Im Gegensatz etwa zu umweltorientierten Führungstheorien des evolutionstheoretischen Ansatzes und des selbstorganisationstheoretischen Ansatzes, die sich z. B. auf den gemeinsamen Ursprung der Human-Relations-Bewegung zurück führen lassen. Die Kritik am ressourcenbasierten Ansatz bezieht sich u. a. auf das undeutliche Ressourcenkonstrukt einschließlich sog. Humanressourcen. Desweiteren auf systemtechnische Unzulänglichkeiten aus Gestaltungs- und Lenkungssicht hinsichtlich konsistenter Produktivitätskriterien in einem Ursache-Wirkungs-Verbund zum wirtschaftlichen Erfolg sowie auf dynamisch-zeitraumbezogene Anwendungen.[311]

**Ergänzung des ressourcenbasierten Ansatzes mit dem wissensbasierten Ansatz**

Eine Präzisierung des ressourcenbasierten Ansatzes für das strategische Management ist nach *Welge/Al-Laham*[312] mit dem *wissensbasierten Ansatz* möglich. Einerseits wird dadurch explizit das Wissenskonstrukt als erfolgsentscheidendes strategisches Potenzial berücksichtigt und andererseits in einer erweiterten Version eine zeitdynamische Komponente unter der Berücksichtigung von Lernprozessen mit kumulativer Wirkung eingeführt. Erst die sich aus einem kombinierten Einsatz von Wissen und Lernprozessen entwickelnden *Kompetenzen* (competencies) und *Fähigkeiten* (capabilities) ermöglichen einen zielgerichteten und produktiven Einsatz der vorhandenen Ressourcen im Rahmen von Leistungsprozessen und damit die Herausbildung spezifischer Wettbewerbsvorteile.[313]

---

[308] Vgl. Schreyögg/Kliesch 2005, S. 3 ff. und S. 12 ff.

[309] Vgl. Macharzina/Wolf 2010, S. 64 ff. zum ressourcenbasierten Ansatz. Zur Kritik am ressourcenorientierten Ansatz vgl. a. a. O., S. 68 f. insbesondere zur Erfolgswirkung immaterieller Potenziale.

[310] Vgl. Macharzina/Wolf 2010, S. 117 mit einer Übersicht zur historischen Entwicklung von theoretischen Ansätzen zur Unternehmensführung.

[311] Vgl. Welge/Al-Laham 2008, S. 96 ff. vertiefend zur Kritik am Resource based View.

[312] Vgl. Welge/Al-Laham 2008, S. 100 ff. zu wissensbasierten Ansätzen des Dynamic Resource Approach, Core Competency Approach, Learning Approach und Economic Approach.

[313] Vgl. Bea/Haas 2005, S. 28 ff. und Bea/Haas 2013, S. 30 ff. zum erweiterten ressourcenbasierten Ansatz für das strategische Management, der begrifflich die Konzentration auf die Ressource Wissen als ein für den

**Erweiterung der strategischen Kompetenz mit dem technologie- und humanorientierten Wissensmanagement**

Ein planvoller Umgang mit Wissen und daraus ableitbare Handlungskompetenzen für die Gestaltung betrieblicher Prozesse und die unternehmensspezifische Veredelung von Input-Gütern benötigt gleichwohl eine zielorientierte strategische Steuerung. Mit dem Modell der *Strategischen Kompetenz* entwickeln *Pfau/Jänsch/Mangliers*[314] eine zentrale Bedingung für den Unternehmenserfolg im wissens- und kompetenzbasierten Ansatz, um strategische Erfolgspotenziale und einzigartige Wettbewerbsvorteile unternehmenszielorientiert generieren zu können. Hierzu ist eine enge Angleichung des Strategieprozesses mit einem strategisch orientierten Wissensmanagement erforderlich, welches sowohl ein *technologieorientiertes Wissensmanagement* (explizites Wissen) als auch ein *humanorientiertes Wissensmanagement* (implizites Wissen) gleichberechtigt mit einschließt.[315]

Das Management von Wissen im Sinne eines wettbewerbsentscheidenden Faktors erfordert zudem die bewusste wissensorientierte Ausrichtung des gesamten Unternehmens. Hierzu gehören nach *North*[316] neben der Schaffung von Rahmenbedingungen für den Wissensaufbau und die Wissensnutzung die zusätzliche Entwicklung einer *Wissensdimension* für Arbeitsleistungen und für Kernprozesse der Wertkette.

**Kompetenzbasierter Ansatz für die Beschreibung individueller wissensbasierter Kompetenzen als Handlungspotenzial von Individuen**

Der ebenfalls auf dem ressourcenbasierten Ansatz aufbauende *kompetenzbasierte Ansatz* beschreibt nach *Freiling/Welling*[317] explizit die Nutzung und Weiterentwicklung besonderer Potenziale von handelnden Menschen. Dies mit dem an sie gebundenen Wissen, unter Berücksichtigung individueller und kollektiver Fähigkeiten als bedeutende *Isolationsmechanismen* zum Wettbewerb. Der kompetenzbasierte Ansatz basiert nach *Freiling*[318] auf dem Grundgedanken, dass ein wirtschaftlicher Erfolg allein mit der branchenüblichen Grundausstattung an be-

wirtschaftlichen Erfolg maßgeblichen Produktionsfaktor sowie die Erweiterung durch den Kompetenzansatz mit einschließt.

314 Vgl. Pfau/Jänsch/Mangliers 2007a, S. 2.

315 Vgl. Pfau/Jänsch/Mangliers 2007a, S. 1f. zum theoretischen Modell der Strategischen Kompetenz sowie a. a. O. , S. 34-41 zu den möglichen Ausprägungen eines technologie- und humanorientierten Wissensmanagements.

316 Vgl. North 2011, S. 24 f. zu den Wissensdimensionen und S. 276 ff. zur Schaffung von unterstützenden Wissensbedingungen.

317 Vgl. Freiling/Welling 2006, S. 110 f. zum Kompetenzansatz als ökonomische Theorie.

318 Vgl. Freiling 2008, S. 11 f.

trieblichen Produktionsfaktoren nicht zu erreichen ist. Zusätzlich sind kompetenzbasierte *Veredelungsprozesse* an den Produktionsfaktoren erforderlich, welche die gegenwärtige und zukünftige Wettbewerbsfähigkeit gewährleisten können. *Wissensbasierte Kompetenzen* beinhalten somit das gesamte personenbedingte Handlungspotenzial einer Organisation, um Leistungserstellungs- und Leistungsverwertungsprozesse zielgerichtet durchführen zu können.

**Bislang mangelnde Operationalisierbarkeit von Wissens-Kompetenzen**

Die kritische Beurteilung der wissens- und kompetenzbasierten Ansätze bezieht sich vor allem auf die *mangelnde Operationalisierbarkeit* der Konstrukte von Wissen und Kompetenzen.[319] Empirische Untersuchungen zu Ursache-Wirkungszusammenhängen zwischen Kompetenzen und einem wirtschaftlichen Erfolg beschränken sich demzufolge auf qualitative Aussagen auf der Ebene von Erfolgsfaktoren.[320]

### 2.3.3 Strategische Vorsteuerung von Wert-Erfolgen

Die betriebswirtschaftliche Erfolgsrechnung auf der Grundlage von vergangenheitsbasierten Daten ist als Steuerungsinstrument und Orientierungsmarke für strategische Steuerungszwecke ungeeignet.[321] Dazu führt *Malik* aus: *„Das Kernproblem besteht darin, dass eine an den Daten des Rechnungswesens sowie an Bilanzgrößen orientierte Unternehmensführung strategisch zwangsläufig und systematisch irreführend ist.“*[322] Und weiter: *„Das ist der Hauptgrund dafür, dass ein am Gewinn orientiertes Management zu kurz greift und negative Entwicklungen des Unternehmens gar nicht rechtzeitig erkennen kann.“*[323]

Nach *Gälweiler*[324] wäre somit die Vorsteuerung des operativen betriebswirtschaftlichen Erfolgs mit andersartigen Steuerungsgrößen und Orientierungsmarken erforderlich. Diese sollten auf einem Zeithorizont in den Zeitpunkten ihrer Entstehung und ihrer mutmaßlichen Wirkungsentfaltung vor den Zeitpunkten der geplanten Realisierung von Wert- und Finanzerfolgen liegen.

---

319 Vgl. Welge/Al-Laham 2008, S. 102.

320 Vgl. Paul/Stein 2008, S. 272-275 mit ihrer empirischen Untersuchung zur Bedeutung von Ressourcen und Kompetenzen im Innovations- und Finanzmanagement von KMU und deren Wirkung auf den Finanzerfolg. Als erfolgswirksame Kompetenzen wurden u. a. die Qualität der strategischen Unternehmensplanung, die Qualität der Funktionsbereichsstrategien, die Einbindung von externem Wissen und das kreative Wissen der Mitarbeiter identifziert.

321 Vgl. Gälweiler 1999, S. 392 ff. und Gälweiler 2005, S. 28 ff. Vgl. Macharzina/Wolf 2010, S. 219 und S. 223 zu möglichen Fehleinschätzungen des strategischen Managements bei der finanzorientierten strategischen Zielbildung und Zielerreichungsmessung auf Basis von vergangenheitsorientierten Finanzkennzahlensystemen.

322 Malik 2007, S. 184.

323 Malik 2007, S. 184.

324 Vgl. Gälweiler 1999, S. 386 f. und Gälweiler 2005, S. 23 f. und S. 28 ff.

Die Vorsteuerung messbarer Wert-Erfolge folgt somit auf einem Zeithorizont chronologisch zwingenden und nicht umkehrbaren Gesetzmäßigkeiten, deren Zeitpunkte und Zeitdauern nicht beliebig gestaltbar und in der *strategischen Planung* zu koordinieren sind.[325]

**Marktposition und Erfahrungskurve sowie neue Technologien und Substitutionszeitkurve als strategische Orientierungsgrößen**

Für die strategische Vorsteuerung des wirtschaftlichen Erfolgs plädiert *Malik*[326] in Anlehnung an *Gälweiler*[327] für die Nutzung von *strategischen Steuerungsgrößen*, die unter direkten exogenen Einflüssen der Unternehmensumwelt stehen und somit aus strategischer Sicht einen permanenten Unternehmens-Umwelt-Fit bei der Gestaltung von Erfolgspotenzialen sicherstellen sollen. Hierzu zählt die gegenwärtige *Marktposition* im Zeithorizont der *Erfahrungskurve* als erste strategische Steuerungsgröße.

Als zweite strategische Steuerungsgröße für die zukünftige Ausrichtung von Erfolgspotenzialen soll das Auftreten *neuer Technologien* im Zeithorizont der *Substitutionszeitkurve* dienen. Gleichwohl sind in der hier vertretenen Ansicht beide vorgeschlagenen strategischen Steuerungsgrößen als Orientierungsgrößen aufzufassen, die zur Operationalisierung von Erfolgspotenzialen direkt keinen Beitrag leisten können, siehe dazu Abb. 9.

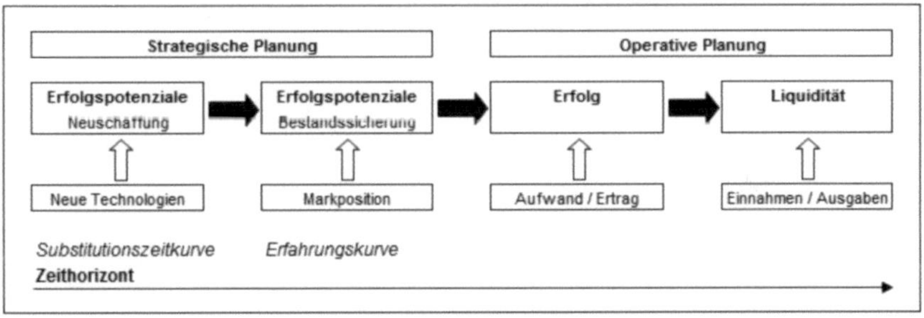


Abb. 9: Strategische Vorsteuerung von Wert- und Finanzerfolgen nach *Gälweiler*[328]

325 Vgl. Gälweiler 1999, S. 399 ff. und Gälweiler 2005, S. 28- 33 zu den Wechselbeziehungen zwischen der Größe und dem Wachstum von Erfolgspotenzialen und der Wahrscheinlichkeit von maximal realisierbaren Wert- und Finanzerfolgen. Als operationale strategische Orientierungsgrößen für Erfolgspotenziale verwendet Gälweiler die Erfahrungskurve i. V. m. der Marktposition und die Substitutionszeitkurve i. V. m. auftretenden neuen technischen Lösungen für Kundenprobleme, vgl. a. a. O. , S. 33 f.

326 Vgl. Malik 2007, S. 189-193.

327 Vgl. Gälweiler 2005, S. 37 ff. zur Verbindung von Marktanteilswachstum und Kostensenkungspotenzialen über die Erfahrungskurve sowie a. a. O., S. 49 f. zur Prognose des Marktanteilszuwachses bei potenziellen Ersatzprodukten über die Substitutionszeitkurve.

328 Darstellung nach Gälweiler 2005, S. 28 ff. und S. 34 f.

Die zusammenfassende Darstellung des Modells der strategischen Steuerungsgrößen nach *Gälweiler*[329] für die strategische Planung und die Ausrichtung von Erfolgspotenzialen im Zeithorizont mit der Schnittstelle zur operativen Planung zeigt wiederum Abb. 9.

Die gegenwärtig nur unzureichende Operationalisierung von Erfolgspotenzialen in Unternehmensrechnungssystemen[330] führt im Zeithorizont nach *Mikus* zu einer „...*Zeitgrenze*...“[331], die eine Beschränkung auf die rein operative Planung bewirkt.[332] Gleichwohl benötigt das strategische Management im Rahmen seiner Verantwortung für die Strategieimplementierung ein ergebnis- und handlungsorientiertes, strategisch-operatives Unternehmensrechnungsmodell.[333]

### 2.3.4 Strategieimplementierung in der Schnittstelle von strategischer und operativer Planung

Innerhalb der *strategischen Planung* gelten die langfristigen wettbewerblichen Kompetenzen- und Ressourcenausrichtungen sowie die periodenorientierte Umsetzung in betriebliche Leistungsbereiche im Rahmen der mittelfristigen Planung als erfolgskritische Managementaufgaben.[334] Gleichwohl zeichnen sich in der betrieblichen Praxis des strategischen Managements insbesondere inhaltlich-technische sowie organisatorische Schwierigkeiten ab, welche die Implementierung entwickelter Strategien erschweren.[335]

Hierzu zählen die unbefriedigende operationale Umsetzung von entwickelten Strategien in das operative Management von Maßnahmen, Budgetierung und Jahreserfolgsplanung sowie die unbefriedigende organisatorische Umsetzung zwischen strategischen und operativen strukturellen

329 Vgl. Gälweiler 2005, S. 28 ff. und S. 34 f.

330 Vgl. Schweitzer/Küpper 2011, S. 210 ff. und S. 739 ff. zu strategischen Unternehmensrechnungen.

331 Mikus 2000, S. 19, dort ergänzend verwiesen auf Bleicher 1988, S. 36 ff.

332 Vgl. Bleicher 1999, S. 36 ff. ergänzend zur Zeitschere zwischen benötigten und verfügbaren Reaktionszeiten bei zunehmender Marktdynamik.

333 Vgl. Malik 2007, S. 98 ff. zur Gestaltung eines Integrierten Management-Systems (IMS) für die Umsetzung einer Strategie in operative Jahresplanungen und Budgets unter Einbeziehung von mitarbeiterbezogenen individuellen Leistungsergebnissen.

334 Vgl. Hungenberg/Wulf 2003, S. 250 ff. zu den Inhalten der Unternehmensplanung mit den Bestandteilen der strategischen und operativen Planung. Vgl. Bleicher 1999, S.74 und S. 77 zu den Aufgaben des operativen Managements mit der auftragsweisen Übernahme strategischer Programme und deren Implementierung in Projekten. Vgl. Horváth 2003, S. 4 ff. zu den Funktionen der Planung in Unternehmen u. a. mit der Reduzierung von Komplexität und der Verbesserung der Koordination sowie kritisch zum empirischen Stand der Planungseffizienz als Ziel-, System- und Prozessansatz, vgl. a. a. O. , S. 11 f.

335 Vgl. Al-Laham/Welge 2003, S. 225-228. Vgl. Hungenberg/Wulf 2003, S. 255 ff. zu den Schnittstellenproblemen der strategischen und operativen Planung hinsichtlich inhaltlicher, technischer und struktureller sowie kultureller Art. Jede Schnittstelle beinhaltet einen strategischen Input und eine operative Rückkopplung, vgl. a. a. O., S. 254 f.

Ebenen.[336] Insgesamt mangelt es bei der inhaltlichen Umsetzung von entwickelten Unternehmens- und Wettbewerbsstrategien an nachvollziehbaren und wiederholbaren Operationalisierungsmustern für die strategische Ebene.[337]

Der gegenwärtige Stand der als notwendig erachteten Strukturen und Systeme einer Strategieimplementierung soll nachfolgend am Modell der Balanced Scorecard Strategy Map sowie am Modell der Wissensbilanz des Arbeitskreises Wissensbilanz am Fraunhofer Institut IPK dargestellt werden.

**Strategieimplementierung im Modell der Balanced Scorecard Strategy Map**

Für die Überbrückung der Schnittstelle zwischen *Strategieentwicklung* und *Strategieimplementierung* wurden bislang verschiedene *Managementsysteme* vorgeschlagen.[338] Bezogen auf die erfolgskritische inhaltliche Verknüpfung zwischen strategischer und operativer Planung gilt das Modell der *Balanced Scorecard (BSC)* nach *Kaplan/Norton*[339] als Managementsystem für eine operationale Strategieimplementierung.[340] Dabei soll über eine an der Kundenperspektive ausgerichtete Potenzial- und Prozessperspektive eine möglichst strategiekonsistente und nachvollziehbare Ursache-Wirkungs-Beziehung zu einer Wert- und Finanzperspektive hergestellt werden.[341]

---

336 Vgl. Gaiser/Greiner 2003, S. 288 f. zum sog. Advanced Budgeting als Reaktion des operativen Planungsbereichs u. a. auf fehlende Bezüge zur entwickelten Unternehmensstrategie, auf einseitige finanzielle Messgrößen, auf zu detaillierte Budgets und auf zu geringe Berücksichtigung von outputorientierten Leistungsdaten.

337 Empirische Befunde zeigen einerseits die große Bedeutung der operativen Planung für die betriebliche Praxis als Sinnbild für die Strategieimplementierung, andererseits werden als bedeutende Hindernisse für die Strategieimplementierung zumeist Gründe auf der Verhaltens-, Sach- und Organisationsebene genannt, vgl. Al-Laham/Welge 2003, S. 230-234. Auf der Sachebene wird die mangelnde Operationalisierung von Strategien als größte Schwierigkeit gesehen, vgl. a. a. O., S. 234. Hungenberg/Wulf 2003, S. 257 sprechen in diesem Zusammenhang von einer "Vorwärtsbuchhaltung" bei der operativen Planung, die in keinem nachvollziehbaren Zusammenhang zu den strategischen Planungen steht.

338 Vgl. Welge/Al-Laham 2008, S. 816-820 mit Hinweis auf Kirsch/Reglin 1991, S. 654 zur Architektur eines strategischen Managementsystems mit strategischen, taktischen und operativen Planungssystemen. Vgl. Malik 2007, S. 98 ff. zum Integrierten-Management-System IMS mit einer Verknüpfung organisatorisch-struktureller und personalbezogener Systemelemente auf der langfristigen und kurzfristigen Ebene.

339 Vgl. Kaplan/Norton 1996a, S. 9 mit Bezug auf Kaplan/Norton 1996b, S. 76 sowie Kaplan/Norton 2004, S. 7 und S. 10 mit der Ausrichtung der vier Perspektiven der Balanced Scorecard auf eine Strategy Map.

340 Vgl. Schmidt/Friedag 2012, S. 28 f. sowie S. 29 ff. zu den beiden Einsatzarten der Balanced Scorecard in der Praxis als *Strategy Map* oder als *Führungs-Scorecard* bzw. als *Strategisches Haus*. Vgl. Horváth/Kaufmann 1999, S. 357 ff. mit der Balanced Scorecard für die Strategieumsetzung im Rahmen einer wertorientierten Unternehmensführung. Vgl. Hungenberg/Wulf 2003, S. 258 ff. und Gaiser/Greiner 2003, S. 278 ff. zur Balanced Scorecard für die Umsetzung der strategischen Planung in die operative Planung sowie Kaufmann/Schneider 2006, S. 34.

341 Vgl. Kaplan/Norton 2004, S. 8 ff. und S. 48 f. Vgl. Welge/Al-Laham 2008, S. 820-841 zur mittelfristigen Programmplanung mit der BSC, ebenso Bea/Haas 2005, S. 200 ff. zur BSC als Konzept für die Strategieimplementierung. Die BSC verwendet zwar die Bezeichnung Finanzperspektive, meint aber die strategische Ausrichtung einer wertorientierten Unternehmensführung, vgl. Kaplan/Norton 2004, S. 6 f.

Dieser von der Balanced Scorecard postulierte Ursache-Wirkungs-Zusammenhang zwischen der Potenzialperspektive und der Wert- oder der Finanzperspektive einer Unternehmung wird häufig für andere wissenschaftliche Modelle und Gestaltungsempfehlungen adaptiert und in operativen Details erweitert.[342] Im Kern soll die Strategieimplementierung mit einer präzisen und operationalen Darstellung der vom Management intendierten Ursache-Wirkungs-Zusammenhänge in einem Zeithorizont gelingen.[343]

Die vereinfachte Darstellung des Modells der *Balanced Scorecard Strategy Map* für die Strategieimplementierungsplanung[344] mit der Ausrichtung der strategischen Potenziale des sog. Human-, Informations- und Organisationskapitals in mehreren Stufen auf die Strategie im Zeithorizont zeigt Abb. 10.[345]

Abb. 10: BSC Strategy Map im Zeithorizont nach *Kaplan/Norton*[346]

---

[342] Vgl. Sellschopf/Ehlers/Seyffert 2012, S. 87 ff. zum Ausbau der Balanced Scorecard für das Risikomanagement sowie Munck/Badura 2012, S. 165 ff. zu einer Innovation Scorecard und Valentin/Schmiedinger 2006, S. 158 ff. mit einem abgeleiteten Managementmodell aus der Balanced Scorecard.

[343] Vgl. Kaplan/Norton 2004, S. 4.

[344] Vgl. Bleicher 1999, S. 435 ff. Vgl. Pfau 2001, S. 9 und S. 84 ff.

[345] Vgl. Kaplan/Norton 2004, S. XII-XIII und S. 8-13.

[346] Darstellung in Anlehnung an Kaplan/Norton 2004, S. 7 und S. 10.

**Zeithorizont zur Entwicklung der produktiven Bereitschaft des Personalbestands**

Der Zeithorizont der Balanced Scorecard Strategy Map beschreibt in Abb. 10 als Zeitskala unterschiedliche Zeitpunkte und Zeitdauern bezüglich der strategieorientierten Ausrichtung von Kompetenzen-Ressourcenpotenzialen bis zur Realisierung des Wert-Erfolgs.[347] Im Zeithorizont ist für die Strategieimplementierung zusätzlich ein Zeitbedarf für Humanpotenziale einzuplanen, der sich aus der Summe des erforderlichen Personalbestands für alle Leistungsprozesse unter Berücksichtigung der produktiven Bereitschaft aus Wissen und Kompetenzen ergibt.[348]

Für selbstständig operierende organisatorische Einheiten wie interne Unterstützungs- und Serviceabteilungen oder Forschungs- und Entwicklungsabteilungen empfehlen *Kaplan/Norton*[349] einen speziellen Alignment- bzw. Angleichungsprozess mit der Entwicklung einer eigenen Strategy Map. Damit lässt sich der strategische Beitrag zur Gesamtorganisation separat darstellen.

**Zeithorizont der strategischen Planung auf Basis von Produktivitäts- und Wachstumslücken**

Wird in der oben dargestellten Balanced Scorecard Strategy Map für die Strategieimplementierung die Reihenfolge umgekehrt, ergibt sich ein Orientierungsschema für die strategische Planung mit der Berücksichtigung des Zeithorizonts für strategische Anpassungen, siehe dazu Abb. 11.[350] Ausgangspunkt der Strategieentwicklung ist dann eine Wertlücke nach definierten Wachstums- und Produktivitätskriterien, die mit der Planung von konsistenten strategischen Initiativen bezüglich Kunden, Prozessen und internen strategischen Potenzialen zu schließen ist.[351]

Im Hinblick auf die Zeit-Dimension als Erkenntnisobjekt berücksichtigt die Balanced Scorecard Strategy Map somit explizit den Zeithorizont sowohl für die Planung der Strategieentwicklung als auch der Strategieimplementierung. Zusätzlich ist für die Gestaltung und Entwicklung der strategischen Bereitschaft ein Zeitbedarf mit Einbeziehung von Produktivitätsdaten zu berücksichtigen.[352]

---

[347] Vgl. Kaplan/Norton 2004, S. 9. Vgl. a. a. O., S. 41 f. und S. 348 f. zu Zeithorizonten von Leistungsprozessen sowie a. a. O. , S. 192 f. zur strategischen Potenzialausrichtung.

[348] Vgl. Kaplan/Norton 2004, S. 63 ff. zu zeitspezifischen Messgrößen in Leistungsprozessen wie Prozesszeiten, Durchlaufzeiten und Lieferzeiten. Zur Analyse der Personalbereitschaft vgl. a. a. O., S. 214 ff.

[349] Vgl. Kaplan/Norton 2006, S. 5 und S. 10-12.

[350] Vgl. Kaplan/Norton 2004, S. 343 ff. sowie S. 337 f.

[351] Vgl. Kaplan/Norton 2004, S. 349 zur Fallstudie einer strategischen Planung.

[352] Vgl. Kaplan/Norton 2004, S. 192 ff. zur Bestimmung der strategischen Bereitschaft.

Abb. 11: Strategische Planung im Zeithorizont nach *Kaplan/Norton*[353]

**Kritik an der Balanced Scorecard wegen fehlender einheitlicher Operationalisierung**

Als ein zentraler Kritikpunkt im Modell der Balanced Scorecard erweist sich gleichwohl die fehlende einheitliche Operationalisierungsbasis insbesondere der Lern- und Entwicklungsperspektive bzw. Potenzialperspektive in Verbindung mit der Prozessperspektive.[354] Die von der Strategy Map für die Strategieimplementierung postulierte Bedeutung der Ursache-Wirkungs-Zusammenhänge von der Potenzial- bis zur Wertperspektive bleibt deshalb wegen der Vielzahl der zu verwendenden unterschiedlichen Messgrößen in den jeweiligen BSC-Perspektiven nur schwer nachvollziehbar.

**Strategieimplementierung im Modell der Wisssensbilanz des Arbeitskreises Wissensbilanz**

In gleicher Weise wie die oben dargestellte Balanced Scorecard Strategy Map nutzt auch das Wissensbilanzmodell des Arbeitskreises Wissensbilanz[355] am Fraunhofer-Institut für Produkti-

---

353 Darstellung in Anlehnung an Kaplan/Norton 2004, S. 343 f. und S. 346 ff.

354 Vgl. Welge/Al-Laham 2008, S. 841 f. vertiefend zur Kritik am Konzept der Balanced Scorecard nach Kaplan/Norton.

355 Vgl. Alwert/Bornemann/Will 2008, S. 7-10.

onsanlagen und Konstruktionstechnik (IPK) die geschäftsprozessorientierte strategische Ausrichtung des sog. intellektuellen Kapitals für die Strategieimplementierung, siehe dazu Abb. 12.[356]

Die Wissensbilanzierung im Modell der Wissensbilanz bezeichnet im Kern die umfassende Identifikation, Entwicklung und Steuerung der für den Geschäftserfolg als ursächlich angesehenen immateriellen Erfolgsfaktoren.[357] Die Wissensbilanz kann deshalb auch als Grundlage für den Aufbau einer Balanced Scorecard genutzt werden.[358]

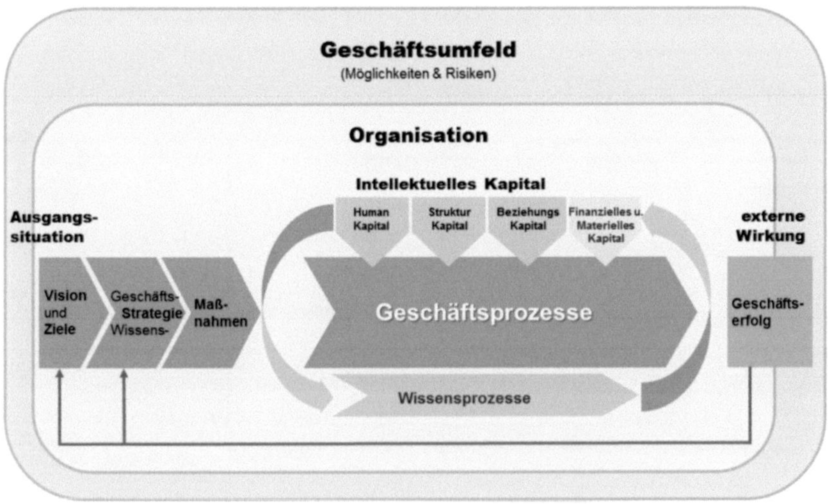


Abb. 12: Wissensbilanzmodell des Arbeitskreises Wissensbilanz am Fraunhofer IPK[359]

356 Vgl. Heisig 2003, S. 30-34 zu den Grundlagen der wissensorientierten Modellierung von Geschäftsprozessen u. a. mit dem Input und Output innerhalb kritischer Wissensbereiche. Vgl. Orth/Voigt/Kohl 2011, S. 29 ff. zur geschäftsprozessorientierten Wissensmanagement-Analyse nach dem Verfahren des Fraunhofer-Instituts für Produktionsanlagen und Konstruktionstechnik IPK.

357 Vgl. Alwert/Bornemann/Will 2008, S. 7-9. Vgl. Alwert et al. 2010, S. 9 ff. zur Einschätzung des Human-, Struktur- und Beziehungskapitals in einer Umfrage bei Managern deutscher Unternehmen mit einer eindeutigen Bevorzugung des Humankapitals als wichtigste Voraussetzung für den Geschäftserfolg, deutlich vor dem Struktur- und dem Beziehungskapital sowie den materiellen Ressourcen an letzter Stelle. In der Einzelbetrachtung der Einflussfaktoren konnten lediglich die Kundenbeziehungen aus dem Beziehungskapital zur Bedeutung des Humankapitals aufschließen.

358 Vgl. Kivikas/Pfeifer 2005, S. 804 f.

359 Alwert/Bornemann/Will 2008, S. 10.

**Messung und Bewertung von Einflussfaktoren**

Zur Identifikation und Beschreibung des unternehmensspezifischen Human-, Struktur- und Beziehungskapitals stellt der *Arbeitskreis Wissensbilanz*[360] ein Set an Einflussfaktoren zur Verfügung, siehe dazu Tab. 6.

Die Bewertung und Messung der Einflussfaktoren des sog. intellektuellen Kapitals nach Tab. 6 erfolgt dabei auf Basis der vorgefundenen Qualität, Quantität und Systematik (QQS) mit unterschiedlichen Messindikatoren[361] und einer anschließenden Wirkungseinschätzung der Einflussfaktoren untereinander und bezogen auf den wirtschaftlichen Geschäftserfolg.[362] Das Ergebnis der Wissensbilanzierung ist ein *Potenzial-Portfolio* mit vier Normfeldern für die Entwicklung, Stabilisierung, Analyse und Aufrechterhaltung.[363]

| **Intellektuelles Kapital** | **Humankapital (HK)** | **Strukturkapital (SK)** | **Beziehungskapital (BK)** |
|---|---|---|---|
| **Einflussfaktoren** | • Fachkompetenz<br>• Mitarbeitermotivation<br>• Soziale Kompetenz<br>• Führungskompetenz | • Kooperation und Wissenstransfer<br>• IT und dokumentiertes Wissen<br>• Prozess- und Verfahrensinnovationen<br>• Führungsinstrumente<br>• Produktinnovation<br>• Unternehmenskultur | • Kundenbeziehungen<br>• Öffentlichkeitsarbeit<br>• Beziehungen zu Kooperationspartnern<br>• Lieferantenbeziehungen<br>• Beziehungen zu Kapitalgebern und Investoren |

Tab. 6: Einflussfaktoren des intellektuellen Kapitals in der Wissensbilanz[364]

Nach *Kivikas/Wulf*[365] beinhaltet der Kern dieser Art von Wissensbilanzierung eine sichere Identifikation der für einen späteren finanziellen Geschäftserfolg ursächlichen und bedeutenden im-

360 Vgl. Alwert/Bornemann/Will 2008, S. 19 f.

361 Vgl. Alwert/Bornemann/Will 2008, S. 27 ff. zu Messindikatoren mit quantitativen, finanziellen, prozen-tualen oder indexorientierten Bezügen. Für den Einflussfaktor Produktinnovation des sog. Strukturkapitals werden z. B. die Messindikatoren Umsatzanteil neuer Produkte, Anzahl der Patente und Höhe von Lizenzeinnahmen genannt, vgl. a. a. O. , S. 31.

362 Vgl. Alwert/Bornemann/Will 2008, S. 21 ff. zur Bewertung, Messung und Wirkungseinschätzung des intellektuellen Kapitals. Mit Bewertung ist in diesem Zusammenhang eine subjektive Beurteilung auf einer fünfstufigen Ordinalskala gemeint, vgl. a. a. O., S. 22.

363 Vgl. Alwert/Bornemann/Will 2008, S. 40 f. zur Generierung des Potenzial-Portfolios.

364 Alwert/Bornemann/Will 2008, S. 20.

365 Vgl. Kivikas/Wulf 2006, S. 52-54.

materiellen Erfolgsfaktoren aus dem sog. Human,- Struktur- und Beziehungskapital. Strategische Relevanz erlangen dabei Faktoren mit einem mutmaßlich hohem Verbesserungs- und Einflusspotenzial auf den finanziellen Geschäftserfolg.[366]

**Strategieimplementierung mit der Wissensbilanz: Zielorientierte Beeinflussung unternehmensspezifisch kritischer Einflussfaktoren**

Für die Beurteilung des Modells der Wissensbilanz hinsichtlich der Eignung für eine operationale Strategieimplementierung ist zu berücksichtigen, dass die Bezeichnung Bilanz hier in keinem Zusammenhang zum Bilanzaufbau ähnlich der operativen Erfolgsplanung steht.[367] Dazu führt *Koch* aus: *„Die Wissensbilanz versucht ein kulturelles Gemälde darzustellen. ... Die Idee der Wissensbilanz ist, dass alle wissen, wie das Gesamtbild aussieht und wo sie innerhalb dieses Bildes selbst stehen.“*[368] Im Mittelpunkt der Wissensbilanzierung sehen deshalb *Edvinsson/Kivikas*[369] die Darstellung einer *„Intelligence map“* als unternehmensspezifische grafische Visualisierung der Ursache-Wirkungs-Kette zwischen immateriellen Werten und dem wirtschaftlichen Geschäftserfolg.[370] Zumindest erkennen *Kivikas/Pfeifer/Wulf*[371] in der Wissensbilanz ein geeignetes internes Steuerungs- und Berichtsinstrument zur zielorientierten Beeinflussung von identifizierten Einflussfaktoren mit gleichwohl großer Wirkungsbandbreite.[372]

In Bezug auf die Ursache-Wirkungs-Beziehungen des intellektuellen Kapitals zum Wert- und Finanzbereich der Unternehmung besteht die Ansicht, dass über ergänzende Discounted-Cashflow-Modelle auf Basis von Scoring-Modellen die jeweiligen Einflussfaktoren des intellektuellen Kapitals mit dem Finanzbereich in Verbindung gebracht werden können.[373] Gleichwohl ist zu berücksichtigen, dass die strategische Steuerung durch komplexe Ursache-Wirkungs-

366 Vgl. Kivikas/Wulf 2006, S. 57.

367 Zu einem Wissensbilanzsystem mit der Gegenüberstellung von Wissensbedarf und Wissensvorräten gemessen in Lernzeiten vgl. Lingemann 2005, S. 97 ff. zu Lernzeiten als Messgröße und zum Buchungssystem von Lernzeiten für eine Wissensbilanz. Je Mitarbeiter, Arbeitsplatz und Qualifikationsstufe erfolgen über Wissensbestandskonten die Buchung von Wissensanforderungen und die Höhe des vorhandenen Wissens gemessen in Lernzeiten. Buchungen über Bewegungskonten sollen Wissenszuwächse oder Wissens-verluste auf Mitarbeiter- und Organisationsebene verdeutlichen. Als Umfang von Lernzeiten werden Beispiele von 2 Wochen in einer Montagelinie bis zu 8,5 Jahre für den Funktionsprüfstand bei Hydraulikkomponenten genannt.

368 Koch 2009, S. 10 im FAZ-Interview vom 23.02.2009.

369 Edvinsson/Kivikas 2007, S. 380.

370 Vgl. Edvinsson/Kivikas 2007, S. 379-381. Zu den Versuchen der Praxis, aus der Wissensbilanz eine Finanzbilanz abzuleiten, vgl. Kivikas/Pfeifer 2005, S. 800 f.

371 Vgl. Kivikas/Pfeifer/Wulf 2006, S. 2463-2465.

372 Nach Edvinsson/Kivikas 2007, S. 377 f. zielt die politisch-institutionelle Förderung der Wissensbilanz in Deutschland primär auf eine Sensibilisierung der Existenz, Bedeutung und prozessualen Wirkungen von intellektuellem Kapital bzw. Wissen und Fähigkeiten auf die Wertgenerierung insbesondere bei der Vielzahl kleiner und mittlerer Unternehmen. Mögliche Formen einer ergänzenden externen Berichterstattung z. B. gegenüber Kapitalgebern und Überlegungen zum Kapitalmarkt folgen nach dieser Ansicht erst an zweiter Stelle.

373 Vgl. Kivikas/Wulf 2006, S. 50-52 und S. 54-56.

Netzwerke, Einflüsse exogener Faktoren und unterschiedliche Zeithorizonte bei der Wirkungsentfaltung erschwert wird.[374]

**Wissensbilanz-Modell mit einer fehlenden einheitlichen operationalen Messbasis**

In der Gesamtsicht konzentriert sich das Wissensbilanz-Modell des AK Wissensbilanz[375] für die Strategieimplementierung noch systematischer als die oben dargestellte Balanced Scorecard Strategy Map[376] auf die Identifikation, Messung, Bewertung und Steuerung des sog. intellektuellen Kapitals bzw. insbesondere der Wissens- und Kompetenzenpotenziale. Das Wissensbilanz-Modell nutzt zwar eine Vielzahl unterschiedlichster Messindikatoren, allerdings fehlt wie in der Balanced Scorecard Strategy Map eine einheitliche und eindeutig adressierbare operationale Messbasis. Dies erschwert die Darstellung nachvollziehbarer Ursache-Wirkungs-Beziehungen zwischen den einzelnen Einflussfaktoren des intellektuellen Kapitals und dem wirtschaftlichen Geschäftserfolg und wirkt sich wiederum negativ auf die Implementierung wissensintensiver Unternehmens- und Geschäftsstrategien aus. Zudem verhindert die fehlende explizite Integration eines Zeithorizonts im Wissensbilanz-Modell die eindeutige Zuordnung von Zeitpunkten und Zeitdauern hinsichtlich der Realisierung von Geschäftserfolgen.

---

374 Vgl. Kivikas/Wulf 2006, S. 52-54.
375 Vgl. Alwert/Bornemann/Will 2008, S. 10.
376 Vgl. Kaplan/Norton 2004, S. 7 und S. 10.

**Zusammenfassende Darstellung der Herausforderungen des strategischen Managements für die Strategieentwicklung und Strategieimplementierung**

Abb. 13: Kernbereiche des strategischen Managements für die strategische Steuerung

Zusammenfassend lassen sich in der Gesamtsicht des strategischen Managements vier miteinander verbundene Kernbereiche als Herausforderungen identifizieren, siehe dazu oben Abb. 13. Diese vier Kernbereiche werden für eine operationale strategische Steuerung im Rahmen der Strategieentwicklung und Strategieimplementierung als maßgeblich erachtet. Im Mittelpunkt steht dabei die operationale strategische Planung mit einem strategischen Unternehmensrechnungssystem. Dazu erforderlich ist eine einheitlich konzipierte interne strategische Erfolgsgröße für die strategisch-operationale Ausrichtung von Wissens- und Kompetenzenpotenzialen des Personalbestands.

## 2.4 Wissensbasierte strategische Potenziale für die Nutzen- und Wertgenerierung

Die strategische Gestaltung und Entwicklung von individuellen Wissens- und Kompetenzenpotenzialen des Personalbestands im Verbund mit Ressourcenpotenzialen für die Erzielung von Wert-Erfolgen ist, wie oben ausgeführt, eine Herausforderung für das strategische Management. Seit langem als schwierig gilt dabei die Identifizierung, Operationalisierung und Bewertung dieser Kombinationen aus Kompetenzen und Ressourcen als strategische Potenziale für strategische Steuerungszwecke.[377]

### 2.4.1 Kompetenzen und Ressourcen als strategische Potenziale

Nach dem hier zu Grunde gelegten ressourcen- und wissensbasierten Ansatz als theoretische Fundierung[378] ist für die Erzielung von dauerhaften Wettbewerbsvorteilen die Schaffung und Nutzung eigener Ressourcen möglich und wünschenswert, ohne sofort auf den externen Bezug vom Markt angewiesen zu sein.[379] Fraglich bleibt bei diesem Ansatz vorerst, welche materiellen und immateriellen Ressourcen genau für die Zielerreichung und den wirtschaftlichen Erfolg von Unternehmen entscheidend sein sollen und wie diese Ressourcenpotenziale zu verwerten sind.[380]

**Materielle und immaterielle Unternehmensressourcen als relative Potenziale**

Im ressourcenbasierten Ansatz sind unternehmensspezifische Ressourcen materieller und immaterieller Art nicht mit Inputgütern oder Produktionsfaktoren gleichzusetzen. Ressourcen ergeben sich erst aus speziellen Veredelungsprozessen von Inputgütern.[381] Ressourcen einer Unternehmung gelten nach *Moldaschl*[382] als relative Potenziale, deren Wert sich erst im effektiven und effizienten Gebrauch innerhalb eines bestimmten Zeithorizonts entfalten kann. Ressourcen verändern sich in dieser Sicht bei Gebrauch oder Nichtgebrauch.[383] Erst über produktive wissens- und kompetenzenbasierte Handlungen von Personen des Personalbestands lässt sich somit ein Ressourcenpotenzial der Unternehmung nutzen. Die Nutzung von Ressourcen kann dabei über drei Arten als Verbrauch, Erhaltung oder Erweiterung im Zeitpunkt $t_1$ erfolgen.[384] Die möglichen Handlungsfolgen zeigen sich im Zeitpunkt $t_2$.

---

377 Vgl. Simon 2004, S. 95 ff. zur strategischen Gestaltung und Steuerung von Unternehmensgeisteskapital und Unternehmensintelligenz als zukunftsfähige Erfolgsfaktoren im unternehmenskulturellen Kontext. Vgl. Wulf/Pfeifer/Kivikas 2009, S. 146 ff. zu immateriellen Ressourcen als Quellen eines nachhaltigen Unternehmenserfolgs sowie a. a. O., S. 150 ff. zur Operationalisierung in Form eines Zukunftsfähigkeitsindex (ZFI) für eine differenzierte Steuerung der kurz-, mittel- und langfristigen Wettbewerbsfähigkeit.

378 Vgl. Kap. 2.3.2.

379 Vgl. Moldaschl 2005a, S. 28 f.

380 Vgl. Moldaschl 2005a, S. 19-21 zum wenig differenzierten Ressourcenbegriff in Sozial-, Wirtschafts- und Organisationstheorien.

381 Vgl. Freiling 2008, S. 11 f.

382 Vgl. Moldaschl 2005c, S. 315-317.

383 Vgl. Moldaschl 2005a, S. 21.

384 Vgl. Moldaschl 2005b, S. 57-59.

**Kernkompetenzen in Leistungsprozessen zur Generierung von Kundennutzen**

Die produktive Nutzung von Unternehmensressourcen in Wertschöpfungsprozessen setzt im Zeithorizont die Entwicklung besonderer individueller Handlungskompetenzen bzw. Wissens- und Kompetenzenpotenzialen von Personen voraus, die sich dann in spezifischer Weise als Kernkompetenzen manifestieren können.[385] Allgemein repräsentieren *Kompetenzen* die auf Lern- und Wissensprozessen basierenden individuellen Handlungspotenziale von Personen des Personalbestands einer Unternehmung für die produktive Leistungserstellung und Leistungsverwertung.[386] *Kernkompetenzen* oder Kernfähigkeiten haben sich langfristig als bestimmte Kombinationen aus Ressourcen und individuellen Prozessfähigkeiten verfestigt und sind jederzeit abrufbar. Derartige Kernkompetenzen sollen in ihrer Zusammenstellung eine gewisse Einzigartigkeit darstellen und zudem einen klar identifizierbaren Kundennutzen generieren können.[387]

**Konfiguration und Transformation von Kernkompetenzen**

Nach *Prahalad/Hamel*[388] beruhen Kernkompetenzen auf nicht direkt sichtbaren und tief verankerten Fähigkeiten, die einzigartig miteinander kombiniert sind.[389] Über eine lernfähige Organisationsform können diese Kernkompetenzen immer wieder neu konfiguriert und in neue innovative Produktformen transformiert werden. Allerdings kann sich das strategische Management nach *Teece/Pisano*[390] angesichts dynamischer und innovativer Unternehmensumweltentwicklungen nicht allein auf eine ressourcenbasierte Strategie mit hinlänglich entwickelten Kompetenzen verlassen, sondern benötigt zusätzliche *dynamic capabilities* bzw. *dynamische Fähigkeiten* für eine schnelle Ausrichtung und Entwicklung von Ressourcen und funktionalen Kompetenzen. Diese dynamischen Fähigkeiten einer Unternehmung zeigen sich bei technischen und marktorientierten Anpassungsleistungen wie z. B. beim Aufbau von technologisch leistungsfähigen und kundenorientierten Geschäftsprozessen.[391]

---

385 Vgl. Bleicher 1999, S. 448 ff. zur Prozessorientierung im operativen Management und S. 458 f. zur Entwicklung von Kernfähigkeiten im ressourcenbasierten Ansatz.

386 Vgl. Freiling 2008, S. 11 f.

387 Vgl. Bleicher 1999, S. 458 f.

388 Vgl. Prahalad/Hamel 1990, S. 82-84 mit den Core Competencies als Ergebnis kollektiver Lernprozesse.

389 Vgl. Mintzberg 1999, S. 247 ff. zum Umgang mit Kernkompetenzen in der Lernschule bzw. lernenden Organisation.

390 Vgl. Teece/Pisano 1998, S. 56-59.

391 Vgl. Teece 2009, S. 3 f. und S. 6 f.

**Kompetenzen-Ressourcenkombinationen als strategische Potenziale**

Kombinierte individuelle Wissens- und Kompetenzenpotenziale des Personalbestands sowie unternehmensspezifische Ressourcenpotenziale gelten nach *Bleicher*[392] als *Kristallisationspunkte* und damit als zentrale Steuerungsgröße für das Management. Für die Steuerungsfunktion des strategischen Managements lässt sich daraus der Begriff der strategischen Potenziale ableiten. Von *Bea/Haas* werden strategische Potenziale auch als *„...Speicher spezifischer Stärken...“*[393] bezeichnet. Als bedeutende strategische Potenziale im Sinn einer zentralen Steuerungsgröße für das strategische Management sieht *Bleicher*[394] eine Kombination aus Humanpotenzialen einschließlich Managementpotenzialen, zusammen mit Technologiepotenzialen und Marktbeziehungspotenzialen, siehe dazu Abb. 14.

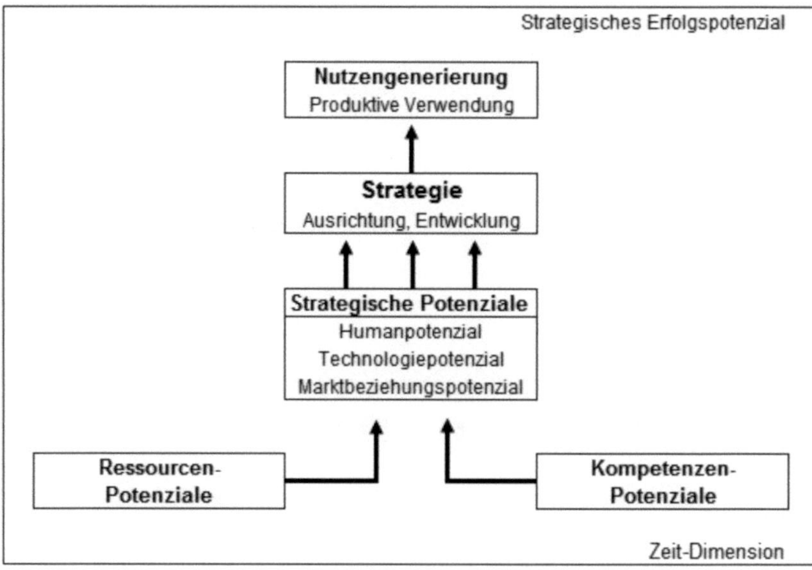


Abb. 14: Nutzengenerierung aus strategischen Potenzialen nach *Bleicher*[395]

---

392 Vgl. Bleicher 1999, S. 457 ff. und S. 473 ff.
393 Bea/Haas 2005, S. 114.
394 Vgl. Bleicher 1999, S. 474 f.
395 Darstellung in Anlehnung an Bleicher 1999, S. 474 in Verbindung mit S. 462 u. S. 465.

Die aus spezifischen individuellen Kompetenzenpotenzialen des Personalbestands und Ressourcenpotenzialen generierbaren strategischen Potenziale sind vom strategischen Management auf die Strategie auszurichten und über Leistungsprozesse in der Zeit-Dimension einer produktiven Nutzengenerierung zuzuführen, siehe dazu Abb. 14.[396]

Diese intendierte Nutzengenerierung aus strategischen Potenzialen in Abb. 14 bezieht sowohl die Kunden- und Wettbewerbssicht als sog. strategische Erfolgsposition als auch die Sicht aller anderen Bezugsgruppen der Unternehmung mit ein.[397]

**Keine einheitliche Operationalisierung von Kombinationen aus Kompetenzen und Ressourcen**

Bislang kann das Konstrukt der strategischen Potenziale aus Ressourcen und Kompetenzen nicht einheitlich operationalisiert und bestenfalls in qualitativer Form auf einzelne Einflussfaktoren[398] zurückgeführt werden. Dies führt wiederum zu Schwierigkeiten bei der Formulierung einer konsistenten strategischen Erfolgsgröße und erschwert damit insgesamt den Prozess der Strategieentwicklung und Strategieimplementierung sowie der strategischen Kontrolle.[399] Nach *Martin/Hansen*[400] wird die Kompetenz zwar als notwendiges, aber doch undeutliches Konstrukt angesehen. Nach empirischen Befunden von *Collins*[401] kann die strategische Gestaltung und Lenkung von Kompetenzen gleichwohl zur Generierung von überdurchschnittlichen wirtschaftlichen Erfolgen führen.

**Bezug des Kompetenzkonstrukts auf einzelne Individuen des Personalbestands**

Im Kompetenzkonstrukt noch selten berücksichtigt wird die Ebene des einzelnen Individuums mit der Darlegung in einem Entwicklungszusammenhang. Nach *Martin/Hansen* benötigt der

396 Vgl. Bleicher 1999, S. 466 ff. und S. 474.

397 Vgl. Bleicher 1999, S. 462 i. V. m. S. 465. Den Begriff der strategischen Erfolgsposition führt *Bleicher* auf Pümpin 1986, S. 33 ff. zurück, vgl. a. a. O., S. 458. Der erweiterten grafischen Darstellung mit einer Nutzenpotenzial-Dimension für Bezugsgruppen, die über die strategische Erfolgsposition im Markt hinausreicht, wird hier nicht gefolgt. Die Nutzengenerierung wird vielmehr direkt innerhalb der Leistungserstellungs- und Leistungsverwertungsprozesse gesehen.

398 Vgl. Alwert/Bornemann/Will 2008, S. 20 zu den Einflussfaktoren des sog. intellektuellen Kapitals in der Wissensbilanz.

399 Vgl. Bea/Haas 2005, S. 114 f. zu strategischen Potenzialen und Erfolgsfaktoren mit S. 120 i. V. m. Bea/Haas 2013, S. 37, S. 126 f. und S. 258 zur Kritik eines fehlenden strategischen Erfolgskriteriums außerhalb des betrieblichen Wert- und Finanzbereichs.

400 Vgl. Martin/Hansen 2010, S. 59 ff. und S. 66 f. mit weiteren Quellenhinweisen.

401 Vgl. Collins 2001, S. 96 ff. zu den empirischen Befunden aus langfristigen, überdurchschnittlich positiven turn-around Entwicklungen bei US-amerikanischen börsennotierten Unternehmen mit Kernkompetenzen auf einem überdurchschnittlich hohen Niveau (vgl. a. a. O., S. 97 ff.), mit Kompetenzen hinsichtlich eines tieferen Verständnisses für Wertschöpfungsprozesse (vgl. a. a. O., S. 104 ff.) und mit positiven Überzeugungen hinsichtlich des Unternehmens und der Tätigkeit (vgl. a. a. O., S. 108 ff.).

Kompetenzbegriff deshalb eine Erweiterung *„...als bewusst-reflexive sowie kreative Bezugnahme sozialer Akteure auf Regeln und Ressourcen zum Zwecke der Aufrechterhaltung der Handlungsfähigkeit von Organisationen in sich verändernden Umwelten...“.*[402] Die individuelle Kompetenz beinhaltet somit auch jederzeit anwendbare wettbewerbstaugliche Handlungsroutinen, die fortlaufend im Sinne eines Unternehmens-Umwelt-Fit zu entwickeln sind.[403]

**Kompetenzforschung zwischen unternehmensspezifischer Einzigartigkeit und Generalisierbarkeit auf individueller Ebene**

Kritisch zum Kompetenzkonstrukt äußert sich *Moldaschl*[404], der derzeit eher eine normative Managementlehre begründet sieht als eine Unternehmenstheorie zur Erklärung von Ursache-Wirkungs-Beziehungen. Für die Erweiterung des ressourcenbasierten Ansatzes mit einem Kompetenzkonstrukt wird ein Rückgriff auf sozialtheoretische Konstrukte mit Regeln und Routinen empfohlen, wobei regelorientierte Theorien entweder individualistischen oder institutionalistischen Theorien zuzuordnen wären.[405]. Eine Zusammenfassung des gegenwärtigen Kompetenzen-Ressourcen Diskurses zeigt Tab. 7. Die Darstellung von Forschungsfragen erfolgt hier nach den Kriterien, inwieweit Capabilities bzw. Fähigkeiten einzigartig und implizit in einer Unternehmung verknüpft sind oder einen eher expliziten bzw. durchaus identifizierbaren Charakter besitzen. Zusätzlich berücksichtigt werden die individuelle und institutionelle Ebene mit Fragen zu Kompetenzen bezogen auf Einzelpersonen oder komplexe Organisationen.[406]

| **Kriterien von Forschungsfragen** | **Kompetenzen und Ressourcen** | **Organisationale Handlungsroutinen und Regeln** |
|---|---|---|
| **Einzigartigkeit** | Wissensorganisation | Dynamic Capabilities |
| **Generalisierbarkeit** | Identifizierbare Erfolgsfaktoren | Dynamic Capabilities |
| **Individuelle Ebene (Einzelperson)** | Explizites Wissen und Kenntnisse | Können, Kreativität |
| **Institutionelle Ebene (Organisation)** | Wissensdatenbanken | Konfigurationen, Prozesse, Kultur |

Tab. 7: Kompetenzen-Ressourcenkonstrukte nach *Moldaschl*[407]

402 Martin/Hansen 2010, S. 60 f.
403 Vgl. Martin/Hansen 2010, S. 67 f.
404 Vgl. Moldaschl 2010, S. 7 ff.
405 Vgl. Moldaschl 2010, S. 13 ff. und S. 15 u. a. zur neuen Institutionenökonomik (Individualismus) oder zu Systemtheorien der Organisation (Institutionalismus).
406 Vgl. Moldaschl 2010, S. 15-19.
407 Verkürzte Darstellung nach Moldaschl 2010, S. 15-19.

### 2.4.2 Strategische Potenziale in Managementmodellen

Strategische Potenziale aus Kompetenzen-Ressourcen-Kombinationen für die strategieausgerichtete Nutzengenerierung werden nachfolgend auf ihre weitere Verwendung in Managementmodellen untersucht. Die Betrachtungsperspektive liegt dabei auf Handlungen in der Zeit-Dimension, auf möglichen Operationalisierungen sowie auf Abgrenzungen zu einer Wert- und Finanz-Dimension.

Das Management von Wissens- und Kompetenzenpotenzialen und Ressourcenpotenzialen bedarf einer ganzheitlichen Vorgehensweise. Dazu empfiehlt sich die Einführung eines integrativ wirkenden Wissensmanagements für die Unterstützung unternehmenszielorientierter Lernprozesse.[408] Zu berücksichtigen sind dabei normative, strategische und operative Zielebenen.[409]

**Fokus auf individuelle Wissens- und Kompetenzenpotenziale zur Nutzengenerierung**

Die Integration von Kompetenzen und Ressourcen in ein Managementmodell mit dessen praktischer Anwendung gelang im europäischen Raum in ersten Ansätzen mit dem *IK-Navigator*[410] von *Skandia* Mitte der 1990er- Jahre, siehe dazu Abb. 15. Das sog. intellektuelle Kapital mit den Hauptbestandteilen des Human- und Strukturkapitals soll dabei im operativen Handlungsumfeld über einen Lern-, Human-, Prozess- und Kundenfokus auf die Nutzengenerierung und die Generierung von Finanzerfolgen ausgerichtet werden.[411]

Im operativen Handlungsumfeld des IK-Navigators wird dabei die Zeit-Dimension als zusätzliche Dimension für wichtig erachtet.[412] In der zentralen Schnittstelle des IK-Steuerungsmodells steht dabei der *Humanfokus*, beschrieben als *„...Herz, Geist und Seele der Organisation“*.[413]

---

408 Vgl. Probst/Raub/Romhardt 1999, S. 45-47.

409 Vgl. Probst/Raub/Romhardt 1999, S. 70-72 zu den Zielebenen und S. 323-326 zur Messung von Wissen.

410 Vgl. Edvinsson/Brünig 2000, S. 22 ff. u. S. 35 ff. zur Entwicklung sowie zu den Modellbestandteilen des IK-Navigators mit dem sog. Human- und Strukturkapital als intellektuelles Kapital (IK).

411 Vgl. Edvinsson/Brünig 2000, S. 44 zu den Bestandteilen des intellektuellen Kapitals i. V. m. S. 58 f.

412 Vgl. Edvinsson/Brünig 2000, S. 61 zur Zeit-Dimension, hier in der Vorstellung der Abbildung von Messindikatoren aus wissensbasierten Handlungen in Echtzeit.

413 Edvinsson/Brünig 2000, S. 59.

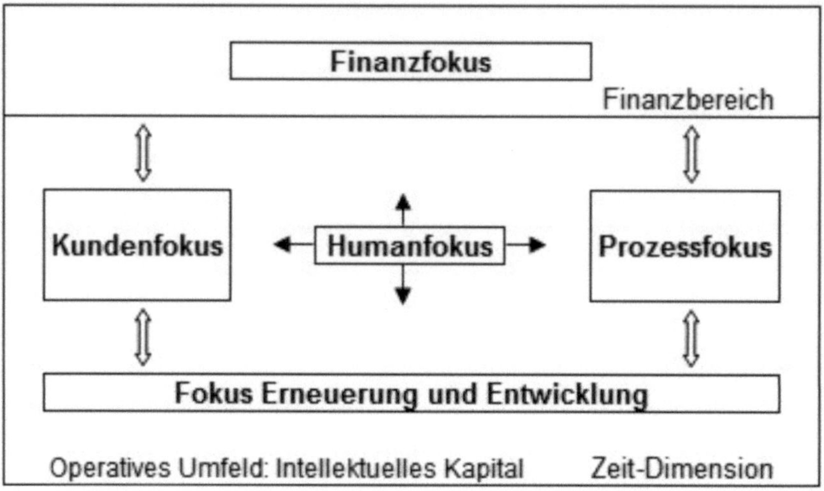


Abb. 15: IK-Navigator von *Skandia* in der Zeit-Dimension[414]

Für alle Fokus-Bereiche des IK-Navigators wurden über einhundert nicht-finanzielle und finanzielle Messindikatoren entwickelt, die anschließend für den Gesamtbericht zum intellektuellen Kapital der Unternehmung zu bewerten waren.[415] Dieser Bezug unterschiedlichster Komponenten von Wissen und Kompetenzen auf den Wert- oder Finanzbereich führt im Gesamtbild zu schwer nachvollziehbaren Ursache-Wirkungs-Beziehungen zwischen dem intellektuellen Kapital und dem Geschäftserfolg. Zu Recht kritisiert *North* diese undeutlichen Bezüge im dargestellten IK-Navigator: *„Es ist jedoch nicht erkennbar, wie die Elemente der Wissensbasis zu den Geschäftsergebnissen beitragen. Die von Skandia propagierte wissensorientierte Unternehmensführung unter dem Begriff „intelligent enterprising" ist mit den dargestellten Indikatoren nicht möglich".*[416]

414 Darstellung nach Edvinsson/Brünig 2000, S. 58. Eigene Erweiterung mit einer Zeit-Dimension für das operative Handlungsumfeld und einem Finanzbereich. Das intellektuelle Kapital (IK) besteht hier aus den beiden Hauptelementen des Human- und Strukturkapitals. Das Strukturkapital selbst ist weiter untergliedert in das Kunden- und Organisationskapital. Das Organisationskapital wiederum besteht aus den beiden Elementen des Innovations- und Prozesskapitals.

415 Vgl. Edvinsson/Brünig 2000, S. 120-123. Aus einer Liste mit absoluten Messindikatoren bezogen auf Investitionen und Schulungsaufwendungen wird ein Geldwert des Intellektuellen Kapitals bestimmt, der nach der Multiplikation mit einem Effizienzkoeffizienten als IK-Gesamtwert für Steuerungszwecke zu verwenden ist, vgl. a. a. O. S. 128-131.

416 North 2002, S. 239.

**Kompetenzen-Ressourcen Kombinationen im Zeithorizont der Balanced Scorecard**

*Kaplan/Norton*[417] kritisieren die Zentrierung von Managementmodellen für strategische Potenziale allein auf Humanpotenziale im Rahmen von z. B. Employee Empowerment Initiativen. Stattdessen fordern sie die Einführung eines strategiezentrierten Managementsystems mit mehreren Perspektiven. In diesem Management-Gestaltungs- und Handlungsmodell sollen Wissen und Kompetenzen sowie Ressourcen auf einer individuellen, strukturellen und prozessualen Basis zusammen mit Technologien gleichberechtigt an der Strategie ausgerichtet werden, siehe dazu Abb. 16.[418] Gemeint sind damit über den Zeithorizont von Lern- und Wachstumsprozessen in der Humanpotenzialperspektive laufend zu optimierende und auf einen Nutzenerfolg und ökonomischen Erfolg hin zu steuernde Leistungsprozesskompetenzen.

Als notwendige Voraussetzung für den Einsatz der Balanced Scorecard in Form eines strategiezentrierten Handlungs- und Gestaltungsmodells gilt die Unterstützung durch das obere Management in Kommunikations-, Planungs- und Controllingprozessen.[419]

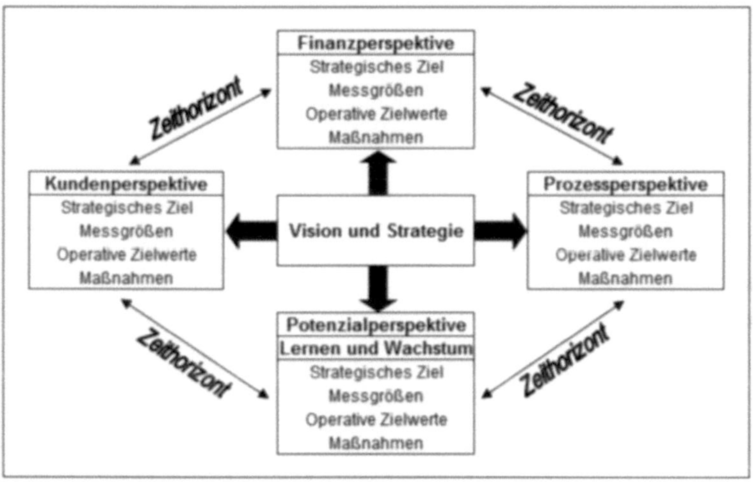


Abb. 16: BSC Potenzial-Kombinationen in Zeithorizonten nach *Kaplan/Norton*[420]

---

417 Vgl. Kaplan/Norton 1996a, S. 6 ff. zur Ausgangssituation mit einer Vielzahl fragmentierter Einzelprogramme u. a. mit Time-based-Competition, Total Quality Management, Just-in-Time-Production, Lean Production, Employee Empowerment und Reengineering.

418 Vgl. Kaplan/Norton 1996a, S. 9 und S. 29 ff.

419 Vgl. Kaplan/Norton 1996a, S. 11 ff. Vgl. Friedag/Schmidt 2004, S. 113 ff. zur Einführung einer Balanced Scorecard nach Kaplan/Norton dargestellt in einer Fallstudie für einen mittelständischen Industriebetrieb.

420 Darstellung nach Kaplan/Norton 1996a, S. 9 mit Bezug auf Kaplan/Norton 1996b, S. 76. Eigene Ergänzung mit einem Zeithorizont, vereinfachte Darstellung unter Verwendung der deutschen Übersetzung nach Gaiser/Greiner 2003, S. 281. In den Perspektiven lauten die englischen Originalbezeichnungen: Objectives, Measures, Targets und Initiatives.

**Nutzung von Ressourcenpotenzialen für Wissenstransformation und Wert-Generierung**

Ressourcenpotenziale lassen sich gezielt zur Generierung von Wissen und Kompetenzen verwenden. Mit Blick auf *Innovationen* schlägt *Lev*[421] eine Wertkette mit Ressourcen einschließlich Netzwerknutzungen für die lernbasierte Transformation von Wissen in messbare Leistungsergebnisse innerhalb einer handlungsorientierten und damit zeitlichen Dimension vor, siehe dazu Abb. 17. Dieses dreiphasige Wertkettenmodell soll das strategische Management in die Lage versetzen, das Entdecken und Lernen, die Transformation von Wissen in Leistungserzeugnisse und die Generierung von Wert-Erfolgen konsistent steuern zu können.[422]

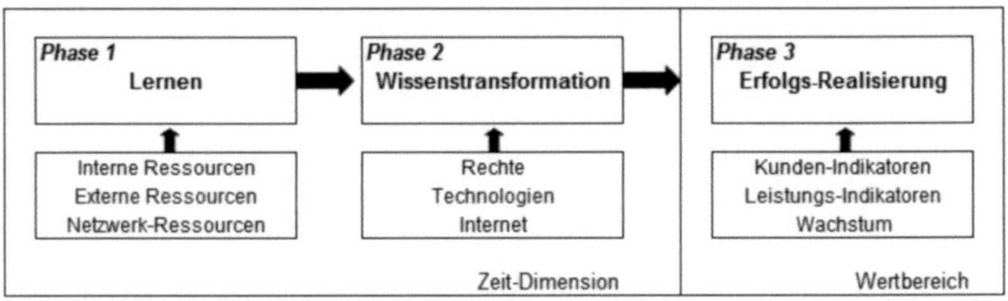


Abb. 17: Wissensbasierte Wertkette als Phasenmodell nach *Lev*[423]

**Organisationale Infrastruktur zur produktiven Nutzung von Ressourcenpotenzialen**

Der Personalbestand sowie materielle und immaterielle Ressourcen allein generieren nach *Lev*[424] noch keine Wert-Erfolge. Hierfür benötigt der Personalbestand für die produktive Wirksamkeit im Zeithorizont eine spezifische organisationale Infrastruktur als Strukturpotenzial in Form von Systemen, Prozessen und organisatorischen Regelungen, siehe dazu Abb. 18. Der Beitrag der organisationalen Infrastruktur zur produktiven Nutzung von Ressourcenpotenzialen wird dabei als direkt messbare Managementleistung mit Wert-Erfolgswirkung aufgefasst, mit dem Input kombinierter Faktoren in Form von Arbeit, Sachanlagen, Marken und FuE.[425]

---

421 Vgl. Lev 2003, S. 511-514.

422 Vgl. Lev 2003, S. 515 ff. zur Value Chain blueprint. Die Wertkette dient der Steuerung des gesamten Innovationsprozesses von der Forschung und Entwicklung über Feasibility Tests bis hin zur Vermarktung.

423 Darstellung in Anlehnung an Lev 2003, S. 515. Eigene Übersetzung und Erweiterung mit einer Zeit-Dimension und einem Wertbereich.

424 Vgl. Lev 2004, S. 8-10 zur Konzeption der organizational infrastructure als spezfische Entwicklungs- und Gestaltungsleistung des Managements.

425 Vgl. Lev 2004, S. 9 ff. zum empirischen Forschungsansatz und zur Bestimmung von spezifischen Ressourcenaufwendungen aus der externen Berichterstattung von Unternehmen im Verhältnis zu deren Umsatzentwicklung.

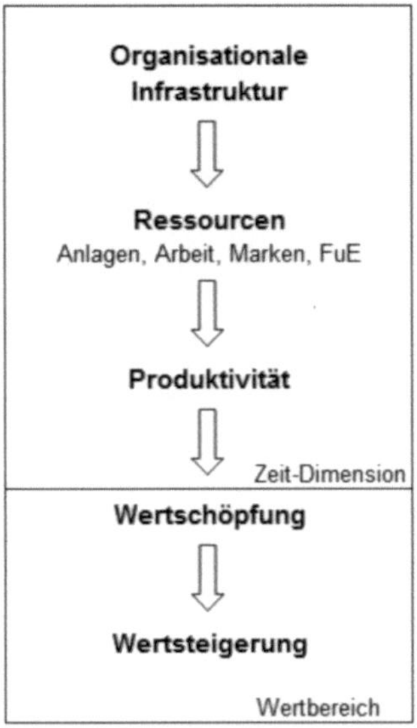


Abb. 18: Produktive Ressourcennutzung auf Infrastruktur-Basis nach *Lev*[426]

**Gesamtsicht zu Wissens- und Kompetenzenpotenzialen und deren Nutzung von Ressourcenpotenzialen**

In der Gesamtsicht nehmen strategische Managementmodelle mit Ressourcen und Kompetenzen in Prozessperspektiven und einem vermuteten Ursache-Wirkungs-Verbund zu Wert- oder Finanzerfolgen einen breiten Raum ein.[427] Für strategisch ausgerichtete Unternehmenssteuerungsmodelle ergeben sich dabei häufig drei voneinander getrennte Ebenen mit dem Management von Kompetenzen und Ressourcen, den operativen Leistungsprozessen sowie den Wert- oder Finanzergebnissen.[428]

Grundsätzliche Einigkeit besteht im Schrifttum bei der Einschätzung der zentralen Bedeutung von Ressourcen-Kompetenzen-Kombinationen für die Erzielung von wirtschaftlichen Erfolgen. Unterschiede zeigen sich bei den Inhalten von Ressourcen-Kompetenzen-Kombinationen

426 Darstellung in Anlehnung an Lev 2004, S. 9 f. , eigene Übersetzung und Erweiterung mit einer Zeit-Dimension und einem Wertbereich.

427 Vgl. Neely et al. 2004, S. 34-36. Vgl. Gleich/Quitt 2012, S. 49 ff. zu Systemen und Konzepten des Performance Measurements (einschließlich der Balanced Scorecard) für die Erfassung und Messung von innerbetrieblichen Leistungsprozessen innerhalb eines Controlling-Systems. Vgl. Daum 2003, S. 259 zu Kombinationen von strategischen Managementmodellen als Tableau de Bord mit einer Kombination von Balanced Scorecard und Wertkettenkonzeptionen.

428 Vgl. Daum 2004, S. 70-73.

sowie der Wirkungs-Zuordnung in einen strategischen oder operativen Wert- oder Finanzbereich.[429]

Allerdings ist für die Konzeption einer Unternehmensführung für Wissensunternehmen aus Sicht von *North*[430] explizit die zusätzliche Berücksichtigung der *Produktivität* von Kompetenzen-Ressourcenkombinationen erforderlich. Eine umfassende Integration des Produktivitätskonstrukts in Managementmodelle insbesondere für wissensintensive Unternehmen ist derzeit gleichwohl nicht erkennbar.

**Kritik an der Operationalisierung von Kompetenzen-Ressourcenkombinationen**

Die Kritik an unbefriedigenden Lösungen zur Verbesserung der *Messbasis* von Kompetenzen-Ressourcenkombinationen hält unvermindert an. Dazu *North*: *„Wir sind derzeit jedoch noch weit davon entfernt, Wissen einer Organisation umfassend messen zu können"*.[431] Diese Schwierigkeiten bei der Messung und Operationalisierung sowie undeutliche Ursache-Wirkungs-Zusammenhänge zum Wert-Erfolg der Unternehmung erschweren das Controlling und stellen somit das Management von individuellen Wissens- und Kompetenzenpotenzialen insgesamt in Frage.[432] Die derzeitigen pauschalen Bewertungsansätze für strategische Potenziale als Kapital ohne einheitliche Messbasis werden dabei als nicht zielführend angesehen.[433]

Die weitere inhaltliche Kritik an Steuerungsinstrumenten für das Management von strategischen Potenzialen bezieht sich auf die häufig mangelnde *Integration der Produktivität* mit Blick auch auf längere Realisierungsfristen von Wissensprojekten im Zeithorizont sowie die undeutliche Trennung von nicht-finanziellen und finanziellen Daten.[434]

Nach Analysen von *Kaufmann/Schneider*[435] fehlt in den Modellen für das Management von strategischen Potenzialen auch eine explizit ausgewiesene *Handlungs-Dimension* als Messbasis neben dem Wert- oder Finanzbereich. Zu weiteren Schwierigkeiten führen nicht einheitliche

429 Vgl. Lev 2004, S. 5-7 sowie Kaufmann/Schneider 2006, S. 28-33.
430 Vgl. North 2011, S. 1 f., S. 11 u. S. 61 ff.
431 North 2002, S. 3 und North 2011, S. 3.
432 Vgl. Probst/Raub/Romhardt 1999, S. 324-326.
433 Vgl. Stoi 2004, S. 198 und Roos/Pike/Fernström 2004, S. 144 f.
434 Vgl. Daum 2003, S. 83-85.
435 Vgl. Kaufmann/Schneider 2006, S. 36-38.

Definitionen, Begriffe und Klassifizierungen, nicht eindeutige Ursache-Wirkungs-Zu-sammenhänge zwischen strategischen Potenzialen und dem Wert- oder Finanzbereich sowie die fehlende Differenzierung in interne oder externe Berichtssysteme.[436]

### 2.4.3 Intellectual Capital im Wertbereich

Die Bezeichnung *Intellectual Capital*[437] resultiert aus der als notwendig angesehenen Ergänzung des bisherigen rechnungslegungsorientierten *Financial Capital* mit einem wissens- und kompetenzenbasierten sog. Human- und Strukturkapital zu einem marktorientierten Unternehmensgesamtwert.[438] Die Verwendung des Begriffs *Capital* drückt damit bereits ein Werthaltigkeitspotenzial in Bezug auf einen möglicherweise erzielbaren Wert- oder Finanzerfolg aus.[439]

In Anlehnung an den Wertbegriff definiert *Deking* das Intellectual Capital demnach wie folgt: *„Das Intellectual Capital eines Unternehmens ist die Summe aller immateriellen Vermögenswerte, die neben den materiellen Werten den Unternehmenswert ausmachen."*[440] Häufig synonym zum Begriff des Intellectual Capital verwendet werden u. a. die Begriffe Intangible Assets, Knowledge Assets oder Intangible Resources als Bezeichnungen für in Geldeinheiten bewertete Ressourcen-Kompetenzen-Kombinationen in Unternehmen mit einem direkten Bezug auf die Erfolgsrealisierung.[441]

**Wert von intangiblen Vermögensgegenständen und intangiblem Kapital**

Die für wissensintensive Unternehmen häufiger zu beobachtende Marktwert-Buchwert-Differenz in Form der sog. *Wertlucke* scheint demnach auf besondere strategische Potenziale hinzuweisen.[442] Liegt dabei der Marktwert des Eigenkapitals einer Unternehmung über dem bilanzierten Buchwert, werden die Erwartungen der Kapitalmärkte hinsichtlich der zukünftig

---

[436] Vgl. Kaufmann/Schneider 2006, S. 28-33 zu einer Vielzahl von Begriffen, Definitionen und Klassifizie-rungen von Intangibles bzw. immateriellen strategischen Wissens- und Kompetenzenpotenzialen aus Literaturrecherchen sowie a. a. O. , S. 38 f. zu Modellierungsvorschlägen.

[437] Vgl. Sullivan 2000, S. 238-244 mit einer chronologischen Übersicht zu den Begründern der Intellectual Capital Bewegung.

[438] Vgl. Edvinsson/Brünig 2000, S. 44 zum Marktwertschema der schwedischen Unternehmung Skandia. Das intellektuelle Kapital wird in direkter Beziehung zu Wettbewerbsvorteilen auf den relevanten Märkten gesehen.

[439] Vgl. Coenenberg 2005, S. 1134.

[440] Deking 2003, S. 48.

[441] Vgl. Deking 2003, S. 20-27 mit einer umfassenden Analyse der Entwicklungsgeschichte und Begriffsvielfalt des Intellectual Capital Ansatzes.

[442] Vgl. Sveiby 1997, S. 3 ff. und S. 7 zur Differenz von Marktwert und Buchwert einer Unternehmung als Ausdruck des Wertes von nicht in der offiziellen Bilanz erfassten intangiblen Vermögensgegenstände.

erzielbaren wirtschaftlichen Erfolge auch als intangibler Wert von sog. *Intangible Assets* interpretiert.[443] Die Gründe für die Unterschiede von Marktwert und Buchwert einer Unternehmung liegen jedoch, falls diese überhaupt gemessen werden können, nicht nur in positiven oder negativen Marktannahmen über vorhandene, aber nicht bilanzierte oder berichtete Intangible Assets. Als weitere Gründe nennt *Upton*[444] die Erwartungen der Kapitalmärkte über die Wertpotenziale von bilanzierten Vermögensgegenständen sowie die allgemeinen Geschäftschancen und –risiken sowie psychologische Einflussfaktoren.

Aus dem oben genannten Wertlücken-Phänomen schließt *Sveiby*[445] auf die Existenz einer Art *intangiblen Schattenbilanz*, welche die Intangible Assets bzw. intangiblen Vermögensgegenstände auf der Aktivseite und die intangible Kapitalstruktur auf der Passivseite beinhaltet.[446] Der Aufbau dieser intangiblen Modellbilanz wird in Abb. 19 dargestellt.

| **Intangible Aktiva** | **Intangible Passiva** |
|---|---|
| **Externe Struktur**<br>z. B. Beziehungen zu Kunden<br><br>**Interne Struktur**<br>z. B. Systeme, Strukturen<br><br>**Kompetenz des Personals**<br>z. B. Ausbildungen, Erfahrungen | **Intangibles Eigenkapital**<br>Beziehungskapital<br>Strukturkapital<br>Humankapital<br><br>**Intangible Verbindlichkeiten**<br>Beziehungskapital<br>Strukturkapital<br>Humankapital |
| **Intangible Vermögensgegenstände** | **Intangible Kapitalstruktur** |

Wertbereich

Abb. 19: Intangible Bilanz nach *Sveiby* im Wertbereich[447]

---

[443] Vgl. Blair/Wallman 2003, S. 452 f.

[444] Vgl. Upton 2003, S. 470.

[445] Vgl. Sveiby 1997, S. 11 mit der Balance Sheet of Intangible Assets und S. 10 ff. mit der Differenzierung der Assets in die externe Struktur, die interne Struktur und die Mitarbeiterkompetenz.

[446] Vgl. Edvinsson/Brünig 2000, S. 37 f. zum intellektuellen Kapital im Passivbereich einer verborgenen intangiblen Bilanz mit Eigenkapital- und Fremdkapitalbestandteilen.

[447] Darstellung in Anlehnung an *Sveiby 1997*, S. 11, eigene Übersetzung. Zu Beschreibungen der einzelnen intangiblen Vermögensgegenstände vgl. a. a. O., S. 10 ff. Das individuelle Wissen und die Kompetenzen des Personalbestands lassen sich einer Unternehmung i. d. R. nicht rechtlich zuordnen. Trotzdem plädiert *Sveiby 1997*, S. 10 explizit für die Aufnahme von Humanpotenzialen in eine intangible Bilanz, da sich seiner Meinung nach wissensintensive Unternehmen aus deren Beschäftigten definieren sollten.

Eine zusätzliche dynamische Komponente für Steuerungszwecke erhalten die intangiblen Vermögensgegenstände in Abb. 19 nach *Sveiby*[448] über die vier Dimensionen Wachstum, Erneuerung, Effizienz sowie Stabilität/Risiken. Mit diesen sollen sich Indikatoren für die externe Struktur, die interne Struktur und die Kompetenz der Mitarbeiter in Form einer Scorecard-Methode präziser differenzieren, darstellen und steuern lassen.

Die eng an der Systematik der Rechnungslegung ausgerichtete intangible Bilanzstruktur des Intellectual Capital in Abb. 19 unterscheidet sich grundsätzlich von der portfolioähnlichen Darstellung von Wissensstrukturen einer Unternehmung in Form des *Wissensbilanz-Modells*.[449] Die Wissensbilanz soll dabei mit quantitativen und qualitativen Indikatoren das sog. Human-, Struktur- und Beziehungskapital offenlegen und die Ursache-Wirkungs-Beziehungen zwischen wissensbasierten Leistungsprozessen und dem Geschäftserfolg verdeutlichen.[450] In Bezug auf *Ursache-Wirkungs-Zusammenhänge* im Intellectual Capital Ansatz werden deshalb von *Wulf*[451] und *Lachnit/Wulf*[452] vorgeschlagen, die ursächlichen Komponenten des Intellectual Capital den immateriellen Potenzialen außerhalb des Wert- und Finanzbereichs zuzuordnen. Strategisch geeignete Ressourcen- und Kompetenzenpotenziale lassen sich dann transparenter in einem Ursache-Wirkungs-Verbund zur Erzielung von wirtschaftlichen Erfolgen darstellen.

*Moldaschl*[453] kritisiert am Intellectual Capital Ansatz, dass mit der Konzentration auf die bedeutende immaterielle Ressourcenart des Wissens zu viele andere Ressourcenarten unter diese Kategorie subsumiert und ohne weitere Prüfungen in den Status des Intellectual Capital erhoben werden. Für eine konsistente Überleitung in die Wert-Dimension fehlt in der hier vertretenen Ansicht vor allem eine einheitliche operationale Messbasis.

### 2.4.4 Messung und Bewertung von Intangible Assets

Der sinnvolle Umgang mit *Intangible Asset* hängt nach *Blair/Wallman*[454] wesentlich vom Anwendungszweck ab. So können Intangible Assets entweder im Rahmen der handelsrechtlichen

---

448 Vgl. Sveiby 1997, S. 165 zum Intangible Asset Monitor sowie Sveiby 1998, o. Seite unter der Rubrik „The Intangible Assets Monitor Framework“.

449 Vgl. Alwert/Heisig/Mertins 2005, S. 9 ff. zur Wissensbilanzierung. Vgl. Kap. 2.3.4.

450 Vgl. Alwert 2005, S. 35 zu den Inhalten und Aufgaben von Wissensbilanzen.

451 Vgl. Wulf 2008, S. 60 f. zu nichtfinanziellen Kennzahlen immaterieller Potenziale in Führungskennzahlensystemen.

452 Vgl. Lachnit/Wulf 2009, S. 527 zur Generierung immaterieller Potenziale (einschl. bilanzierungsfähiger immaterieller Vermögensgegenstände) aus immateriellen Gütern und Erfolgsfaktoren.

453 Vgl. Moldaschl 2005b, S. 49 f.

454 Vgl. Blair/Wallman 2003, S. 451 ff.

Rechnungslegung, des Managements von strategischen Potenzialen oder von volkswirtschaftlichen Analysen betrachtet werden.

Für die Definition von Intangible Assets verwenden *Blair/Wallman* einen Ansatz, der sich unmittelbar auf den betrieblichen Leistungsprozess bezieht sowie das Produktivitätskalkül und den Potenzialbegriff für eine Nutzen- oder Wertgenerierung berücksichtigt: *„Intangibles are nonphysical factors that contribute to, or are used in, the production of goods or the provision of services or that are expected to generate future productive benefits to the individuals or firms that control their use"*.[455]

Die Gestaltung und Entwicklung von spezifischen intangiblen Vermögensgegenständen durch das strategische Management erfordert deshalb keine primäre Orientierung in der Wert- oder Finanz-Dimension. Erforderlich ist vielmehr die Sicht auf Potenzialkomponenten in einer möglichst einheitlich dimensionierten operationalen Dimension.[456]

Eine breitere Akzeptanz spezifischer Kombinationen aus Ressourcen und Kompetenzen setzt somit eine standardisierte *Mess- und Bewertungsbasis* unter Berücksichtigung der betrieblichen Leistungsprozesse voraus.[457] Im Hinblick auf die zentrale Bedeutung eines geschlossenen Managementprozesses mit einer einheitlichen Messbasis argumentieren *Leibold/Probst /Gibbert* zutreffend: *"Only if the measurement of the extent of key knowledge management processes could be simplified in future and if this is largely accepted, could the management circle be closed and would one be able to speak about true knowledge management."*[458]

**Entwickelte Mess- und Bewertungsansätze für Intangible Assets**

Die bislang entwickelten *Mess- und Bewertungsansätze* für Intangible Assets lassen sich zumeist einer der vier folgenden Kategorien zuordnen:[459]

- *Direkte Bewertungsmethoden* (Direkte Intellectual Capital Methoden – DIC) für die Identifikation und Bewertung in Geldeinheiten einzelner Intangibles bzw. immaterieller Ressourcenpotenziale.

---

455 Blair/Wallman 2003, S. 451.

456 Vgl. Blair/Wallman 2003, S. 454 ff.

457 Vgl. Schindler/Jaitner 2003, S. 151-154 sowie Roehl 2002, S. 52- 55. Vgl. Clases/Wehner 2002, S. 47 f. zur Bewertung von Intangible Assets z. B. im Rahmen von Modellansätzen mit der Gegenüberstellung von Anschaffungs- und Einsatzkosten von generiertem Wissen aus Schulungen und daraus erzielbaren qualitativen Nutzensteigerungen.

458 Leibold/Probst/Gibbert 2002b, S. 191.

459 Vgl. Sveiby 2010, o. S., unter der Zwischenüberschrift „The four Approaches for Measuring Intangibles". Vgl. dazu ergänzend Deking 2003, S. 159 ff. sowie Stoi 2004, S. 195 f.

- *Marktkapitalisierungsmethoden* (MCM) für die Bewertung in Geldeinheiten des Gesamtwerts des intellektuellen Kapitals der Unternehmung aus der Differenz von Marktwert und Buchwert.
- *Return-on-Asset-Bewertungsmethoden* (ROA) für die Bewertung in Geldeinheiten von Intangibles der Unternehmung basierend auf dem Vergleich des Return on Asset mit Branchenwerten als ex post Analyse.
- *Scorecard-Methoden* (SC) für die Identifikation und Klassifikation von einzelnen Intangibles sowie die Messung mit Hilfe von Indikatoren.

Die u. a. auf *Sveiby*[460] zurückgehende Klassifizierung in die oben genannten vier Kategorien gründet auf der Vorstellung, die Messung von Intangible Assets entweder auf der Grundlage von Einzelkomponenten oder der Gesamtunternehmung vornehmen zu können. Insgesamt präsentiert *Sveiby*[461] eine Sammlung von 42 Methoden zur Messung von Intangible Assets in chronologischer Reihenfolge der Veröffentlichungen von 1950-2009 mit der Einteilung in eine der vier oben genannten Kategorien.

Die Bewertung der Gesamtunternehmung mit den *MCM*- und *ROA- Messmethoden* leisten für das strategische Management eine Darstellung der möglichen Erfolgswirkungen im Ganzen, nicht jedoch detaillierte operationale Steuerungsmöglichkeiten. Die *DIC*- und *SC-Messmethoden* orientieren sich zwar an den operativen Komponenten von Intangible Assets, es fehlt ihnen allerdings eine ganzheitliche Betrachtungsweise für die Gesamtunternehmung.

**Messmodell-Lücke auf der Ebene der Gesamtunternehmung für nicht-finanzielle Daten**

Es ist damit ersichtlich, dass die oben beschriebenen vier Messmodelle für Intangible Assets im Hinblick auf die Verwendung von Daten auf der Ebene der Gesamtunternehmung außerhalb des Wert- oder Finanzbereichs derzeit keine Ansätze bieten. Diese *Messmodell-Lücke* für Intangible Assets bzw. immaterielle Potenziale auf der Ebene der Gesamtunternehmung mit einer operationalen Basis von nicht-finananziellen Daten verdeutlicht *Sveiby*[462] in einer Vierfeldmatrix, siehe dazu Abb. 20.

---

460 Vgl. Sveiby 2010, o. S., unter der Zwischenüberschrift „The Four Approaches for Measuring Intangibles".

461 Vgl. Sveiby 2010, o. S., im Abschnitt „42 Methods for Measuring Intangibles in Chronological Order".

462 Vgl. Sveiby 2010, o. S., im Abschnitt „The Four Approaches for Measuring Intangibles" mit der Abbildung „Intangible Assets Measuring Models".

Abb. 20: Messmodell-Lücke für die Gesamtunternehmung nach *Sveiby*[463]

Die nach Abb. 20 weitgehend fehlenden Möglichkeiten einer Messung und Bewertung von strategischen Potenzialen bzw. Kombinationen von Ressourcenpotenzialen und individuellen Wissens- und Kompetenzenpotenzialen auf Gesamtunternehmensebene mit einer einheitlichen Datenbasis außerhalb des Wert- und Finanzbereichs ist für das strategische Management aus Steuerungsgründen unbefriedigend.[464]

**Zusammenfassende Darstellung der Mess- und Bewertungsmethoden strategischer Potenziale**

Die bislang in Theorie und Praxis entwickelten Methoden zur Messung und Bewertung von Intangible Assets oder von Intellectual Capital zeichnen sich durch eine große Vielfalt unterschiedlicher Ansätze in verschiedenen Ebenen aus. *Deking*[465] kritisiert aus Sicht des strategischen Managements fehlende ganzheitliche Steuerungsansätze, eine häufig einseitige Schwerpunktsetzung z.B. als Kennzahlensystem sowie eine mangelnde Praktikabilität. Die größten Entwicklungspotenziale aus strategischer Sicht werden dabei für die *Scorecard-Methoden* mit

---

[463] Vereinfachte Darstellung nach Sveiby 2010, o. S. , mit der umfangreichen Abbildung „Intangible Assets Measuring Models", eigene Übersetzung.

[464] Für eine Verwendung nicht wertbasierter Daten auf der Ebene betrieblicher Leistungsprozesse und auf der Ebene der Gesamtunternehmung spricht auch, dass kontrollmäßige Ausgestaltungen z. B. mit wertorientierten personenbezogenen Leistungsmessungen häufig zu Ablehnungen führen, vgl. dazu Sveiby 2010, o. S. , im Abschnitt "Measure for Value Creation – not for Control or PR!".

[465] Vgl. Deking 2003, S. 159-165 mit einer Übersicht von Bewertungsmethoden des Intellectual Capital und einer Beurteilung des Einsatzes für das strategische Management.

Ansätzen integrierter Ursache-Wirkungs-Beziehungen zum Geschäftserfolg und der Möglichkeit für unternehmensindividuelle Anpassungen gesehen, z.B. in Form funktionaler Scorecards.[466]

Für die oben dargestellten *Marktkapitalisierungs (MCM)*- und *Return-on-Asset-Methoden (ROA)* als Mess- und Bewertungsverfahren für das Intellectual Capital kommen *Roos/Pike/Fernström*[467] zum Ergebnis, dass diese wegen ihrer isolierten Ausrichtung auf den Wert- und Finanzbereich und der fehlenden operationalen Gestaltungs- und Steuerungsmöglichkeiten nicht als strategisches Managementinstrument geeignet sind. Nach *Diefenbach/Vordank*[468] fehlen wie oben dargelegt insbesondere konsistente Systeme mit vergleichbaren und einheitlichen Steuerungsgrößen und Kennzahlen auf Gesamtunternehmensebene.

Zudem erschwert die je nach Mess- und Bewertungsmethode unterschiedliche Interpretation der zentralen *Personalfunktion* entweder als Kosten, Humankapital, Humanvermögen oder Ressource den Aufbau von einheitlich dimensionierten Ursache-Wirkungs-Beziehungen.

Diese bislang wenig befriedigenden Modelle zur Messung und Bewertung von Kombinationen aus Wissens- und Kompetenzenpotenzialen und Ressourcenpotenzialen auf einer operationalen Handlungsbasis für die Gesamtunternehmung sind somit als ein bedeutendes Hemmnis für das konsequent strategisch ausgerichtete Management aufzufassen.[469] Auf einzel- und gesamtwirtschaftlicher Ebene führen diese Mess- und Bewertungsschwierigkeiten sowie die wenig beachteten Zusammenhänge mit der Produktivität letztlich zu Informationsasymmetrien und Fehldiagnosen und damit zu Fehlallokationen auf den Kapitalmärkten mit substanziellen Kosten für die Gesamtgesellschaft.[470]

## 2.5 Produktivität als Wirkungsgrad von Handlungszeiten

Die Produktivität gilt als Ausdruck eines aus dem allgemeinen *ökonomischen Prinzip* abgeleiteten zielorientierten Wirtschaftlichkeitsprinzips mit der Vorgabe, nach bestimmten Handlungs-

---

466 Vgl. Deking 2003, S. 164 f. und S. 166-169.
467 Vgl. Roos/Pike/Fernström 2004, S. 139-142.
468 Vgl. Diefenbach/Vordank 2005, S. 179 ff. und S. 210-213.
469 Vgl. North 2011, S. 3 und S. 225 ff. zur Messung und Bewertung von Wissen. Vgl. Schindler/Jaitner 2003, S. 172-175. Die Wissensbewertung ohne einheitliche operationale Basis ist gleichwohl wenig erkenntnisreich, vgl. dazu Scholl/Heisig 2003, S. 182 und S. 185 f. zu einem europaweit durchgeführten Forschungsprojekt zum Wissensmanagement. Dabei wurde von Forschung und Praxis die Integration des Wissensmanagements in Geschäftsprozesse und die Beseitigung von technischen sowie organisationalen Hemmnissen in der Rangfolge bedeutender eingeschätzt als die bloße Wissensbewertung.
470 Vgl. Blair/Wallman 2003, S. 454-456 und 458-461.

kriterien eine optimale Auswahl und Leistungsverwendung knapper Ressourcen, hier insbesondere von Handlungszeiten des Personalbestands zu erreichen.[471] Handlungskriterien als Orientierungsmaßstab für wirtschaftliche Handlungen nach dem allgemeinen ökonomischen Prinzip mit bestmöglichem Ergebnis-Einsatz-Verhältnis können neben wirtschaftlichen auch technische, soziale oder ökologische Ziele berücksichtigen.[472]

### 2.5.1 Bedeutung der Produktivität als Maßgröße wirtschaftlicher Potenzialnutzung

Auf der Ebene einzelner Produktionshaushalte und aus Sicht der betrieblichen Leistungserstellungs- und Leistungsverwertungsprozesse gilt die Produktivität in Verbindung mit dem nutzenmaximierenden bzw. dem ziel- und bedarfsorientierten Einsatz von Personal und Ressourcen als eine zentrale Schlüsselgröße für den wirtschaftlichen Erfolg.[473] Auf gesamtwirtschaftlicher Ebene[474] stehen dabei die geleisteten Arbeitsstunden von Erwerbstätigen und das daraus erzielte Produktionsergebnis als Bruttowertschöpfung[475] oder Bruttoinlandsprodukt unter Berücksichtigung des Kapitalstocks als Bruttoanlagevermögen im Mittelpunkt von Produktivitätsbetrachtungen.[476] Die durch die Erwerbstätigen und Arbeitnehmer erzielte sog. Arbeitsproduktivität[477] bestimmt sich demnach auch durch die Ausstattung und Nutzung von Anlagevermögen oder Strukturpotenzial zum Beispiel in Form von Technologie.[478]

---

471 Vgl. Zelewski 2008, S. 11 f. sowie Gutenberg 1958/1990, S. 28-30 und Henzel 1973, S. 67 ff.

472 Vgl. Zelewski 2008, S. 10-14. So ist z. B. im Rahmen von technischen Zielen das Handlungskriterium einer geplanten Erhöhung der Produktqualität ebenfalls mit dem allgemeinen ökonomischen Prinzip einer optimalen, zielorientierten Verwendung knapper Mittel vereinbar.

473 Vgl. Mankiw/Taylor 2012, S. 649 ff. zur Bedeutung der Produktivität für das wirtschaftliche Wachstum und den Lebensstandard von Nationen auf Messbasis der je Arbeitskraft und Arbeitsstunde produzierten Güter und Leistungen. Vgl. Malik 2007, S. 179 sowie Belitz/Clemens/Gornig 2008, S. 5 f. u. Perridon/ Steiner/Rathgeber 2009, S. 3.

474 Vgl. einführend Kap. 1.3.5.

475 Vgl. Anhang 2 mit Tab. 2 zur erzielten Bruttowertschöpfung aus geleisteten Arbeitsstunden in Deutschland sowie Anhang 2 mit Tab. 3 zur Bruttowertschöpfung je geleisteter Erwerbstätigenstunde für alle Wirtschaftszweige und im produzierenden Gewerbe in Deutschland.

476 Vgl. Frenkel/John 2011, S. 130 f. zur Arbeitsproduktivität. Vgl. a. a. O. , S. 131 f. zur Entwicklung des Produktionsfaktors Kapital in Deutschland. Demnach hat sich der Kapitalstock als jahresdurchschnittliches Bruttoanlagevermögen zu konstanten Preisen von 1980 mit 5.669 Mrd. EUR bis 2008 auf 11.785 Mrd. EUR erhöht. Die Kapitalintensität als Kapitalstock je Erwerbstätigen hat sich von 207 TEUR in 1980 auf 293 TEUR in 2008 erhöht. Vgl. Statistisches Bundesamt 2012, S. 1 zur Erhöhung der Arbeitsproduktivität je Erwerbstätigenstunde im Zeitraum 1991-2011 um 34,8%. Auf die Erwerbstätigenzahl bezogen erhöhte sich die Arbeitsproduktivität in Deutschland im gleichen Zeitraum um 22,7%, vgl. a. a. O., S. 1.

477 Vgl. Anhang 2 mit Tab. 2 und Tab. 3 zur Arbeitsproduktivität je geleisteter Erwerbstätigenstunde (Index) in Deutschland 2012-2015 für alle Wirtschaftszweige und im produzierenden Gewerbe, berechnet als preisbereinigte Bruttowertschöpfung je geleisteter Erwerbstätigenstunde. In Relation zu den Arbeitnehmerentgelten je geleisteter Arbeitnehmerstunde berechnen sich die sog. Lohnstückkosten nach dem Stundenkonzept, vgl. Anhang 2 mit Tab. 3 für Deutschland 2012-2015.

478 Vgl. Mankiw/Taylor 2012, S. 600 ff. zur Messung des Bruttoinlandsprodukts (BIP) und S. 610 f. zur Berechnung des Inlandsprodukts über die Entstehungsrechnung bzw. den Produktionsansatz mit der Bestimmung über die Bruttowertschöpfung als Markt- bzw. Produktionswert abzügl. aller Vorleistungen.

Für die gesamtwirtschaftliche Arbeitsproduktivität wird in diesem Zusammenhang die eingesetzte Arbeitszeit als Anwesenheit nach dem Arbeitszeitkonzept der geleisteten Stunden[479] im Verhältnis zur erbrachten Wertschöpfung[480] verwendet.[481] Dieser Begriff der Arbeitsproduktivität ist gleichwohl missverständlich, da über die geleisteten Arbeitsstunden als reine Anwesenheitszeit keine direkten Aussagen über deren tatsächliche produktive Verwendung in den betrieblichen Leistungsprozessen innerhalb einer Wirtschaftsperiode abgeleitet werden können.[482]

Zwischen den Wachstumsraten des Bruttoinlandsprodukts als Wertschöpfungs-Erfolg und der Zahl der Beschäftigten, der geleisteten Arbeitsstunden sowie der erzielten Produktivität je Arbeitsstunde lassen sich Ursache-Wirkungs-Zusammenhänge darstellen.[483] Eine unterdurchschnittliche Zuwachsrate beim BIP bzw. bei der Bruttowertschöpfung je Beschäftigten kann z. B. mit einem Rückgang der Zahl der geleisteten Arbeitsstunden je Beschäftigten und mit einem Rückgang der je Arbeitsstunde erzielten Produktivität erklärt werden.[484] Die Höhe der gesamtwirtschaftlichen Produktion wird neben der reinen Quantität geleisteter Arbeitsstunden wenig

---

479 Vgl. Kap. 2.2.4.

480 Vgl. Coenenberg 2005, S. 1107 u. S. 1110 zur Entstehungsrechnung der Wertschöpfungsrechnung nach HGB mit dem Produktionswert als Gesamtleistung einschließl. Bestandsveränderungen abzüglich der Vorleistungen mit Aufwendungen für Roh-, Hilfs- und Betriebsstoffe sowie bezogenen Waren und Leistungen, sonst. betriebl. Aufwendungen und weiteren Sonderpositionen wie z. B. sonstige Steuern. Für betriebliche Anwendungen und zur Vermeidung umfangreicher Nebenrechnungen wird auch die Kennzahl Bruttowertschöpfung als Umsatz abzüglich Materialaufwand empfohlen, vgl. a. a. O. , S. 1108.

481 Vgl. Belitz/Clemens/Gornig 2008, S. 5 u. S. 14 zum Konstrukt der Arbeitsproduktivität in der empirischen Forschung mit dem tatsächlichen Arbeits- bzw. Leistungseinsatz gemessen in Arbeitsstunden (sog. Arbeitsvolumen) als Input und der daraus erzielten (bewerteten) Produktionsmenge als Output.

482 Vgl. Proudfoot 2008, S. 6 f. zur Bestimmung eines durchschnittlichen Anteils der unproduktiven Arbeitszeiten an den verfügbaren Arbeitszeiten i. S. von Anwesenheit in Höhe von weltweit rund 34 %. Für Unternehmen mit Sitz in Deutschland wird der Anteil der unproduktiven Arbeitszeit mit rund 40 % veranschlagt, vgl. a. a. O., S. 17. Vgl. Coenenberg 2005, S. 1076 u. S. 1115 zur Arbeitsproduktivität als Verhältnis von Beschäftigtenzahl oder geleisteten Arbeitsstunden zur Gesamtleistung oder Wertschöpfung. Mit Blick auf die Zurechnung der Personalkosten wird insoweit nur die Anwesenheit der Arbeitnehmer bewertet, vgl. Scholz 2000, S. 689 zum Personalkostenmanagement. Vgl. OECD 2004, S. 22 zum Rückgang der Zahl von Arbeitsstunden im Rahmen von Teilzeitarbeit oder der Verkürzung von Wochenarbeitszeiten, bei der dann die Arbeitsproduktivität je geleisteter Arbeitsstunde höher steigt als die Produktivität auf Basis der Beschäftigten.

483 Vgl. OECD 2010, S. 45 f. zu durchschnittlichen Wachstumsraten des Bruttoinlandsprodukts in Deutschland von 1992-2008 mit den Wachstumsraten der Beschäftigten, der Arbeitsstunden je Beschäftigten und der Produktivität je Arbeitsstunde. Überdurchschnittlich hohe jährliche Wachstumsraten des BIP von bis zu 4% stehen dabei in engem Zusammenhang mit ähnlich hohen Wachstumsraten beim Beschäftigungszuwachs und bei der Produktivität je Arbeitsstunde bei gleichzeitig zurückgehenden Arbeitsstunden je Beschäftigten. Zu den Sondereffekten im sog. Krisenjahr 2009 vgl. a. a. O. , S. 45 f.

484 Vgl. OECD 2012, S. 29 f. zur Erklärung der jahresdurchschnittlichen Zuwachsrate des BIP je Beschäftigten in Deutschland für die Jahre 2000-2010 i. H. v. 0,6 % im Vergleich zu 1,4 % in den OECD-Ländern. Als bedeutend für Deutschland wird der Rückstand bei der Arbeitsproduktivität im Bereich der Unternehmensdienstleistungen erachtet, welche in den Jahren 1995-2008 kumuliert nur zwei Drittel des OECD-Durchschnitts erreicht hat, vgl. a. a. O. , S. 29 f.

überraschend auch von der Qualität der Beschäftigten hinsichtlich Ausbildung, Qualifikationsniveau und Handlungskompetenzen beeinflusst.[485]

**Informations- und Kommunikationstechnologie als Einflussfaktoren der Produktivität**

Als bedeutende Antriebskraft für das Produktivitätswachstum gilt die Informations- und Kommunikationstechnologie[486] im Sinn einer Netzwerktechnologie zur Verbesserung von Informationsflüssen.[487] Bezogen auf die Unternehmensebene sind für das Wachstum der Wertschöpfung nach Erkenntnissen der *OECD*[488] sowohl die quantitative Stärke und Verfügbarkeit der Beschäftigten als auch deren Effizienz bei der Nutzung eigener Kompetenzen und technischer Ressourcen als Input-Faktoren ausschlaggebend. Eine bedeutende Rolle wird hierbei der Informations- und Kommunikationstechnologie u. a. in Form von Netzwerken zur Generierung von Multifaktorproduktivität zugewiesen.[489]

---

485 Vgl. OECD 2004, S. 22 zu Volkswirtschaften mit sinkendem Beschäftigungsgrad, anschließendem Rückgang der Produktionskapazitäten und der Reduzierung des Pro-Kopf-BIP-Wachstums. Vgl. a. a. O. , S. 24 u. S. 26 zum Zusammenhang zwischen dem Anstieg des Bildungsniveaus und der Produktion je Beschäftigten in OECD-Ländern. Vgl. a. a. O. , S. 24 zu Ansätzen der Bildung von sog. Effizienzeinheiten für die Gewichtung von Arbeitskräften hinsichtlich ihres Produktivitätsbeitrags auf Basis der jeweiligen Löhne und Gehälter.

486 Vgl. einführend Kap. 1.3.4.

487 Vgl. OECD 2004, S. 25 ff. zu Wachstumsbeiträgen der Informations- und Kommunikationstechnologie (IKT). Als IKT-Anteil im Gesamtbestand an Ausrüstungen und Maschinen für alle Industriezweige wird ein Betrag von über 10% angegeben, vgl. a. a. O. , S. 28. Vgl. a. a. O. , S. 11 zum Multifaktorproduktivitätswachstum als Produktivitätszuwachs aus nicht investitionsgebundenen Technologien.

488 Vgl. OECD 2004, S. 78 ff. zum unternehmensinternen Produktivitätswachstum.

489 Vgl. OECD 2004, S. 92 ff. zum Beitrag von Informations-und Kommunikationstechnologien auf Unternehmensebene. Schätzungen gehen hier von einer Steigerung der Produktivität um bis zu 5% aus, insbesondere bei Netzwerken für primäre Leistungsprozesse in der Wertkette, vgl. a. a. O., S. 94. Gleichwohl werden hierfür organisatorische Veränderungen als notwendig erachtet. Zur Multifaktorproduktivität aus nicht investitionsgebundenen technologischen Veränderungen z.B. durch verbesserte Leistungsprozess- und Managementmethoden vgl. a. a. O., S. 11 und S. 33.

**Wissensintensive Produkte und Dienstleistungen als Kennzeichen leistungsfähiger Volkswirtschaften**

Die Produktionsmenge wissensintensiver Produkte und wissensintensiver Dienstleistungen sowie die Höhe und Wachstumsraten der Arbeitsproduktivität innerhalb wissensintensiver Wirtschaftszweige[490] entscheiden nach *Belitz/Clemens/Gornig*[491] insgesamt über die Leistungsfähigkeit moderner Volkswirtschaften.[492] Je nach Wirtschaftsbereich und Wissensintensität, erkennbar z. B. an Forschungsaktivitäten, entwickelte sich die Arbeitsproduktivität in deutschen Unternehmen bislang unterschiedlich.[493] Im internationalen Vergleich der Arbeitsproduktivität zeigen sich ebenfalls unterschiedliche Entwicklungspfade insbesondere bei forschungsintensiven Industrien sowie bei wissensintensiven Dienstleistungen.[494] Als Gründe für die bislang relativ niedrigen Zuwachsraten bei der Arbeitsproduktivität in deutschen wissensintensiven Wirtschaftszweigen vermuten *Belitz/Clemens/Gornig*[495] Defizite im Wissensmanagement hinsichtlich des zu geringen, im Zeithorizont zu zögerlichen oder ineffizienten Einsatzes von *Informations- und Kommunikationstechnologien* sowie hinsichtlich wenig erfolgreicher Ansätze bei der Gestaltung und Entwicklung der *Humanpotenziale*.

---

490 Vgl. Gehrke/Frietsch/Rammer 2010, S. 10 f. zur NIW/ISI/ZEW-Liste wissensintensiver Wirtschaftszweige 2010 in zweistelliger Wirtschaftsgliederung nach WZ 2008 bestehend aus wissensintensiven Industrien, wissensintensiven produzierenden Gewerbebetrieben und wissensintensiven Dienstleistungen sowie a. a. O., S. 3- 5 zum Einsatz von Wissen in wissensintensiven Unternehmen. Vgl. Anhang 1.

491 Vgl. Belitz/Clemens/Gornig 2008, S. 5 ff. und S. 14 ff. zu Wirtschaftsstrukturen und zur Produktivität im internationalen Vergleich insbesondere im Rahmen der Entwicklung von eingesetzten Arbeitszeiten und der daraus erzielten Wertschöpfung in wissensintensiven Wirtschaftszweigen einschließlich Spitzenforschung.

492 Vgl. EU-Kommission 2002 zur Forderung verstärkter Anstrengungen einer Steigerung der Arbeitsproduktivität innerhalb der EU als originäre Quelle wirtschaftlichen Wachstums insbesondere durch den Einsatz hochwertiger Informations- und Kommunikationstechnologie (IKT), eine höhere Qualifikation des Humankapitals und durch den Einsatz innovativer Prozesse. Vgl. Europäisches Parlament/Rat 2006 zu den integrierten Teilprogrammen für die unternehmerische Initiative und Innovation, die Unterstützung der IKT-Politik und Intelligente Energien.

493 Vgl. Belitz/Clemens/Gornig 2008, S. 14. Demnach fällt im Untersuchungszeitraum 1995-2005 für forschungsintensive Industrien der Spitzentechnologien in Deutschland ein überdurchschnittliches Wachstum der Arbeitsproduktivität von jährlich 3,8% auf, im Vergleich zur jahresdurchschnittlichen Wachstumsrate der Arbeitsproduktivität aller Unternehmen in Deutschland von 1,7% im genannten Zeitraum. Wenig über dem Durchschnitt mit einem jährlichen Arbeitsproduktivitätszuwachs von 2% liegen in Deutschland die gehobenen Gebrauchstechnologien im gleichen Zeitraum. Die Arbeitsproduktivität wissensintensiver Dienstleistungen stieg im Untersuchungszeitraum unterdurchschnittlich um jährlich 0,8%.

494 Vgl. Belitz/Clemens/Gornig 2008, S. 15 f. Demnach stieg in den USA die Arbeitsproduktivität in forschungsintensiven Industrien im Untersuchungszeitraum 1995-2005 um über 150%, in Deutschland lediglich um 45%. Bei wissensintensiven Dienstleistungen betrug das Produktivitätswachstum in den USA im Untersuchungszeitraum 28%, in Deutschland hingegen weniger als 10%. International gering sind innerhalb des genannten Untersuchungszeitraums die Unterschiede in der Entwicklung der Arbeitsproduktivität bei nicht forschungsintensiven Industrien mit einem Produktivitätswachstum von rund 25% in den USA und rund 20% in Deutschland und in den Ländern der alten EU.

495 Vgl. Belitz/Clemens/Gornig 2008, S. 12 und S. 17 f.

### 2.5.2 Messkonzeptionen der Produktivität

Der Begriff der Produktivität bezeichnet grundsätzlich ein bestimmtes Einsatz-Ausbringungs-Verhältnis und findet nach *Zelewski*[496] eine Anwendung entweder als rein *mengenmäßige Wirtschaftlichkeit* von Güterausbringungsmenge zu Gütereinsatzmenge (Produktivität im engeren Sinn) oder als kombinierte *mengen- und wertmäßige Wirtschaftlichkeit* von Güterausbringungswert zu Gütereinsatzmenge (Produktivität im weiteren Sinn).

Die Produktivität ist nicht isoliert zu sehen, sondern lässt sich nach *Gutenberg* als bestimmte Leistungseigenschaft einer Person oder Sache innerhalb der Zeit-Dimension interpretieren und das Leistungsergebnis in Form eines Wirkungsgrads ausdrücken: *„Leistung ist gleich der in einer Zeiteinheit geleisteten Arbeit. Der Wirkungsgrad der Arbeit ist gleich dem Verhältnis zwischen hervorgebrachter und verbrauchter Leistung"*.[497] Bezogen auf ein betriebliches Produktionssystem mit den Elementarfaktoren Arbeitsleistungen, dispositiver Faktor, Betriebsmittel und Werkstoffe kann die Produktivität eines Betriebes damit auch als *Ergiebigkeit* bestimmter Faktorkombinationen aufgefasst werden.[498] Wegen Messproblemen bei kombinierten Faktormengen bleibt die Betrachtung häufig auf Teilproduktivitäten wie die der oben betrachteten *Arbeitsproduktivität* beschränkt.

**Ausrichtung der Produktivität am Soll-Bedarf**

Die Produktivität als Maß für die Ergiebigkeit betrieblicher Leistungsprozesse hat sich an einem *Sollbedarf* bzw. an geplanten Anforderungen zu orientieren und kann merkmalsbezogen als Mengen- oder als Kostenwirkungsgrad ausgedrückt werden.[499] Bezogen auf Personen mit einem Leistungseinsatz gemessen in Arbeitsstunden als Handlungszeit bzw. Einsatzzeit kann deren Leistungseigenschaft in Form der *Arbeitsproduktivität* z. B. als Verhältnis von hervorgebrachter Wertschöpfungsleistung zu eingesetzten Arbeitsstunden innerhalb eines bestimmten Zeithorizonts ermittelt werden.[500] In Konzeptionen der *humanressourcenorientierten Unternehmensführung* wird diese Arbeitsproduktivität zusätzlich als Vermögenswert in einer Bilanz erfasst.[501]

---

496 Vgl. Zelewski 2008, S. 15 f.

497 Gutenberg 1958/1990, S. 28.

498 Vgl. Gutenberg 1958/1990, S. 28-30.

499 Vgl. Henzel 1973, S. 67 ff.

500 Vgl. Henzel 1973, S. 73 ff. Vgl. Coenenberg 2005, S. 1076 und S. 1115 f. zur Arbeitsproduktivität aus Sicht der externen Rechnungslegung.

501 Vgl. Ackermann/Bahner 2009, S. 204 ff. zum Value Added per Person (VAP)-Ansatz der Boston Consulting Group (Wertschöpfung je Mitarbeiter nach Abzug von Kapital- und Personalkosten) als Output im Verhältnis von Zeit, Kosten und Qualität.

**Arbeitsproduktivität als Wirkungsgrad der Nutzung von Potenzialen**

Für die Messung der Arbeitsproduktivität als Wirkungsgrad einer Nutzung von Ressourcen durch individuelle Wissens- und Kompetenzenpotenziale von Personen des Personalbestands sind *effektivitäts-* als auch *effizienzorientierte Kriterien* anzuwenden.[502] Dazu gehören die zielorientierte Eignung von Arbeitsleistungen und die bedarfsorientierte Hervorbringung von Leistungsergebnissen in mengen-, güte- oder wertmäßiger Form, die Optimierung der eingesetzten mengenmäßigen Arbeitsleistungen sowie die Abfolge von Arbeitsleistungen in Leistungsprozessen unter Berücksichtigung optimierter Durchlaufzeiten. Komplexe Arbeitsleistungen innerhalb von Leistungsprozessen sind im Rahmen von Konzepten des *Operations Managements* in verschiedenen Ebenen zu messen und hinsichtlich eines ausgewogenen Prozessdesigns auszurichten. Zu berücksichtigen sind hierbei die Ebenen der Kapazität, der Qualität, der Zeit, der Kosten und der Flexibilität.[503]

**Bislang eher geringe Bereitschaft zur Messung von Arbeitsproduktivität**

Die Bereitschaft zur Messung der Arbeitsproduktivität ist nach empirischen Erkenntnissen in deutschen Unternehmen bislang eher gering ausgeprägt. Ebenso fehlt es an einheitlichen Mess- und Bewertungssystemen.[504] Dieser Befund ist als kritisch für den wirtschaftlichen Erfolg wissensintensiver Unternehmen anzusehen, da ohne spezifische Messungen der Arbeitsproduktivität bzw. der Produktivität von Handlungszeiten des Personalbestands auch keine strategische Einflussnahme zur Steuerung von Erfolgsbeiträgen des Humanpotenzials möglich scheint.[505]

---

502 Vgl. Henzel 1973, S. 85 f.

503 Vgl. Thonemann 2005, S. 161 ff. zur Messung und Analyse von Prozessleistungen. Mit der Kapazität z. B. als quantitative Leistung je Zeiteinheit, mit der Qualität z. B. als Anzahl fehlerfreier Leistungen, mit der Ebene der Zeit z. B. als Zeitdauer zwischen zwei Zeitpunkten, mit der Ebene der Kosten z. B. als Leistungskosten und mit der Ebene der Flexibilität z. B. als Rüstzeiten oder Rüstkosten.

504 Vgl. Bruhn/Hadwich 2011, S. 18 f. insbesondere zur Produktivität wissensintensiver Dienstleistungen. Vgl. Dürndorfer/Nink/Wood 2005, S. 135 ff. zur Messung und Bewertung des Human Capital in deutschen börsennotierten Unternehmen. Dabei erklärten 59% der Personalentscheider, dass bei ihnen keine einheitlichen Mess- und Bewertungssysteme zum Beitrag der Mitarbeiter am Unternehmenserfolg existieren (vgl. a. a. O., S. 137) und 63% der Personalentscheider, dass bei ihnen keine formalen Prozesse zur Produktivitätsmessung von Mitarbeitern eingesetzt werden, vgl. a. a. O., S. 138. Hingegen nutzen 94% der Unternehmen die Instrumente von Zielvereinbarungen und Beurteilungsgesprächen, vgl. a. a. O., S. 135. Ein Anteil von 60% aller befragten Entscheider schätzt dabei die Beurteilung des Human Capital als äussert wichtig ein, vgl. a. a. O., S. 146.

505 Vgl. Dürndorfer/Nink/Wood 2005, S. 138. Vgl. Blair 2011, S. 50 f. zum Begriff des Human Capital, der nach seiner Darstellung zu stark auf den Finanzbereich fixiert ist und Produktivitätserfolge aus Lernen und Wissensanwendungen ausblendet.

**Messbereiche der Produktivität für wissensintensive Handlungszeiten in Leistungsprozessen**

Das oben angesprochene produktionstheoretisch und industrieökonomisch begründete, klassische Verständnis von Produktivität ist innerhalb wissensintensiver Leistungsumgebungen anzupassen. Dieses bisherige klassische Verständnis von Produktivität beinhaltet ein unmittelbar und direkt nachvollziehbares Verhältnis von produziertem Output und dazu eingesetzten materiellen Produktionsfaktoren oder eingesetzter menschlicher Arbeitskraft einschließlich der resultierenden Verbrauchsfaktoren aus der Leistungsabgabe.

Zur Berücksichtigung unternehmensspezifischer Besonderheiten ist bei der Produktivitätsmessung wissensintensiver Leistungsprozesse grundsätzlich eine rein mengenmäßige Betrachtung als Wirtschaftlichkeit angebracht.[506] Mit der Bewertung in Geldeinheiten als Produktivität im weiteren Sinn bzw. als sog. ökonomische Produktivität oder auch wertmäßige Wirtschaftlichkeit werden dann zusätzlich externe Umweltfaktoren über Preiseffekte berücksichtigt.

Als bedeutend für wissensintensive Unternehmen gelten die Zunahme von häufig informationsbasierten Zwischenergebnissen und Teilergebnissen in Leistungsprozessen sowie die zunehmende Integration externer Faktoren, insbesondere von Kunden.[507] Externe Kunden übernehmen häufig selbst Teilaufgaben im Leistungsprozess und sind an Entscheidungen maßgeblich beteiligt. Die Produktivität des Faktors Arbeit in wissensintensiven Unternehmen wird deshalb als eine Funktion bzw. als ein Bild verschiedener Teil-Produktivitäten angesehen.

Für die Produktivitätsmessung wissensintensiver Unternehmen ergeben sich damit grundsätzlich drei Leistungsbereiche, die jeweils separat zu berücksichtigen sind. Dies sind die Bereiche der *Leistungsbereitschaftspotenziale* als Leistungskapazitätspotenziale, der *Leistungserstellungspotenziale* als interne Prozesspotenziale sowie der *Leistungsverwertungspotenziale* als Kundenzufriedenheitspotenziale in Form jeweiliger (Teil)-Leistungsergebnisse.[508]

---

506 Vgl. Bruhn/Hadwich 2011, S. 3 f.

507 Vgl. dazu Bruhn/Hadwich 2011, S. 3 ff. Vgl. von Garrel et al. 2014, S. 17 ff. Vgl. Bartsch/Demmelmair/Meyer 2011, S. 38 ff. zum Stand der Forschung der Dienstleistungsproduktivität.

508 Vgl. von Garrel et al. 2014, S. 20 ff. und S. 78 ff. Vgl. North/Güldenberg 2008, S. 117 ff. Vgl. Bruhn/ Hadwich 2011, S. 6 ff. Vgl. Borchert et al. 2011, S. 99 ff. zur Entwicklung eines sog. Service Navigators für das Produktivitätsmanagement mit Unternehmensposition, Befähigungsperspektive, interner und externer Kundenperspektive, Leistungserstellungsperspektive und Finanzperspektive.

**Relative Produktivität wissensintensiver Handlungszeiten als Zeitgrad (Effektivität)**

Als maßgeblich für die Darstellung der Produktivität menschlicher Arbeitsleistung gilt zuerst die relative Produktivität mit einer rein mengenmäßigen Wirtschaftlichkeit von Handlungszeiten. Dies kann als sog. *Zeitgrad* von tatsächlicher *Ist-Einsatzzeit* zur geplanten *Soll-Einsatzzeit* für die Bestimmung zielorientierter effektiver Arbeitszeiten ausgedrückt werden.[509] Dazu sind die Planung von Handlungszeiten bzw. spezifischen Einsatzzeiten sowie die Registrierung von Ist-Zeiten erforderlich.

Für Operationalisierungen der Effektivität in wissensintensiven Leistungsprozessen erweist sich die Differenzierung in die drei Bereiche der Leistungsbereitschaft, der Leistungserstellung sowie der Leistungsverwertung insbesondere mit Blick auf die Kundenzufriedenheit als besonders geeignet.[510] So liegt ein besonderer Schwerpunkt in wissensintensiven gewerblichen Dienstleistungsunternehmen bei der Zielsetzung, die Kunden noch zuverlässiger und schneller zu betreuen.[511]

**Zeitgrad (Effektivität) von Leistungsbereitschaft, Leistungserstellung und Leistungsverwertung**

Hinsichtlich der *Leistungsbereitschaft* wissensintensiver Unternehmen gemessen als Zeitgrad von Handlungszeiten bzw. von Ist-Einsatzzeiten zu Soll-Einsatzzeiten von Personen des Personalbestands bietet sich zum Beispiel die Festlegung folgender Einsatzzeiten an: Bearbeitungszeiten für spezielle Kundenanforderungen, Nutzungszeiten von Technologie oder Arbeitszeiten in Engpassbereichen.[512]

Hinsichtlich der *Leistungserstellung* gemessen als Zeitgrad von Handlungszeiten können zum Beispiel die Einsatzzeiten für rein administrative Tätigkeiten, für Suchprozesse von Informationen oder für die Kundeneinbindung bestimmt werden.[513] Hinsichtlich der *Leistungsverwertung* gemessen als Zeitgrad von Handlungszeiten lassen sich zum Beispiel bestimmte Einsatzzeiten für die Generierung hoher Kundenzufriedenheit, für Kundenprojekte mit Termin-

---

509 Vgl. Bokranz/Landau 2006, S. 42 ff. Vgl. Zelewski 2008, S. 10 ff. Vgl. Schmelzer/Sesselmann 2013, S. 308 ff. zur speziellen Kennzahl der sog. Zeiteffizienz als Quotient der Summe sämtlicher Bearbeitungszeiten und der gesamten Durchlaufzeit. Ziel ist dabei die Reduzierung nicht wertschöpfender Transfer- und Liegezeiten.

510 Vgl. von Garrel et al. 2014, S. 78 ff. Vgl. Bruhn/Hadwich 2011, S. 6 ff. zu den Potenzialen der Dienstleistungsproduktivität.

511 Vgl. von Garrel et al. 2014, S.78 ff. zur empirischen Untersuchung der Dienstleistungsproduktivität im Rahmen des Verbundprojekts WiDiPro- Wissensintensive industrielle Dienstleistungen weltweit produktiv erbringen im Projektkonsortium des Lehrstuhls für Arbeitswissenschaft der RWTH Aachen University und des Fraunhofer-Instituts für Fabrikbetrieb und –automatisierung IFF im Förderprogramm „Innovative Dienstleistungen".

512 Vgl. in Anlehnung an von Garrel et al. 2014, S. 36.

513 Vgl. in Anlehnung an von Garrel et al. 2014, S. 34.

einhaltung, für gemeinsame Marketing-Events mit Kunden oder für qualifizierte Nacharbeiten festlegen.[514]

**Absolute Produktivität wissensintensiver Handlungszeiten als Effizienz**

Nachfolgend zur Effektivität wissensintensiver Leistungen (Zeitgrad) als relative Produktivität ist für die Darstellung der absoluten Produktivität die bedarfsorientierte Effizienz zu ermitteln. Dazu sind Handlungszeiten bzw. Arbeitsstunden des Personalbestands als Soll-Einsatzzeiten in eine direkte Verbindung zu bestimmten Soll-Leistungsergebnissen zu setzen.[515]

Die zu verwendenden Soll-Leistungsergebnisse sind zunächst aus bedeutenden Determinanten der Produktivität abzuleiten.[516] Zu den hier geeigneten Produktivitätsdeterminanten zählen insbesondere produktbezogene, innnovationsbezogene, prozessbezogene und kundenbezogene Beeinflussungen bzw. Bereiche. In einem nächsten Schritt werden für diese beeinflussenden Bereiche spezifische *Leistungsergebnisdaten* ermittelt.[517] Leistungsergebnisdaten sind zum Beispiel produktbezogene Absatzdaten, die Anzahl von innovationsbezogenen Modulentwicklungen, die Anzahl von prozessbezogenen Vertragsabschlüssen oder die Anzahl hochwertiger Kundenberatungen. Neben direkten Leistungsergebnisdaten können für Soll-Leistungsergebnisse auch *Indices* insbesondere als Qualitätsindices oder Kostenindices verwendet werden.[518] Ein Soll-Qualitätsindex kann zum Beispiel die Anzahl zufriedener Kunden im Verhältnis zur Gesamtzahl verschiedener Kundengruppen bestimmen. Ein Soll-Kostenindex legt zum Beispiel den Kundendeckungsbeitrag im Verhältnis zum Kundenbetreuungsaufwand fest.

**Zusammenfassende Darstellung der Produktivität wissensintensiver Handlungszeiten**

Für die Produktivitätsmessung von Handlungszeiten bzw. spezifischen Einsatzzeiten von Personen des Personalbestands sind zwei Arten von Abweichungsanalysen mit verschiedenen Daten erforderlich. Die Soll-Ist-Abweichungsanalyse für die Bestimmung der *zielorientierten Effektivität* benötigt geleistete und erfasste Ist-Einsatzzeiten im Verhältnis zu geplanten Soll-Einsatzzeiten in den Bereichen von Leistungsbereitschaft, Leistungserstellung und Leistungsverwertung. Für die Bestimmung der *bedarfsorientierten Effizienz* von Handlungszeiten ist

514 Vgl. in Anlehnung an von Garrel et al. 2014, S. 37 u. S. 40 ff. zu Erfolgsfaktoren produktiver Dienstleistungen.
515 Vgl. Zelewski 2008, S. 10 ff. Vgl. North/Güldenberg 2008, S. 116 ff. Vgl. Bokranz/Landau 2006, S. 44.
516 Vgl. Bruhn/Hadwich 2011, S. 21 ff. mit einer beispielhaften Auflistung von Produktivitäts-Determinanten von wissensintensiven Dienstleistungen für Unternehmen.
517 Vgl. Bruhn/Hadwich 2011, S. 15 ff.
518 Vgl. Bruhn/Hadwich 2011, S. 19 zu Ausprägungen von Indices als Kategorien der gewerblichen Dienstleistungsproduktivität.

eine Soll-Soll/Ist-Ist-Abweichungsanalyse notwendig. Dazu sind geplante Soll-Einsatzzeiten im Verhältnis zu geplanten Soll-Leistungsergebnissen mit deren jeweiligen Ist-Ausprägungen maßgeblich. Handlungszeiten von Personen des Personalbestands als Einsatzzeiten bzw. jeweilige Arbeitszeiten sind nach dem Rationalprinzip und dem ökonomischen Prinzip immer zuerst in der Zielorientierung (Effektivität) zu messen. Erst danach sollte üblicherweise die Bestimmung der Effizienz erfolgen. Dies führt bei Messungen der Produktivität als Effizienz zu entsprechenden Abgrenzungsschwierigkeiten von Handlungszeiten, falls diese nicht zielausgerichtet waren.

Insgesamt gesehen ergeben sich somit aus der Produktivitätsmessung von Personen des Personalbestands in wissensintensiven Unternehmen mit Blick auf den Leistungserfolg positive Handlungszeiten und negative Handlungszeiten. Die hier so bezeichneten negativen Handlungszeiten bestimmen sich aus nicht zielorientierten sowie nicht bedarfsorientierten Handlungszeiten. Die Produktivität ist demnach sowohl als Wirkungsgrad als auch als Einflussvariable eines Leistungserfolgs in der Zeit-Dimension aufzufassen.

Eine zusammenfassende Darstellung der Messbereiche und Messinstrumente der Produktivität insbesondere mit Ausrichtung auf Handlungszeiten und spezifische Einsatzzeiten des Personalbestands zeigt Abb. 21.[519]

Abb. 21: Messinstrumente und Messbereiche der Produktivität von Handlungszeiten

[519] Vgl. Bruhn/Hadwich 2011, S. 7 f. zu Potenzial-, Prozess- und Ergebnisdimensionen sowie S. 21 f. zu Determinanten der Produktivität von Dienstleistungsunternehmen.

## 2.6 Wert-Dimension als Schnittstelle zur relationalen Zeit-Dimension

Nach *Riese*[520] finden Handlungen von Individuen als spezifische Ausprägungen einer hier so bezeichneten relationalen Zeit-Dimension ihre Weiterführung in der ökonomischen Werttheorie, die zugleich als Preisbildungstheorie die Wertschöpfung dieser Individualhandlungen bestimmt.[521] Bezogen auf die Leistungs- und Güterbewegungen wäre dann eine Beschreibung von Unternehmen in den Dimensionen von Zeit und Wert sowie ergänzend in Geld als Zahlungsmittel möglich, siehe dazu Tab. 8.[522]

| **Dimensionen** | **Zusammenhänge** | **Ausprägungen** | **Erfolgskriterien** |
|---|---|---|---|
| **Zeit** | Ursache | individuelle Handlungen von Personen | Nutzengenerierung gemessen in produktiven Handlungszeiten |
| **Wert** | Wirkung | bewertete Leistungs- und Güterbewegungen | Erträge höher als Aufwendungen, Erlöse höher als Kosten |
| **Geld** | Wirkung | Einzahlungen und Auszahlungen von Geld | kurzfristige Liquidität |

Tab. 8: Zeit, Wert und Geld als komplementäre Dimensionen in Unternehmen[523]

### 2.6.1 Wert-Dimension der bewerteten betrieblichen Leistungs- und Güterbewegungen

Aus strategischer Sicht bewegen sich alle spezifischen Handlungen und Prozesse einer Unternehmung innerhalb einer Wertkette mit Primäraktivitäten und dazu begleitenden Maßnahmen.[524] Die Wertkette auf Kosten- und Erlösbasis ist ein Instrument zur Identifikation verschiedener Arten von Wettbewerbsvorteilen gegenüber den Wettbewerbern zum Beispiel in den Formen von Kostenvorteilen oder Differenzierungsvorteilen.[525] Liegt der Wert der erstellten Leistungen über den verursachten Gesamtkosten, wird ein Gewinn als Ausdruck eines Wettbewerbsvorteils generiert.

---

520 Vgl. Riese 1995, S. 69 ff. u. S. 86 ff. zu einer Ökonomie der Zeit mit den Zusammenhängen von Zeit, Werttheorie und Geldfunktion.

521 Vgl. einführend Kap. 1.3.6 u. Kap. 1.3.7.

522 Vgl. Kap. 2.2.1. Vgl. Biervert/Held 1995, S. 13 und S. 23 ff. zu einer ökonomischen Zeittheorie mit einer zusätzlichen Wert- und Finanz-Dimension. Vgl. Röttger 2003, S. 388.

523 Vgl. Röttger 2003, S. 368 ff. und S. 387 ff. mit eigenen Ergänzungen.

524 Vgl. Porter 1989, S. 23 mit den primären Wertkette-Prozessen Eingangslogistik, Operationen, Ausgangslogistik, Marketing/Vertrieb und Kundenservice.

525 Vgl. Porter 1989, S. 22 ff. Zur Verzahnung der eigenen Wertkette innerhalb eines globalen Branchen-Wertsystems mit der Konfiguration und Koordination von Prozessaktivitäten vgl. S. 25 ff.

Der zeitbezogene und sachzielorientierte Prozess der betrieblichen Leistungserstellung und Leistungsverwertung ist durch einen mengenmäßigen Zeitverbrauch und Güterverbrauch der eingesetzten Produktionsfaktoren gekennzeichnet.[526] Aus Sicht der Zeit-Dimension gelten als Mengenkomponenten und Maßgrößen die eingesetzten Arbeitszeiten des Personalbestands sowie ergänzend der sog. zeitliche Verbrauch aus materiellen Beständen und Vorräten.[527] Die Überführung in eine einheitliche und vergleichbare Wert-Dimension gelingt erst mit der konsistenten Bewertung des mengenmäßigen Zeitverbrauchs- und Güterverbrauchsgefüges innerhalb der betrieblichen Leitungsprozesse.[528]

In Anlehnung an die gesamtwirtschaftliche Arbeitszeitrechnung bietet sich als Erfolgskriterium der bewerteten Leistungsprozesse von Güterentstehung und Güterverwendung insbesondere die betriebliche Wertschöpfung an.[529] Diese beinhaltet definitionsgemäß die Erträge der Gesamtleistungen abzüglich der Aufwendungen aller Vorleistungen.[530]

**Aktivierungsmöglichkeit von Personalleistungen im Rahmen selbst geschaffener immaterieller Vermögensgegenstände**

Ein Sonderfall mit Auswirkungen auf die Wert-Dimension ergibt sich dann, wenn die oben beschriebene Wertschöpfung in der Gesamtleistung zusätzliche Anteile aus der Aktivierung selbst geschaffener sog. immaterieller Vermögensgegenstände enthalten soll. Damit wird ein zusätzlicher Wert-Erfolg bzw. ein höherer Wertschöpfungsbetrag ausgewiesen. Bei selbst geschaffenen immateriellen bzw. nicht-körperlichen und nicht-finanziellen Vermögensgegenständen kann es sich zum Beispiel um Eigenentwicklungen für neue Produkte oder Verfahren handeln oder auch um die Herstellung von Schutzrechten, Rechtspositionen oder EDV-Software.[531]

Die Aktivierung bzw. der Erfolgsausweis ist bereits in der Entstehungsphase einer Leistung möglich und soll Einzel- und Gemeinkosten, also insbesondere auch Personalkosten im Rah-

---

526 Vgl. Schweitzer/Küpper 2011, S. 5 ff. u. S. 78 ff.

527 Vgl. Friedl 2010, S. 23 ff. zum Güterverbrauch und S. 93 ff. zu den Mengen- und Wertkomponenten der Personalkosten.

528 Vgl. Friedl 2010, S. 25 ff. und Schweitzer/Küpper 2011, S. 15 f.

529 Vgl. einführend Kap. 1.3.5.

530 Vgl. ausführlich Kap. 1.3.5. Vgl. Coenenberg 2005, S. 1106 ff. zur Ermittlung der Wertschöpfung in einer Entstehungs- und Verteilungsrechnung.

531 Vgl. Coenenberg/Haller/Schultze 2014, S. 178 ff. zur Bilanzierung von immateriellem Vermögen nach nationalen Normen auf Grundlage des BilMoG i. S. v. selbst geschaffenen immateriellen Vermögensgegenständen nach § 248 Abs. 2 Satz 1 HGB als Aktivierungswahlrecht. Explizit ausgenommen davon sind nach § 248 Abs. 2 Satz 2 HGB Marken, Drucktitel, Verlagsrechte und Kundenlisten als mögliche Teile eines Geschäfts- oder Firmenwerts.

men von Herstellungskosten mit einschließen. Explizit ausgeschlossen sind hingegen die häufig immens hohen Grundlagenforschungskosten.[532] Damit könnten bestimmte wissensintensive Leistungen des Personalbestands schon früh im Zeithorizont von Leistungsprozessen als Wert-Erfolg, hier innerhalb der Wertschöpfungsrechnung ausgewiesen werden.

Unabhängig von der tatsächlichen späteren Erfolgsrealisierung sagt der bilanztechnisch korrekte Erfolgsausweis aktivierter immaterieller Vermögensgegenstände, hier in Form von Personalkosten gleichwohl noch nichts über die eigentliche Produktivität dieser Personalleistungen aus. Innerhalb der relationalen Zeit-Dimension würden nicht verfügbare und unproduktiv genutzte Handlungszeiten des Personalbestands nicht zum Nutzen- und Wert-Erfolg beitragen können.

### 2.6.2 Teilbereiche und Teilsysteme von Unternehmensrechnungen

Die in der Wert-Dimension verwendeten Informations- und Dokumentationssysteme der Unternehmensrechnung beinhalten primär die kurzfristig-operative Ermittlung von Periodenerfolgen oder Stückerfolgen.[533] Die innerhalb der Zeit-Dimension stattfindenden komplexen Handlungen und Leistungsprozesse werden zudem in der Wert-Dimension in stark vereinfachender Form abgebildet und dokumentiert.

Eine Übersicht ausgewählter Teilbereiche und Teilsysteme der Unternehmensrechnung in der Wert-Dimension zeigt Tab. 9.

Zu den wesentlichen Unternehmensrechnungssystemen gehören die *Bilanzrechnung* mit der Bilanz und Gewinn- und Verlustrechnung zur Ermittlung des handels- und steuerrechtlichen Periodenerfolgs, die *Kosten- und Erlösrechnung* für den wirtschaftlich-kalkulatorischen Periodenerfolg sowie die *Investitionsrechnung* für den ökonomisch-betriebswirtschaftlichen Mehrperiodenerfolg.[534]

---

532 Vgl. Coenenberg/Haller/Schultze 2014, S. 179 f. Vgl. kritisch a. a. O., S. 181 u. a. zu Inkompatibilitäten zwischen HGB und IFRS aufgrund des IAS 38 ähnlichen Ansatzes, zu nicht expliziten Verboten der Nachaktivierung, zu fehlenden Vorschriften für die Folgebilanzierung sowie zu unscharfer Trennung von Forschung und Entwicklung. Vgl. Coenenberg/Haller/Schultze 2014, S. 101 zum Aktivierungsverbot von Forschungskosten nach § 255 Abs. 2 Satz 4 HGB i. S. v. allgemeiner Erkenntnisorientierung ohne Verwertungszusammenhang.

533 Vgl. Schweitzer/Küpper 2011, S. 9 und S. 39. Die Investitionsrechnung als weiteres System der Unternehmensrechnung nimmt hier eine Sonderstellung ein.

534 Vgl. Götze 2010, S. 3 f. und Schweitzer/Küpper 2011, S. 7-11 zu den Systemen und Teilsystemen der Unternehmensrechnung. Das System der Finanzrechnung wird hier ausgeklammert und der Finanz-Dimension zugewiesen. Die Investitionsrechnung als Teilsystem der Unternehmensrechnung bezieht zwar in bestimmen Ausprägungen ihre Rechengrößen aus der Finanz-Dimension, wird hier aber wegen der primären Orientierung an einem inneren Wert der Wert-Dimension zugeordnet.

| **Zeit-Ausrichtung: Ist-Rechnungen** | **Zeit-Ausrichtung:Plan-Rechnungen** | | **Ist- und Plan-Rechnungen des Kostenmanagements** |
|---|---|---|---|
| **Operative Ebene** | **Operative Ebene** | **Taktisch-strategische Ebene** | **Taktische Ebene mit strategischen Einflüssen** |
| Ist-Kosten- und Erlösrechnung | Plan-Kosten- und Erlösrechnung | - | • Prozesskostenrechnung<br>• Target Costing<br>• Lebenszyklusrechnung<br>• Cost-Benchmarking<br>• Gemeinkostenwertanalyse |
| Ist-Bilanzrechnung | - | - | |
| - | - | • Investitionsrechnung<br>• Erfolgspotenzialrechnung<br>• Humanvermögensrechnung | |

Tab. 9: Teilbereiche und Teilsysteme der Unternehmensrechnung in der Wert-Dimension[535]

Die taktisch-strategische Ebene in Tab. 9 verdeutlicht, dass gegenwärtig für die Konzipierung einer strategisch-operationalen Schnittstelle zwischen Zeit-Dimension und Wert-Dimension lediglich die Unternehmensrechnungssysteme der Investitions-, Erfolgspotenzial- und Humanvermögensrechnung in Frage kommen.

#### *2.6.2.1 Unternehmensrechnungssysteme des Kosten- und Erlösmanagements*

Als charakteristisch für das Unternehmensrechnungssystem der Kosten- und Erlösrechnung im Vergleich zur Bilanzrechnung gilt der erweiterte Bewertungs- und Gestaltungsspielraum unter Einsatz rein betriebswirtschaftlich relevanter Kriterien.[536]

Für die Anwendung der eher kurzfristig orientierten Kosten- und Erlösrechnung in wissensintensiven Unternehmen sind die besonderen Bedingungen wissensintensiver Handlungen und Prozesse zu berücksichtigen. Dazu stellt *Ortelbach*[537] mit der Einführung eines Controllingsystems für wissensintensive Medienunternehmen einen geeigneten Bezugsrahmen zur Verfügung. Zu den identifizierten Problemkreisen aus Kosten- und Erlössicht zählen u. a. komplexe Preis-

---

535 Darstellung in Anlehnung an Schweitzer/Küpper 2011, S. 10 sowie S. 39 f. und 723 ff. Verkürzte Fassung. Zum operativ ausgerichteten umweltorientierten Rechnungswesen mit Plan-, Sozial- und Umweltbilanzen vgl. Müller 2010, S. 111 ff. sowie a. a. O. , S. 140 ff. zur Ökobilanzierung.

536 Vgl. Götze 2010, S. 7 ff. zur subjektiv-wertmäßigen Auslegung des Kostenbegriffs unabhängig von tatsächlichen oder geplanten Ausgaben.

537 Vgl. Ortelbach 2007, S. 139 ff. zu den Unternehmens-Umwelt-Bedingungen von wissensintensiven Medienunternehmen aus Controlling-Sicht.

und Erlösmodelle mit Gemeinerlösen aus der Mehrfachverwertung von Produkten und Leistungen, das Management von Gemeinkosten mit hohen Personalkostenanteilen, relativ hohe Kosten für Fremdleistungen und Fremdrechte sowie relativ hohe Anteile von Werbe- und Vertriebskosten an den Gesamtkosten.[538]

**Prozesskostenrechnung für wissensintensive Unternehmen**

Für wissensintensive Unternehmen mit Kosten- und Erlösträger(zeit)rechnungen auf Teilkostenbasis entstehen somit wegen der schwieriger werdenden Kosten- und Erlöszurechnung zunehmende Allokations- und Steuerungsprobleme.[539] Mit der Gestaltung einer Prozesskostenrechnung[540] verbessert *Ortelbach*[541] die operative Erfolgssteuerung wissensintensiver Leistungsprozesse. Zu den wesentlichen Gestaltungsmerkmalen zählt die Kostenstellenrechnung innerhalb mehrerer Profit-Center mit der Gliederung der Kostenstellen nach wichtigen Hauptprozessen. Erforderlich sind zudem eine Tätigkeitsanalyse der Mitarbeiter mit der Zuordnung zu Teilprozessen, der Aufbau einer Teilprozessrechnung für jede Kostenstelle und die Zurechnung der Gesamtkosten einer Kostenstelle zu den jeweiligen Teilprozessen im Verhältnis der Arbeitszeiten der Mitarbeiter.

Mit Hilfe der Prozesskostenrechnung wäre es somit möglich, die in Leistungsprozessen eingesetzten Handlungszeiten als spezifische Nutzung von individuellen Wissens- und Kompetenzenpotenzialen mit der Inanspruchnahme von Unternehmensressourcen auf Kostenbasis aufzufassen. Zu den Kosten der (absoluten) Arbeitszeit zählen in diesem Zusammenhang u. a. die Personal- und Personalnebenkosten sowie die Sachkosten z. B. in Form von Raum- und Informationstechnologie-Kosten.[542]

---

538 Vgl. Ortelbach 2007, S. 146 ff. mit dem Grundmodell einer Kosten- und Erlösrechnung für Verlage bzw. Medienunternehmen.

539 Vgl. Ortelbach 2007, S. 172 ff.

540 Vgl. Schweitzer/Küpper 2011, S. 352 ff. zu den Systemen der Prozesskostenrechnung sowie S. 354 f. zu den Rechnungszielen mit Bezug auf Horváth/Mayer 1989, S. 216 u. a. zur Steuerung der Produktivität in indirekten Leistungsbereichen. Vgl. Schweitzer/Küpper 2011, S. 384 ff. kritisch zur Verwendung für mittel- und langfristige Planungen, u. a. wg. ungelöster Probleme bei der Erfassung von strukturellen Kostenveränderungen.

541 Vgl. Ortelbach 2007, S. 194 ff.

542 Vgl. Rieg 2012, S. 54 ff. zur Prozesskostenrechnung als Ergänzung der bisherigen Kostenrechnung mit der Einbindung zwischen Kostenstellenrechnung und Kostenträgerrechnung. Vgl. a. a. O., S. 56 f. zur Kostenzurechnung in der Prozesskostenrechnung auf Basis der Arbeitszeiten und den damit verbundenen Personal- und Sachkosten.

**Fehlende strategische Fundierung der Kosten- und Erlösrechnung**

Die vereinfachende Darstellung von zumeist komplexen Zeit- und Mengenstrukturen über die vorgegebenen Bewertungsmechanismen führt zu tendenziell operativ ausgerichteten Unternehmensrechnungssystemen, insbesondere im Rahmen der Kosten- und Erlösrechnung.[543] *Schweitzer/Küpper*[544] führen bei ihrer Kritik gegen eine strategische Verwendung der Kosten- und Erlösrechnung an, dass dort strategisch relevante Strukturen von individuellen Kompetenzen, Unternehmensressourcen und Prozessen viel zu wenig fundiert sind. Ein reines Kostenmanagement von Leistungs- und Güterbewegungen dürfte deshalb seine strategischen Möglichkeiten überschätzen. Zudem mangelt es an Transformationsfunktionen mit Zeit- und Mengenstrukturen sowie an geeigneten operationalen nicht-finanziellen Größen. Häufig kommt es deshalb zu Verwechslungen von langfristiger Planung und kurzfristiger Prognose.

#### *2.6.2.2 Unternehmensrechnungen mit strategischer Orientierung*

**Strategische Wertorientierung zur Generierung von Kapitalwerten**

Das Konzept der wertorientierten Unternehmensführung (Value Based Management) bzw. die strategische Ausrichtung auf eine Wertorientierung hat im Kern die langfristig nachhaltige Steigerung eines inneren Unternehmenswertes zum Ziel.[545] Aus spezifischer Sicht der Anteilseigner (Shareholder) verbunden ist damit die Erwartung einer entsprechenden Würdigung der intern erzielten Barwertsummen bzw. Kapitalwerte durch den Finanzmarkt in Form einer Erhöhung des Marktwertes des Eigenkapitals.[546]

Die wertorientierte Unternehmensführung beinhaltet damit Ansätze einer langfristig ausgerichteten erfolgszielorientierten Unternehmensrechnung und extrapoliert die kurzfristige einperiodische Erfolgsrechnung mit kapitaltheoretischen Verfahren in längere Zeithorizonte. Als strategische Maß- und Steuerungsgröße dient der ökonomische Gewinn als Periodenerfolg der

---

543 Vgl. Schweitzer/Küpper 2011, S. 27 ff. zu den Rechnungszielen der Kosten- und Erlösrechnung auf dokumentarischer, prognostischer, kontrollierender und bewertender Ebene und S. 37 ff. zu den eingeschränkten Möglichkeiten des Kostenmanagements.

544 Vgl. Schweitzer/Küpper 2011, S. 213 f. , S. 232 ff. , S. 386 f., S. 739 f. u. S. 741 f.

545 Vgl. Drukarczyk/Schüler 2007, S. 437 ff. zur wertorientierten Unternehmenssteuerung mit periodischen Performance-Messungen sowie S. 153 ff. zur Discounted Cashflow Methode und S. 442 ff. zu Residualgewinnkonzepten. Vgl. Hölscher 2010, S. 169 ff. allgemein zu den Verfahren der Unternehmensbewertung. Vgl. Matschke/Brösel 2007, S. 638 ff. zu ausgewählten Bewertungsverfahren. Vgl. Schweitzer/Küpper 2011, S. 739-742 zur wertorientierten Ausrichtung von Teilsystemen der Unternehmensrechnung für Zwecke der strategischen Unternehmensführung auf Basis der Kapitaltheorie.

546 Vgl. Macharzina/Wolf 2010, S. 230 f. zu empirischen Befunden einer mittleren bis hohen Priorität der Shareholder-Value-Orientierung bzw. einer wertorientierten Unternehmensführung. Vgl. Rappaport 1986, S. 50 ff. zum Shareholder-Value-Ansatz sowie S. 68 zur Verbindung von Strategie und Wertgenerierung.

Kapitalwertentwicklung.[547] Für operationale Rechensysteme einer wertorientierten Unternehmenssteuerung stehen kapitaltheoretisch fundierte dynamische Investitionsrechenverfahren zur Verfügung, die geplante Zahlungsüberschüsse oder Residualgewinne innerhalb bestimmter Zeithorizonte mit den rendite- und risikoangepassten Kapitalkostensätzen einer Alternativinvestition vergleichen.[548] Die Umsetzung der strategischen Wertorientierung erfolgt als risikoangepasste Planung mit Kapitalkostensätzen als Wertschranke. Auf dieser Grundlage können zum Beispiel eine wertorientierte Anreizsteuerung für die Entlohnung sowie eine explizite Leistungskontrolle innerhalb einzelner Geschäftsbereiche eingeführt werden.[549]

**Kapitalwertgenerierung strategischer Potenziale**

Neuere Ansätze zur Verknüpfung der wertorientierten Unternehmensführung in der Wert-Dimension mit immateriellen Human-, Struktur- und Beziehungspotenzialen nach *Lachnit/Wulf*[550] und *Wulf*[551] verwenden mathematische Verfahren der Korrelations- und Regressionsrechnung zur Analyse und Prognose der Wertgenerierung immaterieller Potenziale. Diese Vorgehensweise bietet den Vorteil, die Human-, Struktur- und Beziehungspotenziale in einen Ursache-Wirkungs-Zusammenhang zu einer strategischen Wert-Dimension stellen zu können. Dazu wird nach *Lachnit/Wulf*[552] mit Unternehmensbewertungsmodellen ein Gesamtunternehmenswert und abzüglich des bilanzierten Vermögens ein Market Value Added als vermuteter Gesamtwert der immateriellen Potenziale ermittelt. Das Wertpotenzial von Indikatoren der Human-, Struktur- und Beziehungspotenziale, wie z.B. Weiterbildungsaufwand, FuE-Aufwendungen oder Kundenzufriedenheitsindices berechnen sich dann auf Basis von zu entwickelnden Regressionsfunktionen. Für die Bestimmung von unternehmensspezifischen Ursache-Wirkungs-Beziehungen zwischen immateriellen Potenzialen und den daraus generierbaren Cashflows einschließlich der zu berücksichtigenden Zeithorizonte für die Realisierung wird gleichwohl ein spezifisches Vorwissen zu den wahrscheinlich existierenden Korrelationen empfohlen, z. B. aus Vorarbeiten mit der Balanced Scorecard oder mit Kennzahlensystemen.[553]

---

547 Vgl. Küpper 1997, S. 119 ff. zum kapitaltheoretischen Konzept der Erfolgsrechnung sowie a. a. O., S. 121 f. zum ökonomischen Gewinn.

548 Vgl. Perridon/Steiner/Rathgeber 2009, S. 21-24 zur Kapitaltheorie und zu Finanzierungstheorien sowie S. 30 f. und S. 52 ff. zu dynamischen Investitionsrechenverfahren.

549 Vgl. Velthuis/Wesner 2005, S. 11-14 zu den Anwendungsbereichen einer wertorientierten Unternehmensführung.

550 Vgl. Lachnit/Wulf 2009, S. 529-533 zur wertorientierten Bestimmung immaterieller Potenziale mit Hilfe von Regressionsfunktionen.

551 Vgl. Wulf 2008, S. 61 ff. zur Anbindung immaterieller Potenziale an das Rentabilitäts-/Liquiditäts-(RL)-Kennzahlensystem mit der Erweiterung durch Bestandteile der wertorientierten Unternehmensführung. Die Liquiditätskennzahlen orientieren sich an Daten der externen Rechnungslegung.

552 Vgl. Lachnit/Wulf 2009, S. 530 f.

553 Vgl. Lachnit/Wulf 2009, S. 530 f.

Das Konzept der strategisch ausgerichteten wertorientierten Unternehmensführung ist allerdings nicht uneingeschränkt anwendbar. Fehlallokationen von Kompetenzen und Ressourcen in Form wertreduzierender Unterinvestitionen und Desinvestitionen können dann auftreten, wenn Renditevorgaben weit über dem tatsächlichen Gesamtkapitalkostensatz liegen und deshalb auf weitere wertschaffende Programme verzichtet wird. Außerdem könnte die Kapitalbasis zu Gunsten höherer Renditen gesenkt werden. Häufig wird die Wertschaffung dann als prozentuale statt als absolute Größe aufgefasst.[554]

**Strategische Erfolgspotenzialrechnungen**

Ein Grundmodell für eine strategisch ausgerichtete Erfolgspotenzialrechnung mit einer finanzierungstheoretischen Fundierung auf Basis des Shareholder Value sowie der Betrachtung eines abgeleiteten Cashflow als zentrale strategische Lenkungseinheit liegt nach *Schweitzer/ Küpper*[555] von *Breid*[556] vor. Die immateriellen Erfolgspotenziale der Geschäftsbereiche mit humanen, technischen und informationstechnischen Komponenten werden hier direkt mit Zahlungsgrößen der Finanplanung verknüpft und auf Unternehmensebene unter Berücksichtigung von Rendite-Risiko-Gesichtspunkten aggregiert.

Positiv hervorzuheben ist bei diesem Ansatz die grundsätzliche Berücksichtigung von ursächlichen Erfolgspotenzialen noch vor der Wert- bzw. Kostenebene und deren grundsätzliche strategische Ausrichtung im Rahmen einer wertorientierten Unternehmensführung. Offen bleibt gleichwohl, wie eine Erfolgspotenzialrechnung in Form einer konsistent aufgebauten strategischen Unternehmensrechnung im Detail zu konzipieren ist und welche operationalen Zeit- und Mengenstrukturen genau zu verwenden sind.[557]

**Kostenwertorientierte Humanvermögensrechnungen des Personalbestands**

Die Humanvermögensrechnung hat die Bewertung des sog. Humankapitals (Human Capital) bzw. die Bestimmung des Werts des Humanpotenzials einer gesamten Unternehmung zum Ziel

---

554 Vgl. Velthuis/Wesner 2005, S. 24-28 und S. 205-207. Die Autoren vertreten im Gegensatz zu den klassischen Value-Added-Konzepten die Auffassung, dass ein ökonomischer Wert in der ex post Betrachtung bereits mit der Erzielung eines risikofreien Kapitalkostensatzes erreicht wird und Risikoabschläge zur besseren Zeitstrukturierung direkt in den Cashflow-Reihen vorzunehmen sind (*Sicherheitsäquivalenzmethode*).

555 Vgl. Schweitzer/Küpper 2011, S. 213-216 mit dem Grundstruktur einer Erfolgspotenzialrechnung nach Breid 1994.

556 Vgl. Breid 1994, S. 26 mit der Modellübersicht einer Erfolgspotenzialrechnung nach Schweitzer/Küpper 2011, S. 213.

557 Vgl. Welge/Al-Laham 2008, S. 738 f. zu Operationalisierungs- und Umsetzungsproblemen in der Praxis einer wertorientierten Unternehmensführung.

und wird instrumentell und methodisch zumeist den Kennzahlensystemen des Personalcontrolling zugeordnet.[558] Die unterstützende Funktion des Personalcontrolling für die Sicherstellung eines effizienten Personalmanagements orientiert sich zumeist an kostenorientierten Methoden, um den Zielerreichungsgrad von Maßnahmen des Personalmanagements zu bestimmen, z.B. in Form von Kostenvergleichsrechnungen oder Kosten-Wirkungsanalysen.[559]. In der Folge sind die Bewertungen des Humankapitals tendenziell input- und kostenorientiert ausgelegt, mit der primären Beurteilung des Personalbestands als *Kostenverursacher*.[560]

Als maßgebliches Modell einer kostenwertorientierten Humankapital-Betrachtung mit einer Orientierung an der externen Rechnungslegung gilt das sog. *Saarbrücker Modell* nach *Scholz/Stein/Bechtel*.[561] Der Kostenwert des Humankapitals aus Sicht einer einzelnen Unternehmung bestimmt sich in diesem Modell grundsätzlich nach der Human Capital Wertbasis als branchendurchschnittliche Lohn- und Gehaltssumme der Beschäftigten im Sinne eines Wiederbeschaffungswertes, der über den sog. Human Capital Wertverlust mit der Bestimmung einer betrieblichen Wissenshalbwertszeit auf- oder abgewertet werden kann.[562] Additiv ergänzt wird diese Wertbasis durch die sog. Human Capital Wertkompensation mit dem Aufwand für Personalentwicklungsmaßnahmen, deren Wert wiederum durch die sog. Human Capital Wertveränderung in Form eines Motivationsindex auf- oder abgewertet werden kann.[563]

Eine Übersicht zum Humankapital-Bewertungsverfahren nach der *Saarbrücker Formel* in der Wert-Dimension zeigt Abb. 22.

Als Vorteile der tendenziell input-orientierten Betrachtung des Humankapitals nach Abb. 22 werden u. a. die Möglichkeiten von Zeitvergleichen und Betriebsvergleichen mit Daten des externen Rechnungswesens sowie die explizite Berücksichtigung von Instrumenten des Personalmanagements genannt.[564] Die Kritik am Saarbrücker Modell bezieht sich in spezifischer Form auf die einseitige Kostenausrichtung mit fehlenden Output-, Transfer- und Nutzenorientierungen der tatsächlichen Leistungen des Humanpotenzials innerhalb der jeweiligen Unter-

---

558 Vgl. Holtbrügge 2007, S. 228 ff. und Achouri 2011, S. 129 ff.

559 Vgl. Holtbrügge 2007, S. 226 f.

560 Vgl. Achouri 2011, S. 137.

561 Vgl. Holtbrügge 2007, S. 230 ff. zur Saarbrücker Formel mit Bezug auf Scholz/Stein/Bechtel 2004, S. 226 ff. und S. 239 ff. mit der Beschreibung als ökonomischer, ressourcenorientierter und motivationstheoretischer Ansatz.

562 Vgl. Holtbrügge 2007, S. 230 f. mit Bezug auf Scholz/Stein/Bechtel 2004, S. 226 ff. zum HC-Wertverlust nach Dauer der Betriebszugehörigkeit und nach Zugehörigkeit zu einem bestimmten Wirtschaftszweig.

563 Vgl. Holtbrügge 2007, S. 230 f.

564 Vgl. Holtbrügge 2007, S. 231.

nehmensprozesse. In unspezifischer Form werden die Formelhaftigkeit der Potenzialbewertungen kritisiert sowie allgemeine ethische, kulturelle und technische Vorbehalte gegenüber Humanvermögensbewertungen geäußert.[565]

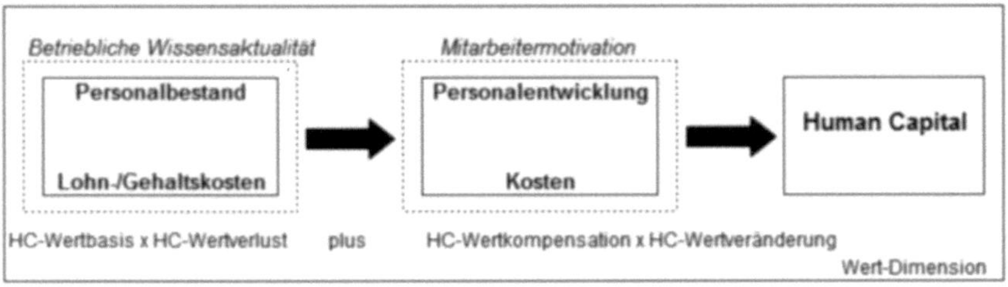


Abb. 22: Humankapital in der Saarbrücker Formel nach *Scholz/Stein/Bechtel*[566]

**Ertragswertorientierte Humanvermögensrechnungen des Personalbestands**

In der output- und erfolgswertorientierten Betrachtungsweise gilt hingegen das Konstrukt des Humankapitals als eine Art gemietetes, nicht bilanzierungsfähiges Sachkapital, dessen Gesamtwert sich erst aus seinen Fähigkeiten zur Generierung von Produktivitäten erschließt.[567] Besonders hervorzuheben ist der erfolgswertorientierte Bezug auf einzelne handelnde Personen des Personalbestands, im Gegensatz zu den häufig verwendeten Durchschnittskostensätzen der inputorientierten Bewertungsansätze für das Humankapital. In dieser Sichtweise ist der individuelle Personalbestand als Humanpotenzial mit potenziellen Wirkungen auf den Wert-Erfolg des Unternehmens anzusehen.[568]

Die Zusammenhänge des output- und wertorientierten Konzepts des Humanpotenzials verdeutlicht Abb. 23. Das dort dargestellte *Humanpotenzial* im erfolgswertorientierten Konzept bezeichnet nach *Grill*[569] die Ausstattung mit Personal in Form eines Personalbestands als Gesamtheit der dem Unternehmen arbeitsrechtlich zur Verfügung stehenden Personen einschließlich der Oganvertreter.

565 Vgl. Becker/Labucay/Rieger 2007, S. 38 ff. und S. 54 f. sowie Dilger 2008, S. 135 f. und Achouri 2011, S. 142 ff.

566 Vereinfachende Darstellung in Anlehnung an Holtbrügge 2007, S. 230 f. auf Grundlage von Scholz/Stein/Bechtel 2004, S. 232 und S. 226 ff. Eigene Ergänzung mit einer Wert-Dimension.

567 Vgl. Dilger 2008, S. 136 f. zur wertorientierten Bestimmung des Humankapitals über das diskontierte Produktivitätswachstum mit dem einzelnen Menschen als Träger sowie S. 142 f. zum bilanziellen Gleichstellungsproblem von Sach- und Humankapitalinvestitionen und einer alternativen Darstellung im internen Rechnungswesen.

568 Vgl. Grill 2008, S. 59 f. zum Verhältnis des arbeitsrechtlich relevanten Personalbestands mit Mitarbeitern und Organvertretern zum Humanpotenzial und zum Humankapital.

569 Vgl. Grill 2008, S. 59 f.

Die individuellen Leistungspotenziale des Personalbestands nach Abb. 23 beinhalten den vertraglichen Anspruch auf Leistungen nach Art, Menge und Güte und sind zusammen mit dem produktiven Leistungseinsatz den Leistungsprozessen innerhalb einer hier so bezeichneten relationalen Zeit-Dimension zuordenbar. Über bestimmte Bewertungsmechanismen erfolgt die Darstellung des Human-Kapitalwertes innerhalb der Wert-Dimension.[570]

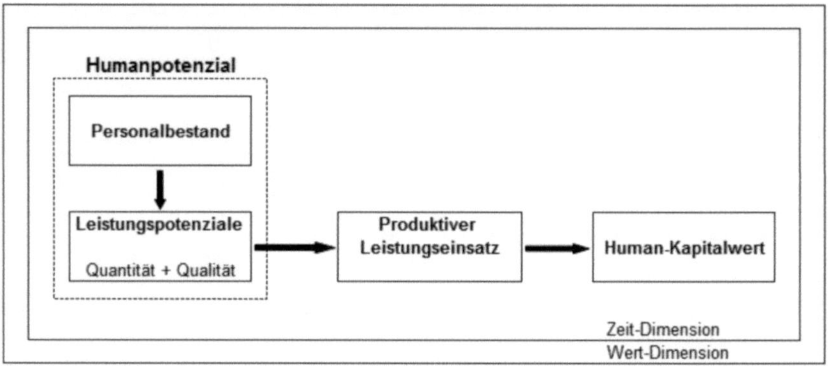


Abb. 23: Erfolgswert- und outputorientiertes Konzept des Humanpotenzials[571]

Das erfolgswertorientierte Konzept des Humanpotenzials nach Abb. 23 formuliert damit auch einen *individuellen wissens- und kompetenzenbasierten Ansatz*. Das Ziel ist die Gestaltung von individuellen Leistungs- und Produktivitätspotenzialen auf Basis von einzelnen Personen im Personalbestand einer Unternehmung.[572] Hinsichtlich der Wert-Dimension wird ergänzend die Forderung aufgestellt, diskontierte Residualgewinne als kapitalisiertes Humanpotenzial bzw. als *Human Economic Value* zu betrachten.[573] Als Hemmnisse für die planerische Umsetzung des outputorientierten Humanpotenzial-Konzeptes gelten Ungewissheiten bezüglich der erzielbaren Wert-Ergebnisse, die Bestimmung von Produktivitäten sowie Separationsprobleme bei der verursachungsgerechten Zuordnung von Wirkungsergebnissen.[574]

Insgesamt wird die Weiterentwicklung von Erfolgspotenzialrechnungen in Verbindung mit einer kapitaltheoretischen Ausrichtung auf die Wert-Dimension positiv beurteilt.[575] Gleichwohl

---

570 Vgl. Grill 2008, S. 59 f.

571 Darstellung in Anlehnung an Dilger 2008, S. 136 f. mit S. 141 f. sowie in Anlehnung an Grill 2008, S. 59 f. Eigene Ergänzung mit einer Zeit- und Wert-Dimension.

572 Vgl. Achouri 2011, S. 134 f. zur Bedeutung von Humanpotenzial-Prognosen für den *Human Economic Value* im Rahmen von Due Diligence Prüfungen.

573 Vgl. Dilger 2008, S. 141 f. zum Unternehmensinteresse von diskontiertem Input und Output des Humankapitals und S. 144 f. im Hinblick auf die Grenzproduktivität für Entlohnungszwecke.

574 Vgl. Dilger 2008, S. 141 f. mit Hinweis auf grundsätzlich ähnliche Konstellationen bei Sachkapitalinvestitionen.

575 Vgl. Schweitzer/Küpper 2011, S. 208 ff. und S. 741 f.

resümieren *Schweitzer/Küpper* zum gegenwärtigen Stand von strategisch orientierten Erfolgspotenzialrechnungen, dass „... *derartige Ansätze bis heute noch nicht den Grad unmittelbarer praktischer Anwendung erreicht haben.*“[576]

## 2.7 Finanz-Dimension der Geldbewegungen

Für eine umfassende Ökonomie mit der Verbindung zwischen Zeit-Dimension und Wert-Dimension ist zwingend das Geld in seiner Funktion als Zahlungsmittel zur Sicherstellung der Zahlungsfähigkeit bzw. der Kontraktfähigkeit wirtschaftender Individuen zu berücksichtigen.[577]

Über die Finanz-Dimension tritt eine Unternehmung mit ihrem Umweltsystem geldlich in Verbindung. Als finanzielle Wirkung von wirtschaftlichen Handlungen und Leistungsprozessen beziehen sich die Finanzbewegungen bzw. die Zahlungsströme von Auszahlungen und Einzahlungen in Form von Geld unter anderem auf die Beschaffungs- und Absatzmärkte sowie die Finanzmärkte und die Öffentliche Hand.[578] Die gegenläufigen Leistungs- und Finanzbewegungen bezeichnen den *Cash Conversion Cyle*.[579]

**Finanzrechnung mit Liquiditätsstatus, Finanzplanung und strategischem Finanzbudget**

Die Darstellung aller Einzahlungen und Auszahlungen von Geld erfolgt über das Unternehmensrechnungssystem der Finanzrechnung. Die Finanzrechnung umfasst den Liquiditätsstatus, die kurz- bis mittelfristige Finanzplanung und das strategische Finanzbudget als Mittelpunkt eines Finanzmanagements.[580] Die Finanzrechnung für die Abbildung der internen Finanzkraft repräsentiert zugleich mit der Investitionsrechnung zur Darstellung des Kapitalwertes sowie der Kosten- und Erlösrechnung für die Darstellung des Periodenerfolgs in Geldeinheiten das sog. *Interne Rechnungswesen*.[581]

Die Finanz-Dimension einer Unternehmung ist auf der operativen Ebene von der Einhaltung der Nebenbedingung des *Liquiditätskriteriums* im Sinne einer jederzeitigen Zahlungsfähigkeit

---

576 Schweitzer/Küpper 2011, S. 216.

577 Vgl. einführend zur Finanz-Dimension Kap. 1.3.7. Vgl. Riese 1995, S. 70 ff. u. S. 74 ff. zu den Schwierigkeiten ökonomischer Theorien im Umgang mit der Geldfunktion, hier nicht i. S. als Tauschmittel oder Wertaufbewahrungsmittel, sondern als akzeptiertes Zahlungsmittel für eine individual- und marktorientierte Aufrechterhaltung wirtschaftlicher Handlungsfähigkeit.

578 Vgl. Perridon/Steiner/Rathgeber 2009, S. 4 f.

579 Vgl. Horváth 2011, S. 18 zu den Aufgaben des Finanz-Controlling.

580 Vgl. Schweitzer/Küpper 2011, S. 43f. zur Finanzrechnung und Perridon/Steiner/Rathgeber 2009, S. 631 ff. zur Finanzplanung.

581 Vgl. Götze 2010, S. 3 f. zum internen Rechnungswesen.

geprägt.[582] Sind zu bestimmten Zeitpunkten im Zeithorizont die kumulierten Auszahlungen von Geld höher als die kumulierten Einzahlungen von Geld, könnte dies auf einen Liquiditätsengpass hinweisen, der sich zur Illiquidität als dauerhafte Zahlungsunfähigkeit ausbreiten kann. Diese Situation kann sich für das Unternehmen vor allem kurzfristig als existenzbedrohlich auswirken.[583]

Für eine kurzfristige Unternehmensrechnung in der Finanz-Dimension ergibt sich somit die Notwendigkeit einer zeitpunktbezogenen Liquiditätssicherung. Auf der strategischen Ebene der Finanzrechnung setzt dies im Zeithorizont ein strategisches Liquiditätsgleichgewicht innerhalb einer bestimmten Zeitdauer voraus.[584]

Die Struktur kurz-, mittel- und langfristig orientierter Unternehmensrechnungen in der Finanz-Dimension verdeutlicht Tab. 10.

Auf der strategischen Ebene der Finanz-Dimension ist demnach ein zeitraumbezogenes strategisches Finanzbudget zu berücksichtigen, welches durch eine strategische Kapitalbedarfs- und Kapitalbindungsplanung zu konkretisieren ist.[585] Für die strategische Planung und Steuerung innerhalb der Finanz-Dimension ist die Funktion des Finanzmanagements erforderlich, welches wiederum zielgerichtet durch ein Finanz-Controllingsystem zu unterstützen ist.[586]

| **Ist-Finanzrechnungen** | **Plan-Finanzrechnungen** | |
|---|---|---|
| **Kurzfristige operative Ebene** | **Kurzfristig-mittelfristige Ebene** | **Langfristig strategische Ebene** |
| • Liquiditätsstatus<br>• Liquiditätsprognose | • Finanzplanung i .e. S. | Strategisches Finanzbudget mit:<br>• Kapitalbedarfsplanung<br>• Kapitalbindungsplanung |

Tab. 10: Teilsysteme der Unternehmensrechnung in der Finanz-Dimension[587]

582 Vgl. Perridon/Steiner/Rathgeber 2009, S. 12-14 zur Liquidität als finanzwirtschaftliches Entscheidungskriterium.

583 Vgl. Perridon/Steiner/Rathgeber 2009, S. 7 u. S. 638 f. Vgl. a. a. O. , S. 580 f. zum Begriff des Cash Flow als erfolgswirtschaftlicher Überschuss ermittelt aus gebuchten zahlungswirksamen Erträgen als Einnahmen und zahlungswirksamen Aufwendungen als Ausgaben.

584 Vgl. Perridon/Steiner/Rathgeber 2009, S. 8-10 und S. 636-638.

585 Vgl. Perridon/Steiner/Rathgeber 2009, S. 637 zum Gesamtfinanzbudget und S. 657 ff. zur Kapitalbedarfsplanung.

586 Vgl. Horváth 2011, S. 22 f. zu den koordinierenden, organisatorischen und technischen Aufgaben eines Finanz-Controlling.

587 Darstellung in Anlehnung an Perridon/Steiner/Rathgeber 2009, S. 636 ff. und S. 657 ff. sowie an Schweitzer/Küpper 2011, S. 10. Verkürzte Fassung.

**Verhältnis der Finanz-Dimension zur Wert-Dimension**

Der Ursache-Wirkungs-Verbund zwischen der Wert-Dimension und der Finanz-Dimension zeigt auf zweierlei Weise. Zum einen ist eine ökonomisch sinnvolle Liquiditätsplanung und Investitionsfinanzierungsplanung nur möglich, wenn in der Wert-Dimension gewisse Mindestvorstellungen zu operativen Planbilanzen und Planerfolgsrechnungen sowie zu operativen Planbudgets der Funktionsbereiche vorliegen. Zum anderen sind die im Zeithorizont jeweils zu unterschiedlichen Zeitpunkten fließenden Einzahlungen und Auszahlungen von Geld mittel- oder unmittelbar auf die eigenen Wertschöpfungsprozesse zurückzuführen.

**Verhältnis der Finanz-Dimension zum Strategischen Management**

Die oben beschriebenen Ursache-Wirkungsbeziehungen zwischen Wert-Dimension und Finanz-Dimension könnte das strategische Management dazu verleiten, sich aus strategischer Sicht letztlich auf eine langfristige Cash Flow Perspektive zum Beispiel zur nachhaltigen Erhöhung des Shareholder Value zu beschränken. Es wäre dann lediglich auf ein strategiekonsistentes Finanzmanagement unter Berücksichtigung fortlaufender Liquidität zu achten. Dieser Sichtweise wird allerdings wegen des bereits oben beschriebenen Selbstverständnisses des strategischen Managements nicht gefolgt.[588] Die konkreten Aufgabenbereiche des strategischen Managements umfassen hier insbesondere eine strategiegeleitete und auf die Unternehmensumwelt auszurichtende Gestaltung und Entwicklung strategischer Potenziale im Hinblick auf zukünftige Wert-Potenziale. Gleichwohl wird in den nachfolgenden Ausführungen die Finanz-Dimension wegen ihrer existenziellen Bedeutung für Unternehmen berücksichtigt.

## 2.8 Erkenntnisse zur strategischen Steuerung von Wissens- und Kompetenzenpotenzialen für die Nutzen- und Wertgenerierung

Die weiterhin zunehmende wirtschaftliche Bedeutung von wissensintensiven Unternehmen mit individuell-personengebundener Wissensarbeit eines qualifizierten und kompetenten Personalbestands unter weitreichender Nutzung von technologischen Ressourcenpotenzialen wie der Informationstechnologie stellt das strategische Management bei der Gestaltung und Entwicklung von strategischer Bereitschaft vor große Herausforderungen.[589]

---

[588] Vgl. Kap. 2.3.
[589] Vgl. Kap. 2.1 i. V. m. Kap. 2.3.

Die seit längerem in Theorie und Praxis im Mittelpunkt der Kritik stehende, operational letztlich unbefriedigend ausgestaltete strategische Potenzialplanung und Strategieimplementierung erschwert die strategische Steuerung erheblich.[590] Insbesondere die fehlende einheitliche Messbasis macht sich negativ im Rahmen sämtlicher Operationalisierungsbemühungen von strategischen Potenzialen bemerkbar.

Strategische Managementmodelle bieten bislang zwar eine Gestaltungsbasis für die Planung der strategischen Vorsteuerung von Wert-Erfolgen und die Strategieumsetzung.[591] Gleichwohl bleibt die Darstellung von Ursache-Wirkungs-Zusammenhängen für strategische Steuerungsmaßnahmen mit einem hohen Explorationsaufwand verbunden, der zudem nur unternehmensspezifisch genutzt werden kann. Die Mess- und Bewertungsprobleme bei der Nutzung, Gestaltung und Entwicklung von Ressourcen-Kompetenzenpotenzialen wirken sich am Ende auch negativ auf die praktikable Verwendung strategisch orientierter Unternehmensrechnungen aus, die sich häufig an den Strukturen von strategischen Managementmodellen orientieren.[592]

**Relationale Zeit-Dimension der Handlungszeiten als Operationalisierungsbasis**

Die Darstellung wissensintensiver Unternehmen zeigt insbesondere die Bedeutung der Nutzung von individuellen und autonomen Wissens- und Kompetenzenpotenzialen in Leistungsprozessen.[593] Diese Handlungs-Ausrichtung lenkt den Blick zugleich auf eine Zeit-Dimension als mögliche Basis für eine einheitliche Operationalisierung.[594] Gleichwohl hat bislang weder die wirtschaftswissenschaftliche noch die sozialwissenschaftliche Zeitforschung eine einheitliche operationale Zeittheorie vorlegen können. Die ökonomische Zeitforschung bewegt sich häufig in der einseitigen Sichtweise einer absoluten Zeit-Dimension und bietet bislang nur vage Lösungsvorschläge für die Erweiterung in eine unternehmensspezifische Zeit-Dimension an.[595]

Erst mit dem Rückgriff auf physikalische Erkenntnisse gelingt die Darstellung einer hier so bezeichneten relationalen Zeit-Dimension der substantiierten Handlungszeiten mit der relationalen Zeit als emergente Eigenschaft von Individualhandlungen. Mit diesem entscheidenden Schritt von der absoluten Zeit-Dimension der Koordination zur relationalen Zeit-Dimension der Konfiguration sind jetzt weitere Ableitungen möglich. Hierzu gehören Handlungszeiten-Potenziale, die bestmögliche Allokation von knappen Handlungszeiten, effektive und effiziente

590 Vgl. Kap. 2.4.
591 Vgl. Kap. 2.3.4 i. V. m. Kap. 2.3.3.
592 Vgl. Kap. 2.6.2.2.
593 Vgl. Kap. 2.1.
594 Vgl. Kap. 2.2.
595 Vg. Kap. 2.2.3 i. V. m. Kap. 2.2.1.

Handlungszeiten sowie unterschiedliche reversible und irreversible Ausprägungen von relationaler Handlungszeit im Zeithorizont.[596]

**Produktivitätskonzept zur Steuerung von Handlungszeiten in der relationalen Zeit-Dimension**

Auf Grundlage der Erkenntnisse der gesamtwirtschaftlichen Arbeitszeitrechnung erweist sich das Konstrukt der Produktivität als entscheidender Schlüssel zur betriebswirtschaftlichen Nutzung der relationalen Zeit-Dimension.[597] Die Produktivität kann hierbei über die individuellen Handlungszeiten von Personen des Personalbestands als Wirkungsgrad in der relationalen Zeit-Dimension und als Einflussvariable eines Nutzen-Leistungserfolgs und eines Wert-Erfolgs dargestellt werden. Im Gesamtbild ergibt sich damit für das strategische Management die neu eröffnete Möglichkeit, die hier dargestellte relationale Zeit-Dimension der individuellen Handlungszeiten zusammen mit der Produktivität als einheitliche operationale Messbasis und Steuerungsgröße zu verwenden. Dazu ist nachfolgend die Konzeption einer einheitlichen Zeit-Dimension im Unternehmens-Umwelt-System mit der Integration des strategischen Managements, des Zeitmanagements und des Produktivitätskonzepts erforderlich.[598]

## 2.9 Forschungsdesign

Das Forschungsdesign beinhaltet nachfolgend die Hauptargumente, die forschungsleitenden Fragen, die Forschungs- und Analyseebenen sowie den theoretischen Bereich der Forschung.[599] Für die Forschungsarbeit werden die folgenden drei Hauptargumente herangezogen.

**Hauptargument 1: Verfügbare und produktive Handlungszeiten des Personalbestands sind maßgeblich für die Generierung von Wertschöpfung in der Wert-Dimension**

Die Arbeitsproduktivität im gesamtwirtschaftlichen Konzept der Arbeitszeitrechnung als die je geleisteter bzw. verfügbarer Erwerbstätigenstunde erzielte Bruttowertschöpfung bestimmt maßgeblich mit der Anzahl der Erwerbstätigen und deren Nutzung von Technologie die Höhe der volkswirtschaftlichen Bruttowertschöpfung.[600] Die gesamtwirtschaftliche Arbeitszeitrechnung ist gleichwohl nur in der Lage, die gestiegene Arbeitsproduktivität über einen Periodenvergleich ohne Detailkenntnisse der tatsächlichen Nutzung von potenziellen Handlungszeiten

596 Vgl. Kap. 2.2.4 zur Bestimmung von Zeit-Potenzialen im Rahmen von Arbeitszeitkonzepten.
597 Vgl. Kap. 2.5 i. V. m. Kap. 1.3.5.
598 Vgl. Kap. 3.
599 Vgl. Töpfer 2010, S. 141 ff. und S. 155 f. zur Gestaltung von Forschungsdesigns.
600 Vgl. Kap. 1.3.5 i. V. m. Kap. 2.5.

zu ermitteln. Für die hier vorgesehene betriebswirtschaftliche Umsetzung des gesamtwirtschaftlichen Arbeitsproduktivitätskonzepts soll das strategische Potenzial, die Verfügbarkeit und die Produktivität von Handlungszeiten des Personalbestands sowie der Bezug auf einen potenziellen Wert-Erfolg in der Wert-Dimension detailliert ausgearbeitet werden.

**Hauptargument 2: Produktivität des Personalbestands als maßgeblicher Einflussfaktor zur Generierung von Wertschöpfung als Wert-Erfolg**

Im Strategieforschungsprogramm PIMS (Profit Impact of Market Strategies) gilt der Faktor Produktivität gemessen als Wertschöpfung pro Mitarbeiter als einer von acht kritischen Erfolgsfaktoren für den Unternehmenserfolg in der Wert-Dimension.[601] Als weitere interne Erfolgsfaktoren neben der Produktivität mit Einflussmöglichkeiten des Personals werden die Investmentintensität sowie die Innovationsrate genannt. Alle anderen Erfolgsfaktoren außer der Wachstumsrate des bedienten Marktes liegen ebenfalls im Einflussbereich des Personalbestands. Auf dieser Basis des Personalbestands mit seinen Dispositionsmöglichkeiten soll dessen Wirkungsgrad bezüglich effektiver und effizienter Handlungszeiten mit dessen Einfluss auf einen relationalen Zeit-Erfolg sowie einen Wert-Erfolg weiter ausgearbeitet werden.

**Hauptargument 3: Individuelle Koordinations- und Konfigurationsfähigkeiten und –freiheiten des Personalbestands im ressourcen- und wissensbasierten Ansatz**

Der ressourcen- und wissensbasierte Ansatz erklärt den Wert-Erfolg sowie die Wettbewerbsposition einer Unternehmung mit der spezifischen Konfiguration individueller Wissens- und Kompetenzenpotenziale und deren Nutzung, Gestaltung und Entwicklung von materiellen und immateriellen Ressourcenpotenzialen.[602] Damit angesprochen werden die individuellen Handlungsfreiheiten und Handlungskompetenzen des Personalbestands zur Generierung eigener Wert-Erfolge unter Berücksichtigung sämtlicher Unternehmens-Umwelt-Beziehungen, insbesondere der Wettbewerbsumwelt. Dies setzt gleichwohl eine konsistente strategische Integration der Produktivität als Wirkungsgrad von Handlungszeiten des Personalbestands und als Einflussvariable für Wert-Erfolge voraus.

**Forschungsleitende Fragen**

Auf Grundlage der bisherigen Zwischenerkenntnisse aus Beschreibungen und Darstellungen werden zusätzliche Erkenntnisse benötigt. So stellt sich insbesondere die Frage, wie sich die

[601] Vgl, Kapl. 2.3.1.
[602] Vgl. Kap. 2.3.2.

*relationale Zeit-Dimension der Handlungszeiten* spezifischer strukturieren und mit dem strategischen Management verbinden lässt. Das strategische Management wiederum interessiert sich vor allem für die *Operationalisierung einer strategischen Steuerungsgröße* und einer strategischen Vorsteuerungsgröße für Wert-Erfolge. Forschungsleitend ist dann vor allem die Frage, wie ein *Konstrukt des relationalen Zeit-Erfolgs* von Handlungszeiten innerhalb der relationalen Zeit-Dimension konzipiert und entwickelt werden kann. Dieses Konstrukt eines strategischen relationalen Zeit-Erfolgs wäre allerdings für das strategische Management nur dann sinnvoll, wenn zugleich im Sinn einer *strategischen Vorsteuerungsgröße* der Bezug auf Wert-Erfolge in der Wert-Dimension gelingt, insbesondere auf die Wertschöpfung.

Für empirische Untersuchungen und für praktische Anwendungen ist dazu die *Entwicklung eines theoretischen Modells* auf Basis theoretischer Ansätze zur relationalen Zeit-Dimension erforderlich. Hier stellt sich dann die Frage nach entsprechenden institutionellen Randbedingungen mit unabhängigen Variablen, Einflussvariablen und abhängigen Variablen innerhalb eines Zeithorizonts. Für das strategische Management ist dann von Interesse, wie aus den Befunden des theoretischen Teils der Forschungsarbeit ein *operationales strategisches Planungsmodell für die relationale Zeit-Dimension* mit abgrenzbaren Modellelementen konzipiert werden kann. Dieses strategische Planungsmodell für die relationale Zeit-Dimension ließe sich dann innerhalb eines strategischen Produktivitätsmanagements in einem *technologischen Produktivitätssystem* als neuartiges *Produktivitätsmodul* für wissensintensive Unternehmen integrieren.

**Forschungs- und Analysenebenen**

Als *Forschungsebenen* dienen im weiteren Verlauf der Arbeit die Strategieebene und die Gestaltungsebene.[603] Die Strategieebene beschreibt dabei die Entwicklung einer strategischen Steuerungsgröße in der relationalen Zeit-Dimension. Die Gestaltungsebene beinhaltet die technologische Konzeption eines strategischen Planungsmodells für die relationale Zeit-Dimension. Für die *Analysenebenen* der Forschung sollen die Individualebene, die Leistungsprozessebene sowie die Gesamtunternehmensebene berücksichtigt werden. Die Individualebene bezieht sich unmittelbar auf die Personen des Personalbestands. Auf dieser Individualebene soll ein relationaler Zeit-Erfolg aus der produktiven Nutzung von verfügbaren Zeit-Potenzialen auf Basis von Handlungszeiten entwickelt werden. Die Leistungsprozessebene verbindet den individuellen relationalen Zeit-Erfolg mit der Nutzung von jeweiligen Ressourcenpotenzialen der Unternehmung. Die Gesamtunternehmensebene bezieht sich auf den gesamten Personalbestand

[603] Vgl. Töpfer 2010, S. 141 ff. und S. 155 f.

des Unternehmens und damit auf die Generierung eines Gesamt-Zeiterfolgs in der relationalen Zeit-Dimension. Dieser Gesamt-Zeiterfolg soll als strategische Steuerungsgröße und als strategische Vorsteuerungsgröße für potenzielle Wert-Erfolge dienen.

**Theoretischer Bereich der Forschung**

Der theoretische Bereich der Forschung beinhaltet allgemein die Bildung einer Theorie bzw. eines theoretischen Ansatzes mit der Ableitung eines theoretischen Modells sowie die Bestimmung eines empirischen Prüfungsansatzes.[604] Der hier gewählte theoretische Ansatz soll die Entwicklung eines *theoretischen Modells des relationalen Zeit-Erfolgs* beeinhalten. Ziel ist die Erklärung beobachtbarer Wert-Erfolge in der Wert-Dimension als Wirkungsergebnis eines relationalen Zeit-Erfolgs in der relationalen Zeit-Dimension. Dazu sind eine unabhängige Variable als Zeit-Potenzial sowie Einflussvariablen der Verfügbarkeit und der Produktivität innerhalb eines Zeithorizonts der Leistungsprozesse zu bestimmen. Für die Weiterentwicklung zu einem *theoretischen Modell der strategischen Zeit-Nutzenpotenziale* ist die Integration der beiden Modellelemente *Strategie* und *Kompetenzen-Ressourcenpotenziale* vorgesehen.

Im Rahmen der Empirie soll auf Basis einer bereits vorliegenden externen Fallstudie[605] für die Strategieplanung und Strategieimplementierung eine empirisch-exemplarische Anwendung des hier entwickelten theoretischen Modells der strategischen Zeit-Nutzenpotenziale in der neu konzipierten relationalen Zeit-Dimension erfolgen.

[604] Vgl. Töpfer 2010, S. 141 ff. und S. 155 f. zur Gestaltung von Forschungsdesigns.
[605] Vgl. Anhang 4, Anhang 5, Anhang 6 und Anhang 7.

# 3 Konzeption und Operationalisierung einer strategischen relationalen Zeit-Dimension in wissensintensiven Unternehmen

*"The differences between a Newtonian and real-time perspective strike at the very heart of economic analysis."* [606]

*Gerald P. O'Driscoll/Mario J. Rizzo 1996*

Für die Strategieentwicklung und Strategieimplementierung innerhalb der relationalen Zeit-Dimension wissensintensiver Unternehmen[607] benötigt das strategische Management eine strategische Rahmenkonzeption der Zeit-Dimension. Dazu werden die Teilkonzepte der Zeit-, Wert- und Finanz-Dimension im Unternehmens-Umwelt-System,[608] der strategischen Metastruktur der Zeit-Dimension,[609] der strategischen Gestaltungen in der relationalen Zeit-Dimension[610] sowie des strategischen Managements der Produktivität in der relationalen Zeit-Dimension entwickelt.[611]

## 3.1 Relationale Zeit-Dimension im Unternehmens-Umwelt-System

In Anlehnung an die Vorschläge von *Riese*[612], *Biervert/Held*[613] und *Bergmann*[614] zur Entwicklung einer ökonomischen Zeittheorie[615] sowie von *Röttger*[616] kann das formal-betriebswirtschaftliche Modell des Unternehmens-Umwelt-Systems innerhalb einer relationalen Zeit-Dimension, einer Wert-Dimension und einer Finanz-Dimension entfaltet werden, siehe dazu Abb. 24.[617]

606 O'Driscoll/Rizzo 1996, S. 69.
607 Vgl. Kap. 2.3 i. V. mit Kap. 1.1, Kap. 2.1 und Kap. 2.2.
608 Vgl. Kap. 3.1.
609 Vgl. Kap. 3.2.
610 Vgl. Kap. 3.3.
611 Vgl. Kap. 3.4.
612 Vgl. Riese 1995, S. 69-71 u. S. 86-88 zu einer Ökonomie der Zeit mit den Zusammenhängen von Zeit, Werttheorie und Geldfunktion.
613 Vgl. Biervert/Held 1995, S. 13 und S. 23-26 zu einer ökonomischen Zeittheorie mit den Dimensionen von Zeit, Wert und Finanzen.
614 Vgl. Bergmann 1988, S. 79 ff. und S. 93 ff. zu einer temporalen Handlungs-Dimension in Sozialsystemen.
615 Vgl. Kap. 2.2.1.
616 Vgl. Röttger 2003, S. 388.
617 Vgl. Kap. 2.2 mit Kap. 2.6 u. Kap. 2.7.

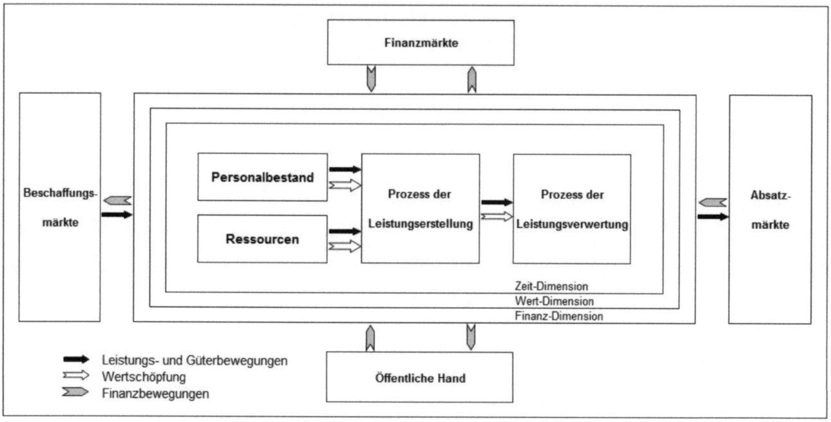


Abb. 24: Zeit-, Wert- und Finanz-Dimension im Unternehmens-Umwelt-System[618]

In strategischer Sichtweise ist nachfolgend die *relationale Zeit-Dimension* als Ausmaß der potenziellen wissens- und kompetenzenbasierten Handlungszeiten des Personalbestands für die Nutzung von Ressourcenpotenzialen innerhalb institutioneller Rahmenbedingungen zu betrachten.[619] Die *Wert-Dimension* als Ausmaß der in Geldeinheiten bewerteten Leistungs- und Güterbewegungen bestimmt dazu die Wert-Erfolge aus Erlösen und Kosten oder Erträgen und Aufwendungen.[620] Die grundsätzlich auf der Wert-Dimension basierende *Finanz-Dimension* bestimmt sich als Ausmaß der Einzahlungen und Auszahlungen von Geld mit einem Finanz-Erfolg ausgerichtet an der Finanzrechnung.[621]

**Relationale Zeit-Dimension wissensintensiver Unternehmen mit Ausrichtung auf einen relationalen Zeit-Erfolg**

Die Anzahl möglicher Handlungen von Individuen des Personalbestands ist bei knappen Handlungszeiten innerhalb eines bestimmten Zeithorizonts als beschränkt anzunehmen. Dies impliziert wie bereits oben verdeutlicht nach dem ökonomischen Prinzip eine anzustrebende zielorientierte (effektive) und bedarfsorientierte (effiziente) Ausübung von wirtschaftlichen Individualhandlungen zur Nutzengenerierung. Unproduktive bzw. ineffektive oder ineffiziente Handlungszeiten führen demnach zu einem Nutzenentgang und substantiiert in Arbeitszeiten zu einem messbaren hier so bezeichneten relationalen Zeitverbrauch.[622] Die Generierung von

---

[618] Darstellung in Anlehnung an Bieg/Kußmaul 2009, S. 1, Friedl 2010, S. 3, Götze 2010, S. 2, Hölscher 2010, S. 1, Perridon/Steiner/Rathgeber 2009, S. 4. Eigene Ergänzung mit einer Zeit-, Wert- und Finanz-Dimension.
[619] Vgl. Kap. 2.2.
[620] Vgl. Kap. 1.3.6 i. V. m. Kap. 2.6.
[621] Vgl. Kap. 1.3.7 i. V. m. Kap. 2.7.
[622] Vgl. Kap. 2.2.1 und Kap. 2.2.3.

produktiven Handlungszeiten aus verfügbaren Zeit-Potenzialen mit individuellen Wissens- und Kompetenzenpotenzialen für die Nutzung von Ressourcenpotenzialen ist innerhalb der Leistungsprozesse in einem Zeithorizont auszurichten.[623]

Die Gesamtsicht der bislang entwickelten relationalen Zeit-Dimension für wissensintensive Unternehmen mit strategischer Ausrichtung auf die Produktivität als Wirkungsgrad und Einflussvariable des Wert-Erfolgs zeigt Abb. 25.[624] Insgesamt sind im Zeithorizont der Leistungsprozesse auf Grundlage eines bestimmten Zeit-Potenzials des Personalbestands vier verschiedene Arten von individuellen Handlungszeiten möglich. Handlungszeiten in Leistungsprozessen können zusätzlich in reversibler oder irreversibler Ausprägung gekennzeichnet werden.[625] Die Nichtverfügbarkeit von Zeit-Potenzialen sowie unproduktive Handlungszeiten bestimmen somit die Höhe des relationalen Zeit-Verbrauchs.

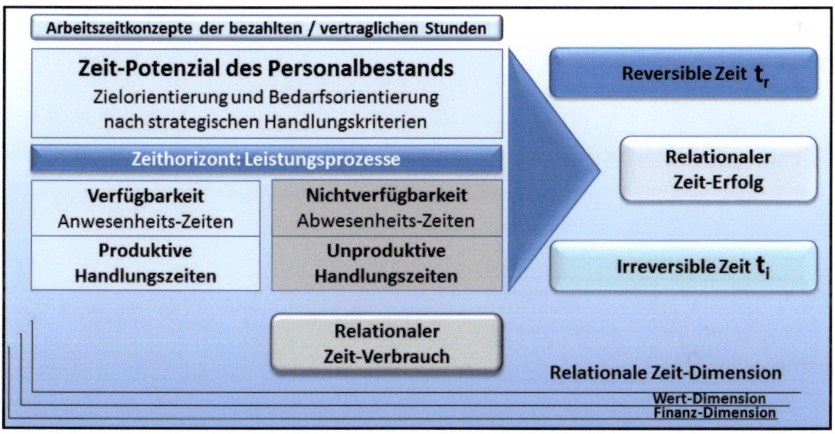


Abb. 25: Relationale Zeit-Dimension wissensintensiver Unternehmen

Die Höhe des relationalen Zeit-Verbrauchs nach Abb. 25 entscheidet auf Basis des vertraglich bestimmten Zeit-Potenzials des Personalbestands nach den Arbeitszeitkonzepten der bezahlten und vertraglichen Stunden über die Höhe des relationalen Zeit-Erfolgs. Die Höhe des relationalen Zeit-Erfolgs in der relationalen Zeit-Dimension als Summe aller verfügbaren produktiven

623 Vgl. Kap. 1.3.1 und Kap. 1.3.3 i. V. m. Kap. 2.2.4 u. Kap. 2.2.3. Vgl. 2.3.4 zur Prozessperspektive in Managementmodellen für die Strategieumsetzung.

624 Vgl. Kap. 2.5 i. V. m. Kap. 2.1, Kap. 2.2 und Kap. 2.3.1, Kap. 2.4.1 sowie Kap. 2.6 u. Kap. 2.7.

625 Vgl. Kap. 2.2.3.

Handlungszeiten kann in der hier vertretenen Ansicht die Höhe des potenziellen Wert-Erfolgs in der Wert-Dimension, hier bemessen als Wertschöpfung maßgeblich beeinflussen.[626]

Die auf den Leistungs- und Güterbewegungen des Unternehmens-Umwelt-Systems beruhende relationale Zeit-Dimension nach Abb. 25 kann somit auch als inhärente und spezifische Systemeigenschaft eines Unternehmens betrachtet werden. Diese spezifische Systemeigenschaft beinhaltet damit auf Basis der bezahlten und vertraglichen Zeit-Potenziale des jeweiligen Personalbestands[627] alle verfügbaren produktiven und unproduktiven Handlungszeiten des Personalbestands in verschiedenen Leistungsprozessen mit unterschiedlichen Zeithorizonten und unterschiedlichen zeitlichen reversiblen und irreversiblen Ausprägungen. Die Kenntnis dieser spezifischen Systemzeit der Unternehmung sichert die notwendige Handlungsautonomie gegenüber dem Umwelt-System.[628]

**Schnittstellen zum Umwelt-System in der relationalen Zeit-Dimension**

Innerhalb der relationalen Zeit-Dimension sind als Schnittstellen zum Umwelt-System der Unternehmung unter anderem die Beschaffungsmärkte und Absatzmärkte zu berücksichtigen. Dies bedeutet, dass zusätzliche produktive Zeit-Potenziale auch aus externen Beschaffungsmärkten zum Beispiel von Lieferanten als Inputleistungen integriert werden können. Auf den Absatzmärkten lassen sich produktive Zeit-Potenziale zum Beispiel im Rahmen der Kundenzusammenarbeit generieren.

---

626 Vgl. Kap. 1.3.5 zur Entwicklung der Arbeitsproduktivität in der gesamtwirtschaftlichen Arbeitszeitrechnung im Periodenvergleich.

627 Vgl. Kap. 2.2.4.

628 Vgl. Bleicher 1999, S. 157 f. zum Zusammenhang zwischen Zeitautonomie und Handlungsautonomie.

## 3.2 Strategische Metastruktur der relationalen und absoluten Zeit-Dimension als Systemzeit

*„Time is an essential feature of social and organizational life.*

*It is our prime organizing tool".*

*Barbara Adam/Richard Whipp/Ida Sabelis 2002*[629]

Die nachfolgend konzipierte Metastruktur[630] der Zeit-Dimension soll die bislang ausgearbeiteten Zeit-Dimensionen der *relationalen Zeit-Dimension* der Handlungszeiten des Personalbestands und der *absoluten Zeit-Dimension* in einem ersten Ansatz als einheitliche Systemzeit der Unternehmung zusammenfassen.[631] Aus Sicht des strategischen Managements wäre diese Systemzeit als oberste Betrachtungsebene des Unternehmens für die langfristige Gestaltung und Entwicklung strategischer Potenziale aufzufassen. In einer ersten Annäherung könnte die relationale Zeit-Dimension der *strategischen Konfiguration* und die absolute Zeit-Dimension der *strategischen Koordination* zugeordnet werden.[632]

### 3.2.1 Zeitordnungen in der Zeit-Dimension

Das Bewusstsein über bestimmte Zeitordnungen und die Kenntnis deren Merkmale führen zu einer ersten Strukturierung der Zeit-Dimension im Unternehmen. Zeitordnungen lassen sich nach *Geißler*[633] aus langfristigen kulturhistorischen Strömungen ableiten. In einer Entwicklungsperspektive veränderte sich die ursprüngliche *Zeitordnung der Naturrhythmen* in die taktmäßigen *Zeitraster der Moderne*[634] und von dort zu den flexiblen *Zeitmustern der Postmoderne* mit Ausprägungen einer Echtzeit-Ökonomie.[635]

---

629 Adam/Whipp/Sabelis 2002, S. 1.

630 Vgl. Mansfeldt 2012, S. 17 ff. zur Metamodellierung als Konzeptionsgrundlage und Interpretationsbasis für abzuleitende spezifische Modelle nach dem sprachbasierten, prozessbasierten und ontologischen Metaisierungsprinzip u.a.m. konsistenten Wesens-, Begriffs- und Ordnungsbestimmungen.

631 Vgl. Kap. 2.2.1 und Kap. 2.2.3 mit Kap. 3.1.

632 Vgl. Kap. 2.2.1. Vgl. Zentes 1995, S. 14 f. zu Basisdimensionen von Wettbewerbsstrategien mit Konfiguration und Koordination, dort ergänzt um Strukturierung und Transaktionsformen.

633 Vgl. Geißler 2001, S. 111 ff. zum vormodernen Zeiterleben, S. 113 ff. zum modernen Zeiterleben und S. 118 ff. zum postmodernen Zeiterleben.

634 Vgl. Seifert 1988, S. 4 ff. zum langsamen Bewusstseinswandel von Arbeit und Zeit in der mitteleuropäischen Arbeitsgeschichte ab dem späten 14. Jahrhundert von der religiös geprägten bäuerlich-handwerklichen und manufakturellen Lebens- und Arbeitswelt über die Zeitauffassung des bürgerlichen Händlertums bis zur Zeitdisziplinierung und Zeitkontrolle der Frühindustrialisierung.

635 Vgl. Abolhassan 2003, S. 2 ff. zu den Anforderungen einer Echtzeit-Ökonomie mit der zeitlich immer kürzeren Aufeinanderfolge einzelner Leistungsprozesse einschließlich der Minimierung von Verzögerungs- und Stillstandszeiten unter Nutzung mobiler und drahtloser Technologien. Vgl. ergänzend Bierer/ Liappas 2003,

Alle drei Zeitordnungen gelten gleichwohl in ihren Grundausprägungen als existent, sind fließend in den Übergängen und können in Systemen auch parallel wirken.[636] Die Zeitordnungen werden mit exemplarischen Merkmalen in Tab. 11 dargestellt.

Die Verabschiedung vom Diktat der mechanischen Uhr in der postmodernen Zeitordnung zugunsten einer Flexibilisierung bewirkt zwar eine Verringerung der Handlungszeiten für Organisationsrituale, überträgt dann aber dem einzelnen Individuum und handelnden Akteuren beinahe die gesamten zeitlichen Koordinationsleistungen.[637] Übergänge von einer modernen in eine postmoderne Zeitordnung externalisieren damit die Disposition von Handlungszeiten in den persönlichen Verantwortungsbereich einzelner Personen.[638]

| **Zeitordnungen** | **Vormoderne Zeitordnung** | **Moderne Zeitordnung** | **Postmoderne Zeitordnung** |
|---|---|---|---|
| **Merkmale** | Rhythmen und Zyklen der Natur | Takt der mechanischen Uhr | Vergleichzeitigung/Echtzeit, Flexibilisierung |
| | periodische Abläufe in Naturzeiten | Zeitraster als Ordnung, hohe Grade an Determiniertheit | höhere und niedrigere Grade an Determiniertheit |
| | kollektive Disposition über Handlungszeiten | gemeinschaftliche Disposition über Handlungszeiten | individuelle Disposition über Handlungszeiten |

Tab. 11: Zeitordnungen in der Entwicklungsperspektive nach *Geißler*[639]

### 3.2.2 Zeitebenen und Zeitformen in der Zeit-Dimension

Die *Zeitebenen* beziehen sich direkt auf die hier konzipierte relationale Zeit-Dimension als eigene Zeitebene und die absolute Zeit-Dimension als weitere eigene Zeitebene. Die *absolute Zeitebene* einer Unternehmung beinhaltet dann die unternehmensspezifische Uhrzeit und Kalenderzeit für Zwecke der Koordination. Die *relationale Zeitebene* einer Unternehmung als alleinige Ausprägung nutzengenerierender Handlungszeiten von Individuen des Personalbestands dient dann dem strategischen Management für die Konfiguration von

S. 18 ff. zur Zeit-Dimension im Real-Time (Echtzeit) Strategieprozess mit der Nutzung externer und interner Echtzeit-Informationen (Real-Time-Monitoring) als Basis für die strategische Analyse.

636 Vgl. Henckel 2001, S. 2 ff. zu Beschleunigungstendenzen in Leistungsprozessen sowie S. 11 ff. zu den sozialen und ökonomischen Folgen z. B. in Form von Verteilungskonflikten um Zeit oder von höheren Risiken und Folgekosten. Vgl. Haeffner 2001, S. 83 ff. zu individuell-flexiblen Zeitentwürfen im Rahmen von Beschleunigungen und Verzögerungen.

637 Vgl. Geißler 2001, S. 118-122.

638 Vgl. Kap. 3.1 zur Generierung von Nutzenpotenzialen und Zeitverbrauch in der Zeit-Dimension.

639 Darstellung in Anlehnung an Geißler 2001, S. 111 ff. u. S. 125.

wettbewerbsrelevanten Kombinationen aus individuellen Wissens- und Kompetenzenpotenzialen mit Ressourcenpotenzialen.

Im Hinblick auf die technologische Steuerbarkeit und Kontrolle von Handlungszeiten in Unternehmen schlagen *Adam/Whipp/Sabelis*[640] eine weitere Zeitebene als *elektronische Zeitebene der Netzwerke* vor. Die elektronische Zeitebene soll zunehmend in Echtzeitausprägung die beiden Ebenen der absoluten und relationalen Zeit-Dimension miteinander verknüpfen. Hierfür wäre die Integration von Informationstechnologien wie zum Beispiel in den Formen von Business Intelligence Systemen erforderlich.[641]

**Zeitformen als Instrumente der Koordination und Konfiguration**

Innerhalb der genannten Zeitebenen sind verschiedene spezifische *Zeitformen* zu berücksichtigen.[642] Zeitformen dienen als Instrumente der zeitlichen Koordination in der absoluten Zeit-Dimension und der Konfiguration bzw. Gestaltung in der relationalen Zeit-Dimension zeitlich spezifisch ausgeprägter Handlungszeiten. Zu den Zeitformen zählen die Dauer als Zeithorizont, die Instantaneität als Vergleichzeitigung bzw. Echtzeiteffekt, die Sequenz als Aufeinanderfolge, die Simultaneität als Gleichzeitigkeit, der Rhythmus als periodische Wiederkehr und der Takt als einheitliches Zeitmaß.

Aus Sicht des strategischen Managements ist in den Zeitebenen mit Hilfe der Zeitformen insbesondere eine *Synchronisierung* als Gleichlauf aller Handlungszeiten und Prozesszeiten anzustreben. Hinzu kommt die Bestimmung des Tempos von Handlungszeiten und Prozesszeiten in Form von spezifischer *Geschwindigkeit* und *Beschleunigung*.[643]

### 3.2.3 Reversible und irreversible Ausprägungen von Handlungszeiten in Leistungsprozessen der relationalen Zeit-Dimension

Innerhalb der relationalen Zeit-Dimension lassen sich wie oben dargestellt zwei grundsätzlich unterschiedliche Ausprägungen von Handlungszeiten in Form der reversiblen Zeit $t_r$ und der

---

640 Vgl. Adam/Whipp/Sabelis 2002, S. 18 ff. , eigene Übersetzung.
641 Vgl. Kap. 3.4.2.2 zu Produktivitätssystemen.
642 Vgl. Adam/Whipp/Sabelis 2002, S. 24 f. , eigene Übersetzung.
643 Vgl. Adam/Whipp/Sabelis 2002, S. 18 ff. u. S. 24.

irreversiblen Zeit $t_i$ unterscheiden.[644] Handlungszeiten in *reversibler Ausprägung* werden in periodischen Abläufen und Routinen mit einem hohen Grad an Ergebnissicherheit wahrgenommen und sind nach Zeitpunkten und Zeitdauer bestimmbar.[645]

Handlungszeiten in *irreversibler Ausprägung* werden hingegen weniger mit periodischen Abläufen und Routinen in Verbindung gebracht und sind bezüglich der geplanten Ergebnisse weniger determiniert sowie mit Ungewissheiten behaftet.[646] Irreversibel ausgeprägte Handlungszeiten sind demnach nicht mehr eindeutig nach Zeitpunkten und Zeitdauer bestimmbar. Die Ausprägung von Handlungszeiten in der irreversiblen Zeit $t_i$ könnte auch mit evolutionären Systemen in Verbindung gebracht werden, deren Entwicklungsbahnen über vielfältige Verzweigungen indeterminiert verlaufen können.[647]

**Leistungsprozesse in wissensintensiven Unternehmen**

Die Prozessperspektive und das Prozessmanagement gehören zu den grundlegenden Gestaltungsaufgaben des Managements.[648] Ein Prozess jeglicher Art basiert in seiner kleinsten Einheit auf einer Handlung von Personen. Unter einer Handlung ist dabei eine von Dritten wahrnehmbare Tätigkeit zu verstehen, die als eigenständiger und kleinster Teilbeitrag einer Nutzengenerierung im jeweiligen Unternehmenskontext gilt. Nach dem allgemeinen Prozessbegriff wird bereits die Verbindung weniger Handlungen als Prozess begriffen.[649] Ein *Leistungsprozess* ist damit eine Abfolge von individuellen wirtschaftlichen Handlungen der Personen des Personalbestands als Menge eigenständiger Tätigkeitsteilbeiträge zur Leistungserstellung im Unternehmenskontext mit einer Zielausrichtung gemäß dem Rationalprinzip, dem ökonomischen Prinzip und dem Wirtschaftlichkeitsprinzip.

Aus der Sicht des strategischen Managements handelt es sich dann bei einer unternehmensziel- und strategieorientierten Integration aller Leistungsprozesse in die Wertschöpfungskette unter Berücksichtigung betrieblicher Funktionsbereiche und der Unternehmensorganisation

---

644 Vgl. Cramer 1996, S. 104 u. S. 116-122. Vgl. dazu Kap. 2.2.1 u. Kap. 2.2.3.

645 Vgl. Callender 2010, S. 34.

646 Vgl. Cramer 1996 S. 61-65 und S. 104-106.

647 Vgl. Cramer 1996, S. 83 ff. zur Chaostheorie sowie S. 116 ff. u. S. 246.

648 Vgl. Schmelzer/Sesselmann 2013, S. 5 ff. Vgl. Kaplan/Norton 2004, S. 8 ff.Vgl. Mertins/Wang 2010, S. 35 ff.

649 Vgl. Schmelzer/Sesselmann 2013, S. 51. Vgl. Thonemann 2005, S. 148 ff.

auch um sog. *Geschäftsprozesse*. Stabile Geschäftsprozesse im Sinn von stetiger Reproduzierbarkeit durch Strukturen, Automatismen und Routinen sollen so zu einer zunehmenden Produktivität führen.[650]

**Leistungsprozesse mit reversibler Ausprägung von Handlungszeiten in der Zeit $t_r$**

Eine reversible Ausprägung von Handlungszeiten in Leistungsprozessen zeigt sich insbesondere durch hohe Grade an Routinen und Periodisierungen sowie an Standardisierungen und Strukturierungen mit zunehmend leichterer Reproduzierbarkeit.[651] Dies impliziert wiederum hohe Grade an Determiniertheit im Sinn von Bestimmtheit und Begrenztheit sowie niedrige Grade an Unsicherheit bezüglich der Ergebnissituation im Sinn von Ungewissheit. Weiterhin sind reversible Ausprägungen von Handlungszeiten durch hohe Grade von Technologieeinsatz insbesondere für Zwecke der Automatisierung gekennzeichnet.

**Leistungsprozesse mit irreversibler Ausprägung von Handlungszeiten in der Zeit $t_i$**

Eine irreversible Ausprägung von Handlungszeiten in Leistungsprozessen zeigt sich insbesondere durch niedrige Grad an Determiniertheit im Sinn von Bestimmtheit und Begrenztheit sowie durch hohe Grade an Potenzialen im Sinn von Möglichkeiten.[652] Dies impliziert höhere Grade an Unsicherheit bezüglich der Ergebnissituation im Sinn von Ungewissheit bei zunehmend schwierigerer Reproduzierbarkeit. Weiterhin beinhalten irreversibel ausgeprägte Handlungszeiten einen hohen Grad an situations- und bedarfsabhängiger Aufgabenkomplexität mit hohen Graden an Kreativität zum Beispiel hinsichtlich spezieller Problemlösungen für Kunden. Die irreversible Ausprägung von Handlungszeiten beinhaltet damit auch einen hohen Grad an erzeugten Zwischenergebnissen zumeist im Sinn von Informationen. Wegen fehlenden Routinen und standardisierten Abläufen sind zeitliche Vorgaben zumeist nur als zeitlich formulierte Meilensteine möglich.[653]

---

650 Vgl. Schmelzer/Sesselmann 2013, S. 51 ff. und S. 75. Vgl. Schmelzer/Sesselmann 2013, S. 69 ff. zu sog. Typ-1-Geschäftsprozessen mit hoher Wissensintensität, Typ-3- Geschäftsprozessen für Routineprozesse und Typ-2-Geschäftsprozessen z. B. für Produktentwicklung oder Produktverkauf.

651 Vgl. in Anlehnung an Schmelzer/Sesselmann 2013, S. 69 ff.

652 Vgl. in Anlehnung an Schmelzer/Sesselmann 2013, S. 69 ff. Vgl. Garrel et al. 2014, S. 17 f.

653 Vgl. Reese 1999, S. 748 f. zum Begriff der Irreversibilität innerhalb der Produktionstheorie mit expliziter Berücksichtigung des Faktors Arbeit. Gemeint ist dort die tendenzielle Nicht-Umkehrbarkeit komplexer Produktionsergebnisse bei zunehmenden menschlichen Arbeitsbeiträgen in ihre ursprünglichen Input-Quantitäten und -Qualitäten im Sinn von nicht oder nur schwer reproduzierbaren Ergebnissen. Dazu wären dann immer höhere Energiebeiträge erforderlich.

**Zielkonflikte wissensintensiver Unternehmen zwischen reversibler und irreversibler Ausprägung von Handlungszeiten in Leistungsprozessen**

Wissensintensive Leistungsprozesse innerhalb einer Geschäftsprozessperspektive des strategischen Managements beinhalten Wissensarbeit basierend auf einer Abfolge von identifizierbaren, individuellen Handlungen der Personen des Personalbestands als Menge eigenständiger Tätigkeitsteilbeiträge zur Leistungserstellung im Unternehmenskontext. Das strategische Management in wissensintensiven Unternehmen kann wie oben beschrieben die Handlungszeiten ihres Personalbestands innerhalb von Leistungsprozessen in den zwei grundsätzlichen relationalen Ausprägungen von reversiblen oder irreversiblen Handlungszeiten konfigurieren.

Höhere Grade an Determiniertheit und Reproduzierbarkeit von Leistungsergebnissen in reversibler Ausprägung einerseits stehen dann höheren Graden an Potenzialen mit Ungewissheiten in irreversibler Ausprägung anderseits gegenüber. Somit steht das strategische Management auch vor einem Zielkonflikt bei der Ausgestaltung von Handlungszeiten. Wettbewerbliche Anforderungen zur Verkürzung von Zeithorizonten in Leistungsprozessen durch kürzere Sequenzen oder Simultaneität würden dann eher eine reversible Ausprägung von Handlungszeiten in Leistungsprozessen sinnvoll erscheinen lassen. Für die Generierung neuer potenzieller Geschäftsmöglichkeiten dürften dagegen eher irreversibel ausgeprägte Handlungszeiten in Leistungsprozessen geeignet sein.

### 3.2.4 Konfliktäre Merkmale der absoluten und relationalen Zeit-Dimension

In der absoluten und relationalen Zeit-Dimension lassen sich insbesondere zwei Merkmale mit Konfliktpotenzial bestimmen. Innerhalb der absoluten Zeit-Dimension ist dies das Merkmal des Tempos als Geschwindigkeit und Beschleunigung von Leistungsprozessen. Innerhalb der relationalen Zeit-Dimension wird häufig das Merkmal der (zu) knappen Handlungszeiten kontrovers diskutiert.

**Integriertes Zeitsystem zur Steuerung von Leistungsverdichtungen**

Die permanente Tendenz zur Beschleunigung in Leistungsprozessen kann als zunehmende Kompression bzw. Verdichtung von Raum-Zeit-Rastern aufgefasst werden.[654] Beobachtbar ist dies zum Beispiel bei Verkürzungen von Produktions-, Nutzungs- oder Produktlebenszyklen. Die Vervielfachung von Handlungen im Zeithorizont kann dabei im Grenznutzenbereich zu

---

654 Vgl. Henckel 2001, S. 2 ff.

steigenden ökonomischen, ökologischen und sozialen Folgekosten aufgrund einer Überforderung der Akteure führen.[655] Zu fordern wären deshalb integrierte Zeitsysteme mit einer Optimierung unterschiedlicher Geschwindigkeiten, Beschleunigungen und Verlangsamungen.[656] Eine Zeit-Dimension ohne integrierte Zeitsysteme würde demnach ein größeres Konfliktpotenzial beinhalten.

**Integriertes Zeitsystem zur Steuerung von Erwartungshaltungen und subjektiven Zeitknappheiten**

Integrierte Zeitsysteme sollten auch zur Steuerung von individuellen Erwartungshaltungen eingesetzt werden. Aus Sicht einzelner Person des Personalbestands sind innerhalb eines bestimmten Zeithorizonts auf Basis vertraglicher Arbeitszeiten nur eine begrenzte Anzahl an nutzengenerierenden Handlungen mit jeweils einer bestimmten Zeitdauer möglich.[657] Dies ist der Grund für die hier so bezeichneten knappen Handlungszeiten.[658] Diese Erkenntnis führt zu einer Bewertung jeder Handlungsalternative durch ein Nutzenkalkül mit einer nachfolgenden Gesamtoptimierung der Verwendung von Handlungszeiten. Unrealistische Erwartungshaltungen und Überforderungen zum Beispiel durch Fehlanreize führen dann aber zu subjektiven Zeitknappheiten und Zeitkonflikten auf individueller und organisatorischer Ebene. Dazu führt *Luhmann* aus: *„Zeit an sich ist nicht knapp. Der Eindruck von Zeitknappheit entsteht erst aus der Überforderung des Erlebens durch Erwartungen. Erlebnisse und Handlungen brauchen ihre Zeit und lassen sich daher in einer gegebenen Zeitstrecke nur begrenzt unterbringen. Hätte man mehr Zeit, könnte man mehr erleben und mehr handeln. Zeithorizont und Erwartungsstruktur müssen daher in Einklang gebracht werden."*[659]

Im Rahmen des Produktivitätsfortschritts wird eigentlich eine Entlastung bei den Handlungszeiten vermutet. Dies ist jedoch nach *Ulrich* nicht der Fall: *„ Hinzu kommen für die, die noch*

---

655 Vgl. Henckel 2001, S. 11-16.

656 Vgl. Henckel 2001, S. 16-19 und S. 21 mit dem Konzept einer vereinheitlichenden „Zeitverfassung". Vgl. Haeffner 2001, S. 80 f. zur Relativität und Neutralität der Begriffe Geschwindigkeit und Beschleunigung. Der Begriff Geschwindigkeit ist demnach nicht gleichzusetzen mit Schnelligkeit. Gleichwohl sieht Haeffner 2001 auch eine gesellschaftliche Anerkennung der Langsamkeit bestimmter Prozesse, z.B. bei individuellen Entwicklungsprozessen, vgl. a. a. O. , S. 85 ff.

657 Kritisch dazu Höhn 2002, S. 77 für die individuelle Ebene: *„Der Wettlauf mit der Zeit ist nicht zu gewinnen, auch nicht mit dem Trick, die Erlebnisdichte pro Zeiteinheit zu erhöhen, um in einem Durchschnittsleben das Pensum von zwei oder drei Existenzen zu schaffen, und auch nicht mit dem Versuch, in die Endlosspirale weiterer Inkarnationen einzutreten. Die Bilanz wird immer so ausfallen, dass die verpassten Gelegenheiten im Vergleich zu den genutzten in der Überzahl sind".*

658 Vgl. Kap. 2.2.1 zu den ökonomischen Konzepten der Güterzeit und der Zeitallokation.

659 Luhmann 1994, S. 149. Aus dem Kapitel der Aufsatzsammlung: Die Knappheit der Zeit und die Vordringlichkeit des Befristeten, S. 143 ff.

*„Arbeit haben", neue Zeitknappheiten, die angesichts der fortschreitenden Produktivitätssteigerung und Beschleunigung der wirtschaftlichen Vorgänge eigentlich merkwürdig sind (z.B. wachsende Hektik in der Arbeitswelt trotz oder vielmehr gerade infolge „schnellerer" Produktions-, Kommunikations- und Verkehrsmittel) und immer mehr Menschen von der „neuen Langsamkeit" träumen lassen".*[660]

Das subjektive Gefühl von Zeitknappheit, welches sich in der individuellen Sicht der eigenen Handlungserwartungen einstellt, wird nach *Vedder*[661] beim mittleren Management durch organisatorische Dimensionen wie dem Umfang der Arbeitsteilung und dem Grad der Spezialisierung vervielfacht. Als zusätzliche Einflussfaktoren für Zeitüberforderungen werden u. a. die zunehmende Intensität des Zeitwettbewerbs, eine zu geringe Personalausstattung und ein schlechtes Zeitmanagement genannt.[662]

## 3.3 Strategische Gestaltungen in der absoluten und relationalen Zeit-Dimension

*„Strategisches Management soll definiert werden als ein Prozess, in dessen Mittelpunkt die Formulierung und Umsetzung von Strategien in Unternehmen steht."*[663]

*Martin K. Welge / Andreas Al-Laham 2008*

Für die Strategieentwicklung und Strategieimplementierung im Rahmen der Zeit-, Wert- und Finanz-Dimension des Unternehmens-Umwelt-Systems[664] sind auf Grundlage der strategischen Metastruktur der Zeit-Dimension[665] auch strategischer Gestaltungen innerhalb der Zeit-Dimension zu berücksichtigen. Für das strategische Management werden unter den Bedingungen verschiedener Zeitphasen und der Zeitverwendung insbesondere das Zeitmanagement und die Zeit-Disziplin in polychronologischen Zeitsystemen als bedeutend für Produktivität und Nutzengenerierung in wissensintensiven Unternehmen angesehen.

---

660 Ulrich 1998, S. 222.

661 Vgl. Vedder 2001, S. 68-71.

662 Vgl. Vedder 2001, S. 209. Die befragten Manager waren sich auch der Zeitverschwendung aus unproduktiven Handlungszeiten bewusst und kritisierten den zu sorglosen Umgang mit knappen Zeitpotenzialen sowie die fehlenden Kenntnisse über den Wert von Unproduktivitäten, vgl. a. a. O. , S. 232 u. S. 251.

663 Welge/Al-Laham 2008, S. 23.

664 Vgl. Kap. 3.1.

665 Vgl. Kap. 3.2.

### 3.3.1 Zeitdeutungen mit Führungs- und Prozessanforderungen

Zeitdeutungen mit bestimmten Merkmalen der Zeit sind als Orientierungen für strategische Gestaltungen aufzufassen. Grundlegende Veränderungen der Interpretation von Zeit zeigen sich insbesondere in einer Entwicklungsperspektive.[666] Gleichwohl können verschiedene Zeitdeutungen in Unternehmen parallel auftreten. Die Deutungen von Zeit lassen sich in drei Bereiche unterteilen. Hierzu gehören die absolute Zeit der mechanischen Uhr und Kalenderzeit, die Zeit als Wettbewerbsfaktor und die Zeit-Komplexität im globalen Wettbewerb. Tab. 12 beschreibt die verschiedenen Zeitdeutungen aus Sicht des Managements.

| **Zeitdeutungen** | **Absolute Zeit von Uhr und Kalenderzeit** | **Zeit als Wettbewerbsfaktor** | **Zeit-Komplexität im globalen Wettbewerb** |
|---|---|---|---|
| **Merkmale** | standardisierte Modellzeit | Geschwindigkeit und Beschleunigung | Individualzeiten, Vergleichzeitigung |
| **Führungsanforderungen** | Koordination, Bewertung | Zeit-Eliminierung in Leistungsprozessen | Konfiguration und Synchronisation |
| **Prozessanforderungen** | Proportionalisierung von Zeit | Zeitkompression durch Reorganisation | Interaktionen in Echtzeiten |

Tab. 12: Führungs- und Prozessanforderungen in der Zeit-Dimension[667]

Hinsichtlich der Führungsanforderungen in der Zeitkomplexität des globalen Wettbewerbs sind insbesondere das Erfordernis der Konfiguration individueller Handlungszeiten und die Synchronisation von Leistungsprozessen bedeutsam. Die Prozessanforderungen selbst beziehen sich dann auf die zunehmende Realisierung von Echtzeit-Interaktionen mit Hilfe des zunehmenden Einsatzes von Informationstechnologie.

### 3.3.2 Koordination von Handlungszeiten in der Kalenderzeit

Die Kalenderzeit der absoluten Zeit-Dimension ist als standardisiertes und kulturspezifisches Koordinationsinstrument[668] in Verbindung mit einer unternehmensspezifischen Operational Time[669] aufzufassen. Handlungszeiten einer Vielzahl von Personen des Personalbestands mit

---

[666] Vgl. Adam/Whipp/Sabelis 2002, S. 12 ff.

[667] Vgl. Adam/Whipp/Sabelis 2002, S. 12 ff. mit eigenen Ergänzungen.

[668] Vgl. Dux 1998, S. 312 ff. zur kulturhistorischen Entwicklung der Zeit sowie S. 373 ff. zu Untersuchungen kultureller Unterschiede in der Zeitauffassung.

[669] Vgl. Lücke 2000, S. 32 f. zur Operational Time als Ursache-Wirkungs-Zusammenhänge in Zeithorizonten von Leistungsprozessen sowie a. a. O., S. 33 ff. zur Kalenderzeit mit der Einteilung z. B. in Jahre, Monate, Wochen, Tage und Stunden und der Festlegung von Fristen kurz-, mittel- und langfristiger Art im Zeithorizont. Zur Kalenderzeit als Reifezeit mit der Beeinflussung von Ausbringungsmengen in einer Produktionsfunktion vgl. a. a. O., S. 38 f.

ihren jeweiligen Arbeitszeiten in verschiedenen Leistungsprozessen und Funktionsbereichen in jeweils unterschiedlichen Zeithorizonten benötigen erhebliche Koordinations- und Synchronisierungsleistungen.[670] Diese umfassende und komplexe Gestaltungsaufgabe von Handlungszeiten ist als Engpassfaktor für das Management aufzufassen.

In der Gesamtsicht von Managementaufgaben in der Kalenderzeit der absoluten Zeit-Dimension sind damit insbesondere die Bestimmung sowie die Gestaltung von Handlungszeiten zu berücksichtigen, siehe dazu Tab. 13.

| Zeit-Dimension | Bestimmung von Handlungszeiten | Gestaltung von Handlungszeiten |
|---|---|---|
| **Kalenderzeit** | • Personalbestand und Arbeitszeiten in Leistungsprozessen und Funktionen<br>• Zeithorizonte für Leistungsprozesse und Projektzeiten | • Koordination von Zeitpunkten und Zeitdauern<br>• Synchronisierung von Zeitpunkten und Zeitdauern |

Tab. 13: Managementaufgaben in der Kalenderzeit der absoluten Zeit-Dimension[671]

### 3.3.3 Zeitmanagement als strategischer Erfolgsfaktor

Der Umgang des strategischen Managements mit der Zeit ist wesentlich durch das neuere Konzept des *betrieblichen Zeitmanagements* beeinflusst worden. Ziel des betrieblichen Zeitmanagements ist die zeitliche Verkürzung und Verdichtung sämtlicher Prozesse der Leistungserstellung und Leistungsverwertung.[672] Die Notwendigkeit von Verdichtungs- und zeitlichen Verkürzungsmaßnahmen leitet sich dabei nach *Bleicher*[673] aus dem Zeitprinzip als ein universaler Bestandteil unternehmerischer Dynamik ab. Die konsequente Anwendung des Zeitprinzips schließt auch verkürzte Produktlebenszyklen und häufige Technologieänderungen mit ein. Als strategische Potenziale eines Zeitwettbewerbers gelten u. a. kurze Lieferzeiten, kurze Innovationszeiten, kurze Durchlaufzeiten und Flexibilität.[674]

Als spezifische Ausprägung des betrieblichen Zeitmanagements ist das industrielle *Just-in-Time-Konzept* aufzufassen.[675] Das Just-in-Time-Produktionssystem beinhaltet die Zielvorgabe

670 Vgl. Lücke 2000, S. 34 f.
671 Vgl. in Anlehnung an Mikus 2000, S. 8 f.
672 Vgl. Voigt 2000, S. 197 ff. zur Verkürzung von Marktzyklen als Merkmale eines Zeitwettbewerbs. Vgl. Fischer 2001, S. 11 f. Vgl. Stalk/Hout 1990, S. 169 ff. zum Redesign von Organisationen mit einer globalen Time-based Strategy.
673 Vgl. Bleicher 1999, S. 512 und S. 510-513 zu den Prinzipien unternehmerischer Dynamik. Hierzu zählen neben dem Zeitprinzip das Nutzen-, Multiplikations-, Flexibilitäts-, Intrinsitäts- und Risikoprinzip.
674 Vgl. Kirschbaum 1995, S. 150-154.
675 Vgl. Nishimoto 2002, S. 104 ff.

einer Minimierung von Gesamtproduktionszeiten. Dies soll durch die Eliminierung und Externalisierung von unproduktiven Prozesszeiten erreicht werden.

**Individuelles Zeitmanagement für Handlungszeiten des Personalbestands**

Das oben dargestellte betriebliche Zeitmanagement für Leistungsprozesse wäre für wissensintensive Unternehmen auf Ebene der handelnden Individuen des Personalbestands durch ein individuelles Zeitmanagement zu ergänzen.[676] Allerdings ist das individuelle Zeitmanagement derzeit nur in geringem Maß mit betrieblichen Anforderungen verknüpft. Erforderlich wäre deswegen eine wesentlich engere Koordination zwischen dem individuellen und dem betrieblichen Zeitmanagement insbesondere im Rahmen des Produktivitätsmanagements in Abstimmung mit der Unternehmensstrategie.[677]

Aufgrund dieser derzeit geringen Einbindung sieht sich das individuelle Zeitmanagement auch dem Vorwurf ausgesetzt, die individuelle Zeitkoordination auf Kosten der anderen beteiligten Akteure durchsetzen zu wollen.[678]

### 3.3.4 Monochronologische und polychronologische Zeitsysteme in Wissensarbeitswelten

Handlungszeiten von Personen des Personalbestands wissensintensiver Unternehmen können je nach Zielausrichtung grundsätzlich in den beiden Formen eines monochronologischen oder polychronologischen Zeitsystems gestaltet werden.[679] *Monochronologische Zeitsysteme* sind insbesondere dadurch charakterisiert, dass Handlungen einer Person nacheinander in einer eher fest vorgegebenen standardisierten Reihenfolge stattfinden sollen. Solche Handlungssysteme sind eng auf ein bestimmtes definiertes Endergebnis ausgerichtet und präferieren die Geschwindigkeit des Leistungsprozesses.[680] Aus Sicht der Handelnden gilt die Zeit-Disziplin in monochronologischen Zeitsystemen deshalb als eher fremdbestimmt mit weniger eigenen Einflussmöglichkeiten.

---

676 Vgl. Wehling/Franzen/Schaade 2000, S. 98 f. zum individuellen Zeitmanagement.

677 Vgl. Wehling/Franzen/Schaade 2000, S. 103. Vgl. Mikus 2000, S. 15 f.

678 Vgl. Wehling/Franzen/Schaade 2000, S. 105 ff. zu Zielkonflikten zwischen dem individuellen und betrieblichen Zeitmanagement.

679 Vgl. Lee/Liebenau 2002, S. 131 ff. Die Autoren bezeichnen die beiden gegensätzlichen Zeitsysteme, in denen Menschen ihre Arbeitszeiten organisieren, als „monochronic system" mit einem einzigen, zeitlich geordneten monochronologischen Ablaufstrang und als „polychronic system" mit mehreren diskontinuierlich-simultan ablaufenden Handlungssträngen mit unterschiedlichen Aufgaben an verschiedenen Orten.

680 Vgl. auch Jochem/Landgraf 2010, S. 62 ff. zu verschiedenen Prozessorganisationsformen der Einfluss- bzw. Monofluss-, Matrix- und reinen Prozessorganisation.

In *polychronologischen Zeitsystemen* sind hingegen Handlungen einer Person in mehreren simultan verlaufenden Handlungssträngen mit der Ausrichtung auf Zwischenergebnisse möglich.[681] Zudem sind Handlungen an mehreren Orten zu unterschiedlichen Zeiten denkbar. Aus Sicht der Handelnden ist die Zeit-Disziplin deshalb eher als eigenbestimmt einzustufen.

Das Konstrukt der *Zeitdisziplin* beschäftigt sich dabei vor allem mit der Ausrichtung der individuellen Zeitautonomie.[682] Dies beinhaltet u. a. die Leistungsbewertung nach Resultaten oder Arbeitszeiten, die Einführung sozialer Steuerung durch Selbstkontrolle und Selbstbestimmung sowie die Gewährung von Zeiten für soziale Beziehungen zum Informationsaustausch.

Die charakteristischen Merkmale monochronologischer Zeitsysteme und polychronologischer Zeitsysteme aus Gestaltungssicht des Managements zeigt Tab. 14.

| **Merkmale** | **Monochronologische Zeitsysteme** | **Polychronologische Zeitsysteme** |
|---|---|---|
| **Zeit-Disziplin / Zeit-Autonomie** | eher fremdbestimmt | eher eigenbestimmt, autonom |
| **Sequenz von Handlungen** | standardisiert, nacheinander | nicht standardisiert, simultan |
| **Bestimmtheit von Ergebnissen** | fixiertes Endergebnis | fixiertes Zwischenergebnis |
| **Steuerung und Koordination** | Geschwindigkeit eines Leistungsprozesses | Synchronisation mehrerer Leistungsprozesse |
| **Ursache-Wirkungs-Beziehungen** | eindeutig erkennbar | nicht eindeutig erkennbar |
| **Raum-Zeit-Bezug von Prozessen** | bestimmt | unbestimmt |
| **Rhythmus der Beschäftigung** | gleichbleibend | veränderlich |

Tab. 14: Monochronologische und polychronologische Zeitsysteme nach *Lee/Liebenau*[683]

Aus Sicht des strategischen Managements dürfte die Gestaltung einer vermehrt eigenbestimmten Zeit-Disziplin das Vertrauen und die Motivation handelnder Personen erhöhen.[684] Dies wiederum könnte sich positiv auf die Produktivität von wissens- und kompetenzenbasierten Handlungen in Leistungsprozessen auswirken. Gleichwohl ergibt sich hier ein Zielkonflikt zwischen

[681] Vgl. Lee/Liebenau 2002, S. 132 ff.
[682] Vgl. Lee/Liebenau 2002, S. 136 ff.
[683] Vgl. Lee/Liebenau 2002, S. 132 ff. , eigene Übersetzung und Ergänzungen.
[684] Vgl. Jochem/Landgraf 2010, S. 61 zur Etablierung einer Vertrauenskultur im Rahmen der Prozessorganisation u. a. mit Selbstkontrollmechanismen und daraus erzielbaren Produktivitätssteigerungen.

monochronologischen und polychronologischen Zeitsystemen. Monochronologische Zeitsysteme mit ihrer Ausrichtung auf Standardisierung, Routine, Geschwindigkeit und Ergebnisbestimmtheit sind weniger für autonomes Handeln geeignet.

## 3.4 Strategisches Management und Produktivität in der relationalen Zeit-Dimension

*„Productivity of scarce resources is the top priority of nations and business enterprises“.*[685]

*Baruch Lev 2004*

Bezogen auf die relationale Zeit-Dimension der Handlungszeit kann auf Basis des Zeit-Potenzials einer Unternehmung für verschiedene Verwendungsalternativen von Handlungszeiten eine nutzenoptimale Allokation für die Generierung eines maximalen Gesamtgrenznutzens erfolgen.[686] Aus Sicht des strategischen Managements ist es gleichwohl erforderlich, die bislang ausgearbeiteten Messkonzeptionen der Produktivität[687] von Handlungszeiten zusammen mit dem Zeitmanagement[688] in einen umfassenderen strategischen Zusammenhang zu stellen.

Erste Forschungsansätze für eine bilanzähnliche Darstellung von produktiven Handlungszeiten liegen bislang von *Standfield* vor.[689] Die dort als *Intangible Performance* deklarierten Produktivkräfte von Handlungszeiten sollen näher auf ihre weiteren Verwendungsmöglichkeiten analysiert werden. Für ein umfassendes strategisches Management in der relationalen Zeit-Dimension wird anschließend ein *strategisches Produktivitätsmanagement* konzipiert.[690]

### *3.4.1* Produktivität auf der Basis von Time Assets nach *Standfield*

Nach *Standfield*[691] ist die Produktivität von verfügbaren Arbeitszeiten des Personalbestands in Unternehmen die grundlegende Basis für das Management in einer personalintensiven Wissensökonomie. Ein Produktivitätszuwachs gemessen in produktiveren Arbeitszeiten zum Beispiel bei der Pflege von Kundenbeziehungen soll dann zugleich das Potenzial für eine Erhöhung

685 Lev 2004, S. 13.
686 Vgl. Kap. 3.1. Vgl. Helmstädter 1995, S. 38 f. zum Grenznutzen der Zeit i. S. d. Grenznutzens der Verwendungsarten der Handlungszeiten mit einer optimalen Nutzengenerierung aus dem kombinierten Zeitbudget.
687 Vgl. Kap. 2.5.2.
688 Vgl. Kap. 3.3.
689 Vgl. Kap. 3.4.1.
690 Vgl. Kap. 3.4.2.
691 Vgl. Standfield 2005, S. 4 f. und S. 35 ff.

von Wert-Erfolgen beinhalten. Jeder nichtproduktive Einsatz von Arbeitszeiten führt demzufolge nach *Standfield*[692] zu entsprechenden Opportunitätskosten. Zeithorizonte werden explizit nicht berücksichtigt.

**Darstellung von produktiven und unproduktiven Arbeitszeiten in einer intangiblen Bilanz**

Als fundamentale Größe von Unternehmen sind nach *Standfield*[693] die verfügbaren Arbeitszeiten des Personals aufzufassen. Unter Verwendung der Aktiva-Passiva-Strukturen einer Intellectual Capital Bilanz bzw. einer intangiblen Bilanz[694] bezieht *Standfield* die verfügbaren Arbeitszeiten des Personalbestands als sog. Time Assets auf den Aktiva-Bereich. Dort sollen die verfügbaren Arbeitszeiten je nach individueller Nutzung als Vermögensgegenstände des Wissens (Humankapital), der Beziehungen (Beziehungskapital) und der Organisation (Strukturkapital) strukturiert werden.

Die produktive Verwendung der verfügbaren Arbeitszeiten führt dann nach *Standfield* zum eigenkapitalähnlichen Ausweis eines sog. intangiblen Kapitals auf der Passivseite der intangiblen Bilanz.[695] Die unproduktive Verwendung von Arbeitszeiten zeigt sich nach *Standfield* gemäß dem Opportunitätskostenprinzip in Form von sog. intangiblen Verbindlichkeiten.[696]

**Schwierigkeiten einer intangiblen Bilanz in der absoluten Zeit-Dimension**

An dieser Stelle ist festzuhalten, dass eine solche Übertragung des Intellectual Capital Ansatzes auf die Zeit-Dimension mit einer intangiblen Bilanz die Schwierigkeit beinhaltet, die verfügbaren Arbeitszeiten des Personalbestands auf der Aktivseite als Ressource betrachten zu müssen. Zeit als bewertbare Ressource ist eindeutig eine Darstellung in der absoluten Zeit-Dimension, die in der hier vertretenen Auffassung nicht für strategische Konfigurationszwecke von relationalen Handlungszeiten geeignet ist.[697] Zudem sind unproduktiv genutzte Handlungszeiten als unproduktive Arbeitszeiten grundsätzlich als verbraucht bzw. verloren aufzufassen und wären damit bilanziell nicht ausweisbar und bewertbar.

---

692 Vgl. Standfield 2002, S. 79 f.

693 Vgl. Standfield 2002, S. 9 f. sowie Standfield 2005, S. 8 und S. 57 ff.

694 Vgl. Kap. 2.4.3 zur intangiblen Bilanz nach *Sveiby*.

695 Vgl. Standfield 2002, S. 49 f. und S. 63 f.

696 Vgl. Standfield 2005, S. 7 ff. Zu intangiblen Verbindlichkeiten der Intellectual Capital Bilanz bzw. zur intangiblen Bilanz nach Sveiby vgl. Kap. 2.4.3.

697 Vgl. Kap. 2.2.3. i. V. m. Kap. 2.2.1.

In diesem Zusammenhang ist ergänzend zu berücksichtigen, dass hier keine explizite Buchungssystematik für Arbeitszeiten vorliegt. Der Ausweis von produktiv genutzten Arbeitszeiten im eigenkapitalähnlichen Intangible Capital beruht also nicht auf einem Unterkonto mit ertrags- und aufwandsähnlichen Buchungen.

Den Aufbau dieser intangiblen Bilanz für verfügbare, produktive und unproduktive Arbeitszeiten nach *Standfield* in der absoluten Zeit-Dimension unter Berücksichtigung der oben genannten Einschränkungen zeigt Tab. 15.

| **Time Assets** | **Stunden** | **Time Capital** | **Stunden** |
|---|---|---|---|
| **Intangible Assets** | **Verfügbare Arbeitszeiten** | **Intangible Capital** | Stunden |
| • Knowledge Assets | • Führungsaufgaben (Beispiel) | produktiv genutzte Arbeitszeiten | |
| • Relationship Assets | • Kundenbeziehungen (Beispiel) | **Intangible Liabilities** | Stunden |
| • Organizational Assets | • Informationstechnik (Beispiel) | unproduktiv genutzte Arbeitszeiten | |

Tab. 15: Time Assets und Time Capital in der absoluten Zeit-Dimension nach *Standfield*[698]

**Bewertung von verfügbaren, produktiven und unproduktiven Arbeitszeiten in einer intangiblen Bilanz**

Die bilanzähnlichen Darstellungen von Arbeitszeiten in der absoluten Zeit-Dimension könnten in einem nächsten Schritt nach dem Prinzip von *Zeit als Ressource* in Geldeinheiten bewertet werden. Aus der Bewertung von verfügbaren sowie produktiv und unproduktiv genutzten Arbeitszeiten entwickelt *Standfield*[699] eine Art intangibler Ertragsrechnung in der Wert-Dimension.

Die zukünftigen Ertragspotenziale des Unternehmens sollen nach *Standfield* über die Bewertung der verfügbaren Arbeitszeiten des Personalbestands als sog. Intangible Revenue ermittelt werden. Abzüglich der bewerteten unproduktiven Arbeitszeiten als sog. Intangible Expense ergibt sich dann die sog. Intangible Performance der bewerteten produktiven Arbeitszeiten. Als Bewertungsmaßstab werden die in einer produktiven Arbeitsstunde der Vorperiode erzielten Umsatzerlöse verwendet. Dies führt dann zum Ausweis höherer Ertragspotenziale in der Position Intangible Revenue. Diese Darstellung von bewerteten Arbeitszeiten der absoluten Zeit-Dimension in der Wert-Dimension nach *Standfield* zeigt Tab. 16.

698 Vgl. Standfield 2002, S. 9, S. 50 und S. 113-117. Übernahme der englischen Bezeichnungen im Original, deutsche Texte als eigene Übertragungen.

699 Vgl. Standfield 2005, S. 83 ff. mit einer Fallstudie zur Microsoft Corporation.

<table>
<tr><td colspan="2">Absolute Zeit-Dimension (Stunden)</td><td colspan="2">Wert-Dimension (Geldeinheiten)</td></tr>
<tr><td>Time Assets</td><td>Time Capital</td><td rowspan="3">Intangible Revenue<br>Bewertung verfügbarer Arbeitszeiten</td><td>Intangible Performance<br>Bewertung produktiver Arbeitszeiten</td></tr>
<tr><td rowspan="2">Intangible Assets<br>verfügbare Arbeitszeiten</td><td>Intangible Capital<br>produktiv genutzte Arbeitszeiten</td><td rowspan="2">Intangible Expense<br>Bewertung unproduktiver Arbeitszeiten</td></tr>
<tr><td>Intangible Liabilities<br>unproduktiv genutzte Arbeitszeiten</td></tr>
</table>

Tab. 16: Bewertung von absoluten Time Assets und Time Capital nach *Standfield*[700]

**Fazit aus den Arbeiten von *Standfield*: Schwierigkeiten von Darstellungen und Bewertungen der Arbeitszeiten auf Basis der absoluten Zeit-Dimension**

*Ken Standfield* hat mit seinen umfangreichen Forschungsarbeiten die Arbeitszeiten in wissensintensiven Unternehmen und deren Produktivität detaillierter in den Blickpunkt des strategischen Managements gerückt.[701] Gleichwohl handelt es sich bei seiner bilanzähnlichen Darstellung und anschließenden Bewertung von Arbeitszeiten als Vermögensgegenstand um eine Darstellung in der absoluten Zeit-Dimension. Die absolute Zeit-Dimension nach *Newton* als fixe Hintergrundzeit und strukturierte Modellzeit ist insbesondere dadurch charakterisiert, dass Zeit grundsätzlich als Ressource aufgefasst wird. Damit wird absolute Zeit entweder auf Erlös- und Kostenbasis oder auf Ertrags- und Aufwandsbasis pauschal bewertbar.[702]

Diese absolute Auffassung von Zeit ist jedoch mit der hier entwickelten relationalen Auffassung von Zeit aus Handlungszeiten in der relationalen Zeit-Dimension als dann erst substantiierte Zeit *nicht* vereinbar. Ausgeblendet bleiben in der Folge deshalb Fragen zum eigentlichen Handlungszeiten-Potenzial des Personalbestands, zur differenzierten Behandlung von unproduktiven Handlungszeiten (eben nicht als bewertbare Verbindlichkeit), zur zeitlichen Dynamik in Zeithorizonten nach Zeitpunkten innerhalb einer Wertkette, zu unterschiedlichen Ausprägungen von Handlungszeiten in reversibler und irreversibler Form sowie zur Wertgenerierung und Wertrealisierung innerhalb einer Wert- und Finanz-Dimension. Erst die Nutzengenerierung aus unterschiedlich geprägten verfügbaren und produktiv eingesetzten Handlungszeiten-Potenzialen kann im Zeithorizont der hier entwickelten relationalen Zeit-Dimension einen Wert-Erfolg

---

700 Vgl. Standfield 2005, S. 40-43 und S. 77-79. Übernahme der englischen Bezeichnungen im Original, deutsche Texte als eigene Übertragungen.

701 Vgl. Standfield 2002, S. 63 und S. 77 zur Intangiblen Performance.

702 Vgl. Kap. 2.2.3 i. V. m. Kap. 2.2.1.

in der Wert-Dimension als Wertschöpfung erzielen.[703] Außerdem von Interesse sind damit verbundene Fragen zur strategischen Ausrichtung von Wissens- und Kompetenzenpotenzialen des Personalbestands mit dessen spezifischer Nutzung von Ressourcenpotenzialen, die bei *Standfield* ebenfalls nicht explizit innerhalb eines theoretischen Modells behandelt werden.

### 3.4.2 Strategisches Produktivitätsmanagement in der relationalen Zeit-Dimension

*„The most valuable asset of a 21st-century institution, whether business or nonbusiness, will be its knowledge workers and their productivity."*[704]

*Peter F. Drucker 2001*

Knappe Handlungszeiten des Personalbestands in wissensintensiven Unternehmen sind strategieausgerichtet in wertschöpfenden Leistungsprozessen einzusetzen und zu nutzen.[705] Für das strategische Management ergibt sich daraus die Notwendigkeit, die Produktivität von Handlungszeiten des Personalbestands stärker als bisher im Rahmen eines umfassenden strategischen Produktivitätsmanagements für die fortdauernde strategische Bereitschaft zu gestalten und zu entwickeln.[706]

#### *3.4.2.1 Strategischer Handlungsrahmen wissensintensiver Unternehmen*

Die Integration von führungsorientierten Managementsystemen gehört zu den grundlegenden Gestaltungs- und Entwicklungsaufgaben des Managements.[707] Wissensintensive Unternehmen stehen dabei häufig vor einem Zielkonflikt zwischen komplexitätsreduzierenden, hochspezialisierten und arbeitsteilig standardisierten Prozessabläufen und den komplexen Anforderungen vernetzter Abläufe in polychronologischen Zeitsystemen, zum Beispiel für Produktinnovationen.[708] Mit dem Einsatz von übergreifenden Wissensmanagementsystemen ist dabei die Ziel-

---

703 Vgl. Kap. 3.1 i. V. m. Kap. 1.3.5.

704 Drucker 2001, S. 135.

705 Vgl. Leibold/Probst/Gibbert 2002a, S. 13-15 sowie Kap. 2.1 zu wissensintensiven Unternehmen u. Kap. 2.2 zur relationalen Zeit-Dimension.

706 Vgl. Simon 2004, S. 117 f. u. S. 138. Vgl. Kap. 2.3.1 zum strategischen Management u. Kap. 2.3.4 zur Strategieumsetzung sowie Kap. 2.4.1 u. Kap. 2.4.2 zu strategischen Potenzialen.

707 Vgl. Mertins/Wang 2010, S. 35 ff. zur Verbindung des Prozessmanagements mit Managementsystemen.

708 Vgl. Komus 2011, S. 4 zu den Erfolgsfaktoren des Prozessmanagements sowie ergänzend Kap. 3.3.4.

setzung verbunden, grundsätzlich die Produktivität von individuellen Wissens- und Kompetenzenpotenzialen des Personalbestands bei der Nutzung von Unternehmensressourcen zu erhöhen.[709]

Aus Wettbewerbssicht sind wissensintensive Unternehmen mit der Verkürzung von Zeithorizonten durch Zeitkompression, dem Reengineering sequenzieller Prozessabläufe und der Einführung simultaner Prozesse konfrontiert.[710] Zusätzliche Anforderungen für wissensintensive Unternehmen ergeben sich in der globalen rund-um-die-Uhr-Sicht durch Leistungsprozesse und Interaktionen, die zunehmend in Echtzeit ohne nennenswerte zeitliche Verzögerungen und simultan im Rahmen eines Multiprocessing stattfinden sollen.[711]

**Verfügbarkeit und Produktivität strategischer Potenziale**

Nach Maßgabe der bisher entwickelten Begriffe von Wissen, Information und Technologie zusammen mit Wissens- und Kompetenzenpotenzialen des Personalbestands und deren produktive Nutzung von Ressourcenpotenzialen[712] ergeben sich für das strategische Management spezifische Orientierungsmarken.[713]

Demnach hat das strategische Management mit seinem Ziel einer langfristigen wettbewerblichen Ausrichtung im Sinn eines strategischen Fits insbesondere darauf zu achten, dass bei der strategischen Gestaltung und Entwicklung von individuellen Wissens- und Kompetenzenpotenzialen deren Verfügbarkeit und Produktivität im Zeithorizont sichergestellt sind. Das Ziel einer zunehmenden Produktivität bezieht sich dann auf die individuelle und kollektive Handlungsebene jeweils zusammen mit der Nutzung und Gestaltung von bestimmten Ressourcenpotenzialen.[714]

---

709 Vgl. Edler 2003, S. 215 ff. Vgl. Kohl/Orth 2010, S. 173 ff. zur Integration der Konzepte des Wissensmanagements u. a. mit der Abstimmung von Wissensnachfrage und Wissensangebot in die laufenden Geschäftsprozesse zur Erhöhung der Nutzengenerierung. Vgl. Bea/Haas 2013, S. 344 ff. zum Wissensmanagement und zu Wissensprozessen.

710 Vgl. Sabelis 2002, S. 90 ff. sowie Kap. 3.3.3.

711 Vgl. Adam/Whipp/Sabelis 2002, S. 19 f. sowie Kap. 3.3.1.

712 Vgl. Kap. 1.3.3 und Kap. 1.3.4.

713 Vgl. Welge/Al-Laham 2008, S. 101 ff. zum Kernkompetenzansatz (core competency approach) als Ergänzung des wissensbasierten Ansatzes (knowledge based view) zur produktiven Verwendung von Wissens- und Kompetenzenpotenzialen einerseits und Ressourcen andererseits.

714 Vgl. Kap. 2.1 und Kap. 2.5.

**Orientierung an Erfolgsfaktoren für die Produktivitätsausrichtung**

Die weiteren Gestaltungsbereiche des strategischen Managements im Rahmen der strategischen Planung und Kontrolle beinhalten auch *strategische Erfolgsfaktoren* (Critical Success Factors).[715] Strategische Erfolgsfaktoren gelten als weitere Konkretisierung der strategischen Potenziale und können erfolgsrelevante Stärken und Schwächen relativ zur Wettbewerbsumwelt ausdrücken. Erfolgsfaktoren sind dann spezifischere Fokussierungspunkte für die Ausrichtung der Produktivität. Angesprochen sind hier insbesondere die individuellen Wissens- und Kompetenzenpotenziale des Personalbestands, die Funktionsbereiche Leistungsbeschaffung, Leistungserstellung und Leistungsverwertung sowie die Informationstechnologie und die Unternehmenskultur.

Als typische Erfolgsfaktoren gelten in diesem Zusammenhang zum Beispiel die individuelle Berufsqualifikation, die Lernbereitschaft und der Informationsaustausch des Personalbestands, die Infrastruktur der Leistungsprozesse aus Kundensicht oder die Güte der eingesetzten Informationstechnologien im Mensch-Maschine-Kontext.[716] Erfolgsfaktoren können entscheidungs- und erfolgsrelevant sein, müssen aber gleichwohl für den produktivitätsausgeausgerichteten Einsatz innerhalb von Leistungsbereichen einheitlich operationalisiert werden. Eine solche Operationalisierung wäre zum Beispiel im Rahmen der Einführung einer Informationstechnologie wie dem Content Management System möglich. So könnte eine Produktivitätssteigerung in Höhe von 10% im Zeithorizont von zwei Jahren innerhalb bestimmter Funktionsbereiche gemessen in reduzierten Handlungszeiten für Such- und Dokumentationsprozesse vorgegeben werden.

#### *3.4.2.2 Operationales Produktivitätsmanagement auf Basis eines Produktivitätssystems*

Die Produktivität wissensintensiver Unternehmen konnte nach *North/Güldenberg*[717] bislang noch nicht in ein einheitliches und operationales Gesamtmodell überführt werden. Bei den Messmethoden überwiegt die Bestimmung individueller Produktivitäts-Indices aus Input-Out-

---

[715] Vgl. Bea/Haas 2013, S. 122 ff. detailliert zu strategischen Erfolgsfaktoren.

[716] Vgl. Bea/Haas 2013, S. 123 f. Vgl. Macharzina/Wolf 2010, S. 370 f. kritisch zur Erfolgsfaktorenforschung.

[717] Vgl. North/Güldenberg 2008, S. 123. Trotz des ihrer Meinung nach offensichtlichen Bedarfs der Praxis können die Autoren noch keinen ganzheitlichen und branchenübergreifenden theoretischen Ansatz einschließlich technologischer Umsetzungen zur Produktivitätsmessung von Wissensarbeit erkennen. Das tayloristische Konzept normierter Handlungs- bzw. Bewegungsabläufe in extrem abgegrenzten Arbeitsbereichen zur Verkürzung des Leistungseinsatzes in Form geleisteter Arbeitsstunden bietet für die komplexe Wissensarbeit naturgemäß wenig Anknüpfungspunkte, vgl. a. a. O. , S. 112 ff.

put-Relationen für den Vorperiodenvergleich von Veränderungen. Daneben existieren Methoden der linearen Programmierung mit der Darstellung mehrerer Input-Leistungen und Produktionsgrenzen innerhalb von Prozessen sowie ökonometrische Modelle bezogen auf technologische Prozesse mit Kapital- und Arbeitseinsatz.[718]

**Produktivitätsmanagement mit der Integration eines Performance Management Systems**

Nach *Lev/Daum*[719] ist der Wert-Erfolg aus individuellen Wissens- und Kompetenzenpotenzialen des Personalbestands nicht isoliert, sondern immer nur in Verbindung mit Leistungsprozessen und Geschäftsstrukturen als produktive Faktorenkombination zu messen. Als einheitliche Messkonzeption wird eine Total Factor Productivity mit einem einzurichtenden *Performance Management System* vorgeschlagen.[720] In operationaler Sicht soll die Messkonzeption als Performance Measurement System explizit die Zeit-Dimension berücksichtigen, ein Echtzeit-Reporting von Handlungszeiten ermöglichen sowie die Ermittlung von einheitlichen Erfolgsgrößen im Rahmen der Nutzengenerierung anstreben.[721] Als übergreifende *Managementtechniken* für die Integration der Produktivität nennen *Kaplan/Norton*[722] das Activity-Based Management sowie das Total Quality Management mit einer Ausrichtung an den strategischen Zielen.

**Produktivitätsmanagement mit einem Messmodell für das strategische Management**

Als vielversprechend neues Betätigungsfeld für das strategische Management bietet sich ein übergreifendes operationales Produktivitätsmanagement mit einem integrierten Messmodell für die Produktivität in der relationalen Zeit-Dimension an. Das Produktivitätsmanagement wissensintensiver Unternehmen befindet sich derzeit auf der Grundlage vorgelegter Produktivitätsmodelle gleichwohl noch in einer Entwicklungsphase.[723] Dies gilt insbesondere für neuere integrierte Messmodelle, die zum Beispiel als Balanced Scorecard mit Kennzahlen ausgestaltet sind.[724] Das Produktivitätsmanagement ist sich derzeit, soweit erkennbar, nicht ohne weiteres seiner Potenziale für die strategische Steuerung in der hier so bezeichneten relationalen Zeit-Dimension bewusst.

---

718 Vgl. North/Güldenberg 2008, S. 116 ff. zur Indexmessung sowie zur Data Envelopment Analysis (DEA) als Methode der linearen Programmierung. Vgl. zu DEA auch Backhaus et al. 2014, S. 62 ff.

719 Vgl. Lev/Daum 2003, S. 33-36.

720 Vgl. Lev/Daum 2003, S. 34-35 und 45-48.

721 Vgl. Daum 2003, S. 83-87.

722 Vgl. Kaplan/Norton 2004, S. 77 ff.

723 Vgl. Weiß et al. 2014, S. 20 ff. zu Produktivitätsmodellen für industrielle Dienstleistungen.

724 Vgl. Weiß et al. 2014, S. 27 f. zum entwickelten Dienstleistungsproduktivitätsmodell als Baustein eines übergreifenden Produktivitätsmodells.

**Produktivitätsmanagement für die strategische Steuerung der Produktivität**

Die Gestaltung und Entwicklung der Produktivität wissensintensiver Unternehmen ist eine zentrale Aufgabe des strategischen Managements.[725] Das Produktivitätsmanagement ist damit eine grundlegende Voraussetzung für die strategiegeleitete Steuerung strategischer Potenziale.[726] Das Produktivitätsmanagement soll dabei auch die Funktionsfähigkeit des gesamten *Arbeitssystems* sicherstellen und dessen Bestimmungsgrößen regeln.[727] Das Arbeitssystem berücksichtigt in seinen Makro- und Mikrostrukturen den Personalbestand u. a. mit dessen Aufgabenzuteilungen, die einzusetzenden materiellen und immateriellen Unternehmensressourcen im Mensch-Maschine-Kontext, die Eingabe- und Ausgabesysteme für Arbeitsergebnisse sowie die Leistungsprozesse mit ihren einzelnen Arbeitsabläufen.

**Einflussfaktoren des Produktivitätsmanagements**

Das Produktivitätsmanagement hat die Wirkung von Einflussfaktoren zu berücksichtigen. Diese Einflussfaktoren beziehen sich vor allem auf den Personalbestand mit dessen Leistungsbereitschaft und Leistungsfähigkeit sowie auf die Informationstechnik und Informationstechnologie mit deren Innovationspotenzialen. Weiterhin sind vom Produktivitätsmanagement organisationale Einflussfaktoren zum Beispiel bezüglich der Gestaltungen von Teamarbeit in Teamorganisationen einzuplanen.[728]

Für den Personalbestand sind zum Beispiel als Einflussfaktoren variable Entlohnungssysteme, Work-Life-Balance oder Arbeitszeitflexibilisierungen einzubeziehen.[729] Zur Sicherstellung der Mitarbeiterzufriedenheit im Rahmen von Produktivitätsmessungen bietet sich ergänzend das *Kriterium der Partizipation* an. Das Partizipationskriterium ist als Mitwirkung von Leistungserbringer und Leistungsempfänger bei der gemeinsamen Formulierung sowie gemeinsamen Messung und Bewertung von Verhaltens- und Ergebnisleistungen zu verstehen.[730]

---

725 Vgl. Bruhn/Hadwich 2011, S. 9 f.

726 Vgl. Borchert et al. 2011, S. 94 ff. zum Produktivitätsmanagement mit Verhaltensweisen und Verfahren zur Erhöhung der Produktivität im Hinblick auf eine Steigerung des Unternehmenserfolgs.

727 Vgl. Bokranz/Landau 2006, S. 30 ff.

728 Vgl. Bokranz/Landau 2006, S. 39 ff.

729 Vgl. von Garrel et al. 2014, S. 87 ff. zur Steuerung der Produktivität wissensintensiver Dienstleistungsunternehmen.

730 Vgl. Schmidt et al. 2011, S. 209 ff. zum partizipativen Produktionsmanagement (PPM) sowie a. a. O., S. 219 ff. zur Anwendung in der Konstruktionsabteilung eines Maschinenbauunternehmens.

**Darstellung eines strategischen Produktivitätssystems für wissensintensive Unternehmen**

Nach dem *BMBF-Verbundvorhaben* mit der Bezeichnung *Produktivitätsmanagement für industrielle Dienstleistungen stärken* (*PROMIDES*) sind für ein Produktivitätssystem insgesamt drei informationstechnologische Modellelemente sowie ein strategisches Modellelement erforderlich.[731] Hierzu gehören ein Business Intelligence System als informationstechnisches Werkzeug u. a. für das Controlling, ein Business Process Management u. a. für die Steuerung, Modellierung und Simulation von Leistungsprozessen sowie ein Performance Management System für die ganzheitliche strategiegeleitete Leistungssteuerung. Das vierte Element als *strategisches Produktivitätsmodul* ist in einer Balanced Scorecard Systematik mit Kennzahlen für den Input und Output ausgearbeitet.[732]

**Strategisches Produktivitätsmanagement mit verschiedenen Ebenen auf Basis eines Produktivitätssystems**

Nach den bisherigen Ausführungen wäre ein strategisches Produktivitätsmanagement für wissensintensive Unternehmen auf Basis des oben skizzierten Produktivitätssystems mit den folgenden vier *Ebenen* denkbar.[733] Auf einer ersten Ebene müsste ein umfassendes strategisches Produktivitätsmanagement die Funktionsbereitschaft und Funktionsfähigkeit des gesamten *Arbeitssystems* und *Produktionssystems* mit dem Personalbestand und den Unternehmensressourcen einschließlich bestimmter Fördermethoden und Fördermaßnahmen sicherstellen.[734] In einer zweiten Ebene wären *Messgrundlagen* mit der Nutzungsart von Ressourcenpotenzialen, mit der Art von Einheiten (Zeit, Mengen) und mit der Art der Basis (Soll, Ist) festzulegen. In einer dritten Ebene sind die jeweiligen *Messbereiche* der Leistungsbereitschaft, der Leistungserstellung und der Leistungsverwertung zu bestimmen. Die vierte Ebene der *Messinstrumente* bezieht sich dann auf die Gestaltung der zielorientierten Effektivität als relative Produktivität und der bedarfsorientierten Effizienz als absolute Produktivität.[735]

**Zusammenfassende Darstellung des strategischen Produktivitätsmanagements**

Die Gesamtdarstellung eines möglichen strategischen Produktivitätsmanagements in der relationalen Zeit-Dimension zeigt Abb. 26.[736] Für das strategische Management wissensintensiver

---

[731] Vgl. Weiß et al. 2014, S. 22 ff. zu den Dimensionen des PROMIDIS Produktivitätsmodells für KMU.
[732] Vgl. Weiß et al. 2014, S. 27 zum Produktivitätsmodell für industrielle Dienstleistungen.
[733] Vgl. Bokranz/Landau 2006, S. 42 ff.
[734] Vgl. Bokranz/Landau 2006, S. 30 ff.
[735] Vgl. Kap. 2.5.2.
[736] Vgl. ergänzend Kap. 2.5.2.

Unternehmen in der relationalen Zeit-Dimension ist damit die Produktivität von Handlungszeiten des Personalbestands als Wirkungsgrad und maßgeblich erachtete Einflussvariable eines Wert-Erfolgs das gestaltbare, entwickelbare und steuerbare Gesamtkonstrukt mit internen Einflussfaktoren insbesondere aus dem Personal- und Technologiebereich.

Das strategische Produktivitätsmanagement nach Abb. 26 mit eigenen Ebenen bezüglich Arbeitssystem und Produktionssystem und deren jeweiligen Messgrundlagen, Messbereiche und Messinstrumente wäre mit einem Produktivitätssystem der Informationstechnologie, z. B. mit einem integrierten Performance Management System zu unterstützen. Zu integrieren sind die beiden Bereiche eines betrieblichen Zeitmanagements für die Produktivität von Leistungsprozessen und eines individuellen Zeitmanagements für die Produktivität von individueller Wissensarbeit.[737]

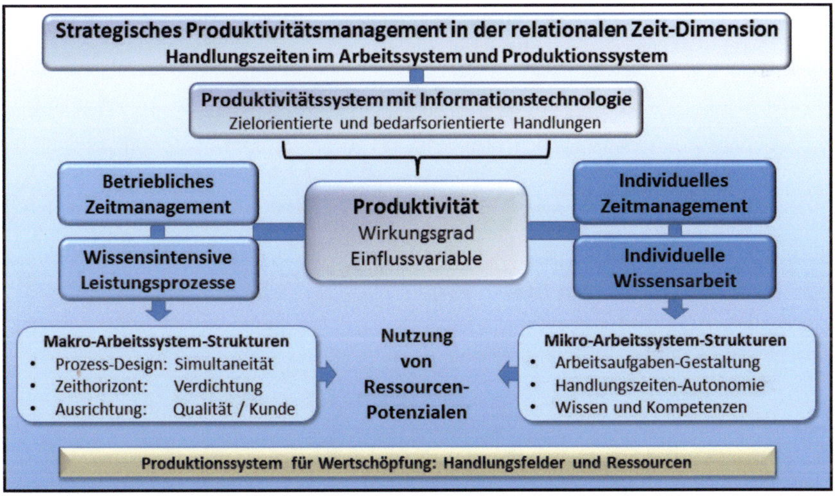


Abb. 26: Strategisches Produktivitätsmanagement in der relationalen Zeit-Dimension

#### *3.4.2.3 Betriebliches Zeitmanagement für die Verdichtung von Leistungsprozessen*

Im Kern des oben dargestellten betrieblichen Zeitmanagements steht die zeitliche Verdichtung von Leistungsprozessabläufen im Zeithorizont.[738] Auf Basis der Zielsetzung des betrieblichen

[737] Vgl. zum Zeitmanagement Kap. 3.3.3.

[738] Vgl. Fischer 2001, S. 19-22 sowie Stalk/Hout 1992, S. 203 ff.

Zeitmanagements, Response-Zeiten der Unternehmung bzw. Reaktionszeiten auf interne oder externe Impulse zu minimieren, lassen sich konkrete Maßnahmen ableiten, siehe dazu Tab. 17.[739]

| **Maßnahmen im betrieblichen Zeitmanagement** |
|---|
| • Reduzierung der Zeitdauer einzelner Handlungen, z.B. durch Reduzierung der Komplexität<br>• Eliminierung von unnötigen oder redundanten Handlungen<br>• Änderung in der Reihenfolge von Handlungen<br>• Parallelisierung und Überlagerung von Prozessabläufen<br>• Reduzierung der Anzahl von Schnittstellen, z.B. durch Abbau von Hierarchieebenen<br>• Beschleunigung von Informationsflüssen, z.B. durch Vermeidung von Medienbrüchen |

Tab. 17: Zeitmanagement-Maßnahmen zur Verkürzung von Response-Zeiten[740]

Vor der Einführung von Maßnahmen des betrieblichen Zeitmanagements ist die Durchführung einer *Prozessanalyse* für den gesamten Wertschöpfungsprozess zu empfehlen.[741] Hierzu zählen die Erfassung von Durchlaufzeiten, die Bestimmung zeitlicher Engpass-Stellen und die Identifikation von sog. Zeittreibern.[742] Die Arten von Zeittreibern mit Maßnahmen zur Reduzierung von unproduktiven Handlungszeiten innerhalb von Leistungsprozessen zeigt Tab. 18.

| **Zeittreiber mit Potenzialen für einen unproduktiven relationalen Zeitverbrauch** | **Maßnahmen zur Reduzierung des unproduktiven relationalen Zeitverbrauchs in Leistungsprozessen** |
|---|---|
| • Entwicklungsbezogene Zeittreiber<br>• Ablaufbezogene Zeittreiber<br>• Strukturbezogene Zeittreiber | • Unterstützung von kunden- und qualitätsausgerichteten Prozessaktivitäten<br>• Eliminierung von prozesshemmenden Aktivitäten ohne Nutzengenerierung<br>• Reduzierung von Engpassaktivitäten |

Tab. 18: Zeittreiber und Produktivmaßnahmen im betrieblichen Zeitmanagement[743]

739 Vgl. Fischer 2001, S. 49 ff. Für die Wissensarbeit bedeutend ist auch die Minimierung von indirekten Bearbeitungszeiten wie z. B. Koordinationszeiten oder Nacharbeiten infolge von Fehlern sowie die Minimierung von prozesshemmenden Stillstandszeiten wie z. B. reine Liegezeiten, vgl. a. a. O., S. 38.

740 Darstellung in Anlehnung an Fischer 2001, S. 49 ff.

741 Vgl. Hamprecht 2000, S. 61-64.

742 Vgl. ergänzend Wildemann 2000, S. 417 f. zu den Kategorien von Zeittreibern nach organisationsbezogenen (z. B. sequenzielle Bearbeitung), sachmittelbezogenen (z. B. ineffiziente IT), informationsbezogenen (z. B. mangelnde Aktualität) und personalbezogenen Kriterien (z. B. mangelnde Verfügbarkeit, Qualifikationsdefizite).

743 Vgl. Hamprecht 2000, S. 66 ff.

Erkenntnisse aus der Prozessanalyse können zur produktivitätsorientierten Optimierung des gesamten Prozessdesigns im Rahmen des *Operations Managements* herangezogen werden.[744] Danach zählen zu den Optimierungsmethoden innerhalb von Leistungsprozessen die Konzentration von individuellen Handlungen und Handlungsabfolgen sowie deren Beschleunigung, Rationalisierung, Parallelisierung und Synchronisierung.

**Erlös- und Kostenwirkungen des betrieblichen Zeitmanagements**

In der Schnittstelle zwischen Zeit-Dimension und Wert-Dimension untersuchen *Günther/Fischer*[745] die kurzfristigen Erlös- und Kostenwirkungen einer Zeitstrategie im Rahmen des betrieblichen Zeitmanagements. Mögliche positive Optionen sind die Erzielung einer Preisprämie auf der Erlösseite und zeitrelevante Kostensenkungen im Hinblick auf die Minimierung von Durchlaufzeiten.[746]

Bei reinen Kostenbetrachtungen ohne präzise Produktivitätsanalysen in der relationalen Zeit-Dimension besteht gleichwohl die Gefahr, auch potenziell produktive Positionen zu eliminieren. Den Kostensenkungspotenzialen aus der Eliminierung des unproduktiven relationalen Zeitverbrauchs können zusätzliche Kosten aus Maßnahmen der Beschleunigung gegenüberstehen. Eine Übersicht der im Rahmen einer *Zeitkostenrechnung* zu berücksichtigenden zeitrelevanten Kosten bei der Minimierung von Durchlaufzeiten auf der operativen Ebene zeigt Tab. 19.[747]

---

744 Vgl. Thonemann 2005, S. 154 ff. zur Optimierung des Prozessdesigns mit Bezug auf individuelle Handlungen als elementare Tätigkeiten, die nicht mehr als Teil- oder Hauptprozess abzubilden sind.

745 Vgl. Günther/Fischer 2000, S. 276-279.

746 Vgl. Günther/Fischer 2000, S. 276 ff. zur Zeitstrategie mit zu planenden Nutzen-, Erlös- und Kostenwirkungen. Zu den zeitbezogenen Nutzenwirkungen zählen z. B. Pünktlichkeit und Zeitdauerverkürzungen. Die Höhe der Preisprämie bestimmt sich nach Günther/Fischer a. a. O. aus der Zeitelastizität des Preises, mit dem Preis als Funktion der Lieferzeit. Je kürzer die Lieferzeit, desto höher der erzielbare Preis.

747 Vgl. Günther/Fischer 2000, S. 276 ff. sowie S. 279 u. S. 287 f. zur Zeitkostenrechnung. Der Begriff dieser Zeitkosten steht in keinem Zusammenhang zu einer älteren Interpretation von Zeitkosten als beschäftigungsgradunabhängige Kosten bzw. Fixkosten, vgl. Lücke 2000, S. 49.

| **Zeitrelevante Kosten mit Erhöhungspotenzial bei Durchlaufzeiten-Minimierung** | **Zeitrelevante Kosten mit Senkungspotenzial bei Durchlaufzeiten-Minimierung** |
|---|---|
| • Abschreibungen auf Anlagevermögen<br>• Miet- und Leasingkosten<br>• Wartungskosten<br>• Qualitätssicherungskosten<br>• Beratungskosten und Schulungskosten<br>• Personalkosten zur Sicherung der Zeiteinhaltung<br>• Konventionalstrafen und Schadensersatz bei Zeitabweichungen | • Materialkosten<br>• Personalkosten<br>• Logistikkosten intern<br>• Raumkosten<br>• Kalkulatorische Zinsen<br>• Opportunitätskosten (entgangene Umsatzerlöse oder Deckungsbeiträge) |

Tab. 19: Zeitrelevante Kosten bei Durchlaufzeiten-Minimierung im Zeitmanagement[748]

### 3.4.2.4 Strategische Gestaltungen produktiver Wissensarbeit

Das strategische Management hat nach *Drucker*[749] bei der Gestaltung von Wissensarbeit in wissensintensiven Unternehmen grundsätzlich auf die *Zielorientierung* bzw. die *Effektivität* von wissensintensiven Tätigkeiten zu achten. Dies beinhaltet die Zuordnung von Wissensarbeiten auf definierte Ziel-Aufgabenfelder mit jeweils präzise festgelegten Arbeitsbeiträgen innerhalb von Handlungszeiten im Rahmen der betrieblichen Leistungsprozesse. Ineffektive Tätigkeiten, die im engeren Sinn nicht zum definierten Ziel-Aufgabenfeld gehören, wären demnach zu eliminieren. Als Rahmenbedingung effektiver Wissensarbeit ist gleichwohl die *autonome Handlungsfähigkeit* der Individuen zu gewährleisten.

Weiterhin gehört es nach *Drucker*[750] zu den Aufgaben des Managements, bezüglich der Ergebnisse von Wissensarbeit auf den *Vorrang der Qualität* vor der Quantität in engem Bezug zum definierten Aufgabenfeld hinzuwirken. Qualität ist in diesem Zusammenhang eher als Definitionsproblem und weniger als Messproblem aufzufassen.

---

748 Darstellung nach Günther/Fischer 2000, S. 285 mit einer Kostenauswahl. Vgl. a. a. O., S. 287 zu Zeiteinhaltungskosten und Zeitabweichungskosten bei Minimierung der Durchlaufzeit-Varianz.

749 Vgl. Drucker 2001, S. 142-146. Zu den Arbeiten von Frederick W. Taylor (1856-1915) als erste wissensbasierte Analyse von manueller Arbeit mit produktivitätsorientierter Ausrichtung und deren Grundlegung für das Scientific Management und das nachfolgende Industrial Engineering vgl. a. a. O., S. 135-141.

750 Vgl. Drucker 2001, S. 146-148.

**Wissensorganisation als Rahmenbedingung**

Die Unternehmensführung kann nach *North*[751] mit dem Aufbau einer strategieorientierten Wissensorganisation die Rahmenbedingungen für eine produktive Nutzung von Unternehmensressourcen durch Wissens- und Kompetenzenpotenziale des Personalbestands schaffen. Dazu ist auch die Entwicklung geeigneter Mess- und Bewertungssysteme sowie die informationstechnologische und personale Wissensvernetzung zu berücksichtigen.[752]

Die Gestaltung der Wissensorganisation und der Wissensprozesse wird nach *North/Güldenberg*[753] durch *Erfolgsfaktoren* beeinflusst. Hierzu zählen u. a. die verbesserte Koordination zwischen Management, Informationstechnologie und Arbeitsplatzdesign sowie die erhöhte Sensibilität hinsichtlich spezifischer Anforderungen der Wissensarbeit.

**Prozessorientierung im Rahmen der Wissensarbeit**

Für die zielorientierte Steuerung der Ergiebigkeit und Güte von Wissensarbeit eignet sich das prozessorientierte Produktivitätsmanagement.[754] Für die Messung der Prozesseffizienz in wissensintensiven Haupt- und Teilprozessen ist nach *Scharpf*[755] ein System aus vier prozessorientierten Effizienzgrößen unter Verwendung der Parameter Zeit, Qualität, Kundenzufriedenheit und Kosten einzusetzen. Zu berücksichtigen sind dabei die Prozesszeiten als Durchlaufzeiten, die Prozessqualitäten als fehlerfreie Ausführungen, die interne Abnehmerzufriedenheit hinsichtlich der Prozessergebnisse bei definierten Leistungsanforderungen sowie die Prozesskosten in Form von Prozesskostensätzen.

**Zeitbedarfs-Strukturen nach Projektumfängen, Produktivität und Projektlaufzeiten**

Für das Management produktiver Wissensarbeit sind neben neben den aufgeführten Wissensstrukturen und Wissenssystemen auch die Zeitbedarfs-Strukturen innerhalb der relationalen Zeit-Dimension zu berücksichtigen. Eine der ersten methodischen Untersuchungen über Ursache-Wirkungs-Beziehungen zwischen wissensintensiven Arbeitsumfängen und Arbeitsproduk-

---

751 Vgl. North 2011, S. 4 f. u. S. 265 ff.

752 Vgl. Kap. 2.4 zu strategischen Potenzialen für die Nutzen- und Wertgenerierung.

753 Vgl. North/Güldenberg 2008, S. 130 ff.

754 Vgl. Scharpf 2008, S. 175 ff. zu den Ansätzen einer prozessbezogenen Produktivitätsanalyse für Wissensprozesse innerhalb der Deutschen Rentenversicherung. Als Grundlage können Analyseinstrumente wie das Business Process Improvement, Business Process Redesign oder das Business Process Reengineering herangezogen werden.

755 Vgl. Scharpf 2008, S. 181 ff. zur Messung der Prozesseffizienz und S. 202 ff. zur Bewertung der Prozessproduktivität bei wissensintensiven Prozessen für die Anwendung innerhalb der Deutschen Rentenversicherung.

tivitäten sowie deren Zeitbedarfsstrukturen in der Zeit-Dimension liegt dazu für die Softwareindustrie vor.[756] Die daraus abgeleitete *Putnam Norden Rayleigh Gleichung* verdeutlicht nach *Moore*[757] den ursächlichen Einfluss der beiden Variablen von Projektumfang und Unternehmensproduktivität auf den Arbeitszeitbedarf, siehe dazu Abb. 27.

$$\text{Arbeitszeit-Bedarf} = \left[\frac{\text{Projektumfang}}{\text{Produktivitätsparameter}}\right]^3 \times \left[\frac{1}{\text{Projektlaufzeit}^4}\right]$$

Abb. 27: Arbeitszeitbedarf und Produktivität nach *Putnam Norden Rayleigh*[758]

Die Projektlaufzeit wirkt sich nach Abb. 27 nur dann erhöhend auf den Arbeitszeitbedarf aus, wenn der ursprünglich angesetzte realistische Zeitbedarf stark komprimiert werden soll. Der implizit berücksichtigte Verlauf einer *Rayleigh Kurve* soll zusätzlich verdeutlichen, dass bereits ab dem ersten Drittel bis zur Hälfte der Projektlaufzeit der volle Personal- bzw. Arbeitszeiteinsatz erforderlich sein kann.

**Handlungszeit-Strukturen der Wissensarbeit**

Für kognitiv-informationsverarbeitende Prozesse in Handlungszeiten des Personalbestands sieht *Wildemann*[759] zudem die Notwendigkeit von Controlling-Maßnahmen auf Basis einer prozessorientierten Strukturierung des Zeitbedarfs. Die größten Potenziale für die Reduzierung des unproduktiven relationalen Zeitverbrauchs und damit für Produktivitätssteigerungen in der Wissensarbeit werden bei den indirekten Bearbeitungszeiten vermutet. Eine Übersicht potenziell produktiver, gering produktiver und unproduktiver Zeitstrukturen wissensverarbeitender Prozesse zeigt Tab. 20.

---

756 Vgl. Moore 1999, Kap. 6, S. 5-9 zu der von *Peter Norden* von IBM in den 1960er Jahren identifizierten *Rayleigh Kurve* bei FuE-Projekten im Verhältnis von Personaleinsatz und Projektzeitdauer und zu der von *Lawrence Putnam* in den 1970er Jahren weiter entwickelten *Putnam Norden Rayleigh Gleichung* für die Softwareindustrie.

757 Vgl. Moore 1999, Kap. 6, S. 9 f. sowie kritisch zur Messung des Projektumfangs und des organisationsübergreifenden Produktivitätsparameters.

758 Darstellung nach Moore 1999, Kap. 6, S. 6, eigene Übersetzung. Vereinfachte Darstellung des Projektumfangs.

759 Vgl. Wildemann 2000, S. 408 f.

| Potenziell produktive Zeit-Strukturen | Potenziell gering produktive bis unproduktive Zeit-Strukturen | Potenziell unproduktive Zeit-Strukturen |
|---|---|---|
| • Direkte Bearbeitungszeiten | • Transformationszeiten<br>• Nacharbeitungszeiten<br>• Abstimmungs- und Kontrollzeiten<br>• Archivierungs- und Suchzeiten<br>• Rüstzeiten (kognitive und technische) | • Transportzeiten<br>• Liegezeiten |

Tab. 20: Handlungszeit-Strukturen in wissensverarbeitenden Prozessen[760]

#### 3.4.2.5 Ressourcenflussorientierte Konzepte mit der Darstellung unproduktiver Leistungs- und Güterströme

Die zunehmende Knappheit hochwertiger materieller Ressourcen, deren zwingend notwendiger produktiver Einsatz und steigende Umweltkosten führten Anfang der 1990-er Jahre zur Entwicklung von Umweltmanagementsystemen mit *Umweltkostenrechnungen* auf Basis von quantitativen Stoffstrom-Modellen für die operative Unternehmenssteuerung im Sinne eines umfassenden Umweltschutzes.[761] Im Ergebnis wurde eine differenziertere Zurechnung *unproduktiver Umweltkosten* über die Einrichtung zusätzlicher umweltschutzrelevanter Hilfskostenstellen in der Betriebsabrechnung erzielt und die Umweltkostenbelastung einzelner Kostenträger bzw. Leistungserzeugnisse neu bewertet.[762]

**Darstellung des unproduktiven Ressourcenverbrauchs auf Kostenträgern**

Eine konsequente ressourcenflussorientierte Sichtweise wird mit der *Materialflusskostenrechnung* (MFKR) nach DIN EN ISO 14051 umgesetzt.[763] Diese erfasst separat quantitativ-physikalische Material- und Energieflüsse mit monetären Bewertungen sowie den unproduktiven Output z. B. in Form von Emissionen, Abfall, Abwasser oder Lärm als eigenen *Kostenträger* neben den üblichen Produkten. Die Materialflusskostenrechnung ist somit in der Lage, einen unproduktiven Ressourcenverbrauch im Sinne von Ressourcenverlusten auf quantitativer und bewerteter Ebene darzustellen. Im Vergleich zur klassischen Kostenrechnung werden damit in der Materialflusskostenrechnung die Potenziale für die Eliminierung unproduktiver Stoff- und

---

760 Darstellung nach Wildemann 2000, S. 403. Begriffe wurden wörtlich aus dem Text übernommen.

761 Vgl. Blasius/Fischer 1995, S. 439 ff. zur Umweltkostenrechnung unter Berücksichtigung quantitativer Stoff- und Energieströme.

762 Vgl. Blasius/Fischer 1995, S. 445-450 zur Kostenarten-, Kostenstellen- und Kostenträgerrechnung im Rahmen der Umweltkostenzurechnung.

763 Vgl. Finkbeiner 2012, S. 55 zur Materialflusskostenrechnung im Rahmen des Umweltmanagements in der Normenreihe ISO 14000.

Güterströme, für Kostenreduzierungen und für die Erzielung weiterer Synergieeffekte damit wesentlich deutlicher für Steuerungszwecke dargestellt.[764]

Im Rahmen der ähnlich zur MFKR konzipierten *Materialverlustkostenrechnung* weist *Lemser*[765] ebenfalls auf die zentrale ökonomische Bedeutung der Produktivität von Stoff- und Güterströmen und deren separate Dokumentation hin, allerdings unter Berücksichtigung einer konsistenten Zielausrichtung der Leistungsprozesse mit den jeweils eingesetzten Ressourcenkombinationen. Unproduktive Material- bzw. Ressourcenverluste und deren Kosten bei Leistungsprozessen und bei der Entsorgung sind nach *Lemser*[766] demnach keinesfalls zu ignorieren oder zu verrechnen, sondern in systemischer Sicht im Hinblick auf die *Nutzengenerierung* zu betrachten und erkennbar auszuweisen.

**Ergänzende Darstellung von unproduktiven Handlungszeiten in der Kosten- und Erlösrechnung**

In der hier vertretenen Auffassung einer produktivitätsausgerichteten Gestaltung, Lenkung und Entwicklung von Ressourcen- und Kompetenzenpotenzialen in der relationalen Zeit-Dimension könnten die Prinzipien der Materialfluss- bzw. Materialverlustkostenrechnung auch Ansätze für Darstellungen des unproduktiven relationalen Handlungszeit-Verbrauchs in der *Kosten- und Erlösrechnung* leisten. Hierzu wären die unproduktiven Leistungsströme gemessen als unproduktive Handlungszeiten in Form eigener Kostenträger in der KER zu integrieren.[767]

#### 3.4.2.6 *Produktivitätspotenziale des individuellen Zeitmanagements aus empirischen Befunden*

Nach Untersuchungen von *Bain & Company*[768] würde das ernsthafte Betreiben eines disziplinierten Zeitmanagements allein hinsichtlich der ausufernden Meetings und elektronischen Kommunikation z. B. mit E-Mails ein zusätzliches Zeit-Potenzial in Höhe von 20% gemessen

---

764 Vgl. Viere/Möller/Prox 2009, S. 47-50 mit zusätzlichen Hinweisen zu Synergieeffekten innerhalb eines Produktlebenszyklus-Modells.

765 Vgl. Lemser 2008, S. 345-348.

766 Vgl. Lemser 2008, S. 349-351 zur Argumentation der Behandlung unproduktiver Ressourcenverluste.

767 Vgl. ergänzend Arbeitskreis Schmalenbach-Gesellschaft 2013, S. 877 ff. zum Nachhaltigkeitskonzept des Integrated Reporting des International Integrated Reporting Council (IIRC) sowie a. a. O. , S. 880 zur Matrix der Nachhaltigkeitsthemen des Unternehmens BASF SE u. a. mit den Bereichen Personalentwicklung, Wasserknappheit, nachwachsende Rohstoffe, Produktverantwortung, Klima und Energie.

768 Vgl. Mankins/Brahm/Caimi 2014, S. 77. Ihre Befunde aus 17 untersuchten großen Unternehmen zeigen bei Führungskräften einen durchschnittlichen Eingang von 200 E-Mails am Tag und 30.000 E-Mails im Jahr mit einer Prognose von zukünftig einem Tag für die Bewältigung der elektronischen Kommunikation. Für Meetings mit mehr als drei Teilnehmern benötigen Führungskräfte im Durchschnitt 2 Tage in der Woche, wobei durchschnittlich 15% des gesamten verfügbaren Zeit-Potenzials eines Unternehmens für Meetings eingesetzt wird, obwohl 80% aller Interaktionen nur innerhalb von und nicht zwischen den Funktionsbereichen stattfinden, vgl. a. a. O., S. 76 f.

am gesamten verfügbaren Zeit-Potenzial eines Unternehmens freisetzen.[769] Dies setzt allerdings voraus, dass die relationale Zeit-Dimension des Unternehmens mit ihren Handlungszeiten in Strukturen adäquat erfasst und in der gleichen Bedeutung wie die Budgetierung in der Wert-Dimension eingesetzt wird. Dies scheint gleichwohl in den meisten Unternehmen nicht der Fall zu sein.[770]

Nach dem *Global Productivity Report* der Beratungsunternehmung *Alexander Proudfoot*[771] beträgt der durchschnittliche Anteil der unproduktiven Arbeitszeit weltweit 34,3% an der verfügbaren Arbeitszeit.[772] Für Deutschland lag der Studie nach der Anteil der unproduktiven Arbeitszeit bei 40,2%.[773] Als unproduktive Arbeitszeit gilt dabei insbesondere der nicht zielorientierte bzw. ineffektive Leistungseinsatz gemessen in Handlungszeiten. Zu den unproduktiven Arbeitszeiten zählen aber auch diejenigen Handlungszeiten mit unbefriedigenden Leistungsergebnissen im Sinn von Ineffizienzen.[774]

**Strategische Barrieren für Produktivitätserhöhungen**

Nach Ansicht der mittleren Managementebene in allen untersuchten Ländern verhindern zuerst strategische Barrieren weitere Produktivitätserhöhungen.[775] Aufgeführt werden nach Wichtigkeit u. a. ein zu geringer Personalbestand, interne Kommunikationsprobleme, gesetzliche Regulierungen, eine zu geringe Mitarbeitermotivation, eine zu hohe Mitarbeiterfluktuation und die als zu gering eingeschätzte Führungsqualität der mittleren Ebene.[776]

---

769 Vgl. Mankins/Brahm/Caimi 2014, S. 77 ff. zu diesbezüglichen Maßnahmen des betrieblichen Zeit-Managements u. a. mit eindeutigem Agenda Setting, Zero-based Time Budgets für Besprechungen, Umwandlung von Initiativen in Projekte mit Geschäftsplänen, Vereinfachung von Führungsstrukturen, Zuordnung von beanspruchter Organisationszeit zu Führungskräften, eindeutige Zuständigkeiten im Meeting-Management, definierte Zeit-Disziplin für Besprechungen.

770 Vgl. Mankins/Brahm/Caimi 2014, S. 74 f. mit dem Befund, dass das betriebliche und unternehmerisch ganzheitliche Management von Zeit weit hinter dem Management von Kapital hinterher hinkt, obwohl die Klagen und Arbeitsbelastungen über offensichtliche Zeitverschwendungen innerhalb unstrukturierter Kommunikationsformen immer mehr zunehmen. Zeitmanagement beschränkt sich zumeist auf die Optimierung individueller Verhaltensweisen, ohne Berücksichtigung der jeweiligen Unternehmenskultur.

771 Vgl. Proudfoot 2008, S. 3 f. zum Forschungsansatz des achten globalen Produktivitätsreports mit den Befragungsergebnissen von 1.276 Managern der mittleren Führungsebene aus den Ländern Australien, Brasilien, Kanada, China, Frankreich, Deutschland, Indien, Russland, Süd-Afrika, Spanien, Großbritannien und den Vereinigten Staaten in den Branchen Automobil, Kommunikationstechnologien, Energie, Finanzdienstleistungen, Lebensmittel und Getränke, Industrie, Bergbau und Einzelhandel. Eigene Übersetzung des englischsprachigen Reports.

772 Vgl. Proudfoot 2008, S. 6.

773 Vgl. Proudfoot 2008, S. 17. Als Schätzwert für eine maximal mögliche produktive Nutzung der verfügbaren Zeit wird ein Betrag von 85% nach *Nicholas Crafts, Warwick University* (UK) genannt, vgl. a. a. O., S. 17.

774 Vgl. Kap. 2.5 und Kap. 3.4.2.2.

775 Vgl. Proudfoot 2008, S. 6 und S. 22.

776 Vgl. Proudfoot 2008, S. 6 u. S. 22. Die mittlere Managementebene deutscher Unternehmen nennt als strategische Barrieren nach Wichtigkeit interne Kommunikationsprobleme, gesetzliche Regulierungen, fehlende

**Planung von Produktivitätserhöhungen**

Bei der Planung von Produktivitätserhöhungen sind sowohl Humanpotenziale als auch Technologiepotenziale mit einzubeziehen. Für deutsche Unternehmen lässt sich nach der Studie von *Proudfoot*[777] ein mehr technologisch geprägter Ansatz bei der Produktivitätsplanung feststellen. Die Untersuchung von *Pfau/Jänsch/Mangliers*[778] kommt hingegen für deutsche Unternehmen zu einem eher ausgeglichenen Verhältnis von Investitionen sowohl in die Informationstechnologie als auch in Humanpotenziale.

**Zielorientierung für die Effektivität von Handlungszeiten des Personalbestands**

Für das Management und das Personal ergeben sich nach *Proudfoot*[779] im Hinblick auf die Erhöhung der Effektivität von Handlungszeiten mehrere Ansatzpunkte, siehe dazu Tab. 21.[780]

| Personalbestand | Produktivitätspotenziale für effektive zielorientierte Handlungszeiten |
|---|---|
| **Management** | **Generierung von effektiven Handlungszeiten z. B. zur Unterstützung von Veränderungsprozessen (Change Management) durch:**<br>• Reduzierung von ineffektiven Arbeitszeiten mit nicht zieladäquaten administrativen Tätigkeiten<br>• Reduzierung von ineffektiven Arbeitszeiten mit nicht unternehmenszielgerechten Aktivitäten<br>• Reduzierung von ineffektiven Arbeitszeiten mit nicht managementadäquaten Aktivitäten[781] |

Bereitschaft der Belegschaft für Veränderungen, Probleme mit Informations- und Kommunikationstechnologien, Unfähigkeit der Belegschaft für Veränderungen und eine zu geringe Mitarbeitermotivation.

777 Vgl. Proudfoot 2008, S. 7-9.

778 Vgl. Pfau/Jänsch/Mangliers 2007a, S. 34-41 zu den Orientierungen deutscher und russischer größerer Unternehmen hinsichtlich einem technologieorientierten oder humanorientierten Wissensmanagement. In deutschen Unternehmen werden Investitionen in Informations- und Kommunikationstechnologien als auch in Humanpotenziale als gleichermaßen bedeutsam bewertet, während in russischen Unternehmen eine Tendenz zu einem technisch orientierten Wissensmanagement vorherrscht.

779 Vgl. Proudfoot 2008, S. 7-9, S. 16 ff., S. 34 ff. und S. 72 ff.

780 Vgl. Proudfoot 2008, S. 61. Die nach Meinung des Managements durchzuführenden Maßnahmen zur Produktivitätssteigerung weichen von den genannten Bereichen länderübergreifend zum Teil erheblich ab. So beabsichtigten deutsche Manager neben der Durchführung von Trainingsmaßnahmen für Mitarbeiter und Management zusätzlich erhöhte Investitionen in Informations- und Kommunikationstechnologien, eine Erhöhung von Mitarbeiter-Vergünstigungen, Ersatzinvestitionen in neue Prozessabläufe, Initiativen zur Leistungserhöhung sowie Erweiterungsinvestitionen in neue Maschinen.

781 Zu den Management-Tätigkeiten zählen nach Proudfoot 2008, S. 35 mit länderübergreifenden Zeitanteilen die aktive (7% der Gesamtzeit) und passive Mitarbeiterführung (21,5% der Gesamtzeit), das Training der Mitarbeiter (3,1% der Gesamtzeit), administrative Pflichten (33,9% der Gesamtzeit), Projektarbeiten (16% der Gesamtzeit) und frei verfügbare Zeit (18,5% der Gesamtzeit). *Proudfoot 2008, a. a. O.* bewertet die frei verfügbare Zeit insgesamt und die relativ geringen Zeitanteile zur Mitarbeiterführung als unproduktiv.

| **Personalbestand** | **Produktivitätspotenziale für effektive zielorientierte Handlungszeiten** |
|---|---|
| **Personal** | **Generierung von effektiven Handlungszeiten z. B. durch:**<br>• Reduzierung von ineffektiven Arbeitszeiten mit Zielvereinbarungsgesprächen und Leistungsdialogen sowie ergänzenden Motivationsmaßnahmen[782]<br>• Reduzierung von ineffektiven Arbeitszeiten mit Hilfe von Schulungen und Trainingsmaßnahmen einschließlich Erfolgsprüfungen |

Tab. 21: Produktivitätspotenziale für Effektivität in der Zeit-Dimension nach *Proudfoot*[783]

**Entwicklungsstufen für Produktivitätserhöhungen**

Aus den oben dargestellten empirischen Befunden können für das Management drei Entwicklungsstufen für Produktivitätserhöhungen in Unternehmen abgeleitet werden. In einer *ersten Entwicklungsstufe* wären ineffektive Handlungszeiten des Personalbestands als Leistungseinsatz in nicht zielorientierten Arbeitszeiten zu reduzieren und die frei werdenden Arbeitszeiten in zieladäquate Leistungsbereiche zu transformieren.[784] In einer *zweiten Entwicklungsstufe* könnte das produktive Zeitpotenzial durch die Einstellung neuer qualifizierter Mitarbeiter absolut erhöht werden.[785] In einer *dritten Entwicklungsstufe* wären die mit den verfügbaren Handlungszeiten zu erzielenden bedarfsoptimalen Leistungsergebnisse im Sinn der Effizienz zu analysieren und zu planen.[786]

Zu den Voraussetzungen von Produktivitätsplanungen gehören Zielvereinbarungsgespräche und Leistungsdialoge mit regelmäßigen Kontrollzyklen. Zur weiteren Unterstützung dienen Schulungen und Trainingsangebote mit überprüfbaren Lerninhalten.[787] Als bedeutender *Einflussfaktor* für die Produktivitätssteigerung gilt dabei eine betont verantwortungsvoll und zielorientiert ausgerichtete Mitarbeiterführung.[788]

[782] Vgl. Proudfoot 2008, S. 64 ff.
[783] Darstellung nach Proudfoot 2008, S. 7-9, S. 34 ff. und S. 72 ff., eigene Übersetzung.
[784] Vgl. Proudfoot 2008, S. 35 z. B. zu nicht zieladäquaten Arbeitstätigkeiten von Führungskräften, a. a. O. , S. 36 f. z. B.zur Verringerung administrativer Tätigkeiten bei Führungskräften und a. a. O. , S. 67 z. B. zur notwendigen Erweiterung von Kommunikationsaufgaben seitens der Führungskräfte.
[785] Vgl. Proudfoot 2008, S. 51 ff.
[786] Vgl. Kap. 2.5.
[787] Vgl. Proudfoot 2008, S. 50 zu möglichen Einflussfaktoren geringer Mitarbeiter-Produktivität wie ungenügende Qualifikation oder Widerstände gegen Veränderungen.
[788] Vgl. Müller/Renzl 2014, S. 74 ff. zu Authentic Leadership auf Basis transformationaler Führungsansätze in wissensintensiven Unternehmen und deren positive Beeinflussung von Mitarbeiterleistungen.

## 3.5 Ableitungen für die weitere Forschung

Aus der bisherigen Konzeptionalisierung für eine strategische relationale Zeit-Dimension in wissensintensiven Unternehmen lassen sich die folgenden Erkenntnisse für die weitere Forschung ableiten.[789]

Die relationale Zeit-Dimension wissensintensiver Unternehmen lässt sich innerhalb eines *Unternehmens-Umwelt-Systems* eindeutig zur Wert- und Finanz-Dimension abgrenzen.[790] Ergänzend verdeutlichen erste Ansätze einer umfassenderen *Systemzeit* für die Konfiguration in der relationalen Zeit-Dimension und für die Koordination in der absoluten Zeit-Dimension zusammen mit verschiedenen strategischen Gestaltungsmöglichkeiten, dass die Zeit-Dimension insgesamt unternehmensspezifisch strukturierbar und gestaltbar und somit auch unterscheidbar sein kann.[791] Damit eröffnet sich jetzt die grundsätzliche Möglichkeit, operationale Handlungszeiten in der relationalen Zeit-Dimension als *strategische Steuerungsgröße* sowie als *strategische Vorsteuerungsgröße* für Wert-Erfolge in der Wert-Dimension einzusetzen. Die Operationalisierung von Handlungszeiten des Personalbestands kann dabei in den substantiierten Formen von verfügbaren und produktiven Zeit-Potenzialen des Personalbestands in reversibler oder irreversibler Ausprägung im Zeithorizont der Wertkette erfolgen.

Als maßgeblich wird die explizite Einbindung des *strategischen Managements* mit der im Mittelpunkt stehenden Strategieentwicklung und Strategieimplementierung angesehen. Zur Integration der Strategie, des Zeitmanagements und des für den wirtschaftlichen Erfolg als bedeutsam eingeschätzten Produktivitätskonstrukts ist deshalb die Konzeption eines umfassenden *strategischen Produktivitätsmanagements in der relationalen Zeit-Dimension* erforderlich.[792]

Auf Basis dieser Konzeptionen soll in der nachfolgenden Theoriebildung ein theoretisches Modell für eine operationale strategische Erfolgsgröße in Form des *relationalen Zeit-Erfolgs* entwickelt werden.[793] Mit der weiteren Integration der Konzepte der Strategie und der individuellen Wissens- und Kompetenzenpotenziale ist eine Weiterentwicklung zum *theoretischen Modell der strategischen Zeit-Nutzenpotenziale* vorgesehen.[794]

---

789 Vgl. Töpfer 2010, S. 76 f. zu Gestaltungen der Konzeptionalisierungsphase.
790 Vgl. Kap. 3.1.
791 Vgl. Kap. 3.2 i. V. m. Kap. 3.3.
792 Vgl. Kap. 3.4.2.
793 Vgl. Kap. 4.1.
794 Vgl. Kap. 4.2.

# 4 Theoretisches Modell der strategischen Zeit-Nutzenpotenziale für die Steuerung von Wissens- und Kompetenzenpotenzialen

*„...the new theory of the firm is in lateral value creating dimensions such as innovations and renewals instead of management of the past and in focus on time flow instead of cash flow."*

*Leif Edvinsson 2003*[795]

Ziel des theoretischen Teils der Forschungsarbeit ist die Entwicklung und empirisch-exemplarische Anwendung eines *theoretischen Modells der strategischen Zeit-Nutzenpotenziale* für die strategische Steuerung von individuellen Wissens- und Kompetenzenpotenzialen und für die Vorsteuerung von Wert-Erfolgspotenzialen. Die Entwicklung des theoretischen Modells erfolgt auf Basis der in Kap. 2 dargestellten Untersuchungsobjekte und der in Kap. 3 durchgeführten Konzeptionalisierung für eine strategische relationale Zeit-Dimension in wissensintensiven Unternehmen.

Dazu ist in einem ersten Schritt die Entwicklung eines *theoretischen Modells des Zeit-Erfolgs in der relationalen Zeit-Dimension* erforderlich.[796] Kern des theoretischen Modells des relationalen Zeit-Erfolgs ist der Ansatz einer *Theorie des Zeit-Erfolgs in der relationalen Zeit-Dimension.*[797] Eine Theorie beinhaltet dabei die Darstellung und Erklärung einer grundsätzlichen Ursache-Wirkungs-Beziehung mit dem gesuchten Explanans als wirkungsbestimmende Antecedens- bzw. Randbedingung, zusätzlich in Verbindung mit einer identifizierten Gesetzmäßigkeit bzw. einer quasi-nomologischen Hypothese.[798] Lassen sich in der Ursache-Wirkungs-Beziehung robuste Aufbau- und Ablaufmuster erkennen, erlaubt dies die Übertragung in ein formal strukturiertes theoretisches Modell unter zusätzlicher Berücksichtigung von Variablen.[799] Für das beobachtbare Ereignis von Wert-Erfolgen wissensintensiver Unternehmungen, hier insbesondere in Form der Wertschöpfung, erfolgt die Explanation als Wirkungsergebnis des hier so bezeichneten relationalen Zeit-Erfolgs.

Nach der Modellbildung des Zeit-Erfolgs in der relationalen Zeit-Dimension erfolgt auf dieser Grundlage die Entwicklung des *theoretischen Modells der strategischen Zeit-Nutzenpotenziale*

795 Edvinsson 2003, S. V.
796 Vgl. Kap. 4.1.
797 Vgl. Kap. 4.1.1.
798 Vgl. Töpfer 2010, S. 77 ff. zur Explanation von beobachtbaren Ereignissen als Wirkungen für den ersten Teil einer Theoriebildung sowie a.a.O. , S. 86-87 zum Hempel-Oppenheim-Schema.
799 Vgl. Töpfer 2010, S. 88 zur Modellbildung.

in der relationalen Zeit-Dimension.[800] Hierzu werden die bislang erarbeiteten theoretischen Ursache-Wirkungs-Beziehungen mit den konzipierten Mustern des strategischen Managements und der individuellen Wissens- und Kompetenzenpotenziale kombiniert. Auf der Grundlage von modelltheoretisch abgeleiteten Überlegungen erfolgt anschließend eine empirisch-exemplarische Anwendung des entwickelten theoretischen Modells der Zeit-Nutzenpotenziale auf Grundlage einer vorliegenden Fallstudie.[801]

## 4.1 Entwicklung des theoretischen Modells des Zeit-Erfolgs in der relationalen Zeit-Dimension

### 4.1.1 Theorie des relationalen Zeit-Erfolgs von Handlungszeiten

Der nachfolgend entwickelte Ansatz einer *Theorie des relationalen Zeit-Erfolgs* auf der Basis von Handlungszeiten basiert auf Grundlagen der dargestellten Theorien der substantiierten und emergenten Zeit[802] in Verbindung mit der ökonomischen Sichtweise der relationalen Zeit-Dimension in der handlungsorientierten und nutzenausgerichteten Sicht der Individuen.[803] Dabei soll der beobachtbare Wert-Erfolg einer wissensintensiven Unternehmung[804] als Wirkung des theoretischen Konstrukts des relationalen Zeit-Erfolgs erklärt werden.[805] Zusätzlich sollen die Konzeptionen der Zeit-, Wert- und Finanz-Dimension im Unternehmens-Umwelt-System[806] sowie des operationalen Produktivitätsmanagements integriert werden.[807]

Somit wäre durch die Gestaltung und Entwicklung des relationalen Zeit-Erfolgs eine vorausschauende und nachhaltige strategische Steuerung einer wissensintensiven Unternehmung mit Hilfe einer einheitlichen und operationalisierbaren strategischen Steuerungsgröße möglich. Diese Steuerungsgröße in der Zeit-Dimension wäre dann zugleich eine strategische Vorsteuerungsgröße für den Wert-Erfolg.[808]

800 Vgl. Kap. 4.2
801 Vgl. dazu Anhang 4, Anhang 5, Anhang 6 und Anhang 7.
802 Vgl. Kap. 2.2.1.
803 Vgl. Kap. 2.2.3 zu den Zeitvorstellungen in der ökonomischen Sichtweise und Kap. 2.2.4 zu den Arbeitszeitkonzepten.
804 Vgl. Kap. 2.1.
805 Vgl. Kap. 2.5 i. V. m. Kap. 3.4.2 sowie Kap. 1.3.5. Vgl. Kap. 2.9 mit den Hauptargumenten.
806 Vgl. Kap. 3.1 i. V. m. Kap. 2.6 u. Kap. 2.7.
807 Vgl. Kap. 3.4.2.2.
808 Vgl. Kap. 2.3.3.

**Handlungszeiten des Personalbestands im Mittelpunkt der relationalen Zeit-Dimension**

Der hier entwickelte Ansatz der Theorie des relationalen Zeit-Erfolgs basiert ergänzend auf den Vorstellungen der postmodernen Zeitordnung wissensintensiver Arbeitswelten in der subjektiven Zeitebene der Individuen.[809] Als bedeutend werden darin die zunehmende autonome Disposition über Handlungszeiten mit einer Handlungsverantwortlichkeit des Individuums innerhalb knapper Handlungszeiten in Verbindung mit Phänomenen der Flexibilisisierung angesehen. Somit wird auch die von *Dux*[810] entwicklungshistorisch erklärte und so bezeichnete „*...Eliminierung der Handlungslogik...*“[811] des maschinellen Zeitalters durch die Bedeutungszunahme der individuell orientierten Wissensökonomie sukzessive rückgängig gemacht.

**Formulierung von Arbeitshypothesen für eine Theorie des relationalen Zeit-Erfolgs von Handlungszeiten**

Ausgehend von den bislang erarbeiteten Inhalten und Zusammenhängen für die relationale Zeit-Dimension und die Wert-Dimension von Unternehmen können für eine hier zu entwickelnde Theorie des relationalen Zeit-Erfolgs nachfolgend zwei Arbeitshypothesen mit Randbedingungen und Variablen formuliert werden.[812]

**Arbeitshypothese zum relationalen Zeit-Erfolg in der relationalen Zeit-Dimension:** Je höher das Zeit-Potenzial des Personalbestands einer Unternehmung, und je stärker die positive Beeinflussung des Zeit-Potenzials durch die Einflussvariable der Verfügbarkeit und die Einflussvariable der Produktivität, desto höher der relationale Zeit-Erfolg gemessen in Handlungszeiten.

**Arbeitshypothese zum abgeleiteten Wert-Erfolg in der Wert-Dimension:** Je höher der relationale Zeit-Erfolg des Personalbestands in der relationalen Zeit-Dimension einer Unternehmung gemessen in Handlungszeiten, desto höher das Potenzial für einen höheren Wert-Erfolg in der Wert-Dimension, bemessen als Wertschöpfung.

---

[809] Vgl. Kap. 3.2.1 zu Zeitordnungen sowie Kap. 3.2.2 zu Zeitebenen.

[810] Vgl. Dux 1998, S. 342 f. zum allmählichen Rückgang individueller Handlungsmuster mit nachvollziehbaren Ursache-Wirkungs-Mechanismen aufgrund maschineller Arbeitserleichterungen ab dem ausgehenden dreizehnten und beginnenden vierzehnten Jahrhundert zusammen mit dem Aufkommen mechanischer Räderuhren und Schlaguhren. Die Kompetenz zur Organisation und Führung von sozialen Umwelten wurde dabei zunehmend mit Wissen über mechanische Zusammenhänge gleichgesetzt.

[811] Dux 1998, S. 343.

[812] Vgl. Kap. 2.2 i. V. m. Kap. 2.5 u. Kap. 2.6. Vgl. Kap. 3.1 i. V. m. Kap. 3.4.2.

**Gesamtsicht des relationalen Zeit-Erfolgs**

Die für eine Theorie des relationalen Zeit-Erfolgs in der relationalen Zeit-Dimension der Handlungszeiten bislang dargelegten Ursache-Wirkungs-Zusammenhänge werden in konzentrierter Form in Abb. 28 dargestellt. Die maßgebliche Antecedens- bzw. Randbedingung wird mit dem maximalen *Zeit-Potenzial* des Personalbestands[813] als aktive bzw. unabhängige Variable definiert. Der relationale *Zeit-Verbrauch* gemessen in Handlungszeiten bestimmt sich im Zeithorizont in der Höhe nach der Beeinflussung der Variablen der *Verfügbarkeit*[814] und der *Produktivität*.[815]

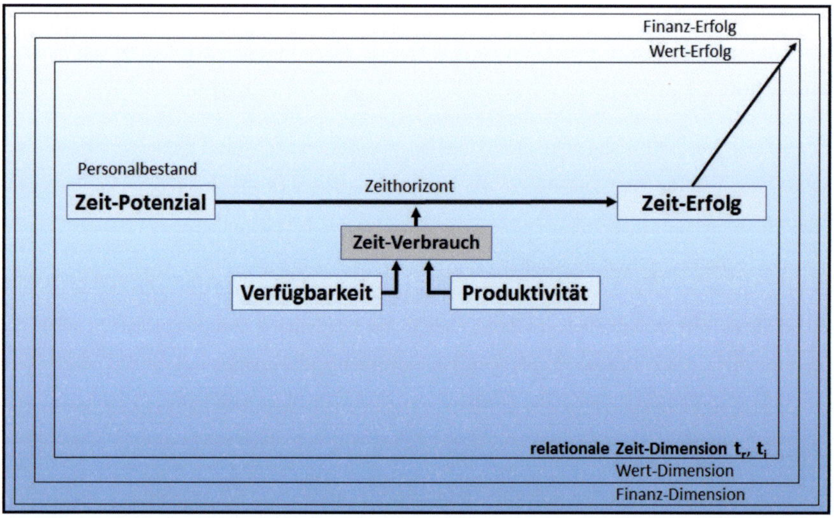


Abb. 28: Theorie des relationalen Zeit-Erfolgs in der relationalen Zeit-Dimension

Die Erzielung eines *relationalen Zeit-Erfolgs* nach Abb. 28 wird innerhalb eines bestimmten Zeithorizonts nur dann für möglich erachtet, wenn der zurechenbare relationale *Zeit-Verbrauch* aus nicht verfügbaren und unproduktiven Handlungszeiten geringer ausfällt als das potenziell

---

813 Vgl. Kap. 2.2.3 zur relationalen Auffassung von Zeit des handelnden Individuums i. V. m. Kap. 2.2.4 zum Arbeitszeitkonzept der bezahlten Stunden als maximales Potenzial an abrufbarer Arbeitszeit.

814 Vgl. Kap. 2.2.4 i. V. m. Anhang 3 zum Arbeitszeitkonzept der bezahlten Stunden einschließlich der Konzeption der Abwesenheitszeiten mit Entgeltanspruch als Nichtverfügbarkeit von Arbeitszeiten des Personalbestands für Wertschöpfungsprozesse.

815 Vgl. Kap. 3.4.2 i. V. m. Kap. 2.5 zur Produktivität. Vgl. Kap. 1.3.5 einführend zur gesamtwirtschaftlichen Arbeitsproduktivität.

abrufbare *Zeit-Potenzial*. Das verfügbare Zeit-Potenzial des Personalbestands ist möglichst wirtschaftlich im Sinn des beschriebenen *Produktivitätskonstrukts* einzusetzen.[816]

Je höher der in Handlungszeiten bemessene relationale Zeit-Erfolg des Personalbestands nach Abb. 28 in einem bestimmten Zeithorizont ausfällt, desto höher wird das Potenzial des Personalbestands zur Generierung von Wert-Erfolgen in der Wert-Dimension bemessen als Wertschöpfung erwartet.[817]

### 4.1.2 Zeit-Potenzial des Personalbestands $P_1$, $P_2$, ...$P_n$ als unabhängige Variable $X_{Pot}$

Auf Grundlage des entwickelten Ansatzes der Theorie des Zeit-Erfolgs in der relationalen Zeit-Dimension[818] wird das abrufbare *Zeit-Potenzial des Personalbestands* $P_1$, $P_2$, ...$P_n$ als unabhängige Variable $X_{Pot}$ für den Zeit-Erfolg einer wissensintensiven Unternehmung aufgefasst. Verallgemeinernd wird für die nachfolgende Modellbildung angenommen, dass der abgeleitete Ursache-Wirkungs-Zusammenhang zwischen der unabhängigen Variablen $X_{Pot}$ des Zeit-Potenzials und der als abhängig betrachteten Variablen $Y_{Erf}$ des Zeit-Erfolgs durch die endogenen Variablen der *Verfügbarkeit* und der *Produktivität* beeinflusst wird.[819]

Da in wissensintensiven Unternehmen[820] die Führungskräfte und Mitarbeiter als handelnde Individuen mit der Nutzung von individuellen Wissens- und Kompetenzenpotenzialen im Mittelpunkt der betrieblichen Leistungserstellung stehen, liegt es nahe, ein maximal abrufbares Zeit-Potenzial unmittelbar beim Personalbestand zu bestimmen. Aus dem Personalbestand[821] als Gesamtheit der dem Unternehmen arbeitsrechtlich zur Verfügung stehenden Personen kann demzufolge eine maximal *abrufbare Handlungszeit* gemessen in Arbeitsstunden als Leistungspotenzial innerhalb der Zeit-Dimension ermittelt werden.[822]

---

816 Vgl. Kap. 3.4.2 zu Gestaltungen der Produktivität i. V. m. Kap. 2.5 zur Produktivität als Maßgröße und Wirkungsgrad.

817 Zur Zeit-, Wert- und Finanz-Dimension im Unternehmens-Umwelt-System vgl. Kap. 3.1.

818 Vgl. Kap. 4.1.1.

819 Vgl. Töpfer 2010, S. 88 zur Modellbildung auf Grundlage von Ursachen-Wirkungs-Beziehungen und Mustererkennung. Vgl. Töpfer 2010, S. 159 ff. zu Moderatorvariablen in Ursache-Wirkungs-Beziehungen.

820 Vgl. Kap. 2.1 zur wissensintensiven Unternehmung als Erfahrungsobjekt.

821 Vgl. Grill 2008, S. 59 f. zum Personalbestand einschließlich der Organvertreter und dessen vertragliche Verpflichtungen auf Leistungen nach Art, Menge und Güte als Leistungspotenziale. Vgl. Stock-Homburg 2008, S. 72 ff. zur Personalbedarfsplanung und S. 75 ff. zur laufenden Abstimmung eines Ist- und Plan-Personalbestands.

822 Vgl. Scholz 2000, S. 88 ff. zum Teilbereich des strategischen Personalmanagements als Bestandteil der Unternehmensstrategie in enger Anbindung zum strategischen Management und zur strategischen Unternehmensplanung.

In der hier vertretenen Auffassung orientiert sich das maximal mögliche Zeit-Potenzial für die betriebliche Leistungserstellung und -verwertung an den Grenzen der jeweiligen nationalen arbeitsgesetzlichen, tarif- und einzelvertraglichen Regelungen. Für die Bestimmung des abrufbaren Zeit-Potenzials des Personalbestands in wissensintensiven Unternehmen wird dazu das *Arbeitszeitkonzept der bezahlten Stunden*[823] herangezogen. Dieses beinhaltet die vertraglich vereinbarten Arbeitsstunden zuzüglich der bezahlten Abwesenheitsstunden[824] und zuzüglich der arbeitsgesetzlich möglichen Überstunden als Leistungspotenzial. Nach *Eurofound*[825] beträgt das durchschnittliche Zeit-Potenzial eines vollzeitbeschäftigten Arbeitnehmers in Deutschland nach dem Arbeitszeitkonzept der bezahlten Stunden 1.960,4 Arbeitsstunden für das Jahr 2013.

Die Steuerung des Zeit-Potenzials des Personalbestands als endogene unabhängige Variable $X_{Pot}$ des Zeit-Erfolgs in wissensintensiven Unternehmen ergibt sich demnach über eine absolute Anpassung der Arbeitszeiten. Dies kann vorwiegend über quantitative Anpassungen in Form einer Erhöhung oder Reduzierung des Personalbestands erfolgen. Ergänzend sind vertragliche Anpassungen im Rahmen der Arbeitszeitkonzepte der vertraglichen und bezahlten Stunden für die Höhe der zu leistenden Arbeitsstunden und der zu bezahlenden Abwesenheitszeiten möglich.[826]

### 4.1.3 Verfügbarkeit als Einflussvariable $X_{Ver}$

Allgemein lassen sich weitere unabhängige Variablen mit einem bestimmten qualitativen oder quantitativen Einfluss positiver oder negativer Art auf einen bereits identifizierten Ursache-Wirkungs-Zusammenhang als Einflussvariable oder Moderatorvariable beschreiben.[827]

Nach dieser Auffassung wird die Variable der *Verfügbarkeit* als *Einflussvariable $X_{Ver}$* mit positiver oder negativer Beeinflussung des ursächlichen Wirkungszusammenhangs zwischen dem Zeit-Potenzial des Personalbestands und dem relationalen Zeit-Erfolg definiert. Die *Einfluss-*

823 Vgl. Kap. 2.2.4.
824 Vgl. Anhang 3.
825 Vgl. Eurofound 2014, S. 19 f. in Anhang 2 mit Tab. 1 zu Arbeitsstunden in Deutschland und der EU 2013 nach den Arbeitszeitkonzepten der bezahlten und vertraglichen Arbeitsstunden. Vgl. Anhang 2 mit Tab. 3 und Tab. 4 zu den tatsächlich geleisteten Arbeitsstunden von Erwerbstätigen und Arbeitnehmern in Deutschland 2012-2015.
826 Vgl. Kap. 2.2.4 i. V. m. Anhang 2, Tab. 1 sowie Anhang 3.
827 Vgl. Töpfer 2010, S. 159-161 zu unabhängigen Moderatorvariablen mit zusätzlicher Wirkung auf die Stärke der primär bestimmten Ursache-Wirkungs-Beziehung. Hingegen tritt eine Mediatorvariable zwischen eine Ursache- und Wirkungsvariable und stellt als sog. latente Variable z. B. Einstellungs-, Motivations- oder Kulturkontrukte dar, vgl. a. a. O., S. 159 f. und S. 281.

*variable* $X_{Ver}$ beeinflusst somit die Verfügbarkeit von Zeit-Potenzialen gemessen in Handlungszeiten. Eine positive Beeinflussung durch die Variable $X_{Ver}$ mit einer Zunahme von verfügbaren Handlungszeiten zum Beispiel im Rahmen eines neu gestalteten Gesundheitsmanagements innerhalb eines umfassenden strategischen Produktivitätsmanagements reduziert dann den bisherigen relationalen Zeit-Verbrauch aus Nichtverfügbarkeit aufgrund von Krankheitszeiten.[828] Eine Reduzierung des relationalen Zeit-Verbrauchs aus nicht verfügbaren Handlungszeiten erhöht dann bei gegebener Produktivität den relationalen Zeit-Erfolg.

Damit Zeit-Potenziale des Personalbestands als messbare Leistungspotenziale in Form von Handlungszeiten zu einem maximalen relationalen Zeit-Erfolg führen können, müssten diese Zeit-Potenziale mindestens im Sinn des vertraglichen Anwesenheitskonzepts[829] verfügbar sein.[830] So wäre eine positive Beeinflussung der Verfügbarkeit auch über die Einführung neuer Arbeitszeitmodelle denkbar.[831] Nach *Eurofound*[832] betrug die durchschnittliche Soll-Anwesenheitszeit im Sinn einer Soll-Verfügbarkeit gemäß dem Arbeitszeitkonzept der vertraglichen Stunden für vollzeitbeschäftige Arbeitnehmer in Deutschland durchschnittlich 1.658,8 Arbeitsstunden im Jahr 2013.

### 4.1.4 Produktivität als Einflussvariable $X_{Prod}$

Das oben definierte verfügbare Zeit-Potenzial des Personalbestands einer wissensintensiven Unternehmung gemessen in verfügbaren Handlungszeiten steht dann für Einsatzzeiten in verschiedenen Leistungsprozessen der Leistungsbereitschaft, der Leistungserstellung und der Leistungsverwertung zur Disposition. Gemäß den definierten Messbereichen und Messinstrumenten eines strategischen Produktivitätsmanagements[833] sind die verfügbaren Handlungszeiten

---

828 Vgl. Kap. 3.4.2.2.

829 Vgl. Kap. 2.2.4 zur Anwesenheit im Sinn des Arbeitszeitkonzepts der vertraglich zu leistenden Stunden.

830 Vgl. Kap. 2.2.4 i. V. m. Anhang 3 zu Abwesenheitszeiten im Arbeitszeitkonzept der bezahlten Stunden. Vgl. Drumm 2005, S. 272 ff. zur Bestimmung des Zeitverbrauchs von erwarteten Abwesenheitszeiten im Rahmen der Personalbedarfsermittlung. Vgl. Brandenburg/Nieder 2009, S. 13 f. zu krankheitsbedingten Abwesenheitszeiten als sog. Fehlzeiten. Dem systematischen Management von Fehlzeiten wird dabei strategische Relevanz zugesprochen, vgl. a. a. O., S. 33 f. Vgl. Scholz 2000, S. 704 ff. zu den Fehlzeitenkosten als Reaktionskosten, vgl. a. a. O., S. 705 f. zu Abwesenheitszeiten als unfallbedingte, gesetzliche oder vertragliche, medizinisch-biologische sowie motivationale Fehlzeiten (Absentismus) sowie a. a. O., S. 707 f. zu Fehlzeiten bzw. Abwesenheitszeiten als strategischer Kostenfaktor gegenüber Konkurrenzunternehmen.

831 Vgl. Miller 2011, S. 21 ff. zu den strategischen Elementen eines neuen Arbeitszeitmodells bei der Trumpf GmbH & Co. KG zur Erhöhung der absoluten Verfügbarkeit von Handlungszeiten des Personalbestands.

832 Vgl. Eurofound 2014, S. 19 f. in Anhang 2 mit Tabelle 1 zu Arbeitszeiten in Deutschland und der EU 2013 nach den Arbeitszeitkonzepten der bezahlten und vertraglichen Arbeitsstunden.

833 Vgl. Kap. 3.4.2.2 i. V. m. Kap. 2.5.2.

des Personalbestands zielorientiert bzw. effektiv sowie bedarfsorientiert bzw. effizient in mengen-, güte- oder wertmäßiger Ausrichtung im Sinn von Kundenzufriedenheit einzusetzen.[834]

Die *Produktivität* wird als *Einflussvariable* $X_{Prod}$ definiert, welche die postulierte Ursache-Wirkungs-Beziehung zwischen dem Zeit-Potenzial des Personalbestands und dem relationalen Zeit-Erfolg im Zeithorizont von Leistungsprozessen positiv oder negativ beeinflussen kann. Eine positive Beeinflussung gemessen in zunehmenden produktiven Handlungszeiten im Zeithorizont führt dann zu einem abnehmenden relationalen Zeit-Verbrauch aus bislang unproduktiven Handlungszeiten. Eine negative Beeinflussung gemessen über zunehmende unproduktive Handlungszeiten würde dann zu einer Zunahme des bisherigen relationalen Zeit-Verbrauchs führen.[835] Die Zunahme des relationalen Zeit-Verbrauchs aus unproduktiven Handlungszeiten führt bei gegebenen verfügbaren Zeit-Potenzialen des Personalbestands zu einer Reduzierung des relationalen Zeit-Erfolgs. Verbunden ist damit eine mögliche Verringerung von zukünftigen Wert-Erfolgspotenzialen in der Wert-Dimension bemessen als Wertschöpfung.

Positive Beeinflussungen der Produktivität im Rahmen des individuellen Zeitmanagements eines strategischen Produktivitätsmanagements wären zum Beispiel über individuelle Zielvereinbarungsgespräche und regelmäßige Leistungsdialoge möglich.[836]

### 4.1.5 Realisierung des relationalen Zeit-Erfolgs im Zeithorizont $Z_T$

Das Zeit-Potenzial des Personalbestands kann im Leistungseinsatz innerhalb verschiedener Leistungsprozesse unterschiedlich langen *Zeithorizonten* zugeordnet werden.[837] Zumeist ist jeder Leistungsprozess durch einen spezifischen Zeithorizont gekennzeichnet. So können z. B. Innovationsprozesse im Rahmen von Produktentwicklungen einen längeren Zeithorizont bis zur Realisierung von geplanten Leistungsergebnissen beanspruchen als Routineprozesse in der

834 Zur Leistungserstellung gütemäßiger Art zählen u. a. die Qualität und die Kundenzufriedenheit. Zum Ursache-Wirkungs-Zusammenhang zwischen Produkt-, Dienstleistungs-, Prozess- und Interaktionsqualität mit der Kundenzufriedenheit vgl. Stock-Homburg 2012, S. 2 ff. als Übersicht.

835 Vgl. Kap. 3.4.2.3 und Kap. 3.4.2.6 zu Produktivitätsmaßnahmen des betrieblichen und individuellen Zeitmanagements.

836 Vgl. Kap. 3.4.2.2 i. V. m. Kap. 3.4.2.6.

837 Vgl. Kaplan/Norton 2004, S. 42 zum zeitlichen Verlauf der Wertschöpfung von Leistungsprozessen in unterschiedlich langen Zeithorizonten im Rahmen von Produktions- und Logistikprozessen, Kundenmanagementprozessen, Innovationsprozessen und rechtlichen Prozessen.

Logistik.[838] Die Länge des Zeithorizonts entscheidet damit auch über den Zeitpunkt der Realisierung von relationalen Zeit-Erfolgen in der relationalen Zeit-Dimension von Handlungszeiten.[839]

Allgemein soll in der hier vertretenen Auffassung einer relationalen Zeit-Dimension[840] handelnder Individuen der *Zeithorizont* $Z_T$ als ein endlicher Planungs- und Handlungshorizont mit einer Zeitskala definiert werden.[841] Der Zeithorizont $Z_T$ beinhaltet damit zugleich die Abbildung bestimmter *Zeitpunkte und Zeitdauern* von Handlungen und Ereignissen mit Gegenwartszeitpunkten, Handlungszeitpunkten sowie Realisierungszeitpunkten innerhalb der jeweiligen Leistungsprozesse.[842]

Die Einführung des Zeithorizonts $Z_T$ bezweckt die Abbildung einer zeitlichen Handlungsdynamik innerhalb der relationalen Zeit-Dimension, die im Ergebnis auf den Realisierungszeitpunkt des relationalen Zeit-Erfolgs abstellt.[843] So kann eine Produktivitätserhöhung den Zeithorizont eines Leistungsprozesses direkt verkürzen.[844]

Allgemein können somit Verschiebungen von Zeitpunkten und Zeitdauern im Zeithorizont $Z_T$ bezogen auf Zeit-Potenziale des Personalbestands sowie auf deren Verfügbarkeit und Produktivität auch eine Verschiebung von Realisationszeitpunkten des relationalen Zeit-Erfolgs bewirken. Verschieben sich im Zeithorizont $Z_T$ von Leistungsprozessen die geplanten Realisierungszeitpunkte über die Planperioden zum Beispiel eines Plan-Geschäftsjahres hinaus, wird dies nachfolgend auch adäquat in strategischen Zeit-Ergebnisrechnungen dargestellt.

---

838 Vgl. Kaplan/Norton 2004, S. 42.

839 Vgl. Kap. 4.1.1 zur Theorie des Zeit-Erfolgs.

840 Vgl. Kap. 2.2.3 zur absoluten und relationalen Sicht der Zeit.

841 Vgl. Kap. 2.2.3 zur Zeit in der ökonomischen Sichtweise. Vgl. Kuhn/Maurer 1995, S. 133 f. zur ökonomisch-analytischen Zeitperspektive mit einer Zeitachse t, einem endlichen oder unendlichen Planungszeithorizont T mit Zeiteinheiten, einem Anfangszeitpunkt $t_0$ und einem Gegenwartszeitpunkt.

842 Vgl. Kap. 3.3.2.

843 Vgl. Silbermayr 1981, S. 257 f. zum absoluten Zeitgewinn oder Zeitaufwand aus der Verfügbarkeit von Produktionsfaktoren zu gewünschten Zeitpunkten und zur gewünschten Dauer der Verfügbarkeit sowie a. a. O., S. 267 f. zum Modell einer absoluten Zeitbilanz mit Zeitvorräten und Zeitverpflichtungen aus Kapitalbindung und Kapitalfälligkeit.

844 Vgl. Kap. 3.4.2.3 zu den Maßnahmen des betrieblichen Zeitmanagements für die Verkürzung von Response-Zeiten i. V. m. Kap. 3.3.3.

### 4.1.6 Ausprägungen der relationalen Zeit-Dimension in der reversiblen Zeit $t_r$ und der irreversiblen Zeit $t_i$

Die Konzeption der relationalen Zeit-Dimension beinhaltet aus strategischer Sicht eine reversible und irreversible Ausprägung von Handlungszeiten nach dem Modell des Zeitbaums von *Cramer*[845] mit der reversiblen Zeit $t_r$ und der irreversiblen Zeit $t_i$ .[846]

*Reversible Ausprägungen* von Handlungszeiten in Leistungsprozessen in der Zeit $t_r$ sind dabei hochgradig mit Routinen, Standardisierungen und technologischer Automatisierung versehen und zielen auf eine relativ schnelle und sichere Reproduzierbarkeit von Leistungsergebnissen. *Irreversible Ausprägungen* von Handlungszeiten in Leistungsprozessen in der Zeit $t_i$ sind hingegen weniger stark determiniert und strukturiert, beinhalten größere Freiheitsgrade an Potenzialen bzw. Möglichkeiten und zeigen sich häufig bei hoher situations- und bedarfsabhängiger Aufgabenkomplexität. In der Folge sind irreversible Ausprägungen von Handlungszeiten durch höhere Unsicherheitsgrade im Hinblick auf die Erreichung von Ergebnissen gekennzeichnet.

Im Rahmen von betrieblichen Leistungsprozessen lassen sich damit Handlungszeiten des Personalbestands jeweils in einer dieser beiden Zeitausprägungen innerhalb eines Kontinuums ausdrücken. Die Konfiguration von Handlungszeiten in eher reversiblen oder eher irreversiblen Ausprägungen hat strategische Relevanz und ist zugleich mit Zielkonflikten bezüglich der grundsätzlichen Strukturierung von Wissensarbeit, individuellen Wissens- und Kompetenzenpotenzialen und Unternehmensressourcen verbunden.[847]

### 4.1.7 Gesamtsicht des theoretischen Modells des relationalen Zeit-Erfolgs

Nach dem oben entwickelten Ansatz einer Theorie des Zeit-Erfolgs in der relationalen Zeit-Dimension[848] wird angenommen, dass der Wert-Erfolg einer wissensintensiven Unternehmung in der Wert-Dimension maßgeblich durch den relationalen Zeit-Erfolg handelnder Individuen aus deren Zeit-Potemzial mit verfügbaren und produktiven Handlungszeiten bewirkt wird.[849] Dieser Zeit-Erfolg gemessen in Handlungszeiten wird durch das Zeit-Potenzial des Personalbestands als definierte Randbedingung bestimmt. Abzüglich des relationalen Zeit-Verbrauchs aus nicht verfügbaren und unproduktiven Handlungszeiten unter Beeinflussung der Variablen

845 Vgl. Cramer 1996, S. 104 u. S. 116-122 zum Modell des Zeitbaums. Vgl. vertiefend Kap. 2.2.1.
846 Vgl.Kap. 3.2.3 i. V. m. Kap. 2.2.1 und Kap. 2.2.3.
847 Vgl. Kap. 3.2.3 und Kap. 3.3.4.
848 Vgl. Kap. 4.1.1.
849 Vgl. Kap. 2.9 zu den Hauptargumenten dieser Forschung.

der Verfügbarkeit und der Produktivität innerhalb eines Zeithorizonts ergibt sich dann für eine bestimmte Zeitperiode die Gesamtsumme verfügbarer und produktiver Handlungszeiten als hier so bezeichneter relationaler Zeit-Erfolg.[850]

Für die Weiterentwicklung zum *theoretischen Modell des relationalen Zeit-Erfolgs* in der Zeit-Dimension wurden anschließend die Modellelemente präzisiert.[851] Hierzu gehören das Zeit-Potenzial des Personalbestands $P_1$, $P_2$, …$P_n$ als unabhängige Variable $X_{Pot}$, die Verfügbarkeit als Einflussvariable $X_{Ver}$, die Produktivität als Einflussvariable $X_{Prod}$ sowie der Zeithorizont $Z_T$ als zeitdynamische Komponente für Realisierungszeitpunkte in den jeweiligen Leistungsprozessen. Zusätzlich werden unterschiedliche Ausprägungen von Handlungszeiten in Leistungsprozessen innerhalb der relationalen Zeit-Dimension als reversible Zeit $t_r$ und irreversible Zeit $t_i$.ausgedrückt.

Die Gesamtsicht des entwickelten theoretischen Modells des Zeit-Erfolgs in der relationalen Zeit-Dimension zeigt Abb. 29.

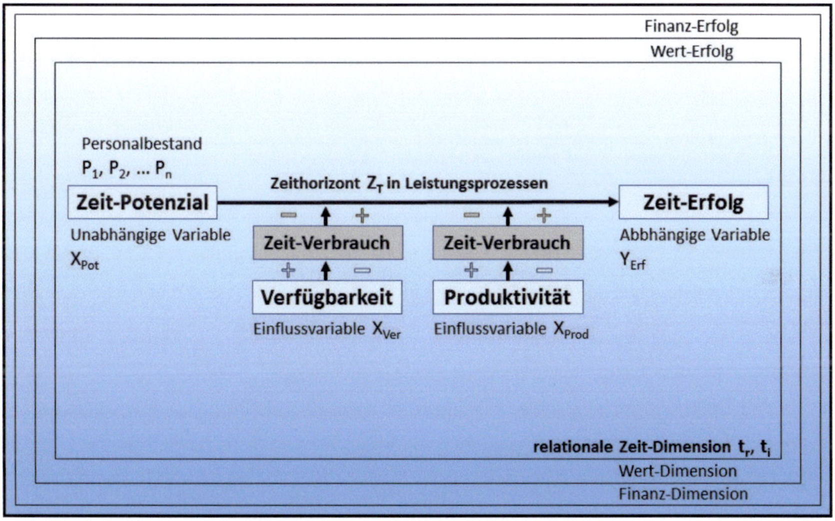


Abb. 29: Theoretisches Modell des Zeit-Erfolgs in der relationalen Zeit-Dimension

Das entwickelte theoretische Modell des Zeit-Erfolgs in der relationalen Zeit-Dimension nach Abb. 29 enthält gemäß dem formulierten Forschungsziel[852] zur Entwicklung einer *strategischen*

850 Vgl. Kap. 3.1 i. V. m. Kap. 2.2.1.
851 Vgl. Kap. 4.1.2. bis Kap. 4.1.6.
852 Vgl. Kap. 1.3.

*Steuerungsgröße* in der Zeit-Dimension noch keine strategischen Modellelemente. Diese Einbindung strategischer Modellelemente erfolgt im nächsten Kapitel.

## 4.2 Entwicklung des theoretischen Modells der strategischen Zeit-Nutzenpotenziale

Gemäß dem formulierten Forschungsziel zur Entwicklung einer strategischen Steuerungsgröße in der Zeit-Dimension[853] ist das bisher entwickelte theoretische Modell des Zeit-Erfolgs in Abb. 29 mit strategischen Modellelementen zu ergänzen. In der hier vertretenen Auffassung gehören dazu als Kernelement des strategischen Managements das *Modellelement der Strategie*[854] sowie das *Modellelement der Wissens- und Kompetenzenpotenziale* als strategisches Potenzial[855] und zentraler Fokus des strategischen Managements. Zur Verdeutlichung der strategischen Ausrichtung wird das bisher entwickelte Konstrukt des relationalen Zeit-Erfolgs[856] nachfolgend als *Zeit-Nutzenpotenzial* bezeichnet.

### 4.2.1 Strategie als zusätzliches Element zum Modell des relationalen Zeit-Erfolgs

Die strategische Sichtweise im Hinblick auf das formulierte Forschungsziel zur Entwicklung einer strategischen Steuerungsgröße bedarf der Gesamtausrichtung an einer *Strategie*.[857] Hierfür soll das *Modellelement Strategie* als zentraler Ausdruck des Gestaltungs-, Lenkungs-, und Entwicklungswillens des strategischen Managements unter Berücksichtigung des Unternehmens-Umwelt-Fit eingeführt werden. Strategien berücksichtigen in diesem Sinn dynamische Unternehmensumwelten und formulieren für Unternehmens- und Geschäftsbereiche die strategiefokussierte Ausrichtung von strategischen Potenzialen bzw. von Wissens- und Kompetenzenpotenzialen über zielorientiert wirkende Maßnahmenbündel.[858] Die formulierten Strategieinhalte in Form von strategischen Programmen, strategischen Projekten und strategischen Budgets konzentrieren sich in einem strategischen Plan.[859]

---

[853] Vgl. Kap. 2.3.3.
[854] Vgl. Kap. 2.3.1.
[855] Vgl. Kap. 2.4.1.
[856] Vgl. Kap. 4.1.1 und Kap. 4.1.7.
[857] Vgl. Kap. 2.3.1.
[858] Vgl. Kaplan/Norton 2004, S. 181 ff. zur Generierung der sog. strategischen Bereitschaft von strategischen Potenzialen im Abstimmungsprozess mit strategischen Zielen und strategischen Anforderungen.
[859] Vgl. Kap. 2.3.1.

Für das Modellelement der Strategie sind damit neben dem *Strategieinhalt* zusätzliche prozessuale Merkmale als *Strategieprozess* zu berücksichtigen.[860] Diese Prozessorientierung beinhaltet neben den Phasen der strategischen Zielplanung sowie der Umwelt- und Unternehmensanalyse insbesondere die Strategieentwicklung mit der Planung von Unternehmens-, Geschäftsbereichs- und Funktionsbereichsstrategien sowie die Phasen der Strategieimplementierung und der Strategiekontrolle.[861]

**Bezug des Modellelements der Strategie auf das theoretische Modell des relationalen Zeit-Erfolgs**

Wird das Modellelement der Strategie in das bislang entwickelte theoretische Modell des relationalen Zeit-Erfolgs[862] integriert, lassen sich Steuerungsmöglichkeiten seitens des strategischen Managements für das Zeit-Potenzial des Personalbestands, für dessen Verfügbarkeit und Produktivität, für den Zeithorizont in Leistungsprozessen und die jeweiligen Ausprägungen von Handlungszeiten[863] abbilden.

Beinhaltet die Strategie für das Gesamtunternehmen zum Beispiel eine *Wachstumsstrategie* mit einer Diversifikation in neue Produkt-Markt-Kombinationen, kann dies die absolute Höhe der notwendig erachteten Zeit-Potenziale des Personalbestands beeinflussen.[864] Für eine formulierte *Strategie der Differenzierung* mit einer Erhöhung von Produktqualität und Kundenzufriedenheit als generische Wettbewerbsstrategie auf Geschäftsbereichsebene könnten zum Beispiel strategische Maßnahmen zur Erhöhung der Produktivität des Zeit-Potenzials in bestimmten Leistungsprozessen erforderlich sein.[865] Für eine Differenzierungsstrategie als *Innovationsstrategie* mit neuen Geschäftspotenzialen, komplexen Aufgabeninhalten und kreativen Prozessen kann sich zum Beispiel eine bewusste Gestaltung von bestimmten Handlungszeiten des Personalbestands innerhalb bestimmter Leistungsprozesse in der Ausprägung der irreversiblen Zeit $t_i$ anbieten.[866]

---

860 Vgl. Kap. 2.3.1. Vgl. Bea/Haas 2013, S. 45 ff. zum Gesamtprozess der strategischen Planung. Vgl. Welge/Al-Laham 2008, S. 189 ff. Vgl. Macharzina/Wolf 2010, S. 381 ff.

861 Vgl. Kap. 2.3.4 zur Strategieumsetzung in der Schnittstelle von strategischer Planung und operativer Planung.

862 Vgl. Kap. 4.1.7.

863 Vgl. Kap. 4.1.6 zur reversiblen und irreversiblen Zeit.

864 Vgl. Welge/Al-Laham 2008, S. 602 f. zur ressourcenbezogenen Perspektive bei Diversifikationen. Neues Personal mit spezifischen Potenzialen wäre immer dann erforderlich, wenn keine internen Synergieeffekte genutzt werden können oder Allianzen und Joint Ventures ausgeschlossen werden.

865 Vgl. Kap. 3.4.2.2 zum strategischen Produktivitätsmanagement.

866 Vgl. Kap. 3.2.3.

Das Modellelement der Strategie berücksichtigt auch *exogene Umwelteinflüsse* zum Beispiel in Form von ökonomischen oder technologischen Umweltfaktoren, welche innerhalb des Strategieprozesses in der strategischen Umweltanalyse deutlich werden und für den anzustrebenden Unternehmens-Umwelt-Fit zu berücksichtigen sind.[867]

### 4.2.2 Wissens- und Kompetenzenpotenziale als zusätzliches Element zum Modell des relationalen Zeit-Erfolgs

Strategische Potenziale aus der Konfiguration und Koordination von individuellen Wissens- und Kompetenzenpotenzialen und unternehmensspezifischen Ressourcenpotenzialen für die Nutzen- und Wertgenerierung gelten für das strategische Management als zentrale Gestaltungs-, Lenkungs- und Entwicklungsgröße.[868]

Die *Wissens- und Kompetenzenpotenziale des Personalbestands* werden dabei in der hier vertretenen Auffassung als unbedingt individuelle *Handlungspotenziale* von Einzelpersonen aufgefasst, basierend auf Wissen und Kompetenzen mit individuellen Wissenshierarchien nach Fakten-, Kausal- und Konzeptionswissen und individuellen Erfahrungswissen-Ausprägungen.[869] Derart handelnde Personen des Personalbestands nutzen dann zur Wertschöpfung in Leistungsprozessen die materiellen und immateriellen Ressourcen des Unternehmens ausgedrückt als *Ressourcenpotenziale*. Der Begriff Potenziale beinhaltet auch hier zukünftige Möglichkeitsräume aus strategischer Sicht.

Das strategische Modellelement der individuellen Wissens- und Kompetenzenpotenziale ist ebenfalls am Modellelement der Strategie auszurichten.[870] Im Rahmen des *Konzepts der strategischen Bereitschaft* sind für die individuellen Wissens- und Kompetenzenpotenziale des Personalbestands der Umfang des erforderlichen strategischen Beitrags und der Grad der strategischen Anpassungen hinsichtlich der Verfügbarkeit und insbesondere der Produktivität

---

[867] Vgl. Welge/Al-Laham 2008, S. 292 ff. zu nicht oder wenig beeinflussbaren Umweltfaktoren des politisch-rechtlichen, ökonomischen, soziokulturellen und technologischen Bereichs mit Anpassungszwängen. Vgl. Macharzina/Wolf 2010, S. 18 ff. zu Diskontinuitäten in der Unternehmensumwelt.

[868] Vgl. Kap. 1.3.3 mit Kap. 2.4.2 i. V. m. Kap. 2.3.2.

[869] Vgl. Kap. 1.3.3.

[870] Vgl. Kap. 4.2.1.

festzulegen.[871] Das Modellelement der Wissens- und Kompetenzenpotenziale ist dann operational, wenn die direkte Bezugnahme auf Personen oder Personengruppen des Personalbestands mit deren Nutzung, Gestaltung und Entwicklung von Unternehmensressourcen gelingt.[872]

### 4.2.3 Zeit-Nutzenpotenzial als strategischer Zeit-Erfolg

In Anlehnung an das Konzept von *Bleicher*[873] mit einer an der Strategie ausgerichteten Gestaltung und Entwicklung von strategischen Potenzialen hin zu einer Nutzengenerierung auf Basis von Produktivitätskriterien wird ein neuer Begriff eingeführt. Nachfolgend wird das hier entwickelte Konstrukt des relationalen Zeit-Erfolgs[874] zur Verdeutlichung der strategischen Sichtweise als *Zeit-Nutzenpotenzial* in der relationalen Zeit-Dimension bezeichnet.

Gemäß dem oben entwickelten theoretischen Modell des Zeit-Erfolgs[875] sind damit in der strategischen Sichtweise die *Zeit-Nutzenpotenziale* als Wirkungsergebnis der strategiegeleiteten Zeit-Potenziale des Personalbestands mit deren Nutzung von Wissens- und Kompetenzenpotenzialen unter Berücksichtigung der Einflussvariablen von Verfügbarkeit und Produktivität im Zeithorizont anzusehen. Auf Grundlage der oben entwickelten *Theorie des Zeit-Erfolgs*[876] wäre das so definierte *Zeit-Nutzenpotenzial* als Summe der jeweiligen erzielten strategiegeleiteten relationalen Zeit-Erfolge im Zeithorizont von Leistungsprozessen gemessen in Handlungszeiten aufzufassen. Dieses Zeit-Nutzenpotenzial könnte dann als operational bestimmbares strategisches Erfolgspotenzial bzw. als strategische operationale Steuerungsgröße für die Vorsteuerung von Wert-Erfolgen in wissensintensiven Unternehmen eingesetzt werden.

### 4.2.4 Gesamtsicht des theoretischen Modells der strategischen Zeit-Nutzenpotenziale in der relationalen Zeit-Dimension

Für die Entwicklung einer operationalen *strategischen Steuerungsgröße* in der relationalen Zeit-Dimension soll das oben entwickelte theoretische Modell des Zeit-Erfolgs[877] mit den neu konzipierten strategischen Modellelementen der *Strategie* und der individuellen *Wissens- und*

---

871 Vgl. Kaplan/Norton 2004, S. 192 ff. und S. 352 ff. zum Konzept der strategischen Bereitschaft mit Prozessen zur Identifikation der strategierelevanten Potenziale, zur Prüfung der Bereitschaft und zur Festlegung adäquater strategischer Programme und Initiativen zur Anpassung und Ausrichtung.

872 Vgl. Kaplan/Norton 2004, S. 355 im Rahmen einer Fallstudie zum Bezug der Potenzialperspektive auf die Prozessperspektive für den Aufbau einer strategieorientierten Organisation und die Schaffung einer kundenorientierten Unternehmenskultur. Die Übertragung der Kompetenzenpotenziale auf die Leistungsprozesse wäre ohne den unmittelbaren Bezug auf Personen kaum vorstellbar.

873 Vgl. Bleicher 1999, S. 474 i. V. m. S. 462 u. S. 465.

874 Vgl. Kap. 4.1.1 und Kap. 4.1.7.

875 Vgl. Kap. 4.1.7.

876 Vgl. Kap. 4.1.1.

877 Vgl. Kap. 4.1.7.

*Kompetenzenpotenziale* erweitert werden.[878] Zudem soll der bisher entwickelte Begriff des Zeit-Erfolgs durch den strategiegeleiteten Begriff des *Zeit-Nutzenpotenzials* ersetzt werden.[879]

Das Ergebnis der Integration der Modellelemente in das bislang entwickelte theoretische Modell des Zeit-Erfolgs zeigt Abb. 30 als *theoretisches Modell der strategischen Zeit-Nutzenpotenziale* in der relationalen Zeit-Dimension.

Das Modellelement der *Strategie* in Abb. 30 mit der Berücksichtigung von Strategieinhalt und Strategieprozess gilt dabei als oberster und zentraler Ausdruck des Gestaltungs-, Lenkungs- und Entwicklungswillens des strategischen Managements unter Einbeziehung des Unternehmens-Umwelt-Fits. Die entwickelte Strategie mit strategischen Programmen und strategischen Initiativen entscheidet über die gegenwärtige strategische Bereitschaft und die zukünftig notwendige strategische Ausrichtung von individuellen *Wissens- und Kompetenzenpotenzialen* des Personalbestands und von *Ressourcenpotenzialen.*

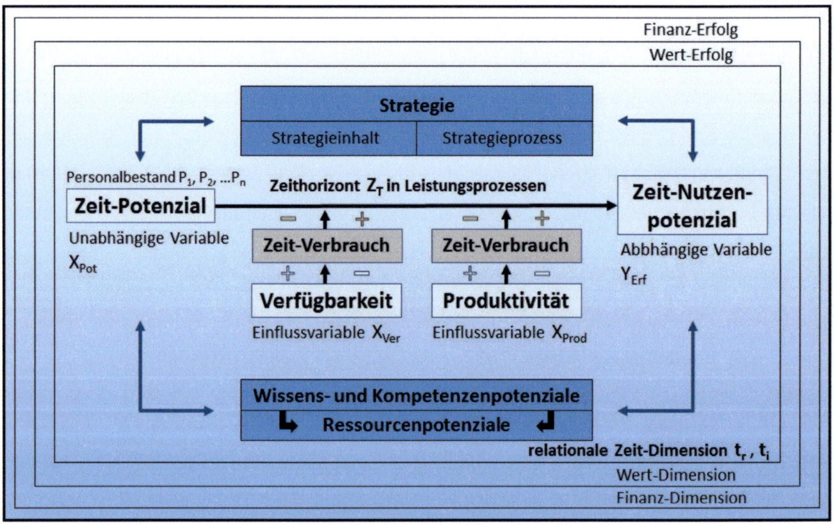


Abb. 30: Theoretisches Modell der strategischen Zeit-Nutzenpotenziale

Die operationale strategische Steuerung nach Abb. 30 erfolgt mit Blick auf den *Personalbestand* $P_1$, $P_2$, …$P_n$ und das damit verbundene *Zeit-Potenzial* $X_{Pot}$ mit dessen jeweiliger *Verfügbarkeit* und *Produktivität* bei der Nutzung von Ressourcenpotenzialen. Dazu sind verschiedene

[878] Vgl. Kap. 4.2.1 und Kap. 4.2.2.

[879] Vgl. Kap. 4.2.3.

*Leistungsprozesse* im jeweiligen *Zeithorizont* $Z_T$ mit unterschiedlichen Ausprägungen von Handlungszeiten in der *reversiblen Zeit* $t_r$ und der *irreversiblen Zeit* $t_i$ zu berücksichtigen.[880]

Als operationales Ergebnis nach Abb. 30 zeigt sich das *Zeit-Nutzenpotenzial* als strategiegeleiteter relationaler Zeit-Erfolg gemessen in Handlungszeiten. Das Zeit-Nutzenpotenzial wird in der hier vertretenen Auffassung sowohl als operationale *strategische Steuerungsgröße* in der relationalen Zeit-Dimension als auch als operationale *strategische Vorsteuerungsgröße* zur Erzielung von Wert-Erfolgen in der Wert-Dimension begriffen.

Mit Unterstützung eines umfassenden strategischen Produktivitätsmanagements unter Berücksichtigung personaler und technologischer Einflussfaktoren können die Einflussvariablen $X_{Ver}$ für die Verfügbarkeit und $X_{Prod}$ für die Produktivität langfristig gesteuert werden.[881]

## 4.3 Bezüge auf Wert-Erfolge in der Wert-Dimension

Die bislang formulierten Arbeitshypothesen[882] beinhalten die Überlegung, dass die quantitative Stärke der strategiegeleitet eingesetzten und verfügbaren Zeit-Potenziale des Personalbestands sowie die produktive Nutzung dieser Zeit-Potenziale als messbarer relationaler Zeit-Erfolg bzw. als messbares Zeit-Nutzenpotenzial auch einen entsprechenden Wert-Erfolg in der Wert-Dimension bewirken.[883] Damit wird der abgeleitete Ursache-Wirkungs-Zusammenhang zwischen der relationalen Zeit-Dimension und der Wert-Dimension angesprochen.

Für die Präzisierung von Bezügen zwischen relationaler Zeit-Dimension und Wert-Dimension zeigt Tab. 22 die Modellelemente und Einflussvariablen des entwickelten theoretischen Modells der Zeit-Nutzenpotenziale zusammen mit den Wert-Erfolgen.[884]

Die Zeit-Wert-Bezüge nach Tab. 22 orientieren sich dabei an der gesamtwirtschaftlichen Arbeitszeitrechnung mit Arbeitszeiten als Input und daraus generierter (Brutto-)Wertschöpfung als Output.[885] Für die Verdeutlichung von strategiegeleiteten Veränderungsprozessen wird das Modellelement der *Strategie* in der ersten Spalte ausgewiesen.[886] Zur Vermeidung einer um-

---

880 Vgl. Kap. 3.2.3.
881 Vgl. Kap. 3.4.2.2 i. V. m. Kap. 2.5.
882 Vgl. Kap. 4.1.1.
883 Vgl. Kap. 1.3.5.
884 Vgl. Kap. 4.2.4.
885 Vgl. Kap. 1.3.5.
886 Vgl. Kap. 1.3.5 ausführlich zur gesamtwirtschaftlichen und betrieblichen Wertschöpfung. Vgl. Coenenberg 2005, S. 1115 zur Arbeitsproduktivität im Verhältnis der eingesetzten bzw. verfügbaren Arbeitszeiten des Personalbestands zur erzielten Wertschöpfung, vgl. a. a. O., S. 1110 zur Entstehungsrechnung der Wertschöpfung

fangreichen betrieblichen Wertschöpfungs-Entstehungsrechnung soll nachfolgend das betriebswirtschaftliche Konzept der *Bruttowertschöpfung*, berechnet aus den Umsatzerlösen abzüglich direkt ermittelbarer Vorleistungen u. a. in Form des Materialaufwands verwendet werden.[887]

<table>
<tr><th>Strategie</th><th colspan="2">Theoretisches Modell der Zeit-Nutzenpotenziale in der relationalen Zeit-Dimension $t_r$,$t_i$</th><th>Wert-Dimension mit Wert-Erfolgen</th></tr>
<tr><td>Strategische Bereitschaft</td><td colspan="2">Zeit-Potenzial $X_{Pot}$<br>Personalbestand $P_1$, $P_2$, ...$P_n$</td><td>Betriebliche Wertschöpfung als Gesamtleistung abzüglich Vorleistungen</td></tr>
<tr><td rowspan="4">Strategische Ausrichtung</td><td colspan="2">Zeit-Nutzenpotenzial</td><td rowspan="3">Betriebliche Wertschöpfung als Gesamtleistung abzüglich Vorleistungen</td></tr>
<tr><td>Verfügbarkeit $X_{Ver}$</td><td>Produktivität $X_{Prod}$</td></tr>
<tr><td colspan="2">Nutzung sowie Gestaltung und Entwicklung von Wissens- und Kompetenzenpotenzialen</td></tr>
<tr><td colspan="2">Zeithorizont $Z_T$</td><td>Zeitpunkte der Erfolgsrealisierung</td></tr>
</table>

Tab. 22: Modell der Zeit-Nutzenpotenziale mit Bezügen auf die Wert-Dimension

Insgesamt ergeben sich somit nach Tab. 22 zeitliche, mengenmäßige und wertmäßige Anknüpfungspunkte für empirische Untersuchungen und Operationalisierungen im Rahmen einer Datenerhebung.

## 4.4 Empirisch-exemplarische Anwendung des theoretischen Modells der Zeit-Nutzenpotenziale in der Fallstudie Prima GmbH

Die praktische Bewährung der entwickelten theoriegeleiteten Konzeptionen des relationalen Zeit-Erfolgs bzw. der Zeit-Nutzenpotenziale in der relationalen Zeit-Dimension innerhalb einer Unternehmensumgebung bilden den Abschluss des theoretischen Teils.[888] Wegen des explorativen Forschungsansatzes und wegen der zum Teil sehr spezifischen Anforderungen an das Datenmaterial wird nachfolgend eine empirisch-exemplarische Anwendung des entwickelten theoretischen Modells der Zeit-Nutzenpotenziale gewählt.

---

nach HGB mit der Gesamtleistung abzüglich der Vorleistungen sowie a. a. O., S. 1108 zur vereinfachten Berechnung einer betrieblichen Bruttowertschöpfung aus Umsatzerlösen abzüglich direkter Vorleistungen wie dem Materialaufwand.

887 Vgl. Coenenberg 2005, S. 1108. Vgl. ausführlich zur Wertschöpfungsrechnung Kap. 1.3.5.

888 Vgl. Kap. 4.1.7 und Kap. 4.2.4.

Die empirisch-exemplarische Anwendung des entwickelten theoretischen Modells der Zeit-Nutzenpotenziale wird über insgesamt vier Phasen durchgeführt.[889] In diesen vier Phasen erfolgen die grundsätzliche Spezifizierung der Erhebungsmethode, die Bestimmung der Messgrößen bzw. der operationalen Daten, die Datenerhebung sowie die Auswertung der erhobenen Daten.[890]

### 4.4.1 Spezifizierung der Erhebungsmethode

Für eine empirische Prüfung des entwickelten theoretischen Modells der Zeit-Nutzenpotenziale in der relationalen Zeit-Dimension sind besondere Daten erforderlich. Hierzu gehören auf einer oberen Ebene unternehmenseigene Daten zu Strategieplanungen und Strategieimplementierungen mit strategischen Ausrichtungen zum Beispiel auf Basis einer Balanced Scorecard Strategy Map sowie zu GuV-Planungen über mehrere Geschäftsjahre.

Weiterhin erforderlich sind Plan-Ist-Daten zu Personalbeständen in Funktions- und Leistungsbereichen einschließlich des Personalbedarfs, zu Arbeitsstunden gemäß der Arbeitszeitkonzepte bezahlter und vertraglicher Arbeitsstunden sowie zu verfügbaren Arbeitsstunden einschließlich Überstunden und Krankenständen. Notwendig sind insbesondere auch Daten zu unproduktiven Nutzungen von Handlungszeiten in verschiedenen Leistungsprozessen in Form von nicht zielorientierten und nicht bedarfsorientierten Einsatzzeiten bei der Nutzung von Unternehmensressourcen sowie Daten zu verschiedenen Zeithorizonten in Leistungsprozessen innerhalb von Geschäftsperioden.

**Anwendung der Fallstudie Prima GmbH**

Wegen der Vielfalt notwendiger unternehmensspezifischer und strategierelevanter Daten und wegen des explorativen Forschungsansatzes in der relationalen Zeit-Dimension wird eine empirisch-exemplarische Anwendung des entwickelten theoretischen Modells der Zeit-Nutzenpotenziale vorgeschlagen. Für diese empirisch-exemplarische Anwendung des entwickelten theoretischen Modells[891] soll nachfolgend die veröffentlichte *Fallstudie Prima GmbH* von *Genau*[892] verwendet werden.[893]

---

[889] Vgl. nachfolgend Kap. 4.4.1 bis Kap. 4.4.4.

[890] Vgl. Töpfer 2010, S. 220 f.

[891] Vgl. Kap. 4.2.4.

[892] Vgl. Genau 2012 mit der Fallstudie Prima GmbH auf den Seiten 7-64 sowie Anhang 5, Anhang 6 und Anhang 7. Vgl. Anhang 4 zur Entstehung der Fallstudie Prima GmbH.

[893] Zur Bedeutung von Fallstudien für die Forschung vgl.Töpfer 2010, S. 237 ff. und S. 241 mit Borchardt/Göthlich 2009, S. 35 f. und mit Yin 2003, S. 13 zur Definition von Fallstudien: „*A case study is an empirical*

Die Fallstudie Prima GmbH beschreibt die strategische Neuausrichtung, Strategieentwicklung und Strategieimplementierung für eine anonymisierte, bislang kleinere mittelständische Industrieunternehmung mit der industriellen Herstellung und dem Vertrieb von innovativen Holzwohnhäusern einschließlich technischer Dienstleistungen mit Sitz in Süddeutschland. Die mittelständische Prima GmbH lässt sich aufgrund des zunehmend qualifizierten und kompetenten Personalbestands insbesondere auch im technischen Bereich, aufgrund einer eigenen Forschungs- und Entwicklungsabteilung und des zunehmenden Einsatzes von technologischen Dienstleistungen als kleineres *wissensintensives Unternehmen* kennzeichnen.[894]

Eine unternehmensspezifische Systemzeit oder Zeit-Dimension wird in der Fallstudie Prima GmbH nicht dargestellt. Aus der Fallstudie Prima GmbH werden originär die in den Anhängen 5, 6 und 7 aufgeführten Daten zur Balanced Scorecard Strategy Map, zur operativen Finanzplanung und zur Personalplanung übernommen. Alle weiteren nachfolgenden Darstellungen in der relationalen Zeit-Dimension sind eigene exemplarische Anwendungen des hier entwickelten theoretischen Modells der Zeit-Nutzenpotenziale.[895]

### 4.4.2 Bestimmung der operationalen Daten in der Zeit-Dimension und Wert-Dimension

Die Fallstudie Prima GmbH von *Genau*[896] soll nachfolgend einer Inhaltsanalyse unterzogen werden. Mit der Inhaltsanalyse sollen geeignete Daten für die Zeit-Dimension und Daten für die Wert-Dimension identifiziert werden.

Die Fallstudie Prima GmbH verwendet realitätsnahe anonymisierte Daten einer tatsächlich existierenden Unternehmung. Die veröffentlichen Daten basieren auf der Unternehmensberatungstätigkeit der Fallstudien-Autorin.[897] Kennzeichnend ist ein idealtypischer Aufbau in Form eines strategischen Geschäftsplans und einer daraus abgeleiteten operativen Finanzplanung. Die Planung der strategischen Neuausrichtung und der Strategieimplementierung erfolgt mit

---

*inquiry that investigates a contemporary phenomenon within its real-life context, especially when the boundaries between phenomenon and context are not clearly evident."*

894 Vgl. Kap. 2.1 i. V. m. Kap. 1.3.4. Vgl. Gehrke/Frietsch/Rammer 2010, S. 5 zur wissensintensiven Produktion im sog. übrigen produzierenden Gewerbe und zu wissensintensiven Dienstleistungen sowie a. a. O. , S. 11 zu wissensintensiven Dienstleistungen im Architektur-, Ingenieur- und übrigen technischen Bereich.

895 Vgl. Kap. 4.2.4 zur Gesamtsicht des theoretischen Modells.

896 Vgl. Genau 2012, S. 7-64 mit Anhang 4.

897 Vgl. Anhang 4.

Hilfe einer Balanced Scorecard Strategy Map.[898] Daten aus der Wert-Dimension liegen als operative Planung mit einer integrierten Ertrags-, Liquiditäts- und Bilanzplanung für die nächsten drei Planjahre vor.[899]

**Zeithorizont in der Fallstudie Prima GmbH**

In einem Zeithorizont wird die Ist-Ausgangssituation mit einer geplanten strategischen Neuausrichtung konfrontiert. Die Umsetzung der geplanten Strategie soll zu bestimmten finanziellen Ergebnissen und Wert-Erfolgen in den nächsten Geschäftsjahren führen. Die Analyse der strategischen Ausgangssituation der Prima GmbH im Ist-Jahr 1 erfolgt mit einer Stärken-Schwächen-Analyse und einer Chancen-Gefahren-Analyse. Für das Ist-Jahr 1 liegen dazu Daten der Wert-Dimension als Ist-GuV und Ist-Bilanz vor.[900] Die geplanten strategischen Maßnahmen der Prima GmbH basieren auf dem strategischen Stärken-Chancen-Profil. Die geplanten Wirkungen der strategischen Maßnahmen werden in Form einer operativen GuV-, Bilanz- und Liquiditätsplanung für die nächsten drei Planjahre umgesetzt. Leistungsprozesse werden zusätzlich mit einem spezifischen Zeithorizont dargestellt. Für die nächsten drei Planjahre liegt zudem eine nach betrieblichen Funktionen gegliederte detaillierte Personalbedarfsplanung vor.[901]

**Anwendung des theoretischen Modells der Zeit-Nutzenpotenziale in der relationalen Zeit-Dimension**

Insgesamt gesehen beinhaltet die Fallstudie Prima GmbH vorwiegend Mengendaten und Wertdaten. Der Übergang von der strategischen Planung in die operative Planung wird nicht spezifisch operationalisiert. Eine unternehmensspezifische Zeit-Dimension wird in der Fallstudie nicht beschrieben. Die Anwendung des entwickelten theoretischen Modells der Zeit-Nutzenpotenziale soll in einer relationalen Zeit-Dimension mit jeweiligen Bezügen auf die Daten der Wert-Dimension erfolgen, siehe dazu Tab. 23 mit den jeweiligen Modellelementen.[902]

---

898 Vgl. Anhang 5.
899 Vgl. Anhang 6.
900 Vgl. Anhang 6.
901 Vgl. Anhang 7.
902 Vgl. Kap. 4.3 zu Bezügen auf die Wert-Dimension. Vgl. Kap. 4.1.7 und Kap. 4.2.4 zu den Modellelementen. Vgl. Anhang 6 zu operativen Planungen in der Wert-Dimension der Fallstudie Prima GmbH.

| **Modell der Zeit-Nutzenpotenziale** | **Relationale Zeit-Dimension: Anwendungen** | **Wert-Dimension: Bezüge** |
|---|---|---|
| **Strategie:** Strategieinhalt und - prozess | strategische Ausrichtung nach Ziel- und Analyseprozessen | Plan-GuV, Plan-Liquidität, Plan-Bilanz |
| **Personalbestand $P_1$, $P_2$, ...$P_n$** | Personalbestand mit Personalbedarfsplanung | Ist-GuV, Plan-GuV, Ist-Bilanz, Plan-Bilanz |
| **Zeit-Potenzial $X_{Pot}$** | Arbeitsstunden nach Arbeitszeit-konzept der bezahlten Stunden | Ist-(Brutto)-Wertschöpfung und Plan-(Brutto)-Wertschöpfung |
| **Einflussvariable $X_{Ver}$** (Verfügbarkeit) | Arbeitsstunden nach Arbeitszeit-konzept der vertraglichen Stunden | Ist-(Brutto)-Wertschöpfung und Plan-(Brutto)-Wertschöpfung |
| **Einflussvariable $X_{Prod}$** (Produktivität) | produktive Arbeitsstunden in Leistungsprozessen mit Nutzung von Kompetenzen u. Ressourcen | Ist-(Brutto)-Wertschöpfung und Plan-(Brutto)-Wertschöpfung |
| **Zeithorizont $Z_T$** | Dauer von Leistungsprozessen | Zeitpunkte der Realisierung |

Tab. 23: Variablen der Zeit-Nutzenpotenziale für die empirische Anwendung

### 4.4.3 Datenerhebung im Rahmen der empirisch-exemplarischen Anwendung

Im Rahmen der vorgeschlagenen exemplarischen Anwendung des entwickelten theoretischen Modells der Zeit-Nutzenpotenziale konzentriert sich die nachfolgende Datenerhebung auf die Identifizierung, Kategorisierung und Aufbereitung der Fallstudiendaten von *Genau*[903] für die Ableitung einer konsistenten Zeit-Dimension.[904]

Dafür soll zuerst die strategische Ausgangssituation im Ist-Ausgangsjahr 1 analysiert werden. Danach folgt eine neuartige Darstellung der Ist-Ausgangsdaten in der Zeit-Dimension und Wert-Dimension. Im nächsten Schritt werden die vom Management der Prima GmbH auf Grundlage der neuen Strategie konzipierten strategischen Programme als neuartige strategische Planung in der Zeit-Dimension operationalisiert. Der daraus ableitbare relationale Zeit-Erfolg wird anschließend als Zeit-Nutzenpotenzial mit den geplanten Wert-Erfolgen in der Wert-Dimension in einen Zusammenhang gestellt.

903 Vgl. Genau 2012, S. 7-64 zur Fallstudie GmbH mit Anhang 4.
904 Vgl. Kap. 4.4.1.

#### 4.4.3.1 Strategische Ausgangssituation im Ist-Jahr 1

Die *Prima GmbH* mit Sitz in Süddeutschland entwickelt, produziert und vertreibt patentierte, doppelwandige Klick-Module aus Massivholz zum Bau von Ein- und Mehrfamilienhäusern sowie für Kleinbauten. Die in unterschiedlichen Größen gefertigten Holz-Module eignen sich für den Bau von Wänden, Decken und Dächern. Ein zusätzlicher Geschäftszweig der Prima GmbH sind baunahe *technische Dienstleistungen* für Bauherren in Kooperation mit Architekten und Handwerksbetrieben. Hauptzielgruppe sind private Bauherren für Wohnhäuser sowie Baumärkte für Kleingebäude. Alleiniger geschäftsführender Gesellschafter ist der Zimmerer- und Dachdeckermeister Michael Prima, der in vierter Generation den alteingesessenen Handwerksbetrieb zu einem modernen, vollautomatisierten Industrie- und Dienstleistungsunternehmen weiter entwickeln möchte. Leiter der Forschung und Entwicklung ist Dr. Bernhard Bauer, der seit einem Jahr im Unternehmen beschäftigt ist.[905]

**Strategische Analysen**

Nach der Durchführung einer *strategischen Umweltanalyse* zeigen sich günstige Chancen-Potenziale. Für energieeffiziente Wohnhäuser in Holzbauweise wird ein Wachstum von durchschnittlich 17% für jedes der drei folgenden Planjahre prognostiziert. Das prognostizierte Marktpotenzial für Häuser in Holzbauweise beträgt für die kommenden drei Planjahre insgesamt 71.829 Einheiten. Zu den Wettbewerbern zählen Anbieter von Fertighäusern und Betonfertigteilen.[906] Aus der strategischen Unternehmensanalyse ergeben sich die unternehmenseigenen Stärken aus eingetragenen Patent- und Markenrechten sowie einer installierten DIN-gerechten automatisierten Fließfertigung.

**Strategieentwicklung und Strategieimplementierung**

Für die konsistente Strategieentwicklung wurde ein neues *Unternehmensleitbild* mit der Prima GmbH als Anbieter eines gesunden, ökologisch nachhaltigen Wohlfühlklimas entworfen.[907] Aus der vorteilhaften Umweltchancen-Unternehmensstärken-Position entwickelt die Geschäftsführung der Prima GmbH eine Differenzierungsstrategie als Anbieter von individuell gestaltbaren Massivholz-Häusern für den deutschen Markt im Mittel- bis Hochpreissegment.[908]

---

[905] Vgl. Genau 2012, S. 7-10 und S. 11 f.
[906] Vgl. Genau 2012, S. 23.
[907] Vgl. Genau, S. 12-14.
[908] Vgl. Genau 2012, S. 15 f.

Als zusätzlicher Kundennutzen wird die Erfüllung individueller ästhetischer Ansprüche definiert.

Im Zeithorizont der Fallstudie befindet sich die Prima GmbH im strategischen Prozess der *Strategieimplementierung.* Dazu wurden vom strategischen Management auf Basis der entwickelten Prima-Strategie über eine *Balanced Scorecard Strategy Map*[909] detaillierte strategische Programm- und Maßnahmenpakete zur Strategieumsetzung abgeleitet und geplant.[910] Im Rahmen der *operativen Planung* erfolgt eine Budgetierung in Form einer Ertrags-, Vermögens- und Liquiditätsplanung jeweils auf Jahresbasis.[911] Die vorliegenden strategischen und operativen Daten werden in den nachfolgenden Kapiteln nach Maßgabe der empirischen Prüfungsziele im Detail analysiert und für eine relationale Zeit-Dimension aufbereitet.[912]

#### *4.4.3.2 Ist-Ausgangsdaten in der Zeit-Dimension und Wert-Dimension*

Ziel der Fallstudien-Analyse in diesem Kapital ist die Identifizierung der für die Prima GmbH vorliegenden Ertrags- und Vermögensdaten in der Wert-Dimension sowie die Strukturierung einer relationalen Zeit-Dimension der Handlungszeiten.

**Wertschöpfungsprozess der Prima GmbH im Zeithorizont $Z_T$**

Bei einer ersten Betrachtung der *Wert-Dimension* erzielt die Prima GmbH im Ist-Ausgangsjahr 1 Umsatzerlöse in Höhe von 6.584 TEUR mit einem Betriebsergebnis in Höhe von 556 TEUR (8,4%).[913] In der relativen Erfolgsbetrachtung aus Sicht eines Faktoreinsatz-Ertragsgrößen-Verhältnisses von Eigenkapitaleinsatz zu Jahresüberschuss erwirtschaftet die Prima GmbH im Ist-Ausgangsjahr 1 eine Eigenkapitalrentabilität i. H. v. 27%.[914] Die Kapitalproduktivität aus Kapitaleinsatz und erzielter Bruttowertschöpfung beträgt im Ist-Ausgangsjahr 1 rund 212%.[915] Die

[909] Vgl. Anhang 5.
[910] Vgl. Genau 2012, S. 39-42.
[911] Vgl. Genau 2012, S. 43 ff.
[912] Vgl. Kap. 4.4.1.
[913] Vgl. Genau 2012, S. 57 zur GuV für das Ausgangsjahr und die nachfolgenden drei Planjahre, Werte gerundet. Vgl. Anhang 6 zur Ist- und Plan-GuV der Prima GmbH im Rahmen der operativen Finanzplanung.
[914] Jahresüberschuss i. H. v. 248 TEUR zum Eigenkapital i. H. v. 918 TEUR x 100. Vgl. Genau 2012, S. 60 zur Bilanz für das Ausgangsjahr und die nachfolgenden drei Planjahre, Werte gerundet. Vgl. Anhang 6 zur Ist- und Plan-Bilanz der Prima GmbH. Vgl. Coenenberg 2005, S. 1082 f. zur Eigenkapitalrentabililtät.
[915] Bruttowertschöpfung i. H. v. 3.026 TEUR zum Kapitaleinsatz i. H. v. 1.429 TEUR x 100. Vgl. Coenenberg 2005, S. 1105 ff. zur Wertschöpfungsanalyse und S. 1115 zu Wertschöpfungskennzahlen. Vgl. Anhang 6 zur Ist- und Plan-GuV sowie zur Ist-und Plan-Bilanz der Prima GmbH.

bislang als positiv einzuschätzende Ertragslage stellt die Situation vor Beginn der geplanten Wachstumsprozesse dar.[916]

Der Wertschöpfungsprozess der Prima GmbH kann im *Zeithorizont* $Z_T$[917] der einzelnen Leistungsbereiche und anschließend aus Sicht der Gesamtunternehmung dargestellt werden. Die im Wertschöpfungsprozess aufeinander folgenden Leistungen der Prima GmbH von der Generierung des Kundenkontakts bis zur Kundennachbetreuung mit jeweils eigenen, in sich geschlossenen Leistungsprozessen im Zeithorizont $Z_T$ zeigt Tab. 24.[918]

| **Pos.** | **Leistungsbereiche** | **Handlungen in Leistungsprozessen der Wertkette** | **Zeithorizont $Z_T$** je Teil-Leistungsbereich in Kalendertagen | **Zeithorizont $Z_T$** kumuliert in Kalendertagen |
|---|---|---|---|---|
| 1 | **Marketing Vertrieb** | Generierung des Kundenkontakts bis zum Vertragsabschluss | 210 | 210 |
| 2 | **Einkauf** | Beschaffung der Vormaterialien und Vorprodukte | 7 | 210 + 7 = 217 |
| 3 | **Produktion** | Herstellung von spezifischen und modularen Holzbauelementen | 14 | 217 + 14 = 231 |
| 4 | **Logistik** | Lieferung der produzierten Holzbauelemente auf die Baustelle | 7 | 231 + 7 = 238 |
| 5 | **Marketing Vertrieb** | technische Baubegleitung bei der Errichtung der Holzhäuser | 7 | 238 + 7 = 245 |
| 6 | **Marketing Vertrieb** | Kundenservice und Kundennachbetreuung | 7 | 245 + 7 = 252 |

Tab. 24: Fallstudie: Leistungsprozesse der Wertkette im Zeithorizont $Z_T$[919]

Der Zeithorizont $Z_T$ für den gesamten Wertschöpfungsprozess der Prima GmbH nach Tab. 24 von Pos. 1 bis Pos. 6 beträgt idealtypisch 252 Tage.[920] Aus produktionstechnischer Sicht beträgt im Leistungsbereich Produktion die Operational Time[921] für die Herstellung der Holzmodule 14 Tage. Im Verständnis der sog. flankierenden Prozesse in der Wertkette wird in Bezug auf den ermittelten Zeithorizont $Z_T$ nach Tab. 24 für die Leistungsbereiche der Geschäftsführung sowie

916 Vgl. Genau 2012, S. 38 ff. zu den geplanten Wachstumsmaßnahmen einschließlich finanzieller Auswirkungen.

917 Vgl. Kap. 4.1.5.

918 Vgl. Genau 2012, S. 20-22 und S. 33-36 in der Fallstudie Prima GmbH.

919 Darstellung in Anlehnung an *Genau 2012*, S. 20-22 i. V. m. S. 33-36. Gekürzte und vereinfachte Darstellung.

920 Vgl. Genau 2012, S. 20 f.

921 Vgl. Kap. 3.3.2 zur Operational Time in der Kalenderzeit.

der Forschung und Entwicklung der Prima GmbH ein Zeithorizont $Z_T$ von idealtypischen 252 Tagen angenommen.[922]

**Personalbestand der Prima GmbH in Leistungsbereichen**

Nach dem entwickelten theoretischen Modell der Zeit-Nutzenpotenziale steht der *Personalbestand $P_1$, $P_2$, ...$P_n$* mit seinen Bezügen zum *Zeit-Potenzial $X_{Pot}$* und zur strategiegeleiteten Nutzung von Ressourcen mittels seiner Wissens- und Kompetenzenpotenziale im Mittelpunkt der Betrachtung von wissensintensiven Unternehmen. Die Personen im Personalbestand der Prima GmbH können einzeln bestimmt werden.[923] Dies ermöglicht den Bezug des Personalbestands $P_1$, $P_2$, ...$P_n$ auf die Leistungsbereiche der Prima GmbH, auf die genutzten Kompetenzen-Ressourcenpotenziale in Form von Human-, Struktur- und Beziehungspotenzialen,[924] auf den Zeithorizont $Z_T$ des Wertschöpfungsprozesses sowie auf die mögliche Ausprägung von Handlungszeiten in der relationalen Zeit-Dimension als reversible Zeit $t_r$ oder irreversible Zeit $t_i$.[925]

Die daraus für den Personalbestand $P_1$, $P_2$, ...$P_n$ der Prima GmbH für das Ist-Ausgangsjahr 1 ableitbaren Bezüge verdeutlicht nachfolgende Tab. 25 unter Verwendung der Zeithorizonte aus dem Wertschöpfungsprozess in Tab. 24.

Für Human-, Struktur- und Beziehungspotenziale aus der Nutzung von Kompetenzen-Ressourcenpotenzialen liegen in der Fallstudie Prima GmbH keine unmittelbaren Erkenntnisse zum Beispiel aus einer *Wissensbilanzierung* vor.[926] Gleichwohl wurde von der betreuenden Unternehmensberatung eine Teilkostenrechnung eingeführt, welche die Inanspruchnahme von Leistungen und Gütern einer Abrechnungsperiode auf die genannten Leistungsbereiche zuordnet.[927]

Erste Hinweise auf *unproduktive Nutzungen* der Kompetenzen-Ressourcenpotenziale in Bezug auf die Einflussvariable $X_{Prod}$ Produktivität ergeben sich aus der SWOT-Analyse der Prima

922 Vgl. Genau 2012, S. 20 ff. und S. 34 ff. in der Fallstudie Prima GmbH.

923 Vgl. Genau 2012, S. 20-22 zu den Geschäftsprozessen, S. 33-36 zur Organisation und S. 47 zur Personalbedarfsplanung. Vgl. Anhang 7 zusammenfassend zur Personalbedarfsplanung in der Fallstudie.

924 Vgl. Kap. 1.3.3.

925 Vgl. Kap. 4.1.6 i. V. m. Kap. 3.2.3.

926 Vgl. Kap. 2.3.4 zum Modell der Wissensbilanz des Arbeitskreises Wissensbilanz im Rahmen der Strategieimplementierung. So könnte z. B. die Nutzung von Beziehungspotenzial in der Prima GmbH stärker im Personalbestand des Leistungsbereichs Marketing und Vertrieb angesiedelt sein.

927 Vgl. Genau 2012, S. 43 ff. zur Kostenplanung in der Fallstudie Prima GmbH. Erlös- und Kostenplanungen können anschließend gegliedert nach Leistungsbereichen (Kostenstellen) i. S. einer Plan-GuV nach Umsatzkostenverfahren aufgestellt werden, vgl. Anhang 6. Eine Produktion auf Lager ist nicht geplant. Vgl. Kap. 2.6.2.1 zu Unternehmensrechnungssystemen.

GmbH, insbesondere hinsichtlich unbefriedigender Führungspotenziale, nicht abgestimmter Produktionsprozesse und gering ausgeprägten Kundenbeziehungen.[928]

| **Personalbestand $P_1$, $P_2$, ...$P_n$** 30 Personen im Ausgangsjahr 1 davon: | **Leistungsbereiche der Prima GmbH** | **•Wissens- und Kompetenzenpotenziale** Nutzung, Gestaltung, Entwicklung **•Ressourcenpotenziale** | **Zeithorizont $Z_T$** je Leistungsbereich in Tagen | **Zeit-Dimension** Ausprägung von Handlungszeiten |
|---|---|---|---|---|
| **2 Personen** | Einkauf (Logistik) | Human-, Struktur- und Beziehungspotenziale | 7 | reversible Zeit $t_r$ irreversible Zeit $t_i$ |
| **13 Personen** | Produktion und Logistik | Human-, Struktur- und Beziehungspotenziale | 21 (7 + 14) | reversible Zeit $t_r$ irreversible Zeit $t_i$ |
| **5 Personen** | Marketing und Vertrieb | Human-, Struktur- und Beziehungspotenziale | 224 (210 + 7 + 7) | reversible Zeit $t_r$ irreversible Zeit $t_i$ |
| **7 Personen** | Geschäftsführung und Finanzen | Human-, Struktur- und Beziehungspotenziale | 252 | reversible Zeit $t_r$ irreversible Zeit $t_i$ |
| **3 Personen** | Forschung und Entwicklung | Human-, Struktur- und Beziehungspotenziale | 252 | reversible Zeit $t_r$ irreversible Zeit $t_i$ |

Tab. 25: Fallstudie: Personalbestand in Leistungsbereichen im Ist-Jahr 1[929]

**Arbeitsproduktivität des Personalbestands der Prima GmbH**

Produktivitätsanalysen aus der Wertschöpfungsperspektive erweitern die erfolgswirtschaftliche Bilanzanalyse aus der Gewinnsicht. Die Wertschöpfung verdeutlicht einerseits die Leistungskraft von Arbeit und Kapital, zugleich gilt die Produktivität als wichtiger Frühindikator für den zukünftigen Finanzerfolg.[930] Aus den Umsatzerlösen der Prima GmbH in Höhe von gerundet 6.584 TEUR im Ist-Ausgangsjahr 1 ergibt sich bei einem Personalbestand von 30 Personen eine *Mitarbeiterproduktivität* in Höhe von 219,47 TEUR p. a.[931] Bezogen auf die im Ist-Ausgangsjahr 1 erwirtschaftete Bruttowertschöpfung in Höhe von gerundet 3.026 TEUR errechnet sich

---

928 Vgl. Genau 2012, S. 15 f. u. a. mit mangelnden Erfahrungen in Wachstumsprozessen (Humanpotenzial), hohen Produktionskapazitäten bei noch unbefriedigendem Produktportfolio (Strukturpotenzial) und geringer Kundenorientierung (Beziehungspotenzial).

929 Vgl. Genau 2012, S. 10 zum Personal, S. 20 ff. zur Wertschöpfungskette und S. 47 zur Personalbedarfsplanung.

930 Vgl. Coenenberg 2005, S. 1105-1106 zur Wertschöpfungsanalyse und S. 1115-1117 zu Wertschöpfungskennzahlen und zur Arbeitsproduktivität.

931 Verwendung der Fallstudien-Daten von *Genau 2012*, S. 47 zur Personalbedarfsplanung und S. 57 ff. zur GuV-, Liquiditäts- und Bilanzplanung, vgl. dazu Anhang 6. Zur Mitarbeiterproduktivität und zur Arbeitsproduktivität vgl. Coenenberg 2005, S. 1076 und S. 1115.

für den Personalbestand von 30 Personen eine *Arbeitsproduktivität* je Mitarbeiter ausgedrückt als Pro-Kopf-Wertschöpfung in Höhe von 100,87 TEUR p. a.[932]

**Mitarbeiterproduktivität der Prima GmbH über Branchendurchschnitt**

Im Vergleich zu *Branchenwerten* liegt die Umsatzleistung je Mitarbeiter der Prima GmbH in Höhe von 219,47 TEUR im Ist-Ausgangsjahr 1 um über 40% über dem Branchendurchschnitt der holzverarbeitenden Industrie in Höhe von 149,78 TEUR.[933] Die höhere durchschnittliche Mitarbeiterproduktivität im Branchenvergleich könnte ein Hinweis auf die durchschnittlich höhere Wissensqualifikation und Handlungskompetenz des Personalbestands der Prima GmbH sein.

**Verfügbare Handlungszeiten der Prima GmbH**

Spezifische Daten zu tatsächlich geleisteten Arbeitszeiten des Personalbestands mit Berücksichtigung von Abwesenheitszeiten und Mehrarbeiten liegen für die Prima GmbH nicht vor. Für die Arbeitszeiten werden deshalb nach *Eurofound*[934] die empirischen Daten der *Arbeitszeitkonzepte der bezahlten und vertraglichen Stunden* für Unternehmen mit Sitz in Deutschland verwendet. Dabei wird vorerst angenommen, dass die Beschäftigten der Prima GmbH ihre vertraglich vereinbarten Arbeitsstunden tatsächlich leisten und zum Beispiel keine Nichtverfügbarkeit aus krankheitsbedingten Abwesenheiten zu berücksichtigen ist.[935] Demnach betragen die bezahlten Arbeitsstunden gerundet 1.960 Stunden p. a., die vertraglichen Arbeitsstunden gerundet 1.659 Stunden p. a. und mithin die Abwesenheitszeiten nur aus Urlaub und Feiertagen insgesamt 301 Arbeitsstunden p. a.[936]

---

[932] Vgl. Anhang 6 zur Plan-GuV mit Ist-Jahr 1 und der Verwendung des dortigen Bruttoergebnisses als Bruttowertschöpfung.

[933] Vgl. Mrosek/Kies/Schulte 2005, S. 7 zur Clusterstudie Forst und Holz Deutschland 2005, Branchengruppe Holz verarbeitende Industrie mit 182.538 Beschäftigten und einem Jahresumsatz von 27,34 Mrd. EUR.

[934] Vgl. Eurofound 2014, S. 19 f. in Anhang 2 mit Tab. 1 zu den Arbeitszeitkonzepten der bezahlten und vertraglich vereinbarten Arbeitsstunden in Deutschland und der EU 2013.

[935] Vgl. Kap. 4.1.3 zur Verfügbarkeit von Zeit-Potenzialen i. V. m. dem Zeit-Verbrauch. Innerhalb der bestehenden arbeitsgesetzlichen, tarif- und einzelvertraglichen Regelungen ist das Zeit-Potenzial z. B. auch für Mehrarbeit abrufbar.

[936] Vgl. Eurofound 2014, S. 19 f. in Anhang 2 mit Tab. 1. Die Differenz aus den bezahlten und vertraglichen Arbeitsstunden der Arbeitszeitkonzepte beträgt für Deutschland in 2013 gerundet 301 Arbeitsstunden. Diese Arbeitsstunden resultieren nach Eurofound allein aus Urlaubs- und Feiertagszeiten. Vgl. Anhang 2 mit Tab. 4 zu tatsächlich geleisteten Arbeitsstunden von vollzeitbeschäftigten Arbeitnehmern in Deutschland 2012-2015 einschl. Überstunden, Feiertagen, Urlaub, sonstigen Freistellungen sowie Krankenständen.

**Unproduktive Handlungszeiten der Prima GmbH**

Bei der Prima GmbH existieren keine unmittelbaren Messdaten zur *produktiven Nutzung* der vom Personalbestand eingesetzten vertraglichen Arbeitszeiten hinsichtlich des definierten zielorientierten und bedarfsorientierten Leistungseinsatzes.[937]

Gleichwohl können Hinweise auf die vermutete unproduktive Verwendung von Handlungszeiten des Personalbestands aus der SWOT-Analyse und den geplanten Maßnahmen seitens des Managements abgeleitet werden, siehe dazu Tab. 26.

| **Wissens- und Kompetenzenpotenziale** mit der Nutzung von Ressourcenpotenzialen | **Unproduktive Verwendungen von Handlungszeiten des Personalbestands der Prima GmbH** |
|---|---|
| **Humanpotenzial** | fehlende Kompetenzen mit Wachstumsprozessen und industrieller Unternehmensführung, mangelndes Wissen von industriellen Arbeitsvorbereitungen und Qualitätsanforderungen |
| **Strukturpotenzial** | geringes Wissen beim Umgang mit hohen Produktionskapazitäten, fehlende betriebswirtschaftliche Strukturen und Managementsysteme |
| **Beziehungspotenzial** | ineffektive und ineffiziente Maßnahmen für Markterschließungen, Kundenaufbau, Kundenbindung und Kooperationsbeziehungen |

Tab. 26: Fallstudie: Unproduktive Verwendungen von Handlungszeiten[938]

**Anwendung des theoretischen Modells der Zeit-Nutzenpotenziale in der relationalen Zeit-Dimension**

Nachfolgend soll mit den entwickelten Modellelementen des theoretischen Modells der Zeit-Nutzenpotenziale[939] das *Zeit-Nutzenpotenzial* der *Personen des Personalbestands* im Ist-Ausgangsjahr 1 bestimmt werden. Zusätzlich erfolgt nach dem abgeleiteten Ursache-Wirkungs-Zusammenhang zwischen Zeit-Dimension und Wert-Dimension eine Verbindung der Daten des relationalen Zeit-Erfolgs mit denen desWert-Erfolgs.[940]

---

937 Vgl. Kap. 4.1.4 zur Produktivität von Zeit-Potenzialen i. V. m. Kap. 2.5.

938 Vgl. Genau 2102, S. 15 f. zur SWOT-Matrix der Prima GmbH und S. 40 ff. zu geplanten Maßnahmen in der Finanz-, Kunden-, Prozess- und Potenzialperspektive.

939 Vgl. Kap. 4.2.4.

940 Vgl. Kap. 4.3.

Auf Grundlage einer qualitativen Einschätzung der vorliegenden Fallstudiendaten nach Tab. 26 soll vor dem Beginn der geplanten weiteren Wachstumsprozesse der Prima GmbH ein empirisch ermittelter Wert für *durchschnittlich unproduktiv eingesetzte Arbeitszeiten* verwendet werden. Für in Deutschland ansässige Unternehmen wird hierfür ein Wert in Höhe von 40% an den verfügbaren Arbeitszeiten angenommen.[941]

Mit den bislang ermittelten Ist-Daten für den Personalbestand und dessen Leistungspotenzialen kann eine erste Anwendung des entwickelten theoretischen Modells der Zeit-Nutzenpotenziale erfolgen, siehe dazu Tab. 27. Hierfür werden die für die relationale Zeit-Dimension $t_r$, $t_i$ entwickelten Modellelemente des Zeit-Potenzials $X_{Pot}$ des Personalbestands $P_1, P_2,...P_n$, der Verfügbarkeit aus der Einflussvariablen $X_{Ver}$, der Produktivität aus der Einflussvariablen $X_{Prod}$ sowie des relationalen Zeit-Erfolgs als Zeit-Nutzenpotenzial eingesetzt. Der Bezug auf den erzielten *Wert-Erfolg* geschieht nach Maßgabe der gesamtwirtschaftlichen Arbeitszeitrechnung.[942]

| **Theoretisches Modell der Zeit-Nutzenpotenziale** Zeit-Erfolg in der Zeit-Dimension $t_r,t_i$: Ist-Jahr 1 | **Arbeitsstunden je Person** | **Personalbestand $P_1, P_2, ...P_n$** | **Arbeitsstunden Personalbestand Prima GmbH** | **Wert-Erfolg in der Wert-Dimension Prima GmbH** Ist-Jahr 1, in TEUR |
|---|---|---|---|---|
| **Zeit-Potenzial $X_{Pot}$** | 1.960 | 30 | 58.800 | Bruttowertschöpfung: 3.026 |
| **Zeit-Verbrauch aus $X_{Ver}$** Nichtverfügbarkeit | 301 | 30 | 9.030 | - |
| **Zeit-Verbrauch aus $X_{Prod}$** Unproduktivität | 664 | 30 | 19.920 | - |
| **Zeit-Nutzenpotenzial** | 995 | 30 | 29.850 | Bruttowertschöpfung: 3.026 |

Tab. 27: Fallstudie: Zeit-Nutzenpotenzial und Wert-Erfolg im Ist-Jahr1

941 Vgl. Proudfoot 2008, S. 17 zu unproduktiven Arbeitszeiten für Unternehmen mit Sitz in Deutschland , vgl. a. a. O. , S. 11 ff. und S. 17 ff. zu unproduktiven Arbeitszeiten nach Ländern und Wirtschaftszweigen sowie zu deren Ursachen.

942 Vgl. Kap. 4.3 i. V. m. Kap. 1.3.5. Vgl. Kap. 4.2.4 zum theoretischen Modell der Zeit-Nutzenpotenziale. Vgl. Genau 2012, S. 10 und S. 57 ff. sowie Anhang 6 zur operativen Finanzplanung der Prima GmbH. Vgl. Eurofound 2014, S. 19 f. in Anhang 2 mit Tab. 1 zu den Arbeitsstunden nach den Arbeitszeitkonzepten für Unternehmen mit Sitz in Deutschland für 2013. Vgl. Proudfoot 2008, S. 17 mit Kap. 3.4.2.6 zu empirischen Produktivitätsdaten. Alle Werte gerundet.

**Wirkungen des ermittelten Zeit-Nutzenpotenzials auf die Wert-Dimension**

Für das Ist-Ausgangsjahr 1 wird für die Prima GmbH nach Tab. 27 aus der Nutzung, Gestaltung und Entwicklung von Kompetenzen-Ressourcenpotenzialen ein *Zeit-Nutzenpotenzial* in Höhe von 29.850 Arbeitsstunden als *relationaler Zeit-Erfolg* von Handlungszeiten in der relationalen Zeit-Dimension $t_r,t_i$ ermittelt. Mit diesem Zeit-Nutzenpotenzial bewirkt die Prima GmbH bislang einen *Wert-Erfolg* gemessen als *Bruttowertschöpfung* in Höhe von 3.026 TEUR. Jede Person des Personalbestands der Prima GmbH bewirkt im Ist-Ausgangsjahr 1 mit dem Zeit-Nutzenpotenzial von 995 Arbeitsstunden eine *Pro-Kopf-Wertschöpfung* in Höhe von 100,87 TEUR p. a.[943]

Mit Blick auf das maximal abrufbare Zeitpotenzial $X_{Pot}$ der Prima GmbH pro Kopf in Höhe von 1.960 Arbeitsstunden p. a. und unter Berücksichtigung der verfügbaren 1.659 Arbeitsstunden wäre demnach unter konstanten Bedingungen im Unternehmens-Umwelt-System bei einer höheren Produktivität ein geringerer relationaler Zeit-Verbrauch mit einem höheren Zeit-Nutzenpotenzial und damit ein höherer Wert-Erfolg in der Wert-Dimension zu erwarten gewesen.

**Zeit-Nutzenpotenzial nach Berücksichtung krankheitsbedingter Abwesenheitszeiten**

In der Fallstudie Prima GmbH liegen keine Daten zu weiteren *Abwesenheitszeiten*[944] zum Beispiel in Form von Krankheitstagen vor. Für die in den nächsten Abschnitten durchzuführenden strategischen Planungen wird deshalb das ermittelte Zeit-Nutzenpotenzial des Ist-Ausgangsjahres 1 nach Tab. 27 verwendet. Gleichwohl liegt die Beachtung krankheitsbedingter Abwesenheitszeiten im Interesse der Unternehmensführung.[945]

Die nachfolgende Darstellung von krankheitsbedingten Abwesenheitszeiten erfolgt nach dem entwickelten theoretischen Modell der Zeit-Nutzenpotenziale über die *Verfügbarkeit*, welche als *Einflussvariable $X_{Ver}$* die Höhe des relationalen Zeit-Erfolgs bzw. des Zeit-Nutzenpotenzials beeinflusst. Ein tatsächlich höherer Krankenstand in Form von Abwesenheit führt demnach zu einer abnehmenden Verfügbarkeit mit einer Erhöhung des relationalen Zeit-Verbrauchs aus

---

943 Bruttowertschöpfung in Höhe von 3.026 TEUR dividiert durch 30 Personen.

944 Vgl. Anhang 3 zu Abwesenheitszeiten i. V. m. Kap. 2.2.4 zu den Arbeitszeitkonzepten.

945 Vgl. Becke 2012, S. 279 ff. zur zukünftigen Gesundheitsförderung an Arbeitsplätzen in flexibilisierten Arbeitswelten. Vgl. Meyer/Weirauch/Weber 2012, S. 291 ff. zur Übersicht krankheitsbedingter Fehlzeiten in der deutschen Wirtschaft nach Wirtschaftszweigen und Krankheitsbildern. Vgl. Anhang 2 mit Tab. 4.

$X_{Ver}$. Als durchschnittlicher jährlicher Krankenstand wird nach *IAB 2016*[946] ein Wert von gerundet 56 Arbeitsstunden pro Person bzw. Arbeitnehmer verwendet.[947]

Die nachfolgende Tab. 28 zeigt die Bestimmung des neuen Zeit-Nutzenpotenzials für das Ist-Ausgangsjahr 1 mit dem höheren Zeit-Verbrauch aus $X_{Ver}$ Verfügbarkeit mit Krankheits-, Urlaubs- und Feiertagszeiten in Höhe von jetzt 357 statt ursprünglich 301 Arbeitsstunden pro Person des Personalbestands.[948]

| **Theoretisches Modell der Zeit-Nutzenpotenziale**<br>Zeit-Erfolg in der Zeit-Dimension $t_r$,$t_i$: Ist-Jahr 1 | **Arbeitsstunden je Person** | **Personal-bestand $P_1, P_2, ...P_n$** | **Arbeitsstunden Personalbestand Prima GmbH** |
|---|---|---|---|
| **Zeit-Potenzial $X_{Pot}$** | **1.960** | 30 | 58.800 |
| **Zeit-Verbrauch aus $X_{Ver}$** Nichtverfügbarkeit bisher aus Urlaubs- und Feiertagszeiten | 301 | 30 | 9.030 |
| **Zeit-Verbrauch aus $X_{Ver}$** inkl. krankheitsbedingter Abwesenheitszeiten von 56 Stunden pro Person | **357** | 30 | 10.710 |
| **Zeit-Verbrauch aus $X_{Prod}$** Unproduktivität auf Basis von 1.603 Std. pro Person (1.960 Std. abzügl. 357 Std.) | **641** (bisher 664) | 30 | 19.230 |
| **Zeit-Nutzenpotenzial** nach krankheitsbedingten Abwesenheitszeiten | **962** (bisher 995) | 30 | 28.860<br>(bisher: 29.850) |

Tab. 28: Fallstudie: Zeit-Nutzenpotenzial mit höheren Abwesenheitszeiten im Ist-Jahr 1

#### *4.4.3.3 Strategische Planung in der relationalen Zeit-Dimension*

Im vorherigen Kapitel konnte in Tab. 27 die *Ist-Ausgangssituation* der Prima GmbH in der *relationalen Zeit-Dimension* mit dem *Zeit-Nutzenpotenzial* und dessen Generierung von Wert-Erfolg in der Wert-Dimension dargestellt werden.

In diesem Kapitel soll die *strategische Planung* der Prima GmbH im Detail beleuchtet werden. Dazu ist vorher zu prüfen, welche Strategie die Prima GmbH auf Basis welcher strategischen

946 Vgl. IAB 2016 in Anhang 2, Tab. 4 zu Krankenständen in Arbeitsstunden für vollzeit- und teilzeitbeschäftigte Arbeitnehmer in Deutschland für 2014 mit 55,7 Arbeitsstunden.

947 Vgl. Statistisches Bundesamt 2010, S. 22 zu den jährlichen Krankheitstagen je Beschäftigten von 1991 (11,1 Arbeitstage) bis 2009 (7,3 Arbeitstage). Erfasst sind Krankmeldungen, die über der Karenzzeit liegen.

948 Vgl. Kap. 4.2.4. Vgl. IAB 2016 in Anhang 2, Tab. 4 zum Krankenstand von Arbeitnehmern in Deutschland. Alle Werte gerundet.

Ziele entwickelt hat und welche operationalen strategischen Programme und Maßnahmen seitens des Managements für die Strategieumsetzung formuliert wurden.

**Strategische Planung der Prima GmbH**

Das strategische Management der Prima GmbH[949] vertritt die Meinung, aufgrund des prognostizierten *Marktwachstums* für Häuser in Holzbauweise auf dem deutschen Markt in Höhe von rund 61% für die kommenden drei Planjahre eigene Wachstumschancen realisieren zu können.[950] Daraus entwickelt sich die Vorstellung, mit den jetzt patentierten eigenen Produkten die bisherigen Umsatzerlöse in Höhe von 6.584 TEUR wesentlich erhöhen zu können, präziser formuliert in den kommenden drei Planjahren auf 12.802 TEUR fast zu verdoppeln.[951] Gleichwohl war die strategische Zielplanung, die strategische Analyse und die Strategieformulierung erst noch in Zusammenarbeit mit der Unternehmensberatung zu präzisieren. Die strategische Zielplanung sieht vor, die Prima GmbH als patentiertes Markenprodukt für anspruchsvolle Eigenheime zu positionieren.[952]

Die *strategische Analyse* im Rahmen einer SWOT-Analyse ergab in der Fallstudie ein Stärken-Chancen-Profil aus innovativen technischen Kompetenzen, ökologischen Fähigkeiten, Flexibilität als Kleinanbieter und Marktwachstum bei energietechnischen Alternativen. Das Management entschied sich daraufhin für die Ableitung einer Differenzierungsstrategie.[953] Bei der Gestaltung ihrer Strategie konzentriert sich die Prima GmbH im Rahmen des Produkt-Markt-Konzepts auf das Segment der Produktentwicklung.[954] Die formulierte *Strategie Prima-Holzbausystem* bietet als Kundennutzen ökologisch und energietechnisch hochwertige sowie individuell konfigurierbare Holzfertighäuser in Abgrenzung zu bestehenden Wettbewerbern der Fertighausbranche mit Stein-, Beton- oder Spanplattenelementen.[955]

Für die nachfolgende Operationalisierung der Strategie der Prima GmbH in der relationalen Zeit-Dimension wird insbesondere die *Prima Strategy Map*[956] mit strategischen Programmen und Maßnahmen in der Potenzial-, Geschäftsprozess- und Kundenperspektive herangezogen.

[949] Vgl. Kap. 4.4.3.1 zur strategischen Ausgangssituation.
[950] Vgl. Genau 2012, S. 23-29 zu Branche und Absatzmarkt.
[951] Vgl. Genau 2012, S. 8-10.
[952] Vgl. Genau 2012, S. 13 ff.
[953] Vgl. Genau 2012, S. 15 f. zur SWOT-Matrix der Prima GmbH.
[954] Vgl. Genau 2012, S. 16 und S. 27 ff. für die Fallstudie Prima GmbH.
[955] Vgl. Genau 2012, S. 13 f.
[956] Genau 2102, S.38 ff. i. V. m. Anhang 5.

Als ebenso wichtig wird die *Personalbedarfsplanung*[957] als Ausdruck der zukünftig notwendigen Wissens- und Kompetenzenpotenziale erachtet. Ergänzend werden die *Personalkostenplanung* und die *Gemeinkostenplanung*[958] verwendet.

**Anwendung des Modellelements Strategie des theoretischen Modells in der relationalen Zeit-Dimension**

Über die Anwendung des *Modellelements Strategie*[959] des entwickelten theoretischen Modells sollen nachfolgend die zukünftigen Auswirkungen auf das Zeit-Nutzenpotenzial der Prima GmbH dargestellt werden. Die oben erläuterte innovativ-ökologische Strategie Prima-Holzbausystem erfordert über den vorgegebenen Planungszeitraum von drei Jahren zusätzliche *individuelle Wissens- und Kompetenzenpotenziale.* Im Verständnis des entwickelten theoretischen Modells können dabei materielle Ressourcen wie zum Beispiel Maschinenanlagen oder immaterielle Ressourcen wie zum Beispiel Patente überhaupt erst mit der produktiven Nutzung, Gestaltung und Entwicklung durch wissende und kompetente Mitarbeiter zum Wert-Erfolg beitragen.[960]

Für die Umsetzung der entwickelten Strategie Prima-Holzbausystem in Ausrichtung auf die geplanten Wert-Erfolge hält das Management der Prima GmbH eine *Erhöhung des Personalbestands* im Plan-Jahr 2 um rund 27%, im Plan-Jahr 3 um rund 40% und im Plan-Jahr 4 um rund 15% jeweils im Vergleich zum Vorjahr für notwendig. Dazu wurde vom Management mit Unterstützung der Unternehmensberatung eine nach Leistungsbereichen und Funktionen differenzierte Personalbedarfsplanung entwickelt.[961]

Der geplante *Personalbestand* wird in Tab. 29 zur Bestimmung der geplanten Zeit-Nutzenpotenziale der Prima GmbH eingesetzt. Die Berechnung der Zeit-Nutzenpotenziale für die Plan-Jahre 2-4 erfolgt ceteris paribus auf Datenbasis der oben pro Person verwendeten Arbeitszeiten des Ist-Ausgangsjahres 1 mit vorerst konstant bleibender Produktivität.[962]

---

957 Vgl. Genau 2012, S. 47 sowie Anhang 7.

958 Vgl. Genau 2012, S. 61 zur Kostenplanung des Leistungsbereichs Marketing und Vertrieb sowie a. a. O., S. 49 zu Personalkosten und S. 57 mit Anhang 6 zum Aufwand nach Leistungsbereichen.

959 Vgl. Kap. 4.2.1.

960 Vgl. Kap. 2.1 i. V. m. Kap. 1.3.3.

961 Vgl. Anhang 7.

962 Vgl. Kap. 4.4.3.2.

| **Theoretisches Modell der Zeit-Nutzenpotenziale**<br>Zeit-Erfolg des Personalbestands $P_1, P_2, \ldots P_n$ in der Zeit-Dimension $t_r, t_i$ | **Ist-Ausgangsjahr 1**<br>Arbeitsstunden bei 30 Personen | **Plan-Jahr 2**<br>Arbeitsstunden bei 38 Personen | **Plan-Jahr 3**<br>Arbeitsstunden bei 53 Personen | **Plan-Jahr 4**<br>Arbeitsstunden bei 61 Personen |
|---|---|---|---|---|
| **Zeit-Potenzial $X_{Pot}$** | 58.800 | 74.480 | 103.880 | 119.560 |
| **Zeit-Verbrauch aus $X_{Ver}$** Nichtverfügbarkeit | 9.030 | 11.438 | 15.953 | 18.361 |
| **Zeit-Verbrauch aus $X_{Prod}$** Unproduktivität | 19.920 | 25.232 | 35.192 | 40.504 |
| **Zeit-Nutzenpotenzial** Wissens- u. Kompetenzenpotenziale mit Nutzung von Ressourcen | 29.850 | 37.810 | 52.735 | 60.695 |

Tab. 29: Fallstudie: Zeit-Nutzenpotenzial in der Zeit-Dimension für die Planjahre 2 bis 4

Nach Tab. 29 ergibt sich für die Prima GmbH im Plan-Jahr 4 in der relationalen Zeit-Dimension $t_r$, $t_i$ ein *Zeit-Nutzenpotenzial* in Höhe von 60.695 Arbeitsstunden aus der Nutzung, Gestaltung und Entwicklung von Kompetenzen-Ressourcenpotenzialen des geplanten Personalbestands. Die Prima GmbH besitzt mit diesem Zeit-Nutzenpotenzial in Höhe von 60.695 Arbeitsstunden das Erfolgspotenzial für einen *Wert-Erfolg* gemessen als Bruttowertschöpfung in Höhe von 6.073 TEUR.[963]

**Allokation der Wissens- und Kompetenzenpotenziale auf die Leistungsbereiche**

Erst der Strategieinhalt bestimmt die *strategische Bereitschaft* der Wissens- und Kompetenzenpotenziale und damit deren Erfolgsmöglichkeiten innerhalb eines bestimmten Zeithorizonts.[964] Zur Beantwortung der Frage, in welcher Höhe der Personalbestand der Prima GmbH die Wissens- und Kompetenzenpotenziale in Form der Human-, Struktur- und Beziehungspotenziale gegenwärtig nutzt, liegen allerdings keine spezifischen Daten vor. So könnten im Rahmen der *Wissensbilanzierung*[965] die für den Wert-Erfolg ursächlich angesehene Einflussfaktoren identi-

963 Vgl. Kap. 4.4.3.2. Vgl. Anhang 6 zur Plan-GuV. Vgl. Genau 2012, S. 47 zur Personalbedarfsplanung mit Anhang 7. Werte gerundet.

964 Vgl. Kaplan/Norton 2004, S. 192 ff. zum Konzept der strategischen Bereitschaft.

965 Vgl. Alwert/Bornemann/Will 2008, S. 7-10 sowie Kap. 2.3.4 zur Strategieumsetzung mit dem Wissensbilanzmodell des AK Wissensbilanz.

fiziert sowie nach Qualität, Quantität und in ihrem Verhältnis zu anderen Einflussfaktoren gemessen und bewertet werden.[966] Im Rahmen der Kostenrechnung kann im Sinn der *Prozesskostenrechnung* die Frage gestellt werden, für welche Nutzungen von Potenzialgütern die identifizierten Kosten anfallen.[967] So könnten z. B. im Kundenmanagementprozess die identifizierten Kosten für die Nutzung von Verfahrensinnovationen dem Personalbestand zugeordnet werden.[968]

In der Fallstudie Prima GmbH werden für eine erste Nutzungsanalyse der Leistungspotenziale die Daten der *Plan-Personalkosten* und *Plan-Gemeinkosten* der Leistungsbereiche in Verbindung mit den *Personalbestandsdaten* herangezogen.[969] Zu berücksichtigen sind gleichwohl die verursachungsgerechte Zuordnung der Kosten, die Einschätzung der Bedeutung von Kosten für die Erfolgswirkung sowie Querbezüge zum Beispiel zwischen Personen in den Leistungsbereichen.

Eine erste näherungsweise Auswertung auf Kostenebene für die *Nutzung von Wissens- und Kompetenzenpotenzialen* zeigt Tab. 30 für das Plan-Jahr 2. Deutlich tritt dabei der Faktor *Humanpotenzial* hervor, hier als Personalkostenanteil an den jeweiligen Gesamtkosten der vier Leistungsbereiche der Prima GmbH. Ein Personalbestand von insgesamt 38 Personen im Plan-Jahr 2 mit einem Zeit-Nutzenpotenzial in Höhe von 37.810 Arbeitsstunden nutzt demnach auf Kostenbasis bei den Kompetenzen-Ressourcenpotenzialen zu durchschnittlich 72% die Humanpotenziale.[970]

---

966 Vgl. Alwert/Bornemann/Will 2008, S. 27 ff.

967 Vgl. Schweitzer/Küpper 2011, S. 51 f. und S. 352 f.

968 Vgl. Kap. 2.6.2.1. Vgl. Ortelbach 2007, S. 194 ff. zum Aufbau einer Prozesskostenrechnung.

969 Vgl. Genau 2012, S. 48, S. 57 und S. 61. Kapitalkosten in Form von Abschreibungen und Zinskosten liegen hier als Sammelposition vor und können nicht den Leistungsbereichen zugeordnet werden. Vgl. Anhang 6 zum Gesamtaufwand der Leistungsbereiche.

970 Vgl. Genau 2012, S. 48 zu den Personalkosten im Planjahr 2 sowie S. 57 mit Anhang 6 zum Aufwand der Leistungsbereiche in der Plan-GuV. Gemeinkosten liegen vollständig nur für den Leistungsbereich Marketing und Vertrieb vor, vgl. a. a. O., S. 61. Personalkosten enthalten ausschließlich Gehälter und Leistungszulagen des Personalbestands. Alle Werte gerundet.

| **Wissens- und Kompetenzenpotenziale** Personalbestand P im Plan-Jahr 2: 38 Personen | **Produktion und Logistik 19 Personen** | **Marketing und Vertrieb 7 Personen** | **Geschäftsführung und Finanzen 8 Personen** | **Forschung und Entwicklung 4 Personen** | **Alle Leistungsbereiche 38 Personen** |
|---|---|---|---|---|---|
| **Zeit-Nutzenpotenziale** 995 Arbeitsstunden pro Person | 18.905 | 6.965 | 7.960 | 3.980 | 37.810 |
| **Humanpotenziale** Anteil Personalkosten | 64% | 73% | 76% | 80% | 72% |
| Personalkosten TEUR | 457 | 920 | 564 | 256 | 2.197 |
| Gesamtkosten TEUR | 713 | 1.260 | 743 | 319 | 3.035 |
| **Strukturpotenziale** Anteil Strukturkosten | keine Daten | 4% | keine Daten | keine Daten | keine Daten |
| **Beziehungspotenziale** Anteil Beziehungskosten | keine Daten | 23% | keine Daten | keine Daten | keine Daten |

Tab. 30: Fallstudie: Nutzung von Wissens- u. Kompetenzenpotenzialen im Plan-Jahr 2

Die weitere Kostenauswertung für den Leistungsbereich Marketing und Vertrieb führt zu einem Anteil von 4% bei den Strukturpotenzialen und von 23% bei den Beziehungspotenzialen, jeweils gemessen als spezifischer Kostenanteil in diesem Leistungsbereich.[971] Insbesondere hinsichtlich der Nutzung von *Strukturpotenzialen* ist zu berücksichtigen, dass die Kapitalkosten der Prima GmbH in Form von Abschreibungen und Zinskosten lediglich als Sammelposition vorliegen und deshalb nicht den Leistungsbereichen zuordenbar sind.[972]

**Operationalisierung von strategischen Maßnahmen in den Perspektiven der Balanced Scorecard Strategy Map**

Als Grundlage für die weiteren Untersuchungen dient die vom Management der Prima GmbH ausgearbeitete *Balanced Scorecard Strategy Map*[973] mit festgelegten Zielbereichen und strategischen Ausrichtung in der Potenzial-, Prozess-, Kunden- und Finanzperspektive. Als Ziele wurden zum Beispiel die Einhaltung von Lieferterminen in der Prozessperspektive oder die Erhöhung der Kundenzufriedenheit in der Kundenperspektive formuliert.

---

971 Vgl. Genau 2012, S. 61 zu den Gemeinkostenbudgets von Marketing und Vertrieb.
972 Vgl. Anhang 6 zur Plan-GuV mit Plan-Abschreibungen i. H. v. 216 TEUR und Zinskosten i. H. v. 45 TEUR.
973 Vgl. Genau 2012, S. 38-42 zur Balanced Scorecard Strategy Map für die Prima GmbH sowie Anhang 5.

Das Management der Prima GmbH plant für die Umsetzung der entwickelten innovativ-ökologischen Differenzierungsstrategie ein Bündel an *strategischen Maßnahmen.*[974] Eine Übersicht der geplanten strategischen Maßnahmen der Prima GmbH in der Perspektive der Balanced Scorecard Strategy Map sowie in der Perspektive der Wissens- und Kompetenzenpotenziale einschließlich Operationalisierungen zeigt Tab. 31.

Die vom Management der Prima GmbH vorgeschlagenen *Messgrößen*[975] für die strategischen Maßnahmen nach Tab. 31 beinhalten ganz unterschiedliche Datenformate. So zum Beispiel Materialkosten in Prozent der Umsatzerlöse, Berichte pro Woche, Fehlerquoten je Lieferung, Lieferzeiten und Responsezeiten oder Mengen zu Kooperationsvermittlungen und Neukundenabschlüssen.

| **Balanced Scorecard Strategy Map der Prima GmbH** | **Strategische Maßnahmen der Prima GmbH** | **Operationalisierungen der Prima GmbH** | **Perspektive der Wissens- und Kompetenzenpotenziale** |
|---|---|---|---|
| **Potenzial-Perspektive** | Mitarbeitertraining | hoher Anteil an Teilnehmern | Humanpotenzial: Fachkompetenz |
| **Potenzial-Perspektive** | Einführung von Mitarbeitergesprächen | Senkung der Personalfluktuation | Strukturpotenzial: Führungsinstrumente |
| **Geschäftsprozess-Perspektive** | Einführung eines Kundenmanagements | Verkürzung von Response-Zeiten | Strukturpotenzial: Informationstechnik |
| **Geschäftsprozess-Perspektive** | Einführung eines Reporting in Produktion und Logistik | Einhaltung von Lieferzeitpunkten und Produktqualität | Strukturpotenzial: Wissenstransfer |
| **Geschäftsprozess-Perspektive** | Einführung einer Kostensteuerung in der Produktion | Optimierung von Materialverbrauch und Produktivität | Strukturpotenzial: Prozess- und Verfahrensoptimierung |
| **Kunden-Perspektive** | Event Management f. Kunden und Kooperationspartner | Erhöhung von Abschlüssen und der Kundenzufriedenheit | Beziehungspotenzial: Kunden und Kooperationspartner |

Tab. 31: Fallstudie: Strategische Ausrichtung der Wissens- und Kompetenzenpotenziale976

974 Vgl. Genau 2012, S. 40-42.
975 Vgl. Genau 2012, S. 40 f.
976 Vgl. Genau 2012, S. 14 ff. zur SWOT-Analyse und S. 38 ff. zur Balanced Scorecard einschl. Messgrößen auf S. 40 ff. Vgl. Kaplan/Norton 2004, S. 10 u. S. 27 ff. zur BSC Strategy Map. Eigene Perspektiven-Zuordnung.

**Einheitliche Operationalisierung von Strategieprogramm und strategischen Maßnahmen in der relationalen Zeit-Dimension mit produktiven Handlungszeiten**

Ziel dieses Abschnitts ist die einheitliche Operationalisierung der geplanten strategischen Maßnahmen der Prima GmbH in der relationalen Zeit-Dimension im Hinblick auf die *Strategieumsetzung* und die *strategische Ausrichtung* von strategischen Potenzialen für die Planjahre 2, 3 und 4.

Die geplante strategische Neuausrichtung von Wissens- und Kompetenzenpotenzialen nach Tab. 31 enthält jeweils unterschiedliche Operationalisierungen und Messgrößen. Vorgeschlagen wird deshalb eine einheitliche operationale Umsetzung der Strategie in der relationalen Zeit-Dimension mit Hilfe der *Einflussvariablen* $X_{Prod}$ für die *Produktivität.* Dies beinhaltet sowohl eine einheitliche zielorientierte (effektive) als auch eine bedarfsorientierte (effiziente) Gestaltung von Handlungszeiten des Personalbestands.[977] So könnte als zielorientierte Gestaltung in der BSC-Kunden-Perspektive bzw. im Beziehungspotenzial zum Beispiel eine Reduzierung von administrativen Handlungszeiten im Vertrieb erfolgen, um damit mehr Einsatzzeiten für die Erhöhung der Anzahl von Neukundenabschlüssen zu ermöglichen. In der BSC-Geschäftsprozessperspektive bzw. im Strukturpotenzial könnte sich zum Beispiel hinsichtlich der neuen Qualitätsvorgaben eine bedarfsorientierte bzw. effiziente Verbesserung der Leistungen gemessen in Handlungszeiten anbieten.[978]

Für die *Umsetzung des Produktivitätskonzepts* auf Basis des verfügbaren Zeit-Potenzials $X_{Pot}$ des Personalbestands $P_1$, $P_2$, $\ldots P_n$ existieren bei der Prima GmbH keine Angaben zum realistischen Umfang und Zeithorizont von Produktivitätsverbesserungen in den einzelnen Perspektiven bzw. Potenzialbereichen. In Anbetracht des vorgegebenen Planungszeitraums von drei Jahren wird deshalb aus einer Befragung von deutschen Managern zu deren Einschätzung von maximal möglichen *Produktivitätsverbesserungen* in einem *Zeithorizont von zwei Jahren* der angegebene Wert von 10% übernommen.[979] Für die Umsetzung in der relationalen Zeit-Dimension wird nachfolgend angenommen, dass sich die geplanten strategischen Maßnahmen als Produktivitätserhöhungen in der Summe erstmals nach zwei Jahren auswirken sollen.

Die modellhafte Darstellung der *einheitlichen Operationalisierung* eines strategischen Programms in der relationalen Zeit-Dimension über höhere produktive Handlungszeiten zeigt Tab.

---

977 Vgl. Kap. 4.1.4 i. V. m. Kap. 2.5 und Kap. 3.4.

978 Vgl. Kap. 2.5.2.

979 Vgl. Proudfoot 2008, S. 19 ff. zur Einschätzung von Managern weltweit zum Potenzial und zur tatsächlichen Realisierung von Produktivitätssteigerungen innerhalb von zwei Jahren.

32.[980] Die für das gesamte strategische Programm der Prima GmbH angenommene geplante Erhöhung der *Produktivität* $X_{Prod}$ um 10% mit dem Zeithorizont $Z_T$ erstmals zum Ende des Plan-Jahres 3 führt nach Tab. 32 zu einem um 10% niedrigeren relationalen Zeit-Verbrauch aus $X_{Prod}$ in Höhe von 3.519 Arbeitsstunden im Plan-Jahr 3. Insgesamt reduzieren sich damit die unproduktiven Handlungszeiten im Plan-Jahr 3 von 35.192 Arbeitsstunden auf 31.673 Arbeitsstunden.

| **Theoretisches Modell der Zeit-Nutzenpotenziale** Zeit-Erfolg des Personalbestands $P_1, P_2, \ldots P_n$ in der Zeit-Dimension $t_r, t_i$ | **Ist-Ausgangsjahr 1** Arbeitsstunden bei 30 Personen | **Plan-Jahr 2** Arbeitsstunden bei 38 Personen | **Plan-Jahr 3** Arbeitsstunden bei 53 Personen | **Plan-Jahr 4** Arbeitsstunden bei 61 Personen |
|---|---|---|---|---|
| **Zeit-Potenzial $X_{Pot}$** | 58.800 | 74.480 | 103.880 | 119.560 |
| **Zeit-Verbrauch aus $X_{Ver}$** Nichtverfügbarkeit | 9.030 | 11.438 | 15.953 | 18.361 |
| **Zeit-Verbrauch aus $X_{Prod}$** Unproduktivität | 19.920 | 25.232 | 35.192 | 40.504 |
| **Zeit-Nutzenpotenzial** vor Produktivitätserhöhung | 29.850 | 37.810 | 52.735 | 60.695 |
| **Zeit-Verbrauch aus $X_{Prod}$** nach Produktivitätserhöhung um 10% ab Plan-Jahr 3 | 19.220 | 25.232 | **31.673** | **36.454** |
| **Zeit-Nutzenpotenzial** nach Produktivitätserhöhung | 29.850 | 37.810 | **56.254** | **64.745** |

Tab. 32: Fallstudie: Zeit-Nutzenpotenzial mit operationalisiertem Strategieprogramm

Die Senkung des relationalen Zeit-Verbrauchs aus dem geplanten Produktivitätszuwachs strategischer Maßnahmen nach Tab. 32 in Höhe von 3.519 Arbeitsstunden im Plan-Jahr 3 erhöht entsprechend das Zeit-Nutzenpotenzial der Prima GmbH von ursprünglich geplanten 52.735 Arbeitsstunden auf jetzt 56.254 Arbeitsstunden. In gleicher Weise reduziert sich mit der Produktivitätserhöhung im Plan-Jahr 4 der Zeit-Verbrauch aus Unproduktivität auf 36.454 Arbeitsstunden mit einem jetzt höheren Zeit-Nutzenpotenzial in Höhe von 64.745 Arbeitsstunden statt der ursprünglich geplanten 60.695 Arbeitsstunden. Mit Bezug auf den *Zeithorizont* $Z_T$ könnten

[980] Vgl. Kap. 4.1.4 i. V. m. Kap. 3.4.2. Vgl. Kap. 4.2.4 zum theoretischen Modell der strategischen Zeit-Nutzenpotenziale. Vgl. Kap. 4.4.3.2 zur Ist-Ausgangssituation. Werte gerundet.

ergänzend zeitliche Verzögerungen zum Beispiel aufgrund von sachlichen Gründen oder Verhaltenswiderständen berücksichtigt werden.

Nach dem entwickelten theoretischen Modell der strategischen Zeit-Nutzenpotenziale[981] im Ursache-Wirkungs-Zusammenhang von relationalem Zeit-Erfolg und Wert-Erfolg könnten mit diesem strategischen Programm auch neue *Erfolgspotenziale* für die Realisierung höherer *Wert-Erfolge* in der Wert-Dimension generiert werden. Diese Bezüge werden im nächsten Abschnitt dargestellt.

#### 4.4.3.4 Relationaler Zeit-Erfolg und Wirkung auf den Wert-Erfolg

Die nachfolgenden Analysen in der Fallstudie beziehen sich auf den postulierten Ursache-Wirkungs-Zusammenhang zwischen dem relationalen Zeit-Erfolg in der Zeit-Dimension und dem Wert-Erfolg in der Wert-Dimension für den gesamten Planungszeitraum der Plan-Jahre 2 bis 4. Dazu wird untersucht, ob die oben aus der Strategie und der strategischen Programmplanung abgeleiteten *Zeit-Potenziale* und *Zeit-Nutzenpotenziale* in einen konsistenten Zusammenhang zur operativen GuV-Planung der Prima GmbH gebracht werden können. [982]

Für die Analyse der von der Prima GmbH geplanten Wert-Erfolge werden in Anlehnung an die gesamtwirtschaftliche Arbeitszeitrechnung die geplanten betrieblichen (Brutto)-Wertschöpfungen in Verbindung mit den Zeit-Potenzialen $X_{Pot}$ des Personalbestands $P_1$, $P_2$, $\ldots P_n$ und insbesondere in Verbindung mit den Zeit-Nutzenpotenzialen untersucht.[983]

Die Zusammenhänge von Zeit-Potenzial $X_{Pot}$ und Zeit-Nutzenpotenzial mit der betrieblichen Bruttowertschöpfung im Ist-Ausgangsjahr 1 und für die Plan-Jahre 2 bis 4 zeigt Tab. 33.[984]

---

981 Vgl. Kap. 4.2.4 i. V. m. Kap. 4.1.1.

982 Vgl. Kap. 4.4.3.3.

983 Vgl. Kap. 4.2.4 und Kap. 4.3 i. V. m. Kap. 1.3.5. Vgl. Anhang 2 mit Tab. 3 zur Bruttowertschöpfung je geleisteter Erwerbstätigenstunde in Deutschland.

984 Vgl. Coenenberg 2005, S. 1108 zur betrieblichen vereinfachten Bruttowertschöpfung mit Umsatz abzüglich Materialaufwand. Vgl. Kap. 4.4.3.3 zur Planung des Zeit-Nutzenpotenzials nach Produktivitätserhöhung. Vgl. Genau 2012, S. 57 zur operativen GuV-Planung mit Anhang 6. Werte gerundet.

| **Zeit-Potenzial $X_{Pot}$ und Bruttowertschöpfung** | **Ist-Jahr 1** | **Plan-Jahr 2** | **Plan-Jahr 3** | **Plan-Jahr 4** |
|---|---|---|---|---|
| Bruttowertschöpfung (TEUR) | 3.026 | 4.217 | 5.060 | 6.073 |
| Zeit-Potenzial $X_{Pot}$ (Arbeitsstunden) | 58.800 | 74.480 | 103.880 | 119.560 |
| Bruttowertschöpfung/Zeit-Potenzial (EUR/Std.) | 51,46 | 56,62 | 48,71 | 50,79 |
| **Zeit-Potenzial verfügbar, Zeit-Nutzenpotenzial und Bruttowertschöpfung** | **Ist-Jahr 1** | **Plan-Jahr 2** | **Plan-Jahr 3** | **Plan-Jahr 4** |
| Zeit-Potenzial $X_{Pot}$ verfügbar (Arbeitsstunden) | 49.770 | 63.042 | 87.927 | 101.199 |
| Bruttowertschöpfung/Zeit-Potenzial verfügbar (EUR/Stunde) | 60,80 | 66,89 | 57,55 | 60,01 |
| Zeit-Nutzenpotenzial nach Produktivitätserhöhung ab Plan-Jahr 3 (Arbeitsstunden) | 29.850 | 37.810 | 56.254 | 64.745 |
| Bruttowertschöpfung/Zeit-Nutzenpotenzial (EUR/Stunde) | 101,37 | 111,53 | 89,95 | 93,80 |

Tab. 33: Fallstudie: Zeit-Nutzenpotenzial und Wert-Erfolge in den Planjahren 2 bis 4

**Absolute Betrachtung des Zusammenhangs von Zeit-Nutzenpotenzial und Wertschöpfung**

Die nach dem entwickelten theoretischen Modell aus der Fallstudie abgeleiteten *Zeit-Potenziale* und *Zeit-Nutzenpotenziale* im Handlungsbereich der Individuen führen nach Tab. 33 in der *absoluten Betrachtung* bei einer Erhöhung in den Plan-Jahren 2 bis 4 immer auch zu einer absoluten Erhöhung der Bruttowertschöpfung. So bewirken das im Betrachtungszeitraum größte Zeit-Potenzial $X_{Pot}$ im Plan-Jahr 4 in Höhe von 119.560 Arbeitsstunden sowie das größte Zeit-Nutzenpotenzial in Höhe von 64.745 Arbeitsstunden im Plan-Jahr 4 die absolut gesehen höchste *Bruttowertschöpfung* in Höhe von 6.073 TEUR. In der Gesamtsicht nach Tab. 33 könnte demnach eine Erhöhung des Zeit-Nutzenpotenzials in der Fallstudie ceteris paribus eine absolute Erhöhung des Wert-Erfolgs in Form der Bruttowertschöpfung bewirken.

**Relative Betrachtung des Zusammenhangs von Zeit-Nutzenpotenzial und Wertschöpfung**

In der *relativen Betrachtung* des Zusammenhangs zwischen Zeit-Erfolg und Wert-Erfolg verdeutlicht Tab. 33 für das *Zeit-Nutzenpotenzial* im Plan-Jahr 2 (vor Produktivitätserhöhung) im Vergleich zum Vorjahr eine relative Erhöhung im Verhältnis zur Bruttowertschöpfung von 101,37 EUR/Stunde auf 111,53 EUR/Stunde. Die nachfolgenden Relationen von Bruttowertschöpfung und Zeit-Nutzenpotenzial in den Plan-Jahren 3 und 4 (nach Produktivitätserhöhung) in Höhe von 89,95 EUR/Stunde und 93,80 EUR/Stunde bleiben jeweils unter dem Niveau des

Ist-Ausgangsjahres und des Plan-Jahres 2. Diese relativen Rückgänge der Bruttowertschöpfung in der Planung gelten auch bezüglich der Zeit-Potenziale und der verfügbaren Zeit-Potenziale. Dies könnte auf eine *inkonsistente operative Ertragsplanung* hinweisen, zumal das Produktivitätsniveau der Handlungszeiten ab dem Ist-Jahr mit 60% relativ niedrig angesetzt ist und für das strategische Programm in den Planjahren 3 und 4 eine moderate Produktivitätssteigerung in Höhe von 10% geplant wurde.

**Bestimmung höherer Wertpotenziale aus Zeit-Nutzenpotenzialen der strategischen Planung**

Die generierbaren Wert-Erfolge aus den bislang geplanten Zeit-Nutzenpotenzialen werden im Vergleich zum Ist-Ausgangsjahr 1 relativ niedrig und inkonsistent eingeschätzt. Die Bruttowertschöpfung erhöht sich zwar absolut bei zunehmenden Zeit-Nutzenpotenzialen. Gleichwohl ist eine relative Abnahme der Bruttowertschöpfung je Arbeitsstunde in den Plan-Jahren 3 und 4 unter das Niveau des Ist-Jahres 1 und des Plan-Jahres 2 festzustellen, vgl. dazu Tab. 33.[985]

In der strategischen Planungssituation wird das hier neu ermittelte Zeit-Nutzenpotenzial als Ausdruck der produktiven Nutzung von verfügbaren individuellen Wissens- und Kompetenzenpotenzialen sowie Ressourcenpotenzialen mit Wert-Erfolgspotenzialen aufgefasst.[986] Das neu ermittelte Zeit-Nutzenpotenzial in Höhe von 56.254 Arbeitsstunden für das Plan-Jahr 3 lässt sich damit auf den bisher geplanten Wert-Erfolg als Bruttowertschöpfung in Höhe von 5.060 TEUR beziehen. Im Plan-Jahr 4 soll das neu ermittelte Zeit-Nutzenpotenzial des Personalbestands mit 64.745 Arbeitsstunden eine Bruttowertschöpfung in Höhe von 6.073 TEUR bewirken.

Für eine *konsistente Darstellung des Wertpotenzials* der bislang ermittelten Zeit-Nutzenpotenziale soll das Verhältnis von 111,53 EUR Bruttowertschöpfung je Zeit-Nutzenpotenzialstunde des Plan-Jahres 2 eingesetzt werden. Auf Basis der ermittelten Zeit-Nutzenpotenziale von 56.254 Arbeitsstunden für das Plan-Jahr 3 und von 64.745 Arbeitsstunden für das Plan-Jahr 4 nach Produktivitätserhöhung ergeben sich damit die neuen Wert-Erfolgspotenziale in Höhe von 6.274 TEUR für das Plan-Jahr 3 und von 7.221 TEUR für das Plan-Jahr 4, siehe dazu Tab. 34.[987]

---

[985] Vgl. Kap. 4.4.3.3 zur Ableitung von Zeit-Nutzenpotenzialen auf Basis der strategischen Programmplanung.

[986] Vgl. Kap. 4.2.4 und Kap. 4.1.1.

[987] Vgl. Kap. 4.4.3.3 zur Ermittlung des Zeit-Nutzenpotenzials für die Plan-Jahre 2 bis 4. Werte gerundet.

| **Zeit-Nutzenpotenzial und Wert-Erfolg** | **Ist-Jahr 1** | **Plan-Jahr 2** | **Plan-Jahr 3** | **Plan-Jahr 4** |
|---|---|---|---|---|
| Zeit-Nutzenpotenzial nach Strategieprogramm mit Produktivitätserhöhung (Arbeitsstunden) | 29.850 | 37.810 | 56.254 | 64.745 |
| geplante Bruttowertschöpfung (TEUR) bisher | 3.026 | 4.217 | 5.060 | 6.073 |
| Bruttowertschöpfung/Zeit-Nutzenpotenzial bisher (EUR/Stunde) | 101,37 | 111,53 | 89,95 | 93,80 |
| Bruttowertschöpfung/Zeit-Nutzenpotenzial (EUR/Std.) Übertrag v. Plan-J. 2 auf Plan-J. 3, 4 | 101,37 | 111,53 | **111,53** | **111,53** |
| **Bruttowertschöpfungs-Potenzial neu (TEUR)** | 3.026 | 4.217 | **6.274** | **7.221** |

Tab. 34: Fallstudie: Zeit-Nutzenpotenzial und Wertpotenziale für die Planjahre 3 bis 4

### 4.4.4 Auswertung der exemplarischen Anwendung des entwickelten theoretischen Modells in der relationalen Zeit-Dimension

Die zusammenfassende Auswertung des in der strategischen Fallstudie Prima GmbH von *Genau*[988] exemplarisch angewendeten theoretischen Modells der strategischen Zeit-Nutzenpotenziale in der relationalen Zeit-Dimension erfolgt auf einer qualitativen Basis. Allgemein gültige Aussagen und Schlussfolgerungen zu Korrelationen oder Regressionen der Variablen sowie Bezüge auf Grundgesamtheiten wissensintensiver Unternehmen sind demnach nicht zulässig.

Im Mittelpunkt der Betrachtungen steht dabei die unabhängige Variable des *Zeit-Potenzials $X_{Pot}$ des Personalbestands $P_1$, $P_2$, ...$P_n$* als maßgeblich angesehene Randbedingung im postulierten Zusammenhang von relationalem Zeit-Erfolg in der relationalen Zeit-Dimension und Wert-Erfolgen in der Wert-Dimension.[989] Wesentlich beeinflusst wird dieses theoriegeleitete betriebswirtschaftliche Modell von den gesamtwirtschaflichen Erkenntnissen der Arbeitszeitrechnung mit dem Einsatz von Arbeitsstunden in Unternehmen zur Generierung von volkswirtschaftlich relevanter Bruttowertschöpfung.[990] Die Nutzung von materiellen und immateriellen Unternehmensressourcen steht dabei unter der Disposition, Koordination und Konfiguration des gesamten Personalbestands der Unternehmung mit den verfügbaren und produktiv eingesetzten Handlungszeiten.[991]

---

[988] Vgl. Genau 2012 mit Anhang 4.
[989] Vgl. Kap. 4.1.1 und Kap. 4.1.7 i. V. m. Kap. 4.2.4.
[990] Vgl. Kap. 1.3.5 i. V. m. Kap. 2.5 und Kap. 3.1
[991] Vgl. Kap. 3.1 i. V. m. Kap. 1.3.3 und Kap. 1.3.4.

**Zusammenhang zwischen verfügbaren Zeit-Potenzialen und dem Zeit-Nutzenpotenzial in der relationalen Zeit-Dimension**

Im Rahmen der Arbeitshypothesen und des entwickelten theoretischen Modells wird angenommen, dass die positive Beeinflussung der *Verfügbarkeit von Zeit-Potenzialen* über die *Einflussvariable* $X_{Ver}$ zu einer Erhöhung des relationalen Zeit-Erfolgs bzw. des Zeit-Nutzenpotenzials führt.[992] Dazu konnte die Höhe der nicht verfügbaren Zeit-Potenziale nach dem Arbeitszeitkonzept der vertraglichen Arbeitsstunden bestimmt und als Zeit-Verbrauch gemessen in Arbeitsstunden für die Planjahre operationalisiert werden. Berücksichtigt wurde dabei die vollständige Inanspruchnahme von Urlaubs- und Feiertagszeiten ohne weitere Abwesenheitszeiten.[993] In der Fallstudie liegen keine Daten zu weiteren Abwesenheitszeiten z. B. wegen Krankheitszeiten vor. Die Anwendung eines Krankenstands verdeutlichte die Auswirkungen auf den relationalen Zeit-Verbrauch. Im Ergebnis führten die erhöhten Abwesenheitszeiten aus Krankheitszeiten zu einer relativen Verringerung des Zeit-Nutzenpotenzials gemessen in Arbeitsstunden.[994]

**Zusammenhang zwischen produktiven Zeit-Potenzialen und dem Zeit-Nutzenpotenzial in der relationalen Zeit-Dimension**

Im Rahmen der Arbeitshypothesen und des entwickelten theoretischen Modells wird auch angenommen, dass die positive Beeinflussung der *Produktivität von Zeit-Potenzialen* über die *Einflussvariable* $X_{Prod}$ zu einer Erhöhung des relationalen Zeit-Erfolgs bzw. des Zeit-Nutzenpotenzials führt.[995] Auf Basis einer qualitativen Analyse der unproduktiven Verwendung von Handlungszeiten in Verbindung mit einem empirischen Produktivitätswert konnte eine erste Einschätzung zum Umfang des produktiven und unproduktiven Zeit-Potenzials $X_{Pot}$ des Personalbestands abgeleitet werden.[996] Im Ergebnis ließ sich ein durchschnittlicher Zeit-Verbrauch aus $X_{Prod}$. Unproduktivität gemessen in Arbeitsstunden ermitteln. Unter Berücksichtigung des vorhandenen Zeit-Potenzials $X_{Pot}$ abzüglich des Zeit-Verbrauchs aus $X_{Ver}$ und des Zeit-Verbrauchs aus $X_{Prod}$ ergibt sich somit ein Zeit-Nutzenpotenzial gemessen in Arbeitsstunden.

Der ermittelte relationale Zeit-Verbrauch aus dem unproduktiven Einsatz von Handlungszeiten gemessen in Arbeitsstunden ist dabei wesentlich höher einzuschätzen als der Zeit-Verbrauch aus nicht verfügbaren Zeit-Potenzialen, selbst unter Berücksichtigung durchschnittlicher

---

992 Vgl. Kap. 4.1.1 i. V. m. Kap. 4.1.7 und Kap. 4.2.
993 Vgl. Kap. 4.4.3.2.
994 Vgl. Kap. 4.4.3.2.
995 Vgl. Kap. 4.1.1 i. V. m. Kap. 4.1.7 und Kap. 4.2.
996 Vgl. Kap. 4.4.3.2.

Krankheitszeiten und Überstunden.[997] Dies verdeutlicht insgesamt die Bedeutung der produktiven Nutzung von Kompetenzen-Ressourcen-Kombinationen gemessen in Handlungszeiten.

**Operationalisierung der strategischen Planung in der relationalen Zeit-Dimension**

Nach den bisherigen Anwendungen konnte das Zeit-Potenzial des Personalbestands sowie der Zeit-Verbrauch aus Nichtverfügbarkeit und Unproduktivität gemessen in Arbeitsstunden nichtverfügbarer und unproduktiver Handlungszeiten in der relationalen Zeit-Dimension operationalisiert werden.[998]

Diese Umsetzung des entwickelten theoretischen Modells in Handlungszeiten gemessen in Arbeitsstunden ist zugleich die Grundlage für die Operationalisierung der strategischen Planung in der relationalen Zeit-Dimension.[999] Hierzu war es möglich, die Strategie konzipiert als strategisches Programm in seinen Potenzialausrichtungen im Detail zu identifizieren. Das gesamte strategische Maßnahmenpaket konnte so als *einheitliche Produktivitätssteigerung von Handlungszeiten* in Höhe von 10% mit einem Zeithorizont $Z_T$ von zwei Jahren modellhaft operationalisiert werden. Der damit verbundene geringere Zeit-Verbrauch gemessen in Arbeitsstunden führt zu einer entsprechenden Erhöhung des geplanten Zeit-Nutzenpotenzials gemessen in Arbeitsstunden.

Höhere Zeit-Nutzenpotenziale des Personalbestands beeinhalten nach dem entwickelten theoretischen Modell wiederum Potenziale für höhere Wert-Erfolge in der Wert-Dimension.[1000]

**Zusammenhang zwischen Zeit-Nutzenpotenzial und betrieblicher Wertschöpfung**

Im Hinblick auf den abgeleiteten Ursache-Wirkungs-Zusammenhang von Zeit-Erfolg bzw. Zeit-Nutzenpotenzial in der relationalen Zeit-Dimension und Wert-Erfolg bzw. Wertschöpfung in der Wert-Dimension nach Maßgabe der gesamtwirtschaftlichen Arbeitszeitrechnung zeigt sich über die gesamte Planperiode ein positiver Zusammenhang.[1001] Gleichwohl ist zu berücksichtigen, dass dieser Zusammenhang hier lediglich auf Plandaten beruht. Auf einem als konstant angenommenen Produktivitätsniveau ist demnach über die gesamte Planperiode die absolute Zunahme des neu ermittelten (Plan-)Zeit-Nutzenpotenzials mit einer absoluten Zunahme der originär geplanten Wertschöpfung verbunden.

---

997 Vgl. Kap. 4.4.3.2 mit Anhang 2, Tab. 4 zu Krankheitsstunden und Überstunden.
998 Vgl. Kap. 4.4.3.2.
999 Vgl. Kap. 4.4.3.3.
1000 Vgl. Kap. 4.1.1 mit Kap. 4.1.7 und Kap. 4.2.4.
1001 Vgl. Kap. 4.4.3.4.

In der relativen Betrachtung der Planperioden kann im Rahmen der Strategieimplementierung mit Hilfe der relationalen Zeit-Dimension eine inkonsistente Umsetzung des strategischen Programms durch das Management in die operative Finanzplanung nachgewiesen werden.[1002] Das gesamte Strategieprogramm der Prima GmbH wirkt sich demnach nicht in seinem vollen Umfang auf die geplante Wertschöpfung aus. Dazu konnte im Rahmen einer ergänzenden Bewertung der strategischen Planung in der relationalen Zeit-Dimension ein höheres Wertschöpfungspotenzial für die Wert-Dimension ermittelt werden.[1003]

## 4.5 Erkenntnisse aus dem theoretischen Teil der Forschung

Mit dem begründend-theoretischen Teil der Forschung ist die Zielsetzung verbunden, die bislang in Grundzügen konzipierte relationale Zeit-Dimension der Handlungszeiten strategisch-unternehmensspezifisch in einem Unternehmens-Umwelt-System zu operationalisieren. Mit der strategisch ausgerichteten Operationalisierung der relationalen Zeit-Dimension ist auch die Vorstellung verknüpft, über einen Ursache-Wirkungs-Zusammenhang von relationalem Zeit-Erfolg aus verfügbaren und aus produktiven Handlungszeiten eine strategische Vorsteuerungsgröße als Zeit-Nutzenpotenzial für den Wert-Erfolg bemessen als Wertschöpfung zu entwickeln.

Beeinflusst worden ist die Entwicklung dieses einzelwirtschaftlich-betriebswirtschaftlichen theoretischen Modells der Zeit-Nutzenpotenziale von der gesamtwirtschaftlichen Arbeitszeitforschung. Diese beschäftigt sich insbesondere mit der Generierung volkswirtschaftlicher Bruttowertschöpfung aus zunehmend produktiver eingesetzten verfügbaren Arbeitszeiten aus Personalbeständen unterschiedlicher Wirtschaftszweige.

**Säulen der theoretischen Modellbildung in der relationalen Zeit-Dimension: Strategie, Personalbestand, Verfügbarkeit und Produktivitätskonzept**

Mit der theoretischen Modellbildung verdichteten sich folgende Säulen als Träger für Operationalisierungen in der relationalen Zeit-Dimension, die in die theoretische Forschung zu integrieren waren. Hierzu gehören die *Strategie* als Gestaltungskern des strategischen Managements, der *Personalbestand* von Unternehmen auf der Ebene eigenverantwortlich und häufig autonom handelnder Personen mit individuellen Wissens- und Kompetenzenpotenzialen zur Nutzung von Ressourcenpotenzialen sowie das *Verfügbarkeits-* und *Produktivitätskonzept* in Verbindung

---

[1002] Vgl. Kap. 4.4.3.4.
[1003] Vgl. Kap. 4.4.3.4.

mit zielorientierten bzw. effektiven sowie bedarfsorientierten bzw. effizienten Handlungszeiten innerhalb von Leistungsprozessen.

**Personen des Personalbestands mit ihren Handlungszeiten im Mittelpunkt des theoretischen Modells**

Im Mittelpunkt der Operationalisierungen in der relationalen Zeit-Dimension befinden sich gleichwohl die *Individuen des Personalbestands* einschließlich der Organvertreter. Die Personen des Personalbestands nutzen, gestalten und entwickeln in ihren *Handlungszeiten* mit ihrem individuellen Wissen und ihren individuellen Kompetenzen die materiellen und immateriellen Unternehmensressourcen in jeweiligen Leistungsprozessen. Damit stehen die Unternehmensressourcen in der unmittelbaren und mittelbaren Disposition, Koordination und Konfiguration des Personalbestands.

**Theoretische Begründung einer relationalen Zeit-Dimension der Handlungszeiten**

Erst durch die theoretische Begründung einer *relationalen Zeit-Dimension* mit den *Handlungszeiten als substantiierte Zeit* und damit der Zeit als emergente Eigenschaft von nutzenausgerichteten individuellen Handlungen ist es überhaupt erst möglich, die eigentlich nicht existente absolute Zeit für Konfigurationszwecke zu operationalisieren. Auf Grundlage dieser relationalen theoretischen Begründung kann Zeit keine Ressource, keine absolute Kosteneinflussgröße und kein Erfolgsfaktor sein. Zeit ist demzufolge auch nicht mit „Geld“ gleichzusetzen. Davon unabhängig bleibt die absolute Zeit der Uhr- und Kalenderzeit als stetige künstliche Hintergrundzeit wichtig für Zwecke der Koordination.

**Operationalisierung der entwickelten theoretischen Modellelemente mit unternehmensspezifischen Arbeitszeiten und Arbeitsstunden**

Im Rahmen einer empirisch-exemplarischen Anwendung des entwickelten theoretischen Modells des relationalen Zeit-Erfolgs und des darauf basierenden theoretischen Modells der Zeit-Nutzenpotenziale konnten zentrale Modellelemente in einer neu konzipierten relationalen Zeit-Dimension einer Unternehmung operationalisiert werden. Die empirisch-exemplarische Anwendung im Rahmen einer veröffentlichten Fallstudie basiert dabei auf der Prämisse schwierig zu ermittelnder unternehmensspezifischer Daten zu Strategien und individuellen Handlungszeiten in Leistungsprozessen. Zu den zentralen Elementen des entwickelten theoretischen Modells zählen die unabhängige Variable des *Zeit-Potenzials* $X_{Pot}$ *des Personalbestands* $P_1$, $P_2$,

...$P_n$, die *Einflussvariable* $X_{Ver}$ hinsichtlich der Verfügbarkeit, die *Einflussvariable* $X_{Prod}$ hinsichtlich der Produktivität sowie der Zeit-Erfolg $Y_{Erf}$ bzw. in der strategischen Sicht das Zeit-Nutzenpotenzial als abhängige Variable.

Zusätzlich konnte das *Modellelement der Strategie* operational in die relationale Zeit-Dimension integriert werden. Dies gelingt im Rahmen eines unternehmensspezifischen Strategieprogramms mit der strategischen Neuausrichtung von Kompetenzen-Ressourcenpotenzialen in Form eines einheitlichen Produktivitätskonzepts. Ergänzend ließen sich bezüglich des charakteristischen *Zeithorizonts* $Z_T$ unternehmensspezifische Leistungsprozesse mit ihren Funktionsbereichen analysieren.

**Strategieausgerichtetes Zeit-Nutzenpotenzial für die Strategieimplementierung und die Vorsteuerung von Wert-Erfolgen**

Im Gesamtergebnis konnte für die Planungsperiode ein strategieausgerichtetes unternehmensspezifisches Zeit-Nutzenpotenzial als relationaler Zeit-Erfolg in der relationalen Zeit-Dimension gemessen in Arbeitszeiten bzw. Arbeitsstunden entwickelt werden. Diese strategieausgerichteten Zeit-Nutzenpotenziale können periodenorientiert mit den zu generierenden Wert-Erfolgen in der Wert-Dimension bemessen als Wertschöpfung in einen konsistenten Zusammenhang gebracht werden.

**Ausblick für die Gestaltung eines strategischen Planungsmodells für Zeit-Nutzenpotenziale**

Im Ausblick ergibt sich damit die Möglichkeit, mit der Gestaltung eines umfassenden strategischen Planungsmodells für Zeit-Nutzenpotenziale eine systematische Verwendung von Ist- und Plandaten in der relationalen Zeit-Dimension zu ermöglichen. Dieses strategische Planungsmodell für Zeit-Nutzenpotenziale könnte als einheitliches operationales Strategieplanungs- und Strategieimplementierungs-Modell mit Ausrichtung auf die Generierung von Wert-Erfolgspotenzialen eingesetzt werden. In einer umfassenderen Sicht ist auch der Einsatz als operationales Strategie-Modul in einem technologischen Produktivitätssystem innerhalb eines strategischen Produktivitätsmanagements denkbar.

# 5 Gestaltung eines strategischen Planungsmodells für Zeit-Nutzenpotenziale in der relationalen Zeit-Dimension

*„The time dimension gives the managerial decision its special characteristics."*[1004]

*Peter F. Drucker 1999*

Mit der Gestaltung eines strategischen Planungsmodells für Zeit-Nutzenpotenziale in der relationalen Zeit-Dimension sollen die bislang erzielten Erkenntnisse aus dem theoretischen Teil der Forschung in systematische und strategische Maßnahmen-Ziel-Relationen überführt werden.[1005] Zielgröße für ein operationales strategisches Planungsmodell in der Zeit-Dimension ist die theoretisch entwickelte strategische Erfolgsgröße des Zeit-Nutzenpotenzials. Das Zeit-Nutzenpotenzial wird als relationaler Zeit-Erfolg der strategiezielgeleiteten produktiven Nutzung, Gestaltung und Entwicklung von verfügbaren individuellen Wissens- und Kompetenzenpotenzialen sowie Ressourcenpotenzialen gemessen in Handlungszeiten aufgefasst.[1006]

Das Zeit-Nutzenpotenzial dient damit zugleich nach dem entwickelten theoretischen Modell als operationale *strategische Vorsteuerungsgröße* für potenzielle Wert-Erfolge in der Wert-Dimension bemessen als Wertschöpfung. Das strategische Planungsmodell für Zeit-Nutzenpotenziale kann somit auch als Grundlage einer strategischen Planungsrechnung innerhalb eines umfassenden *strategischen Planungssystems* angesehen werden.[1007]

## 5.1 Anforderungen an die strategische Planung

Die Konzeption der strategischen Planung als *informationsverarbeitender Prozess* für eine ganzheitliche und systematische strategische Vorgehensweise sieht sich wie oben dargestellt erhöhten Anforderungen seitens der Unternehmenspraxis hinsichtlich einer konsistenten Verknüpfung mit operativen Planungs- und Budgetierungsprozessen konfrontiert.[1008] Ergänzend

---

1004 Drucker 1999, S. 43.

1005 Vgl. Töpfer 2010, S. 89 ff. zur theoretisch basierten Technologie als Gestaltung für den Mittel-Zweck- bzw. Maßnahmen-Ziel-Einsatz sowie a. a. O., S. 324 ff. zur Kopplung zwischen Theorie und Technologie im Sinn einer einheitlichen Erkenntnis- und Handlungsorientierung.

1006 Vgl. Kap. 4.2.4 zur Gesamtsicht des theoretischen Modells der Zeit-Nutzenpotenziale.

1007 Vgl. Bea/Haas 2013, S. 61 ff. zur Konzeption eines strategischen Planungssystems mit den Elementen von Planungsträger, Planungsprozess, Planungstechniken, Planungsbereiche, Ablauforganisation und Planungsrechnung als Entscheidungs- und Dokumentationsrechnung.

1008 Vgl. Kap. 2.3.4. Vgl. Horváth 2003, S. 4 ff. zu den generellen Funktionen der Planung in Unternehmen u. a. mit der Erhöhung der Produktivität, der Reduzierung von Risiken und Komplexität sowie der Verbesserung der Koordination. Vgl. a. a. O., S. 11 f. kritisch zur Planungseffizienz im Ziel-, System- und Prozessansatz.

wird die Einbindung der strategischen Planung in das Corporate Performance Management auf Zeit- und Kostenebene sowie auf Individualebene der Beschäftigten gefordert.

Die strategische Planung als *Teilbereich der Unternehmensplanung* setzt zugleich ein Einverständnis hinsichtlich der allgemeinen Planungsfunktionen, der spezifischen Funktionen des strategischen Managements und der Aufgabenverteilung zwischen dem strategischen und operativen Management voraus.[1009] Die ganzheitliche und systematische Sichtweise für die strategische Planung im Unternehmens-Umwelt-Fit umfasst dann den gesamten strategischen Prozess von der strategischen Zielbildung über die Strategieentwicklung bis hin zur Formulierung von strategischen Programmen und Initiativen für die strategische Potenzialausrichtung als strategische Implementierungsplanung. Das Resultat der strategischen Planung sollte in einem konsistenten strategischen Unternehmensplan bzw. Geschäftsplan dokumentiert werden.[1010]

**Operationalisierung der strategischen Planung**

Diese umfassende Konzeption der strategischen Planung und deren Bedeutung für die *Vorsteuerung von Wert-Erfolgen* führen gleichwohl zu kritischen Fragen in Bezug auf die theoretische Fundierung und Operationalisierung.[1011] In der betrieblichen Praxis zeigen sich dann die Schwierigkeiten der strategischen Planungskonzeption im Rahmen der periodisch stattfindenden operativen Planungs- und Budgetierungsprozesse.[1012]

Im Mittelpunkt des gestalterischen Interesses dieser Arbeit steht deshalb die Implementierung einer *einheitlich operationalisierbaren strategischen Zeit-Erfolgsgröße* in der relationalen Zeit-Dimension als Zeit-Nutzenpotenzial. Diese relationale Zeit-Erfolgsgöße als beeinflussbare strategische Zielgröße soll zugleich als Vorsteuerungsgröße für potenzielle Wert-Erfolge in der Wert-Dimension bemessen als Wertschöpfung verwendbar sein. Eine einheitliche konsistente Verknüpfung mit strategischen Potenzialen bzw. mit Wissens- und Kompetenzenpotenzialen

---

1009 Vgl. Hahn 2006b, S. 4 f. zur strategischen Planung im Zentrum zukünftiger Unternehmensgestaltung als Geschäftsfeldplanung mit Programm- und Potenzialorientierung. Abgrenzungen sind erforderlich zum normativen Zielsystem der Unternehmung, zur operativen Planung der Funktionsbereiche und zur Erfolgs- und Finanzplanung.

1010 Vgl. Sieglin 2010, S. 135 ff. zum strategischen Geschäftsplan als Beschreibung von Wettbewerbsstrategien und strategischen Maßnahmen für Business Units mit den Auswirkungen auf Markt- und Finanzergebnisse.

1011 Vgl. Kap. 2.3.3 und Kap. 2.3.4. Vgl. Bea/Haas 2005, S. 50 und S. 120 sowie Bea/Haas 2013, S. 37, S. 126 f. und S. 258. Vgl. Macharzina/Wolf 2010, S. 219 und S. 263. Vgl. Welge/Al-Laham 2008, S. 13 f. Vgl. Schweitzer/Küpper 2011, S. 739 ff.

1012 Vgl. Al-Laham/Welge 2003, S. 225 ff. Vgl. Hungenberg/Wulf 2003, S. 257. Vgl. Gaiser/Greiner 2003, S. 291 zum Modell der Balanced Scorecard als ungeeignet erscheinendes Instrument zur Einbindung in konsistente Rechenoperationen.

und deren Nutzung von Ressourcenpotenzialen soll über das Produktivitätskonzept hergestellt werden.

## 5.2 Konzeption der Bestandteile des strategischen Planungsmodells

Als theoretische Grundlage für das nachfolgende Gestaltungskonzept dient das empirisch-exemplarisch angewendete theoretische Modell der strategischen Zeit-Nutzenpotenziale in der relationalen Zeit-Dimension.[1013]

In Anlehnung an die technologischen Strukturen von Planungssystemen[1014] beinhaltet die Konzeption des strategischen Planungsmodells als Metastruktur das Planungselement der unternehmensspezifischen *Systemzeit* in der relationalen Zeit-Dimension $t_r$, $t_i$ einschließlich des Zeithorizonts $Z_T$ mit einer ergänzenden absoluten Zeitskala für Zwecke der Koordination.

Das Planungselement der *Stammdaten* als unabhängige Referenzdaten beinhaltet den Personalbestand $P_1$, $P_2$, …$P_n$, die Wissens- und Kompetenzenpotenzialarten sowie die Leistungsprozessarten. Das Planungselement der *Bewegungsdaten* als erzeugte quantitative Daten beinhaltet das Zeit-Potenzial $X_{Pot}$ sowie den relationalen Zeit-Verbrauch aus $X_{ver}$ Verfügbarkeit und den relationalen Zeit-Verbrauch aus $X_{Prod}$ Produktivität.

Die Stamm- und Bewegungsdaten werden anschließend unter Berücksichtigung der unternehmensspezifischen Systemzeit im Sinn einer strategischen Erfolgspotenzialrechnung in *strategische Zeit-Ergebnisrechnungen* als strategische Planungsrechnung überführt.

### 5.2.1 Planungselement der Systemzeit in der Zeit-Dimension $t_r$, $t_i$

Die Kenntnis der Metastrukturierung der relationalen Zeit-Dimension $t_r$, $t_i$ und der absoluten Zeit-Dimension als unternehmensspezifische Systemzeit handelnder Individuen des Personalbestands sichert grundsätzlich die Handlungsautonomie bzw. die Handlungsfähigkeit im Sinn einer Zeitautonomie im Unternehmens-Umwelt-System.[1015]

---

[1013] Vgl. Kap. 4.1, Kap. 4.2, Kap. 4.3 und Kap. 4.4

[1014] Vgl. Gluchowski/Gabriel/Dittmar 2008, S. 228 ff. zu Planungs- und Budgetierungssystemen. Vgl. Chamoni/Gluchowski/Hahne 2005, S. 46 ff. zur Datenklassifikation von Stammdaten (Referenzinformationen), Bewegungsdaten (quantitative Aussagen) und Metadaten (Datenformate und Datenstrukturen).

[1015] Vgl. Kap. 3.2 i. V. m. Kap. 3.1. Vgl. Bleicher 1999, S. 157 f. zum Zusammenhang zwischen Zeitautonomie und Handlungsautonomie.

Die unternehmensspezifischen Systemzeit-Strukturen in der relationalen Zeit-Dimension $t_r$, $t_i$ werden in Bezug auf Individualhandlungen und Handlungszeiten von *Zeitordnungen*, den *Zeitebenen* und den *Zeitformen* charakterisiert, dies in jeweils reversibler oder irreversibler Ausprägung von Handlungszeiten in der Zeit $t_r$ oder der Zeit $t_i$ , siehe dazu Tab. 35.[1016]

| Pos. | Strategisches Planungsmodell für Zeit-Nutzenpotenziale | Relationale Zeit-Dimension $t_r$, $t_i$ der Handlungszeiten: Konfiguration von Handlungszeiten<br>Absolute Zeit-Dimension der Uhrzeit und Kalenderzeit: Koordination und Synchronisierung von Handlungszeiten |
|---|---|---|
| 1 | **Planungselement: Systemzeit** | |
| 1.1 | Systemzeit-Strukturen | **1. Zeitordnungen**<br>1.1 Kollektive Disposition … 1.2 Gemeinschaftliche Disposition …<br>1.3 Individuelle Disposition von Handlungszeiten<br>**2. Zeitebenen**<br>**2.1 Relationale Zeitebene** der relationalen Zeit-Dimension von individuellen Handlungszeiten für Zwecke der Konfiguration von Wissens- und Kompetenzenpotenzialen des Personalbestands<br>**2.2 Absolute Zeitebene** der absoluten Zeit-Dimension der Uhrzeit und Kalenderzeit für Zwecke der Koordination und Synchronisierung<br>**2.3 Technologische Zeitebene** der Informationstechnologie für Echtzeitausprägungen<br>**3. Zeitformen mit Synchronisierungsbedarf:** 3.1 Duration (Zeitdauer), 3.2 Instantaneität (Vergleichzeitigung i. S. v. Echtzeit), 3.3 Sequenz (Aufeinanderfolge), 3.4 Simultaneität (Gleichzeitigkeit), 3.5 Rhythmus (periodische Wiederkehr), 3.6 Takt (gleichbleibendes Zeitmaß) |
| 1.2 | Relationale Zeit $t_r$, $t_i$ | 1. Reversible Ausprägung, 2. Irreversible Ausprägung von Handlungszeiten |
| 1.3 | Zeithorizont $Z_T$ | Ergebnishorizonte mit Zeitpunkten von Handlungszeiten in Leistungsprozessen |
| 1.4 | Zeitskala | absolutes Zeitmaß in Zeiteinheiten mit Zeitpunkten und Zeitdauer |

Tab. 35: Strategisches Planungsmodell: Element Systemzeit

Die *reversible* und *irreversible Ausprägung* von Handlungszeiten lässt sich dabei unter anderem über den jeweiligen Grad der Determiniertheit von Leistungsergebnissen bestimmen.[1017]

---

[1016] Vgl. Kap. 3.2 i. V. m. Kap. 3.3. Vgl. einführend zu Zeitebenen und Zeitformen insbesondere Adam/ Whipp/Sabelis 2002, S. 18 ff.

[1017] Vgl. Kap. 3.2.3.

Mit dem *Zeithorizont* $Z_T$ in Tab. 35 kann die Zeit-Dimension $t_r$, $t_i$ der Handlungszeiten zusätzlich strukturiert werden.[1018] Diese Strukturierung erfolgt mit dem Bezug von Handlungszeiten auf die unterschiedliche Zeitdauer von Leistungsprozessen im Sinn einer Operational Time. Innerhalb einer Geschäftsperiode zum Beispiel eines Kalenderjahres ist mit Hilfe des Zeithorizonts $Z_T$ dann die Bestimmung des Stands der jeweiligen Ergebnisrealisierungen von Handlungszeiten des Personalbestands möglich. Die *Zeitskala* ist ein Bestandteil der absoluten Zeit-Dimension und dient der unternehmensspezifischen *Koordination* von Handlungszeiten.[1019]

### 5.2.2 Planungselement der Stammdaten in der Zeit-Dimension $t_r$, $t_i$

Stammdaten sind als kurzfristig bis mittelfristig stabile Referenzelemente eines Handlungsmodells aufzufassen.[1020] Auf dieser Grundlage werden für das zu konzipierende strategische Planungsmodell der *Personalbestand* $P_1, P_2, ...P_n$ , die *Wissens- und Kompetenzenpotenzialarten* sowie die *Leistungsprozessarten* als Stammdaten definiert.[1021]

Die Stammdaten sind über den Personalbestand $P_1$, $P_2$, ...$P_n$ mit dessen Nutzung, Gestaltung und Entwicklung von Wissens- und Kompetenzenpotenzialen und Ressourcenpotenzialen über Handlungszeiten innerhalb bestimmter Leistungsprozesse zum Beispiel auf Kostenbasis verknüpfbar und analysierbar.[1022] Die Gesamtdarstellung der hier definierten Stammdaten in der Zeit-Dimension $t_r$, $t_i$ zeigt Tab. 36.[1023]

Für die Planung des *Personalbestands* $P_1, P_2, ...P_n$ innerhalb einer bestimmten Planperiode sind der Ist-Personalbestand und die daraus ableitbaren voraussichtlichen personellen Veränderungen mit dem zukünftig erforderlichen Bruttopersonalbedarf zur Planungsperiode abzustimmen. Der sich daraus ergebende Nettopersonalbedarf zur Planungsperiode kann in Form von Ersatzbedarf, Neubedarf oder Freistellungen geplant werden.[1024]

---

1018 Vgl. Kap. 4.1.5.
1019 Vgl. Kap. 2.2.3.
1020 Vgl. Chamoni/Gluchowski/Hahne 2005, S. 46 ff. zur Datenklassifikation von Stammdaten als sog. Referenzinformationen.
1021 Vgl. Kap. 4.2.4 zur Gesamtsicht des entwickelten theoretischen Modells.
1022 Vgl. Kap. 2.6.2.1 mit dem Modell einer Prozesskostenrechnung für wissensintensive Unternehmen. Vgl. Rieg 2012, S. 54 ff. zur Prozesskostenrechnung als Ergänzung der bisherigen Kostenrechnung im Rahmen des Gemeinkostenmanagements mit der Kostenzurechnung auf Basis von Arbeitszeiten und den damit verbundenen Sach- und Personalkosten.
1023 Vgl. Kap. 4.1 und Kap. 4.2.
1024 Vgl. Stock-Homburg 2008, S. 75 ff.

| Pos. | Strategisches Planungsmodell für Zeit-Nutzenpotenziale | Relationale Zeit-Dimension $t_r$, $t_i$ |
|---|---|---|
| 1 | **Planungselement: Stammdaten** | |
| 1.1 | Personalbestand $P_1, P_2, \ldots P_n$ | beschäftigte Personen der Unternehmung einschl. Organvertreter |
| 1.2 | Arten von Wissens- und Kompetenzenpotenzialen | individuelle Nutzung, Gestaltung und Entwicklung durch Personen des Personalbestands $P_1, P_2, \ldots P_n$ |
| 1.3 | Arten von Leistungsprozessen | Handlungszeiten von Personen des Personalbestands $P_1, P_2, \ldots P_n$ in Prozessen der Leistungsbereitschaft, -erstellung und -verwertung |

Tab. 36: Strategisches Planungsmodell: Element Stammdaten

Die *Wissens- und Kompetenzenpotenziale* nach Tab. 36 als individuelle Wissens- und Handlungspotenziale von Personen des Personalbestands für die Nutzen- und Wertgenerierung stehen dabei im zentralen Fokus des strategischen Managements.[1025] Diese strategischen Potenziale sind langfristig im Rahmen des Konzepts der strategischen Bereitschaft[1026] im Sinn eines strategischen Unternehmens-Umwelt-Fits auszurichten. In den verschiedenen Arten von *Leistungsprozessen* nach Tab. 36 hinsichtlich Leistungsbereitschaft (Kapazität), Leistungserstellung und Leistungsverwertung erfolgen dann unterschiedliche Konfigurationen von individuellen Wissens- und Kompetenzenpotenzialen mit deren Nutzung von spezifischen Ressourcenpotenzialen der Unternehmung in einem jeweiligen Zeithorizont $Z_T$.[1027]

Die Zuordnung von Arbeitszeiten bzw. Arbeitsstunden erfolgt in einem späteren Schritt über die Bewegungsdaten der Zeit-Potenziale und des relationalen Zeit-Verbrauchs.

### 5.2.3 Planungselement der Bewegungsdaten in der Zeit-Dimension $t_r$, $t_i$

Bewegungsdaten dienen in Planungssystemen zur Abbildung von erzeugten quantitativen Daten mit der unmittelbaren Beeinflussung der Ergebnisplanung im Planungszeitraum.[1028] Auf Grundlage des entwickelten theoretischen Modells der Zeit-Nutzenpotenziale werden als Bewegungsdaten mit Wirkung auf den Zeit-Erfolg die unabhängige Variable des *Zeit-Potenzials*

---

[1025] Vgl. Kap. 4.2.2 i. V. m. Kap. 1.3.3.
[1026] Vgl. Kaplan/Norton 2004, S. 192 ff. und S. 352 ff.
[1027] Vgl. Kap. 4.2.2 und Kap. 4.1.6 i. V. m. Kap. 3.2.3 und Kap. 1.3.3.
[1028] Vgl. Gluchowski/Gabriel/Dittmar 2008, S. 228 ff. zu Planungs- und Budgetierungssystemen. Vgl. Chamoni/Gluchowski/Hahne 2005, S. 46 ff. zur Datenklassifikation von Bewegungsdaten als quantitative Aussagen.

$X_{Pot}$ sowie die beiden Einflussvariablen $X_{Ver}$ *Verfügbarkeit* und $X_{Prod}$ *Produktivität* für die Darstellung des relationalen Zeit-Verbrauchs verwendet.[1029]

#### 5.2.3.1 Bewegungsdaten der Zeit-Potenziale des Personalbestands

Das *Zeit-Potenzial* $X_{Pot}$ bestimmt sich nach dem entwickelten theoretischen Modell aus dem gegenwärtigen und für den Planungszeithorizont strategisch für notwendig erachteten Personalbestand (Stammdaten) in Verbindung mit dem Arbeitszeitkonzept der bezahlten und vertraglichen Arbeitsstunden als hier definierte Randbedingung.[1030]

Weitere Verknüpfungen der Bewegungsdaten der Zeit-Potenziale mit den Stammdaten ergeben sich aus der Nutzung, Gestaltung und Entwicklung von individuellen Wissens- und Kompetenzenpotenzialarten sowie aus Handlungzeiten des Personalbestands in den jeweiligen Leistungsprozessarten.[1031] Das gesamte Planungselement für die Bewegungsdaten der Zeit-Potenziale $X_{Pot}$ in der Zeit-Dimension $t_r$, $t_i$ zeigt Tab. 37.[1032]

| **Pos.** | **Strategisches Planungsmodell für Zeit-Nutzenpotenziale** | **Relationale Zeit-Dimension $t_r$, $t_i$** |
|---|---|---|
| 1 | **Planungselement Bewegungsdaten: Zeit-Potenziale $X_{Pot}$** | |
| 1.1 | Zeit-Potenzial $X_{Pot}$ des Personalbestands $P_1$, $P_2$, …$P_n$ | Verknüpfung mit Stammdaten: Personalbestand $P_1$, $P_2$, …$P_n$ mit Arbeitszeitkonzept der bezahlten Arbeitsstunden |
| 1.2 | Zeit-Potenzial $X_{Pot}$ des Personalbestands $P_1$, $P_2$, …$P_n$ | Verknüpfung mit Stammdaten: Arten von Wissens- und Kompetenzenpotenzialen |
| 1.3 | Zeit-Potenzial $X_{Pot}$ des Personalbestands $P_1$, $P_2$, …$P_n$ | Verknüpfung mit Stammdaten: Arten von Leistungsprozessen (Bereitschaft, Erstellung, Verwertung) |

Tab. 37: Strategisches Planungsmodell: Element Bewegungsdaten der Zeit-Potenziale

#### 5.2.3.2 Bewegungsdaten des relationalen Zeit-Verbrauchs aus Nichtverfügbarkeit

Nach dem entwickelten theoretischen Modell führt die *Nichtverfügbarkeit* von Zeit-Potenzial $X_{Pot}$ des Personalbestands $P_1$, $P_2$, …$P_n$ aufgrund von Abwesenheitszeiten zu einem relationalen

[1029] Vgl. Kap. 4.2.4 zur Gesamtsicht des theoretischen Modells i. V. m. Kap. 4.1.2 zum Zeit-Potenzial, Kap. 4.1.3 zur Verfügbarkeit und Kap. 4.1.4 zur Produktivität.

[1030] Vgl. Kap. 4.1.2 zum Zeit-Potenzial i. V. m. Kap. 2.2.4 zu den Arbeitszeitkonzepten. Vgl. Anhang 2 in Tab. 1 zu Arbeitszeitkonzepten im EU-Vergleich.

[1031] Vgl. Kap. 5.2.2 zu den Stammdaten des strategischen Planungsmodells.

[1032] Vgl. Kap. 4.1.2 i. V. m. Kap. 4.4.3.2.

Zeit-Verbrauch in der Zeit-Dimension $t_r$, $t_i$.[1033] In der empirisch-exemplarischen Anwendung des theoretischen Modells konnte der relationale Zeit-Verbrauch aus Nichtverfügbarkeit des Zeit-Potenzials auf einzelne Personen sowie auf den gesamten Personalbestand des Unternehmens nach dem Arbeitszeitkonzept der vertraglich zu leistenden Arbeitsstunden bezogen werden.[1034] Die Übersicht zum Planungselement der Bewegungsdaten des Zeit-Verbrauchs aus Nichtverfügbarkeit in der Zeit-Dimension $t_r$, $t_i$ mit den aufgezeigten Verknüpfungen über den Personalbestand zeigt Tab. 38.[1035]

| **Pos.** | **Strategisches Planungsmodell für Zeit-Nutzenpotenziale** | **Relationale Zeit-Dimension $t_r$, $t_i$** |
|---|---|---|
| 1 | **Planungselement Bewegungsdaten: Zeit-Verbrauch aus $X_{Ver}$ Verfügbarkeit** | |
| 1.1 | Zeit-Verbrauch aus $X_{Ver}$ als Nichtverfügbarkeit von Zeit-Potenzialen $X_{Pot}$ des Personalbestands $P_1$, $P_2$, ...$P_n$ | Nichtverfügbarkeit von Zeit-Potenzialen des Personalbestands $P_1$, $P_2$, ...$P_n$ aus Abwesenheitszeiten nach d. Arbeitszeitkonzept d. bezahlten Arbeitsstunden |
| 1.2 | Zeit-Verbrauch aus $X_{Ver}$ als Nichtverfügbarkeit von Zeit-Potenzialen $X_{Pot}$ des Personalbestands $P_1$, $P_2$, ...$P_n$ | Verknüpfung mit Stammdaten: Arten von Wissens- und Kompetenzenpotenzialen |
| 1.3 | Zeit-Verbrauch aus $X_{Ver}$ als Nichtverfügbarkeit von Zeit-Potenzialen $X_{Pot}$ des Personalbestands $P_1$, $P_2$, ...$P_n$ | Verknüpfung mit Stammdaten: Arten von Leistungsprozessen der Leistungsbereitschaft, Leistungserstellung und Leistungsverwertung |

Tab. 38: Strat. Planungsmodell: Element Bewegungsdaten des Zeit-Verbrauchs aus $X_{Ver}$

In einer ergänzenden Simulation ließ sich die Wirkung höherer Abwesenheitszeiten in Form von Krankheitszeiten mit einem erhöhten relationalen Zeit-Verbrauch darstellen. In der Folge führt dieser höhere relationale Zeit-Verbrauch aus Nichtverfügbarkeit zu einem -relativ- reduzierten Zeit-Nutzenpotenzial für das Unternehmen.[1036] Ein reduziertes strategisches Zeit-Nutzenpotenzial beinhaltet wiederum geringere Potenziale für die Generierung von Wert-Erfolgen.[1037]

[1033] Vgl. Kap. 4.1.3 und Anhang 3 zu Abwesenheitszeiten.
[1034] Vgl. Kap. 4.4.3.2. Vgl. Kap. 4.4.3.3 zur Fortführung in der strategischen Planung.
[1035] Vgl. Kap. 4.2.4 i. V. m. Kap. 4.1.2 und Kap. 4.1.3.
[1036] Vgl. Kap. 4.4.3.2. Relativ deswegen, da für die Produktivität der nicht mehr verfügbaren Handlungszeiten ein Betrag von 60% angesetzt wurde (40% der Handlungszeiten mit unproduktiven Nutzungen).
[1037] Vgl. Kap. 4.1.1.

#### *5.2.3.3 Bewegungsdaten des relationalen Zeit-Verbrauchs aus Unproduktivität*

Nach dem entwickelten theoretischen Modell der Zeit-Nutzenpotenziale führt die *Unproduktivität* von Zeit-Potenzial $X_{Pot}$ des Personalbestands $P_1$, $P_2$, $\ldots P_n$ in Form von unproduktiven Handlungszeiten zu einem relationalen Zeit-Verbrauch in der Zeit-Dimension $t_r$, $t_i$.[1038]

In der empirisch-exemplarischen Anwendung des theoretischen Modells konnte für die Ist-Ausgangssituation in der relationalen Zeit-Dimension auf Basis einer durchschnittlichen Produktivität der Handlungszeiten aus $X_{Prod}$ in Höhe von 60 Prozent ein durchschnittlicher relationaler Zeit-Verbrauch aus unproduktiv genutzten Arbeitsstunden ermittelt werden.[1039]

In der weiteren empirisch-exemplarischen Anwendung des theoretischen Modells für die *strategische Planung* war es möglich, den relationalen Zeit-Verbrauch aus Unproduktivität für die nachfolgenden Planjahre auf Basis eines veränderten Personalbestands weiterzuführen.[1040] Zudem konnte die auf der Stragieentwicklung basierende strategische Programmplanung mit der strategischen Ausrichtung von Wissens- und Kompetenzenpotenzialen in einem ersten Ansatz einheitlich als Erhöhung der Produktivität aus $X_{Prod}$ operationalisiert werden.[1041] Die Strategie mit dem Strategieprogramm soll damit in den folgenden Planjahren zu einem insgesamt niedrigeren relationalen Zeit-Verbrauch aus Unproduktivität führen. In der Folge war es möglich, für das daraus resultierende höhere Zeit-Nutzenpotenzial ein höheres Wert-Erfolgspotenzial in der Wert-Dimension bemessen als betriebliches Wertschöpfungspotenzial zu ermitteln.[1042]

Die Übersicht zum Planungselement der Bewegungsdaten des relationalen Zeit-Verbrauchs aus Unproduktivität in der Zeit-Dimension $t_r$, $t_i$ mit den Verknüpfungen zum Personalbestand zeigt Tab. 39.[1043]

---

[1038] Vgl. Kap. 4.2.4 i. V. m. Kap. Kap. 4.1.2 und Kap. 4.1.4.

[1039] Vgl. Kap. 4.4.3.2 . Vgl. Kap. 3.4.2.6 zu empirischen Befunden unproduktiv eingesetzter Arbeitszeiten. Vgl. Kap. 4.1.4 zur Produktivität i. V. m. Kap. 3.4.2.2 und Kap. 2.5.2.

[1040] Vgl. Kap. 4.4.3.3.

[1041] Vgl. Kap. 4.4.3.3.

[1042] Vgl. Kap. 4.4.3.4.

[1043] Vgl. Kap. 4.2.4 i. V. m. Kap. 4.1.2, Kap. 4.1.4 und Kap. 4.1.6.

| Pos. | Strategisches Planungsmodell für Zeit-Nutzenpotenziale | Relationale Zeit-Dimension $t_r$, $t_i$ |
|---|---|---|
| 1 | **Planungselement Bewegungsdaten: Zeit-Verbrauch aus $X_{Prod}$ Unproduktivität** | |
| 1.1 | Zeit-Verbrauch aus $X_{Prod}$ als Unproduktivität von Zeit-Potenzialen $X_{Pot}$ des Personalbestands $P_1$, $P_2$, …$P_n$ | Unproduktive Nutzung von Zeit-Potenzialen des Personalbestands $P_1$, $P_2$, …$P_n$ nach dem Arbeitszeitkonzept der bezahlten Arbeitsstunden |
| 1.2 | Zeit-Verbrauch aus $X_{Prod}$ als Unproduktivität von Zeit-Potenzialen $X_{Pot}$ des Personalbestands $P_1$, $P_2$, …$P_n$ | Verknüpfung mit Stammdaten: Arten von Wissens- und Kompetenzenpotenzialen |
| 1.3 | Zeit-Verbrauch aus $X_{Prod}$ als Unproduktivität von Zeit-Potenzialen $X_{Pot}$ des Personalbestands $P_1$, $P_2$, …$P_n$ | Verknüpfung mit Stammdaten: Arten von Leistungsprozessen der Leistungsbereitschaft, Leistungserstellung und Leistungsverwertung |

Tab. 39: Strat. Planungsmodell: Element Bewegungsdaten d. Zeit-Verbrauchs aus $X_{Prod}$

### 5.2.4 Strategische Zeit-Ergebnisrechnungen als strategische Planungsrechnung in der relationalen Zeit-Dimension $t_r$, $t_i$

Die Zusammenführung von strategischer Planung und strategischer Erfolgsplanung im Sinn einer *strategischen Erfolgspotenzialrechnung* erfolgt hier durch die Konzeption von strategischen Zeit-Ergebnisrechnungen. Über die Verknüpfung der konzipierten Stammdaten und Bewegungsdaten in der relationalen Zeit-Dimension des strategischen Planungsmodells wird nach Maßgabe des theoretischen Modells eine *Zeit-Nutzenpotenzialrechnung* gestaltet. Die Berücksichtigung von Zeithorizonten mit der Gestaltung einer *Zeit-Überschussrechnung* führt in einem weiteren Schritt zur Darstellung einer bilanzähnlichen *Zeit-Bestandsrechnung.*

#### *5.2.4.1 Zeit-Nutzenpotenzialrechnung*

Die Zeit-Nutzenpotenzialrechnung soll im Rahmen der strategischen Erfolgsplanung in der relationalen Zeit-Dimension die differenzierte Höhe des erzielbaren unternehmens-spezi-fischen Zeit-Nutzenpotenzials als operationale strategische Zielerfolgsgröße und als strategische Vorsteuerungsgröße für Wert-Erfolgspotenziale bemessen als Wertschöpfung ermitteln.

Über die Verknüpfung der Planungselemente der *Bewegungsdaten* des Zeit-Potenzials und des relationalen Zeit-Verbrauchs mit den Planungselementen der *Systemzeit* und der *Stammdaten* ergibt sich eine differenzierte Betrachtung des Zeit-Nutzenpotenzials. In der relationalen Zeit-Dimension der Handlungszeiten zeigt sich dieses differenzierte Bild von Zeit-Nutzenpotenzialen aufgegliedert nach unternehmensspezifischen Systemzeiten, nach Personalbestand und Wissens- und Kompetenzenpotenzialarten sowie nach Leistungsprozessarten jeweils in verschiedenen Zeithorizonten.[1044]

Auf Basis des entwickelten theoretischen Modells unter Berücksichtigung der konzipierten Planungselemente der Systemzeit, der Stammdaten und der Bewegungsdaten ergibt sich nach Tab. 40 der Aufbau einer *Zeit-Nutzenpotenzialrechnung* mit den definierten Bezügen zur Wert-Dimension.[1045]

| Pos. | Art der Zeit-Ergebnisrechnung | Relationale Zeit-Dimension $t_r$, $t_i$ | Wert-Dimension |
|---|---|---|---|
| **1** | **Zeit-Nutzenpotenzialrechnung in der relationalen Zeit-Dimension $t_r$, $t_i$** (Std.) | **Relationaler Zeit-Erfolg innerhalb einer Zeit-Periode** (Stunden) | **GuV-Rechnung** |
| 1.1 | Zeit-Potenzial $X_{Pot}$ des Personalbestands $P_1$, $P_2$, ...$P_n$ in der Zeit-Dimension $t_r$,$t_i$ | Verknüpfung des Zeit-Potenzials mit Systemzeit und Stammdaten | (Brutto-) Wertschöpfung |
| 1.2 | *minus* Zeit-Verbrauch aus $X_{Ver}$ als Nichtverfügbarkeit des Zeit-Potenzials $X_{Pot}$ des Personalbestands $P_1$, $P_2$, ...$P_n$ | Verknüpfung des Zeit-Verbrauchs aus Nichtverfügbarkeit mit Systemzeit und Stammdaten | - |
| 1.3 | *minus* Zeit-Verbrauch aus $X_{Prod}$ als Unproduktivität des Zeit-Potenzials $X_{Pot}$ des Personalbestands $P_1$, $P_2$, ...$P_n$ | Verknüpfung des Zeit-Verbrauchs aus Unproduktivität mit Systemzeit und Stammdaten | - |
| 1.4 | **Zeit-Nutzenpotenzial** (Handlungszeiten in Arbeitsstunden) | Pos. 1.1 *minus* (Pos. 1.2 und Pos. 1.3) | **(Brutto-) Wertschöpfung** |

Tab. 40: Strategische Zeit-Ergebnisrechnung: Zeit-Nutzenpotenzialrechnung

#### *5.2.4.2 Zeit-Überschussrechnung der Zeit-Nutzenpotenziale*

Ergänzend zur Zeit-Nutzenpotenzialrechnung für die strategische Planung von Periodenerfolgen in der relationalen Zeit-Dimension soll eine Zeit-Bestandsrechnung der Zeit-Nutzenpotenziale für längere Zeitperioden konzipiert werden. Hierfür ist die Berücksichtigung des *Zeithorizonts $Z_T$* in Verbindung mit Leistungsprozessen erforderlich.[1046] Zeithorizonte beinhalten Realisierungszeitpunkte von Leistungen als Handlungsergebnisse innerhalb von Handlungszeiten. Dazu soll als Überleitungsrechnung eine *Zeit-Überschussrechnung der Zeit-Nutzenpotenziale* gestaltet werden.

---

[1044] Vgl. Kap. 4.2.4 i. V. m. Kap. 5.2.1, Kap. 5.2.2 und Kap. 5.2.3

[1045] Vgl. Kap. 4.2 und Kap. 4.1 i. V. m. Kap. 4.3 sowie Kap. 5.2.1, Kap. 5.2.2 und Kap. 5.2.3.

[1046] Vgl. Kap. 4.1.5.

Die nachfolgend mit dem Begriff *realisiert* bezeichneten Leistungsvorgänge werden als Ergebnisentfaltung von Handlungszeiten im Zeithorizont $Z_t$ aufgefasst. Dabei wird davon ausgegangen, dass Positionen des relationalen Zeit-Verbrauchs im Zeithorizont $Z_T$ von Beginn an wirksam sind. Hingegen sollen Positionen der Zeit-Potenziale im Zeithorizont $Z_T$ anteilig und Positionen des relationalen Zeit-Erfolgs bzw. des Zeit-Nutzenpotenzials erst zum Realisierungszeitpunkt von Leistungsergebnissen berücksichtigt werden.

Die Zeit-Überschussrechnung der Zeit-Nutzenpotenziale in der relationalen Zeit-Dimension $t_r$, $t_i$ zeigt Tab. 41.[1047]

| Pos. | Art der Zeit-Ergebnisrechnung | Relationale Zeit-Dimension $t_r$,$t_i$ |
|---|---|---|
| **1** | **Zeit-Überschussrechnung der Zeit-Nutzenpotenziale in der relationalen Zeit-Dimension $t_r$, $t_i$** (Stunden) | **Überschuss realisierter Zeit-Nutzenpotenziale in einer Zeit-Periode** (Stunden) |
| 1.1 | realisierte Zeit-Nutzenpotenziale, Anfangsbestand | bislang realisierte Zeit-Nutzenpotenziale der Vorperioden |
| 1.2 | realisierte Zeit-Nutzenpotenziale auf Basis der Vorperiode | zusätzlich realisierte Zeit-Nutzenpotenziale im Zeithorizont $Z_T$ |
| 1.3 | realisiertes Zeit-Potenzial $X_{Pot}$ des Personalbestands $P_1$, $P_2$, …$P_n$ der laufenden Periode | anteilig für die Periode zum Ende des jeweiligen Zeithorizonts $Z_T$ |
| 1.4 | realisierter Zeit-Verbrauch aus $X_{Ver}$ als Nichtverfügbarkeit | von Beginn des Zeithorizonts $Z_T$ |
| 1.5 | realisierter Zeit-Verbrauch aus $X_{Prod}$ als Unproduktivität | von Beginn des Zeithorizonts $Z_T$ |
| 1.6 | **realisierte Zeit-Nutzenpotenziale der Periode** | Pos. 1.3 *minus* (Pos. 1.4 und Pos. 1.5) |
| 1.7 | **positiver Endbestand: realisierte Zeit-Nutzenpotenziale der Perioden, negativer Endbestand: realisierter Zeit-Verbrauch der Perioden** | Pos. 1.1 *plus* Pos. 1.2 *plus* Pos. 1.6 |

Tab. 41: Strategische Zeit-Ergebnisrechnung: Zeit-Überschussrechnung im Zeithorizont

#### 5.2.4.3 Zeit-Bestandsrechnung der Zeit-Nutzenpotenziale

Für eine bilanzähnliche Darstellung der strategischen Zeit-Nutzenpotenziale in der relationalen Zeit-Dimension über mehrere Zeitperioden hinweg wird davon ausgegangen, dass sich die generierten Zeit-Nutzenpotenziale als relationale Zeit-Erfolge von Handlungszeiten in einer eigenkapitalähnlichen Position innerhalb einer *Zeit-Bestandsrechnung* kumuliert darstellen lassen.

---

[1047] Vgl. Kap. 4.2 i. V. m. Kap. 4.1.

Die Zeit-Bestandsrechnung der Zeit-Nutzenpotenziale in der relationalen Zeit-Dimension $t_r$, $t_i$ zeigt Tab. 42.[1048]

| Pos. | Art der Zeit-Ergebnisrechnung | Relationale Zeit-Dimension $t_r$, $t_i$ | Wert-Dimension |
|---|---|---|---|
| **1** | **Zeit-Bestandsrechnung der Zeit-Nutzenpotenziale in der Zeit-Dimension $t_r$, $t_i$** (Std.) | **Zeit-Nutzenpotenziale der Perioden, kumuliert** (Stunden) | **Bilanzrechnung** |
| 1.1 | noch nicht realisiertes Zeit-Potenzial $X_{Pot}$ des Personalbestands $P_1$, $P_2$, ...$P_n$ | anteilige Realisierung im Zeithorizont $Z_T$ der nächsten Perioden | - |
| 1.2 | realisierte Zeit-Nutzenpotenziale | positver Endbestand aus Pos. 1.7 der Zeit-Überschussrechnung | - |
| 1.3 | **Zeit-Verwendung gesamt** (Handlungszeiten) | Pos. 1.1 *plus* Pos. 1.2 | - |
| 1.4 | Vortrag der Zeit-Nutzenpotenziale aus Vorperioden | Zeit-Nutzenpotenzialrechnungen der Vorperioden | - |
| 1.5 | Zeit-Nutzenpotenzial der laufenden Periode | Ergebnis der Zeit-Nutzenpotenzialrechnung der Periode | - |
| 1.6 | **Zeit-Nutzenpotenziale, kumuliert** | Pos. 1.4 *plus* Pos. 1.5 | **Eigenkapital** |
| 1.7 | realisierter Zeit-Verbrauch | negativer Endbestand aus Pos. 1.7 der Zeit-Überschussrechnung | - |
| 1.8 | **Zeit-Herkunft gesamt** (Handlungszeiten) | Pos. 1.6 *plus* Pos. 1.7 | - |

Tab. 42: Strategische Zeit-Ergebnisrechnung: Zeit-Bestandsrechnung

Für den Bereich der Verwendung von Handlungszeiten in der Zeit-Bestandsrechnung nach Tab. 42 beinhaltet Pos. 1.2 die *bislang realisierten Zeit-Nutzenpotenziale* der Vorperioden und der laufenden Periode als positiver Endbestand der Zeit-Überschussrechnung. In diesem Zusammenhang ist Pos. 1.7 des realisierten Zeit-Verbrauchs als Gegenposition aufzufassen, falls sich in der Zeit-Überschussrechnung der laufenden Periode ein Negativsaldo aus relationalem Zeit-Verbrauch ergibt. Dies könnte zum Beispiel in Leistungsprozessen mit einer Ergebnisrealisierung in längeren Zeithorizonten über mehrere Perioden hinweg der Fall sein.

*Zeit-Potenziale des Personalbestands* der Periode sind dann wie oben beschrieben anteilig in Bezug auf die Ergebnisrealisierung im Zeithorizont $Z_T$ zu berücksichtigen. Demnach beinhaltet Pos. 1.1 der Zeit-Bestandsrechnung in Tab. 42 als forderungsähnliche Position diejenigen Anteile von Zeit-Potenzialen des Personalbestands der Periode, die erst in den nächsten Perioden

[1048] Vgl. Kap. 4.2 und Kap. 4.1 i. V. m. Kap. 5.2.1, Kap. 5.2.2, Kap. 5.2.3 sowie Kap. 5.2.4.2.

zu einer Ergebnisrealisierung bzw. zu einem Zeit-Nutzenpotenzial führen sollen. Die kumulierten Zeit-Nutzenpotenziale der Vorperioden in Pos. 1.4 sowie das Zeit-Nutzenpotenzial der laufenden Periode in Pos. 1.5 ergeben zusammen in Pos. 1.6 das kumulierte Zeit-Nutzenpotenzial der Zeit-Bestandsrechnung mit einem möglichen Bezug auf das Eigenkapital in der Wert-Dimension.

#### 5.2.4.4 Stammdaten-Analysen nach Zeit-Nutzenpotenzialen

Im konzipierten strategischen Planungsmodell kann das Planungselement Stammdaten mit den Bestandteilen Personalbestand, Wissens- und Kompetenzenpotenzialarten sowie Leistungsprozessarten weiteren Analysen unterzogen worden. Vorgeschlagen werden die Durchführung von Zeit-Nutzenpotenzialrechnungen nach *Personalbestand* $P_1$, $P_2$, ...$P_n$ auf den verschiedenen Ebenen der Wissens- und Kompetenzenpotenzialarten und der Leistungsprozessarten sowie Zeit-Nutzenpotenzialrechnungen jeweils getrennt nach *Wissens- und Kompetenzenpotenzialarten* sowie nach *Leistungsprozessarten.* Eine Übersicht der Stammdaten-Analysen als Bestandteil der strategischen Zeit-Nutzenpotenzialrechnung zeigt Tab. 43.

| **Pos.** | **Art der Zeit-Ergebnisrechnung** | **Relationale Zeit-Dimension** $t_r$, $t_i$ |
|---|---|---|
| **1** | **Analysen in der Zeit-Dimension** $t_r$, $t_i$ (Std.) | **Auswertungen nach Stammdaten** (Stunden) |
| 1.1 | Zeit-Nutzenpotenzialrechnung nach Personalbestand $P_1$, $P_2$, ...$P_n$ | Zeit-Nutzenpotenziale auf Personalbestandsebene nach Wissens- und Kompetenzenpotenzialarten und Leistungsprozessarten |
| 1.2 | Zeit-Nutzenpotenzialrechnung nach Wissens- und Kompetenzenpotenzialarten | Zeit-Nutzenpotenziale unterschiedlicher Arten von Wissens- und Kompetenzenpotenzialen |
| 1.3 | Zeit-Nutzenpotenzialrechnung nach Leistungsprozessarten | Zeit-Nutzenpotenziale unterschiedlicher Arten von Leistungsprozessen |

Tab. 43: Strategische Zeit-Ergebnisrechnung: Stammdaten-Analysen

### 5.2.5 Gesamtsicht des strategischen Planungsmodells für Zeit-Nutzenpotenziale in der relationalen Zeit-Dimension $t_r$, $t_i$

Auf Basis der unternehmensspezifischen Systemzeit zusammen mit den Planungselementen der Stammdaten und der Bewegungsdaten richtet sich die strategische Planung im Maßnahmen-Ziel-Verbund auf die Operationalisierung der strategischen Ziel- und Steuerungsgröße der *Zeit-*

*Nutzenpotenziale* in der relationalen Zeit-Dimension. Die über eine *Zeit-Nutzenpotenzialrechnung* bestimmbaren spezifischen Zeit-Nutzenpotenziale sind zugleich als einheitliche operationale strategische Vorsteuerungsgrößen für potenzielle Wert-Erfolge in der Wert-Dimension bemessen als Wertschöpfung einsetzbar. In diesem Zusammenhang wird insbesondere der Bezug auf die betriebliche Wertschöpfung als Wert-Erfolg nach Maßgabe der gesamtwirtschaftlichen Arbeitszeitrechnung propagiert.[1049]

Unter Berücksichtigung der spezifischen Zeithorizonte $Z_T$ von Leistungsprozessen lässt sich über eine *Zeit-Überschussrechnung* eine bilanzähnlich aufgebaute *Zeit-Bestandsrechnung* mit möglichen Bezügen auf das Eigenkapital ableiten. Mit *Stammdaten-Analysen* können Zeit-Nutzenpotenzialrechnungen nach Personalbestand, Wissens- und Kompetenzenpotenzialarten sowie nach Leistungsprozesarten spezifisch differenziert werden.

Auf Grundlage des entwickelten theoretischen Modells der Zeit-Nutzenpotenziale zeigt Abb. 31 in der Gesamtsicht die Übertragung der gestalteten Planungselemente als strategisches Planungsmodell für Zeit-Nutzenpotenziale in der relationalen Zeit-Dimension $t_r$, $t_i$.[1050]

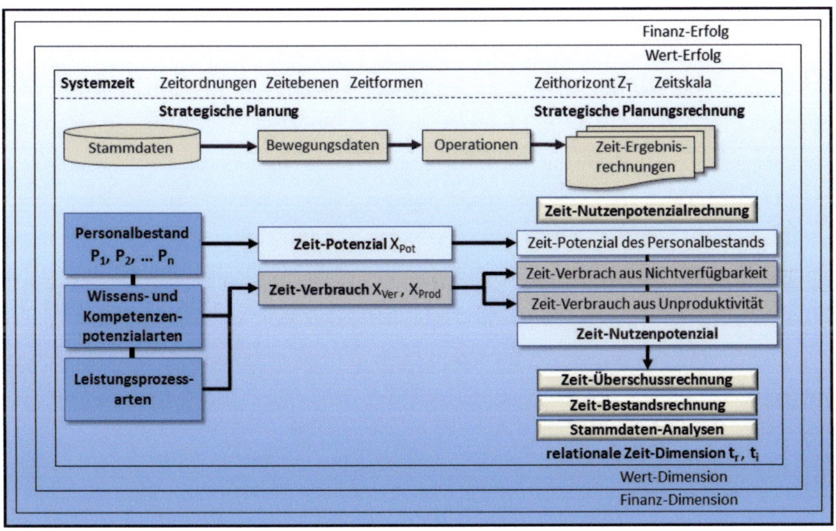


Abb. 31: Strategisches Planungsmodell für Zeit-Nutzenpotenziale in der Zeit-Dimension

[1049] Vgl. Kap. 4.3 i. V. m. Kap. 1.3.5.

[1050] Vgl. Kap. 4.1, Kap. 4.2, Kap. 4.3 mit Kap. 4.4 sowie Kap. 5.2.1, Kap. 5.2.2, Kap. 5.2.3 und Kap. 5.2.4.

Das hier konzipierte und gestaltete strategische Planungsmodell für Zeit-Nutzenpotenziale nach Abb. 31 könnte als eigenständiges operationales Modul innerhalb eines technologischen Produktivitätssystems im Rahmen eines umfassenden strategischen Produktivitätsmanagements für wissensintensive Unternehmen eingesetzt werden.[1051]

## 5.3 Anwendung des strategischen Planungsmodells für Zeit-Nutzenpotenziale

Die Anwendung des oben konzipierten und gestalteten strategischen Planungsmodells für Zeit-Nutzenpotenziale[1052] erfolgt aus Gründen der Konsistenz mit Daten der bisher verwendeten Fallstudie von *Genau*.[1053] Aus Gründen der Übersichtlichkeit konzentrieren sich die folgenden Detailauswertungen auf das Plan-Jahr 2.

### 5.3.1 Planung in der Systemzeit mit Fallstudiendaten

Die Strukturierung der unternehmensspezifischen Systemzeit für die einheitliche Konfiguration sowie Synchronsierung und Koordination handelnder Individuen des Personalbestands in der Zeit-Dimension $t_r$, $t_i$ trägt zur Handlungssicherheit sowie zur Handlungsautonomie und damit auch zur Zeitautonomie im Unternehmens-Umwelt-System bei.[1054]

Hinsichtlich der *Zeitordnung* im Unternehmen der Fallstudie überwiegte bislang eine handwerklich-kollektive Zeitordnung. Diese soll schrittweise in eine industriell-gemeinschaftliche Zeitordnung mit maschinengetakteten Leistungsprozessen transformiert werden.[1055] Mit der zunehmenden Integration von Wissensarbeit in Technologiebereichen, Forschung und Entwicklung, technischen Dienstleistungen sowie Marketing in Netzwerkbeziehungen ist gleichwohl ein zunehmender Einfluss der wissensindividuellen Zeitordnung festzustellen.[1056] Zusammen mit der Frage der Gestaltung von Handlungszeiten in Leistungsprozessen in reversibler oder irreversibler Ausprägung ergeben sich Zielkonflikte und konfliktäre Zusammenhänge zwischen den verschiedenen Zeitordnungen.[1057]

---

1051 Vgl. Kap. 3.4.2.2. Vgl. Geisler 2011, S. 43 ff. zu Datenbanksystemen und – anwendungen sowie Gluchowski/Gabriel/Dittmar 2008, S. 93 ff. zu Datenbanksystemen innerhalb von Business Intelligence Anwendungen.
1052 Vgl. Kap. 5.2.5 mit der Gesamtsicht.
1053 Vgl. Genau 2012 mit Anhang 4 sowie Kap. 4.4.3.
1054 Vgl. Kap. 5.2.1 zum Planungselement der Systemzeit.
1055 Vgl. Kap. 4.4.3.1 zur strategischen Ausgangssituation in der Fallstudie.
1056 Vgl. Kap. 4.4.3.1 i. V. m. Kap. 4.4.3.2 zu Wertschöpfungsprozessen.
1057 Vgl. Kap. 3.2.3, Kap. 3.2.4 und Kap. 3.3.4.

Der zunehmende Personalbestand mit qualifizierten und kompetenten Mitarbeitern insbesondere in den technischen Bereichen sowie in den Bereichen Kundendienstleistung und Entwicklung spricht für die Anwendung der *relationalen Zeitebene der Handlungszeiten*. Mit der Anwendung dieser relationalen Zeit-Dimension können individuelle Wissens- und Kompetenzenpotenziale und deren Nutzung von Ressourcenpotenzialen strategisch operational und einheitlich nach Produktivitätsmerkmalen ausgerichtet werden.[1058] Die Entwicklung und Anwendung einer *technologischen Zeitebene* für Echtzeitausprägungen wäre zum Beispiel zwischen Kundenaufträgen und Holzmodulproduktion möglich. Die *Synchronisierung* der *Zeitformen* beschränkt sich in der Fallstudie bislang auf die Erzielung einheitlicher Sequenzen bzw. Abläufe von produktionsnahen Leistungsprozessen. Die Anwendung des Planungselements der Systemzeit mit Fallstudiendaten zeigt Tab. 44.[1059]

| Pos. | Strategisches Planungsmodell für Zeit-Nutzenpotenziale | **Relationale Zeit-Dimension $t_r$, $t_i$ der Handlungszeiten:** Konfiguration von Handlungszeiten<br>**Absolute Zeit-Dimension der Uhrzeit und Kalenderzeit:** Synchronisierung und Koordination von Handlungszeiten |
|---|---|---|
| 1 | **Planungselement: Systemzeit in der relationalen Zeit-Dimension $t_r$, $t_i$** | |
| 1.1 | Systemzeit-Strukturen | **Zeitordnung:** Kollektiv-handwerkliche Zeitordnung mit der Transformation in eine industriell-gemeinschaftliche Zeitordnung. Ein zunehmender Personalbestand mit qualifizierten u. kompetenten Personen führt auch zu einer wissens-individuellen Zeitordnung.<br>**Zeitebene:** Relationale Zeitebene der Handlungszeiten für die strategische Ausrichtung der Wissens-Kompetenzen-Potenziale.<br>**Zeitformen:** Koordination und Synchronisierung einheitlicher Abläufe (Sequenzen) in technologischen Leistungsprozessen. |
| 1.2 | Relationale Zeit $t_r$, $t_i$ | Reversible Ausprägung von Handlungszeiten insbesondere in produktionsnahen Leistungsprozessen. |
| 1.3 | Zeithorizont $Z_T$ | Gesamtleistungsprozess mit 252 Kalendertagen, davon: Einkauf mit 7 Tagen, Produktion und Logistik mit 21 Tagen, Marketing und Vertrieb mit 224 Tagen, Forschung und Entwicklung mit 252 Tagen. |
| 1.4 | Zeitskala | Kalendertage auf Jahresbasis. |

Tab. 44: Strategisches Planungsmodell: Systemzeit mit Fallstudiendaten

[1058] Vgl. Kap. 4.2.4 und Kap. 4.1.4 i. V. m. Kap. 4.4.3.3.
[1059] Vgl. Kap. 5.2.1 i. V. m. Kap. 4.4.3.1 und Kap. 4.4.3.2.

### 5.3.2 Planung der Stammdaten mit Fallstudiendaten in der relationalen Zeit-Dimension $t_r$, $t_i$

Stammdaten als kurzfristig bis mittelfristig stabile Referenzdaten bilden im konzipierten strategischen Planungsmodell für Zeit-Nutzenpotenziale das weitere Grundgerüst für strategische Planungstätigkeiten.[1060] Im Mittelpunkt der Stammdaten und als Referenzbezug für alle weiteren strategischen Planungen steht nach dem theoretischen Modell der Zeit-Nutzenpotenziale der *Personalbestand* $P_1$, $P_2$,...$P_n$ mit dessen Nutzung von Wissens- und Kompetenzenpotenzialen in verschiedenen Leistungsprozessen.[1061] Die Anwendung des Planungselements der Stammdaten mit Fallstudiendaten zeigt Tab. 45.[1062]

| Pos. | Strategisches Planungsmodell für Zeit-Nutzenpotenziale | Relationale Zeit-Dimension $t_r$, $t_i$ |
|---|---|---|
| 1 | **Planungselement: Stammdaten** | |
| 1.1 | Personalbestand $P_1$, $P_2$, ...$P_n$ | Beschäftigte der Unternehmung einschl. Organvertreter: 30 Personen im Ist-Jahr 1, 38 Personen im Plan-Jahr 2, 53 Personen im Plan-Jahr 3 und 61 Personen im Plan-Jahr 4. |
| 1.2 | Arten von Wissens- und Kompetenzenpotenzialen | Nutzung, Gestaltung und Entwicklung durch Personen des Personalbestands $P_1$, $P_2$, ...$P_n$ zum Beispiel in Form von Humanpotenzialen, Strukturpotenzialen, Beziehungspotenzialen. |
| 1.3 | Arten von Leistungsprozessen | Handlungszeiten von Personen des Personalbestands $P_1$, $P_2$, ...$P_n$ in Prozessen der Leistungserstellung und Leistungsverwertung mit: Einkauf, Produktion und Logistik, Marketing und Vertrieb, Geschäftsführung und Finanzen, Forschung und Entwicklung. |

Tab. 45: Strategisches Planungsmodell: Stammdaten mit Fallstudiendaten

1060 Vgl. Kap. 5.2.2 zum Planungselement der Stammdaten.
1061 Vgl. Kap. 4.1.2 i. V. m. Kap. 4.2.4.
1062 Vgl. Kap. 5.2.2 i. V. m. Kap. 4.4.3.3 und Kap. 4.4.3.2.

### 5.3.3 Planung der Bewegungsdaten mit Fallstudiendaten in der relationalen Zeit-Dimension $t_r$, $t_i$

Die nachfolgenden Darstellungen der Bewegungsdaten aus der Fallstudie für das Ist-Jahr 1 und den Planungszeitraum für die Plan-Jahre 2 bis 4 beinhalten die kurzfristig variablen Mengendaten der *Zeit-Potenziale* sowie des relationalen *Zeit-Verbrauchs* aus Nichtverfügbarkeit und Unproduktivität.[1063]

**Zeit-Potenzial des Personalbestands mit Fallstudiendaten**

Die Anwendung des Planungsmodells für das Planungselement der Bewegungsdaten des *Zeit-Potenzials* $X_{Pot}$ mit Fallstudiendaten zeigt Tab. 46.[1064]

| Pos. | Strategisches Planungsmodell für Zeit-Nutzenpotenziale | Relationale Zeit-Dimension $t_r$, $t_i$ |
|---|---|---|
| 1 | **Planungselement Bewegungsdaten: Zeit-Potenzial $X_{Pot}$** (Stunden) | |
| 1.1 | Zeit-Potenzial $X_{Pot}$ des Personalbestands $P_1$, $P_2$, …$P_n$ mit 1.960 Arbeitsstunden p.a. pro Person | Ist-Jahr 1: 58.800 Std., Plan-Jahr 2: 74.480 Std., Plan-Jahr 3: 103.880 Std. und Plan-Jahr 4: 119.560 Std. |
| 1.2 | Zeit-Potenzial $X_{Pot}$ des Personalbestands $P_1$, $P_2$, …$P_n$ Verknüpfung mit Stammdaten der Wissens- und Kompetenzenpotenzialarten | für das Plan-Jahr 2 mit Bezug auf den Faktor Humanpotenzial als reiner Personalkostenanteil an den Gesamtkosten in Höhe von 72%, davon: 64% in Produktion u. Logistik, 73% in Marketing u. Vertrieb, 76% in Geschäftsführung u. Finanzen und 80% in Forschung u. Entwicklung. |
| 1.3 | Zeit-Potenzial $X_{Pot}$ des Personalbestands $P_1$, $P_2$, …$P_n$ Verknüpfung mit Stammdaten der Leistungsprozessarten | für das Plan-Jahr 2 mit insgesamt 38 Personen, davon: 19 Personen in Produktion u. Logistik, 7 Personen in Marketing u. Vertrieb, 8 Personen in Geschäftsführung u. Finanzen und 4 Personen in Forschung u. Entwicklung. |

Tab. 46: Strategisches Planungsmodell: Zeit-Potenzial mit Fallstudiendaten

[1063] Vgl. Kap. 5.2.3.1 und Kap. 5.2.3.2 i. V. m. Kap. 4.4.3.2 und Kap. 4.4.3.3.
[1064] Vgl. Kap. 5.2.3.1 i. V. m. Kap. 4.4.3.2 und Kap. 4.4.3.3.

**Relationaler Zeit-Verbrauch aus Nichtverfügbarkeit mit Fallstudiendaten**

Die Anwendung des strategischen Planungsmodells für das Planungselement der Bewegungsdaten des *Zeit-Verbrauchs aus* $X_{Ver}$ mit Fallstudiendaten zeigt Tab. 47.[1065]

Als relationaler Zeit-Verbrauch aus der Nichtverfügbarkeit von Zeit-Potenzialen des Personalbestands ergibt sich nach Tab. 47 in Pos. 1.1 zum Beispiel für das Plan-Jahr 2 bei einem Personalbestand von 38 Personen ein Betrag in Höhe von insgesamt 11.438 Stunden.

| Pos. | Strategisches Planungsmodell für Zeit-Nutzenpotenziale | Relationale Zeit-Dimension $t_r$, $t_i$ |
|---|---|---|
| 1 | **Planungselement Bewegungsdaten: Zeit-Verbrauch aus $X_{Ver}$** (Stunden) | |
| 1.1 | Zeit-Verbrauch aus $X_{Ver}$ als Nichtverfügbarkeit von Zeit-Potenzialen $X_{Pot}$ des Personalbestands $P_1, P_2, \ldots P_n$ mit 301 Arbeitsstunden p. a. pro Person | Ist-Jahr 1: 9.030 Std., Plan-Jahr 2: 11.438 Std., Plan-Jahr 3: 15.953 Std., Plan-Jahr 4: 18.361 Std. |
| 1.2 | Zeit-Verbrauch aus $X_{Ver}$ als Nichtverfügbarkeit von Zeit-Potenzialen $X_{Pot}$ des Personalbestands $P_1, P_2, \ldots P_n$<br>Verknüpfung mit Stammdaten der Wissens- und Kompetenzenpotenzialarten | z. B. für den Leistungsbereich Marketing und Vertrieb im Plan-Jahr 2 auf Kostenbasis mit einer Verteilung von 73% Humanpotenzialen (Personalkostenanteil), 4% Strukturpotenzialen (Strukturkostenanteil) und 23% Beziehungspotenzialen (Dienstleistungskostenanteil). |
| 1.3 | Zeit-Verbrauch aus $X_{Ver}$ als Nichtverfügbarkeit von Zeit-Potenzialen $X_{Pot}$ des Personalbestands $P_1, P_2, \ldots P_n$<br>Verknüpfung mit Stammdaten der Leistungsprozessarten | für das Plan-Jahr 2 mit insgesamt 38 Personen, davon: 19 Personen in Produktion und Logistik, 7 Personen in Marketing und Vertrieb, 8 Personen in Geschäftsführung und Finanzen und 4 Personen in Forschung und Entwicklung. |

Tab. 47: Planungsmodell: Zeit-Verbrauch aus Nichtverfügbarkeit mit Fallstudiendaten

Bezogen auf die Stammdaten der Wissens- und Kompetenzenpotenzialarten sowie der Leistungsprozessarten in Tab. 47 nach Pos. 1.2 i. V. m. Pos. 1.3 beinhaltet der geplante Zeit-Verbrauch aus Nichtverfügbarkeit z. B. im Leistungsbereich Marketing und Vertrieb mit einem Personalbestand von 7 Personen für das Plan-Jahr 2 einen durchschnittlichen Anteil an Humanpotenzialen in Höhe von 73%, gemessen am vorgegebenen Personalkostenanteil.

[1065] Vgl. Kap. 5.2.3.2 mit Kap. 4.4.3.3.

**Relationaler Zeit-Verbrauch aus Unproduktivität mit Fallstudiendaten**

Die Anwendung des strategischen Planungsmodells für das Planungselement der Bewegungsdaten des *Zeit-Verbrauchs aus* $X_{Prod}$ mit Fallstudiendaten zeigt Tab. 48.[1066]

| Pos. | Strategisches Planungsmodell für Zeit-Nutzenpotenziale | Relationale Zeit-Dimension $t_r$, $t_i$ |
|---|---|---|
| 1 | **Planungselement Bewegungsdaten: Zeit-Verbrauch aus $X_{Prod}$** (Stunden) | |
| 1.1 | Zeit-Verbrauch aus $X_{Prod}$ als Unproduktivität von Zeit-Potenzialen $X_{Pot}$ des Personalbestands $P_1, P_2, \ldots P_n$ mit 664 Arbeitsstunden p. a. pro Person | Ist-Jahr 1: 19.920 Std., Plan-Jahr 2: 25.232 Std., Plan-Jahr 3: 35.192 Std. und Plan-Jahr 4: 40.504 Std. |
| 1.2 | Zeit-Verbrauch aus $X_{Prod}$ als Unproduktivität von Zeit-Potenzialen $X_{Pot}$ des Personalbestands $P_1, P_2, \ldots P_n$<br>Verknüpfung mit Stammdaten der Wissens- und Kompetenzenpotenzialarten | z. B. für den Leistungsbereich Marketing und Vertrieb im Plan-Jahr 2 auf Kostenbasis mit einer Verteilung von 73% Humanpotenzialen (Personalkostenanteil), 4% Strukturpotenzialen (Strukturkostenanteil) und 23% Beziehungspotenzialen. |
| 1.3 | Zeit-Verbrauch aus $X_{Prod}$ als Unproduktivität von Zeit-Potenzialen $X_{Pot}$ des Personalbestands $P_1, P_2, \ldots P_n$<br>Verknüpfung mit Stammdaten der Leistungsprozessarten | für das Plan-Jahr 2 mit insgesamt 38 Personen, davon: 19 Personen in Produktion und Logistik, 7 Personen in Marketing und Vertrieb, 8 Personen in Geschäftsführung und Finanzen und 4 Personen in Forschung und Entwicklung. |

Tab. 48: Planungsmodell: Zeit-Verbrauch aus Unproduktivität mit Fallstudiendaten

Für das Plan-Jahr 2 mit dem Personalbestand von 38 Personen ergibt sich nach Tab. 48 in Pos. 1.1 ein relationaler Zeit-Verbrauch aus Unproduktivität bzw. unproduktiver Verwendung von Handlungszeiten in Höhe von insgesamt 25.232 Stunden. Mit Verknüpfung der Stammdatensätze nach Pos. 1.2 und Pos. 1.3 kann wiederum der relationale Zeit-Verbrauch aus Unproduktivität nach personenbezogenen Daten für Wissens- und Kompetenzenpotenzialarten sowie für Leistungsprozessarten differenziert dargestellt werden.

### 5.3.4 Strategische Zeit-Ergebnisrechnungen mit Fallstudiendaten

Die nachfolgenden Anwendungen des strategischen Planungsmodells mit Fallstudiendaten der Systemzeit sowie der Stammdaten und Bewegungsdaten beinhalten die Ableitung einer Zeit-

---

[1066] Vgl. Kap. 5.2.3.2 mit Kap. 4.4.3.2 und Kap. 4.4.3.3.

Nutzenpotenzialrechnung, einer Zeit-Überschussrechnung und einer Zeit-Bestandsrechnung. Aus Gründen der Übersichtlichkeit beziehen sich die Berechnungen wiederum auf das Plan-Jahr 2 mit dem Ist-Jahr 1 als Ausgangsbasis.

#### 5.3.4.1 Zeit-Nutzenpotenzialrechnung mit Fallstudiendaten

Auf der obersten Aggregationsebene der Stammdaten des Personalbestands in Verbindung mit den bereits dargestellten Bewegungsdaten des Zeit-Potenzials und des relationalen Zeit-Verbrauchs zeigt Tab. 49 den Aufbau der Zeit-Nutzenpotenzialrechnung für das Ist-Jahr 1 und das Plan-Jahr 2. Die differenzierte Verknüpfung des Zeit-Potenzials und des relationalen Zeit-Verbrauchs mit Stammdaten des Personalbestands, der Wissens- und Kompetenzenpotenzialarten sowie der Leistungsprozessarten kann nach den Ausführungen der vorangegangenen Tabellen erfolgen.

Das geplante Zeit-Nutzenpotenzial nach Tab. 49 in Höhe von 37.810 Arbeitsstunden in der relationalen Zeit-Dimension für das Plan-Jahr 2 dient dabei als strategische Zielgröße und als strategische Vorsteuerungsgröße für Wert-Erfolgspotenziale bemessen in betrieblicher Wertschöpfung. Das geplante Zeit-Nutzenpotenzial in Höhe von 37.810 Arbeitsstunden soll dabei aus der strategiegeleiteten produktiven Verwendung von verfügbaren Zeit-Potenzialen des Personalbestands generiert werden. Strategiegeleitete produktive Handlungszeiten ergeben sich aus der zielausgerichteten und bedarfsoptimalen Nutzung, Gestaltung und Entwicklung von individuellen Wissens- und Kompetenzenpotenzialen mit der Nutzung von Ressourcenpotenzialen in den jeweiligen Leistungsprozessen.[1067]

[1067] Vgl. Kap. 4.2.4 und Kap. 4.3. Vgl. Kap. 5.2.4.1. Vgl. Kap. 4.4.3.2 i. V. m. Anhang 2, Tab. 1. Vgl. Kap. 4.4.3.3. Vgl. Genau 2012, S. 47 zur Personalbedarfsplanung der Prima GmbH mit Anhang 7. Alle Werte gerundet.

| 1 | **Zeit-Nutzenpotenzialrechnung in der relationalen Zeit-Dimension $t_r$, $t_i$** (Stunden) | **Ist-Jahr 1**<br><br>Zeit-Dimension: Arbeitsstunden bei 30 Personen | **Plan-Jahr 2**<br><br>Zeit-Dimension: Arbeitsstunden bei 38 Personen | **Plan-Jahr 2**<br><br>Wert-Dimension: GuV-Rechnung |
|---|---|---|---|---|
| 1.1 | Zeit-Potenzial $X_{Pot}$ des Personalbestands $P_1, P_2, \ldots P_n$ in der Zeit-Dimension $t_r$, $t_i$ | 58.800 | 74.480 | (Brutto-) Wertschöpfung: 4.217 TEUR |
| 1.2 | *minus* Zeit-Verbrauch aus $X_{Ver}$ als Nichtverfügbarkeit von Zeit-Potenzial $X_{Pot}$ des Personalbestands $P_1, P_2, \ldots P_n$ | 9.030 | 11.438 | - |
| 1.3 | *minus* Zeit-Verbrauch aus $X_{Prod}$ als Unproduktivität von Zeit-Potenzial $X_{Pot}$ des Personalbestands $P_1, P_2, \ldots P_n$ | 19.920 | 25.232 | - |
| 1.4 | **Zeit-Nutzenpotenzial** | 29.850 | **37.810** | **(Brutto-) Wertschöpfung: 4.217 TEUR** |

Tab. 49: Zeit-Ergebnisrechnung: Zeit-Nutzenpotenzialrechnung mit Fallstudiendaten

#### *5.3.4.2 Überleitungsrechnung für die Zeit-Überschussrechnung und Zeit-Bestandsrechnung mit Fallstudiendaten*

Für die nachfolgende Anwendung der konzipierten Zeit-Überschussrechnung und Zeit-Bestandsrechnung mit Fallstudiendaten zeigt Tab. 50 eine Überleitungsrechnung für das Plan-Jahr 2.

Die Überleitungsrechnung nach Tab. 50 verdeutlicht die unterschiedliche Ergebnisentfaltung von Zeit-Potenzialen und relationalem Zeit-Verbrauch im Zeithorizont $Z_T$ in den jeweiligen Leistungsprozessen.[1068] Der relationale Zeit-Verbrauch aus Nichtverfügbarkeit und Unproduktivität soll in der jeweiligen Planperiode sofort wirksam sein. Das Zeit-Potenzial ist bis zum Realisierungszeitpunkt der Leistungsergebnisse anteilig innerhalb einer Planperiode zu berücksichtigen.[1069]

---

1068 Vgl. Kap. 5.2.4.2 zur Konzeption der Zeit-Überschussrechnung als strategische Zeit-Ergebnisrechnung.
1069 Vgl. Kap. 4.4.3.2 sowie Kap. 4.4.3.3.

| **Theoretisches Modell der Zeit-Nutzenpotenziale** Zeithorizont $Z_T$: 252 Kalendertage für den Gesamtleistungsprozess | **Ist-Jahr 1** Arbeitsstunden bei 30 Personen 365 Kalendertage | **Plan-Jahr 2** Arbeitsstunden bei 38 Personen 365 Kalendertage |
|---|---|---|
| **Realisierung des Zeit-Potenzials $X_{pot}$ des Personalbestands im Zeithorizont $Z_T$** | 58.800 Std./365 Tage = 161,09 Std. pro Kalendertag. Nach 252 Tagen realisiert: 252 Tage x 161,09 Std. = 40.595 Std. | 74.480 Std./365 Tage = 204,05 Std. pro Kalendertag. Nach 252 Tagen realisiert: 252 Tage x 204,05 Std. = **51.421 Std.** |
| | noch nicht realisiert: 58.800 Std. - 40.595 Std. = 18.205 Std. (realisiert im Plan-Jahr 2) | noch nicht realisiert: 74.480 Std. - 51.421 Std. = **23.059 Std.** (realisiert im Plan-Jahr 3) |
| **Realisierung des Zeit-Verbrauchs aus $X_{Ver}$ und $X_{Prod}$** | realisiert: 9.030 Std. + 19.920 Std. (vollständig im Ist-Jahr 1) | realisiert: 11.438 Std. + 25.232 Std. (vollständig im Plan-Jahr 2) |
| **Realisierung des Zeit-Nutzenpotenzials im Zeithorizont $Z_T$** | realisiert: 40.595 Std. - (9.030 Std. + 19.920 Std.) = **11.645 Std.** | realisiert: 51.421 Std. - (11.438 Std. + 25.232 Std.) = **14.751 Std.** |
| | noch nicht realisiert: 29.850 Std. - 11.645 Std. = **18.205 Std.** (realisiert im Plan-Jahr 2) | noch nicht realisiert: 37.810 Std. - 14.751 Std. = **23.059 Std.** (realisiert im Plan-Jahr 3) |

Tab. 50: Überleitungsrechnung: Realisierung von Zeit-Potenzialen im Zeithorizont

Bezogen auf den Gesamtleistungsprozess der Fallstudie mit 252 Kalendertagen beträgt nach Tab. 50 das anteilige Zeit-Potenzial für das Plan-Jahr 2 auf Basis des gesamten Zeit-Potenzials von 74.480 Stunden insgesamt 51.421 Stunden. In der Differenz ergibt dies ein noch nicht realisiertes Zeit-Potenzial in Höhe von 23.059 Stunden. Der in der Zeit-Nutzenpotenzialrechnung nach Tab. 49 für das Plan-Jahr 2 bestimmte Zeit-Verbrauch aus $X_{Ver}$ in Höhe von 11.438 Stunden und aus $X_{Prod}$ in Höhe von 25.232 Stunden wird hingegen für die Planperiode vollständig berücksichtigt. Die anteilig im Zeithorizont realisierten Zeit-Nutzenpotenziale des Ist-Jahres 1 in Höhe von 11.645 Stunden und des Plan-Jahres 2 in Höhe von 14.751 Stunden berechnen sich jeweils aus den anteilig realisierten Zeit-Potenzialen der Jahresperiode abzüglich des vollständigen Zeit-Verbrauchs der Jahresperiode.

### *5.3.4.3 Zeit-Überschussrechnung mit Fallstudiendaten*

Auf Basis der Überleitungsrechung nach Tab. 50 mit der Berücksichtigung anteiliger Zeit-Potenziale und Zeit-Nutzenpotenziale im Zeithorizont von Leistungsprozessen lässt sich die konzipierte Zeit-Überschussrechnung der Zeit-Nutzenpotenziale mit Fallstudiendaten anwenden.[1070] Die Zeit-Überschussrechnung dient zur nachfolgenden Ableitung einer Zeit-Bestandsrechnung der Zeit-Nutzenpotenziale.

Die Zeit-Überschussrechnung der Zeit-Nutzenpotenziale mit Fallstudiendaten für das Plan-Jahr 2 zeigt Tab. 51.[1071]

Als Endbestand der zu realisierenden Zeit-Nutzenpotenziale für das Plan-Jahr 2 ergibt sich nach Tab. 51 in Pos. 1.7 unter Berücksichtigung des Zeithorizonts von 252 Kalendertagen für den Gesamtleistungsprozess ein Betrag in Höhe von 44.601 Stunden. Dieser Endbestand geplanter Zeit-Nutzenpotenziale setzt sich zusammen aus den bislang realisierten Zeit-Nutzenpotenzialen der Vorperiode bzw. des Ist-Jahres 1 in Pos. 1.1 in Höhe von 11.645 Stunden, den zusätzlich im Plan-Jahr 2 zu realisierenden Zeit-Nutzenpotenziale der Vorperiode bzw. des Ist-Jahres 1 in Pos. 1.2 in Höhe von 18.205 Stunden sowie den anteilig zu realisierenden Zeit-Nutzenpotenzialen der laufenden Planperiode bzw. des Plan-Jahres 2 in Pos. 1.6 mit 14.751 Stunden.

| 1 | **Zeit-Überschussrechnung der Zeit-Nutzenpotenziale in der relationalen Zeit-Dimension $t_r$, $t_i$** | **Plan-Jahr 2**<br>Überschuss realisierter Zeit-Nutzenpotenziale (Stunden) |
|---|---|---|
| 1.1 | bislang realisierte Zeit-Nutzenpotenziale der Vorperiode, Anfangsbestand | 11.645 |
| 1.2 | zusätzlich realisierte Zeit-Nutzenpotenziale der Vorperiode | 18.205 |
| 1.3 | anteilig realisiertes Zeit-Potenzial $X_{Pot}$ des Personalbestands der laufenden Periode | 51.421 |
| 1.4 | realisierter Zeit-Verbrauch aus $X_{Ver}$ als Nichtverfügbarkeit | 11.438 |
| 1.5 | realisierter Zeit-Verbrauch aus $X_{Prod}$ als Unproduktivität | 25.232 |
| 1.6 | **realisiertes Zeit-Nutzenpotenzial der Periode**<br>Pos. 1.3 *minus* (Pos. 1.4 und Pos. 1.5) | **14.751** |
| 1.7 | **Endbestand realisierter Zeit-Nutzenpotenziale der Periode**<br>Pos. 1.1 *plus* Pos. 1.2 *plus* Pos. 1.6 | **44.601** |

Tab. 51: Zeit-Ergebnisrechnung: Zeit-Überschussrechnung mit Fallstudiendaten

[1070] Vgl. Kap. 5.2.4.2 zur Zeit-Überschussrechnung als strategische Zeit-Ergebnisrechnung.
[1071] Vgl. Kap. 5.2.4.2. Vgl. Kap. 4.4.3.3 zur strategischen Planung für das Ist-Jahr 1 und die Plan-Jahre 2-4.

Die *Zeit-Überschussrechnung* nach Tab. 51 mit dem geplanten Endbestand der zu realisierenden Zeit-Nutzenpotenziale in Höhe von 44.601 Std. vermittelt damit einen erweiterten Erkenntnisstand unter Berücksichtigung der jeweiligen Zeithorizonte in verschiedenen Leistungsprozessen.[1072]

#### 5.3.4.4 Zeit-Bestandsrechnung mit Fallstudiendaten

Mit den Berechnungsergebnissen aus der Zeit-Nutzenpotenzialrechnung und der Zeit-Überschussrechnung kann die konzipierte Zeit-Bestandsrechnung der Zeit-Nutzenpotenziale für den Verlauf mehrerer Zeitperioden im Rahmen der Fallstudie dargestellt werden.[1073]

Die Zeit-Bestandsrechnung in der relationalen Zeit-Dimension für das Plan-Jahr 2 zeigt Tab. 52. In der als eigenkapitalähnlich aufgefassten Pos. 1.6 der Zeit-Bestandsrechnung beträgt das Zeit-Nutzenpotenzial nach den Ergebnissen der Zeit-Nutzenpotenzialrechnungen aus der Vorperiode bzw. des Ist-Jahres 1 (Pos. 1.4) und der Planperiode bzw. des Plan-Jahres 2 (Pos. 1.5) insgesamt 67.660 Stunden. Dieser Betrag könnte einem geplanten Eigenkapital in der Wert-Dimension der Fallstudie in Höhe von 1.485 TEUR zugeordnet werden.[1074]

Da in Pos. 1.7 der Zeit-Bestandsrechnung nach Tab. 52 kein negativer Endbestand als Zeit-Verbrauch aus der Zeit-Überschussrechnung vorliegt, bestimmt sich die geplante Zeit-Herkunft vollständig aus den bislang generierten Zeit-Nutzenpotenzialen der Zeit-Nutzenpotenzialrechnungen in Höhe von 67.660 Stunden.[1075]

Für den Bereich der *Zeit-Verwendung* der Zeit-Bestandsrechnung zeigt Tab. 52 in Pos. 1.2 das planmäßig zu realisierende Zeit-Nutzenpotenzial aus der Vorperiode und der laufenden Planperiode in Höhe von 44.601 Stunden nach dem Endergebnis der Zeit-Überschussrechnung in Tab. 51. Die im Zeithorizont des Gesamtleistungsprozesses der Fallstudie von 252 Kalendertagen

---

1072 Vgl. Kap. 4.1.5.

1073 Vgl. Kap. 5.2.4.3 zur Zeit-Bestandsrechnung als strategische Zeit-Ergebnisrechnung.

1074 Vgl. Anhang 6 zur Bilanzplanung in der Fallstudie.

1075 Bei einem Zeithorizont länger als zwei Jahre bis zum geplanten Realisierungszeitpunkt wären in Pos. 1.1 der Zeit-Bestandsrechnung die noch nicht realisierten Zeit-Potenziale für das Ist-Jahr 1 mit 58.800 Std. und für das Plan-Jahr 2 mit 74.480 Std. gleich 133.280 Std. anzugeben. Die kumulierten Zeit-Nutzenpotenziale in Pos. 1.6 mit 67.660 Std. bleiben unverändert. Der vollständig realisierte relationale Zeit-Verbrauch als negativer Endbestand der Pos. 1.7 der Zeit-Überschussrechnung beträgt dann für Pos. 1.7 der Zeit-Bestandsrechnung insgesamt 65.620 Std. (Summe aus Zeit-Verbrauch von 9.030 Std., 19.920 Std., 11.438 Std. und 25.232 Std.). Im Ergebnis betragen Zeit-Verwendung und Zeit-Herkunft der Zeit-Bestandsrechnung dann jeweils 133.280 Std.

im Plan-Jahr 2 noch nicht realisierten Zeit-Potenziale werden in Pos. 1.1 der Zeit-Bestandsrechnung in Höhe von 23.059 Stunden ausgewiesen. Dieser Betrag wird im darauf folgenden Plan-Jahr 3 als realisiertes Leistungsergebnis erscheinen.

| **1** | **Zeit-Bestandsrechnung der Zeit-Nutzenpotenziale in der relationalen Zeit-Dimension $t_r$, $t_i$** | **Plan-Jahr 2**<br>Zeit-Dimension:<br>Arbeitsstunden | **Plan-Jahr 2**<br>Wert-Dimension:<br>Bilanzrechnung |
|---|---|---|---|
| 1.1 | noch nicht realisiertes Zeit-Potenzial $X_{Pot}$ des Personalbestands $P_1$, $P_2$, ...$P_n$ | 23.059 | - |
| 1.2 | realisierte Zeit-Nutzenpotenziale als positiver Endbestand der Pos. 1.7 der Zeit-Überschussrechnung | 44.601 | - |
| 1.3 | **Zeit-Verwendung gesamt** (Pos. 1.1 *plus* Pos. 1.2) | **67.660** | - |
| 1.4 | Vortrag der Zeit-Nutzenpotenzialrechnung aus Vorperioden | 29.850 | - |
| 1.5 | Zeit-Nutzenpotenzialrechnung der laufenden Periode | 37.810 | - |
| 1.6 | **Zeit-Nutzenpotenziale kumuliert**<br>(Pos. 1.4 *plus* Pos. 1.5) | **67.660** | **Eigenkapital**<br>1.485 TEUR |
| 1.7 | Zeit-Verbrauch als negativer Endbestand der Pos. 1.7 der Zeit-Überschussrechnung | 0 | - |
| 1.8 | **Zeit-Herkunft gesamt** | **67.660** | - |

Tab. 52: Zeit-Ergebnisrechung: Zeit-Bestandsrechnung mit Fallstudiendaten[1076]

Insgesamt kann somit die strategische Planungsrechnung der Zeit-Bestandsrechnung als eine bilanzähnliche Darstellung von eingesetzten Zeit-Potenzialen und von ergebnisrelevant realisierten Zeit-Nutzenpotenzialen mehrerer Perioden unter zusätzlicher Berücksichtigung von Zeithorizonten in Leistungsprozessen aufgefasst werden.

---

[1076] Vgl. Kap. 5.2.4.3 zur Zeit-Bestandsrechnung als strategische Zeit-Ergebnisrechung. Vgl. zur Datenerhebung in der Fallstudie Prima GmbH mit Kap. 4.4.3.3 zur strategischen Planung für d. Ist-Jahr 1 und die Plan-Jahre 2-4. Vgl. Anhang 6 zur operativen Planung der Prima GmbH mit der Bilanzplanung.

## 5.4 Gestaltungs- und Handlungsempfehlungen für die strategische Planung in der relationalen Zeit-Dimension

Die nachfolgenden Gestaltungs- und Handlungsempfehlungen[1077] für die strategische Planung von wissensintensiven Unternehmen basieren auf den bislang erzielten theoretischen und empirischen Erkenntnissen im Rahmen der theoretischen Modellbildung für Zeit-Nutzenpotenziale und der Konzeption des strategischen Planungsmodells für Zeit-Nutzenpotenziale.[1078]

**Gesamtüberblick der Empfehlungen für das strategische Management**

Im Gesamtüberblick beinhalten die nachfolgenden Empfehlungen für das strategische Management schrittweise anwendungsorientierte Vorschläge zur Operationalisierung der strategischen Planung in der relationalen Zeit-Dimension.

Die Operationalisierungsvorschläge zur strategischen Planung beinhalten nachfolgend detaillierte Angaben zur einheitlichen Wert-Vorsteuerung, zum strategischen Produktivitätsmanagement, zur einheitlichen Operationalisierung strategischer Programme und Initiativen, zur Abbildung der Ist-Ausgangssituation von Handlungszeiten, zur Erfassung von Handlungszeiten mit Ist- und Plan-Daten, zur Schnittstelle von strategischer Planung und operativer Planung, zur Ableitung von Wert-Erfolgspotenzialen sowie zu Einflussfaktoren für die Generierung von Zeit-Nutzenpotenzialen und Wert-Erfolgspotenzialen.

**Operationalisierung der strategischen Planung und der Wert-Vorsteuerung mit der strategischen Steuerungsgröße der Zeit-Nutzenpotenziale**

Die Empfehlungen konzentrieren sich auf die von Forschung, Schrifttum und Praxis seit längerem geforderte Operationalisierung der strategischen Planung. Dies gilt insbesondere auch für die Strategieimplementierung mit einer einheitlich verwendbaren, nicht-finanziellen strategischen Steuerungsgröße für die Schnittstelle von strategischer und operativer Planung.[1079] Die dafür entwickelte strategische Steuerungsgröße der Zeit-Nutzenpotenziale in der relationalen Zeit-Dimension kann dann im zweiten Schritt für die Vorsteuerung von Wert-Erfolgspotenzialen in der Wert-Dimension bemessen als Wertschöpfung eingesetzt werden.[1080] Diese aus der relationalen Handlungs-Zeit-Dimension abgeleiteten strategischen Wertschöpfungspotenziale sind anschließend mit den lang-, mittel- und kurzfristigen Unternehmensrechnungen für die

---

[1077] Vgl. Töpfer 2010, S. 323 ff. allgemein zu Gestaltungsempfehlungen.
[1078] Vgl. Kap. 4.1. und Kap. 4.2 i. V. m. Kap. 4.3 und Kap. 4.4. Vgl. Kap. 5.2 i. V. m. Kap. 5.3.
[1079] Vgl. Kap. 5.1 i. V. m. Kap. 1.2 und Kap. 2.3.4.
[1080] Vgl. exemplarisch Kap. 4.4.3.4 i. V. m. Kap. 2.3.3.

Planung von Erträgen und Aufwendungen, von Erlösen und Kosten sowie von Einzahlungen und Auszahlungen abzustimmen.

Die strategische Planung dient in diesem Verständnis der langfristigen Unternehmensgestaltung und Unternehmensentwicklung mit einer zielausgerichteten und konkreten Potenzial- und Programmorientierung. Vom Konzept der strategischen Planung abzugrenzen sind damit die Planvorgaben des normativen Managements, die operativen Budgetplanungen der Funktionsbereiche in der Auftrags- und Prozessorientierung sowie die operativen Erfolgs- und Finanzplanungen in der Wert- und Finanz-Dimension.[1081]

**Strategisches Produktivitätsmanagement in der relationalen Zeit-Dimension als Rahmenbedingung für das strategische Management**

Für das strategische Management in der relationalen Zeit-Dimension der Handlungszeiten von qualifizierten und kompetenten Personen in wissensintensiven Unternehmen empfiehlt sich die Einrichtung eines strategischen Produktivitätsmanagements.[1082] Für das strategische Management wäre ein solch umfassendes Produktivitätsmanagement in der relationalen Zeit-Dimension als neuartiger und zentraler Schlüssel für die Steuerung von Wert-Erfolgspotenzialen aufzufassen.

Ein integriertes strategisches Produktivitätsmanagement sollte insbesondere das betriebliche Zeitmanagement für wissensintensive Leistungsprozesse sowie das individuelle Zeitmanagement für die produktive Gestaltung und Ausrichtung von Wissensarbeiten der Wissensschaffenden beeinhalten.[1083] Zu berücksichtigen ist, dass ein strategisches Produktivitätsmanagement das gesamte Arbeitssystem und Produktionssystem unter Berücksichtigung von Personalbestand, Technologien und Organisation als Erfolgsfaktoren beinhalten sollte. Zudem wären vom strategischen Management die grundsätzlichen Messgrundlagen, Messbereiche und Messinstrumente der Produktivität von Handlungszeiten des Personalbestands zu gestalten. Zur technologischen Einbindung des strategischen Produktivitätsmanagements wäre die Implementierung eines umfassenden Performance Management Systems innerhalb einer Business Intelligence Umgebung zu empfehlen.[1084]

---

[1081] Vgl. Kap. 2.3.1.
[1082] Vgl. Kap. 3.4.2.2 mit Kap. 3.4.2.3 und Kap. 3.4.2.4.
[1083] Vgl. Kap. 3.4.2.2.
[1084] Vgl. Kap. 3.4.2.2.

Für das strategische Produktivitätsmanagement ergeben sich zusätzliche Gestaltungsaufgaben hinsichtlich der Wissensabläufe und Wissensleistungsprozesse im Produktionssystem. Handlungszeiten können dabei je nach beabsichtigten Wissenszielausrichtungen entweder mehr in reversibler oder mehr in irreversibler Ausprägung gestaltet und als monochronologische oder polychronologische Zeitsysteme organisiert werden.[1085] Zu berücksichtigen wären je nach Gestaltung der unternehmensspezifischen Systemzeit mögliche Konflikte mit dem Selbstverständnis qualifizierter, kompetenter und autonom handelnder Individuen des Personalbestands.

**Einheitliche Operationalisierung strategischer Programme und Initiativen in der relationalen Zeit-Dimension der Handlungszeiten**

Für die Strategieimplementierung können komplexe strategische Programme und strategische Initiativen einheitlich über die Generierung produktiver Handlungszeiten in den jeweiligen Leistungsprozessen einschließlich Potenzial- und Kundenperspektiven operationalisiert werden.[1086] Die Generierung neuer produktiver Handlungszeiten ist bei gegebenen Zeit-Po-tenzialen mit einer Reduzierung des bisherigen relationalen Zeit-Verbrauchs und damit mit einer Erhöhung von Zeit-Nutzenpotenzialen und Wert-Erfolgspotenzialen verbunden.

Dazu sind die jeweils ganz unterschiedlichen operationalen Anforderungen strategischer Programme in Form strategischer Neuausrichtungen von Potenzialen in jedem Einzelfall einheitlich als Produktivitätserhöhung von genutzten Handlungszeiten des Personalbestands darzustellen. Als nützlich haben sich in diesem Zusammenhang die Vorarbeiten über eine Balanced Scorecard Strategy Map erwiesen. Auch das Wissensbilanzmodell des Arbeitskreises Wissensbilanz ist für eine erste Identifizierung und qualitative Beschreibung von relevanten Potenzialhandlungsfeldern hilfreich.[1087]

**Abbildung der Ist-Ausgangssituation von Handlungszeiten in der relationalen Zeit-Dimension**

Zu Beginn der strategischen Planung in der relationalen Zeit-Dimension wird die Abbildung der gegenwärtigen Ist-Ausgangssituation bei den Handlungszeiten in den Leistungsprozessen hinsichtlich Zeit-Potenzial, Verfügbarkeit und Produktivität empfohlen.[1088] Dazu sind insbesondere präzise Vorstellungen über den derzeitigen Personalbestand auf der Individualebene mit dessen produktiven Leistungspotenzialen erforderlich.

---

1085 Vgl. Kap. 3.2.3 und Kap. 3.3.4.
1086 Vgl. Kap. 4.4.3.3.
1087 Vgl. Kap. 4.4.3.3 i. V. m. Kap. 2.3.4.
1088 Vgl. exemplarisch Kap. 4.4.3.2.

Die produktiven Leistungspotenziale ergeben sich aus der strategischen Bereitschaft des Personalbestands in den jeweiligen Leistungsprozessen. Die strategische Bereitschaft wiederum ist direkt abhängig vom Strategieinhalt für die Unternehmens-, Geschäftsbereichs- und Funktionsbereichsebenen im Unternehmens-Umwelt-Fit.[1089]

Die Bestimmung produktiver Handlungszeiten kann sich in einem ersten Schritt auf die zielorientierten bzw. effektiven Nutzungen der verfügbaren Zeit-Potenziale des Personalbestands konzentrieren.[1090] Die Effektivität der jeweils eingesetzten Handlungszeiten des Personalbestands in Leistungsprozessen bestimmt sich dabei im Verhältnis der Ist-Einsatzzeiten zu den Soll- bzw. Plan-Einsatzzeiten in den Bereichen Leistungsbereitschaft, Leistungserstellung und Leistungsverwertung.[1091] Liegen vorerst keine präzisen Gesamtdaten über die produktive Nutzung der verfügbaren Handlungszeiten vor, empfiehlt sich die Identifikation und Analyse wesentlicher Leistungsengpässe und die Verwendung von branchenspezifischen Benchmarkwerten.[1092]

Zusammen mit der Anwendung der beschriebenen Arbeitszeitkonzepte der bezahlten und vertraglichen Arbeitsstunden einschließlich der Berücksichtigung von Abwesenheitszeiten lassen sich somit erste Erkenntnisse über die Zeit-Nutzenpotenziale des Personalbestands und deren Wertschöpfungspotenziale gewinnen.[1093]

**Erfassung von Handlungszeiten mit Ist- und Plan-Daten für differenzierte Abweichungsanalysen**

Die im strategischen Planungsmodell für Zeit-Nutzenpotenziale konzipierten Planungselemente der Systemzeit sowie der Stammdaten und Bewegungsdaten dienen der systematischen Erfassung von Ist- und Plandaten für Abweichungsanalysen in der relationalen Zeit-Dimension.[1094] Ziel des strategischen Planungsmodells für Zeit-Nutzenpotenziale ist die Generierung einheitlicher Zeit-Ergebnisrechnungen für eine konsistente Darstellung des angenommenen Ursache-Wirkungs-Zusammenhangs zwischen relationalen Zeit-Erfolgen in der Zeit-Dimension und Wert-Erfolgen in der Wert-Dimension.[1095]

Ausgehend von den Stammdaten des strategischen Planungsmodells mit dem für die Wertschöpfung als zentral erachteten Personalbestand kann für die weitere strategische Planung eine

---

[1089] Vgl. Kap. 5.2.2 i. V. m. Kap. 4.1.2 sowie Kap. 4.1.3 und Kap. 4.1.4. Vgl. Kap. 4.2.1 zur Strategie.
[1090] Vgl. Kap. 3.4.2.4 i. V. m. Kap. 3.4.2.6.
[1091] Vgl. Kap. 2.5.2.
[1092] Vgl. Kap. 4.4.3.2 mit Kap. 5.3.4 i. V. m. Kap. 4.1.4. Vgl. Kap. 3.4.2.6 zu empirischen Produktivitätswerten.
[1093] Vgl. Kap. 5.3.4 i. V. m. Kap. 4.4.3.2. Vgl. Kap. 2.2.4 mit Anhang 2 und Anhang 3.
[1094] Vgl. Kap. 5.2.5 zur Gesamtsicht des strategischen Planungsmodells i. V. m. Kap. 5.3.
[1095] Vgl. Kap. 5.3.4 i. V. m. Kap. 5.2.4.

differenzierte Darstellung des relationalen Zeit-Verbrauchs erfolgen. Dabei können unproduktive Handlungszeiten getrennt nach Leistungsprozessen sowie nach Wissens- und Kompetenzenpotenzialen mit jeweiliger Ressourcennutzung analysiert werden.[1096]

**Schnittstelle von strategischer Planung und operativer Planung in der relationalen Zeit-Dimension der Handlungszeiten**

Die Schnittstelle zwischen strategischer und operativer Planung innerhalb der relationalen Zeit-Dimension der Handlungszeiten ist allgemein als Austauschverhältnis von strategischen Inputgrößen und operativen Rückkopplungen zu verstehen.[1097] Somit ergeben sich zwei neuartige strategisch-operative Verknüpfungen.

Die erste strategisch-operative Verknüpfung befindet sich innerhalb der relationalen Zeit-Dimension und zielt auf die auftragsgemäße detaillierte operative Umsetzung von geplanten strategischen Zeit-Nutzenpotenzialen in die einzelnen Funktionsbereiche und Leistungsprozesse. Die zweite strategisch-operative Verknüpfung bezieht sich auf die strategischen Zeit-Nutzenpotenziale als strategische Vorsteuerungsgröße für Wert-Erfolgspotenziale. Diese Wert-Erfolgspotenziale bemessen als Wertschöpfung sind auf der operativen Ebene konsistent zum Beispiel in Form einer integrierten GuV-, Bilanz- und Liquiditätsplanung darzustellen.

**Ableitung von Wert-Erfolgspotenzialen auf Basis von Zeit-Nutzenpotenzialen**

Die Maximierung der Produktivität von Handlungszeiten des Personalbestands zum Beispiel im Rahmen von Kundenbeziehungen mit einer permanenten Reduzierung des relationalen Zeit-Verbrauchs führt nach dem entwickelten theoretischen Modell zu höheren messbaren relationalen Zeit-Erfolgen bzw. strategisch zu höheren messbaren Zeit-Nutzenpotenzialen.

Mit der Abbildung der angenommenen Ursache-Wirkungs-Beziehung zwischen Zeit-Nutzenpotenzialen und erzielbaren Wert-Erfolgspotenzialen, hier in der empfohlenen Form der betrieblichen Wertschöpfung stehen damit für die Planperioden konsistente strategische Orientierungsdaten aus der Wert-Dimension zur Verfügung.[1098]

---

[1096] Vgl. Kap. 5.2.2 i. V. m. Kap. 5.3.2. Vgl. Kap. 5.2.3 i. V. m. Kap. 5.3.3.
[1097] Vgl. Hungenberg/Wulf 2003, S. 253 ff.
[1098] Vgl. Kap. 4.4.3.3..Vgl. Kap. 4.2.4 i. V. m. Kap. 4.4.3.2 und Kap. 4.4.3.3.

**Endogene und exogene Einflussfaktoren, Barrieren und Konflikte**

Bei der Anwendung des strategischen Planungsmodells für Zeit-Nutzenpotenziale können innerhalb des Arbeits- und Produktionssystems endogene und exogene Einflussfaktoren system- und strukturtechnischer Art über das konzipierte Produktivitäts-Konstrukt einwirken. Im Prozess der Strategieimplementierung können gleichwohl auch sachlich-technische Barrieren zum Beispiel in Form von fehlenden Informations- und Kommunikationstechnologien zu zeitlichen Verzögerungen oder zur Verhinderung geplanter strategischer Maßnahmen führen. Ergänzend zu berücksichtigen sind Verhaltenskonflikte mit unterschiedlichen Vorstellungen in Bezug auf Ziele und Ressourcenallokationen.[1099]

Als weitere endogene Einflussfaktoren bestimmen die strategischen Fähigkeiten der Unternehmung als absolute und relative kognitive Kompetenzen die Erzielung von nachhaltigen Wettbewerbsvorteilen im Vergleich zu Wettbewerbern.[1100]

Aus der Sicht der globalen Unternehmensumwelt beeinflussen ebenso exogene Faktoren die Produktivität und damit das Wachstum der Wertschöpfung wissensintensiver Unternehmen. Zu diesen exogenen Faktoren im engeren Sinn zählen zum Beispiel das Bildungsniveau, staatliche Bildungsinstitutionen und Bildungsinvestitionen, Rahmenbedingungen für Innovationen und FuE-Investitionen sowie gesetzliche und tarifliche Einstellungs- und Kündigungsschutzbestimmungen.[1101]

**Strategische Planung und operative Planung in der relationalen Zeit-Dimension**

Eine exemplarische Gesamtsicht der strategischen Planung und der abzuleitenden operativen Planung innerhalb der relationalen Zeit-Dimension der Handlungszeiten zeigt Abb. 32. Dazu sind nach Maßgabe des strategischen Produktivitätsmanagements auf Basis strategisch geplanter produktiver Handlungszeiten die strategische Bereitschaft und strategische Ausrichtung des Personalbestands zu gestalten und zu entwickeln. Zentral zu berücksichtigen ist dabei der Personalbestand mit seinen individuellen Wissens- und Kompetenzenpotenzialen, die in jeweils unterschiedlichen Leistungsprozessen mit spezifischen Nutzungen von Unternehmensressourcen eingesetzt werden können.

---

1099 Vgl. Kap. 2.3.4.

1100 Vgl. Pfau/Jänsch/Mangliers 2007a, S. 1 ff. zur strategischen Kompetenz aus strategischer Wissensmanagementkompetenz und strategischer Flexibilitätskompetenz.

1101 Vgl. OECD 2004, S. 32 ff. zu exogenen Einflussfaktoren des Wirtschaftswachstums in Ländern der OECD.

Abb. 32: Strategische Planung und operative Planung in der relationalen Zeit-Dimension

Das strategische Produktivitätsmanagement in der relationalen Zeit-Dimension nach Abb. 32 bestimmt im Rahmen des strategischen Managements auf Grundlage von strategischen Programmen und strategischen Initiativen den Zeithorizont und den Umfang der Reduzierung des bisherigen relationalen Zeit-Verbrauchs aus unproduktiv genutzten Handlungszeiten. Über das strategische Planungsmodell für Zeit-Nutzenpotenziale lassen sich die erforderlichen Zeit-Potenziale und die damit verbundenen Wertschöpfungs-Potenziale differenziert darstellen. Die Aufgliederung kann nach Personalbestand, Wissens- und Kompetenzenpotenzialen, Funktionsbereichen oder Leistungsprozessen erfolgen.

In der operativen Planung von Handlungszeiten nach Abb. 32 für den Personalbestand mit seinen Nutzungen und Gestaltungen von Wissens- und Kompetenzenpotenzialen sowie Ressourcenpotenzialen erfolgt die detaillierte Umsetzung der strategischen Vorgaben von produktiven Handlungszeiten. Dazu ist im Rahmen des betrieblichen und individuellen Zeitmanagements eine Unterscheidung nach Wissens-Leistungsprozessen und individueller Wissensarbeit erforderlich.[1102] Im Mittelpunkt der operativen Planung von verfügbaren produktiven Handlungszeiten nach Abb. 32 stehen dabei der Einsatz und die Nutzung von Informationstechnologien sowie die jeweils spezifische Integration von Qualitäts- und Kundenausrichtungen.[1103]

[1102] Vgl. Kap. 3.4.2.2.
[1103] Vgl. Kap. 3.4.2 i. V. m. Kap. 3.2.3.

# 6 Bewertung der Forschungsergebnisse zum theoretischen Modell der strategischen Zeit-Nutzenpotenziale

*„An important implication of time-dependent uncertainty is that exchanges will not take place at equilibrium prices.“*[1104]

*Gerald P. O'Driscoll/Mario J. Rizzo 1996*

**Relationale Zeit-Dimension der Handlungszeiten als Erkenntnisobjekt**

Die für die Wertschöpfung in der Wissensökonomie als bedeutend eingeschätzte Nutzung von Wissens- und Kompetenzenpotenzialen auf der individuellen Ebene von Handlungszeiten führte zur grundsätzlichen Forschungsentscheidung, die sich aus Handlungen als substantiierte Zeit definierende und hier so bezeichnete *relationale Zeit-Dimension* als Erkenntnisobjekt auf *wissensintensive Unternehmen* als Erfahrungsobjekt anzuwenden.

Ergänzend ist zu berücksichtigen, dass die Konzeption der relationalen Zeit-Dimension für die Konfiguration von Handlungszeiten überhaupt erst über die explizite Abgrenzung zur *absoluten Zeit-Dimension* für die Koordination ermöglicht wird. Zielführend und hilfreich sind hier insbesondere die derzeitigen wissenschaftlichen Erkenntnisse der physikalischen Zeitforschung und ihrer weiterführenden Interpretationen.

**Operationalisierung der strategischen Planung als Ausgangssituation für die Forschung**

Mit einer begründeten und operational abbildbaren relationalen Zeit-Dimension als substantiierte Handlungszeiten eröffnen sich zugleich neue Forschungsperspektiven für das strategische Management hinsichtlich einer *operationalen strategischen Steuerung* von Wissens- und Kompetenzenpotenzialen und damit einer möglichen *strategischen Vorsteuerung* von Wert-Erfolgspotenzialen.

In diesem Zusammenhang sind die grundsätzlichen Schwierigkeiten des strategischen Managements mit einer ganzheitlichen und operationalen *strategischen Planung* zu berücksichtigen. Diese Schwierigkeiten machen sich dann in der Praxis insbesondere im Bereich der Strategie-

---

[1104] O'Driscoll/Rizzo 1996, S. 75.

implementierung in der Schnittstelle zur operativen Planung bemerkbar. Dieser Befund hat wiederum seine tiefere Ursache in der eher gering eingeschätzten Praktikabilität derzeitiger strategischer Unternehmensrechnungssysteme.

**Konzeption einer Zeit-, Wert- und Finanz-Dimension im Unternehmens-Umwelt-System**

Der seit längerem in der *gesamtwirtschaftlichen Arbeitszeitforschung* befürwortete und angewendete Ursache-Wirkungs-Zusammenhang zwischen den verfügbaren Arbeitszeitstunden der Erwerbstätigen als Zeit-Input und der daraus erwirtschafteten volkswirtschaftlichen Bruttowertschöpfung als Wert-Output konnte im Verlauf dieser Arbeit für betriebswirtschaftliche Anwendungen wesentlich erweitert werden. Dies führt zur Konzeption einer umfassenden *Zeit-, Wert- und Finanz-Dimension* im Unternehmens-Umwelt-System.

Die *Wertkette* einer Unternehmung ist dabei nicht nur auf der Ebene der Wert-Dimension, sondern explizit auch auf der Ebene der Handlungszeiten des Personalbestands im Rahmen sämtlicher Leistungs- und Güterbewegungen der Leistungsbereitschaft, Leistungserstellung und Leistungsverwertung zu berücksichtigen. So könnten in horizontaler oder vertikaler Ausrichtung auch die Zeit-Dimensionen anderer Unternehmen zusammengeführt werden. Dabei wird auch deutlich, dass diese Systematik bereits implizit in zahlreichen strategischen Managementmodellen für die Steuerung von strategischen Potenzialen über einen personellen Handlungsbereich und einen Wertbereich vorgezeichnet ist. Gleichwohl waren in einem ersten Schritt zuerst die Ansätze einer umfassenderen *ökonomischen Systemzeit-Theorie* für Unternehmen zu entwickeln.

**Konzeption eines strategischen Produktivitätsmanagements**

Die im Konzeptionsbereich präsentierte Zeit-, Wert- und Finanz-Dimension im Unternehmens-Umweltsystem eröffnet anschließend die Möglichkeit, das strategische Management mit seinen Kernbereichen zu integrieren. Dabei zeigt sich, dass für die strategische Steuerung von wissensintensiven Unternehmen in der relationalen Zeit-Dimension mit deren qualifizierten und kompetenten Personen insbesondere ein umfassendes und leistungsfähiges *strategisches Produktivitätsmanagement* erforderlich ist. Hierzu konnte ein erweiterter Ansatz mit der Integration des *betrieblichen Zeitmanagements* und des *individuellen Zeit-Managements* konzipiert werden.

Dabei ist für das strategische Produktivitätsmanagement auch eine Integration des gesamten *Arbeits- und Produktionssystems* mit Messgrundlagen, Messbereichen und mit Messinstrumenten vorzunehmen. Die Messinstrumente der relativen und absoluten Produktivität können in den Formen der zielorientierten Effektivität und der bedarfsorientierten Effizienz vollständig auf die hier wichtigen Handlungszeiten des Personalbestands ausgerichtet werden.

**Entwicklung des theoretischen Modells der Zeit-Nutzenpotenziale in der relationalen Zeit-Dimension der Handlungszeiten**

Auf der weiteren konzeptionellen Grundlage des wissens- und kompetenzenbasierten theoretischen Ansatzes in der nutzen-, output- und erfolgswertorientierten Ausrichtung kann das neu entwickelte *theoretische Modell der Zeit-Nutzenpotenziale in der relationalen Zeit-Dimension* präsentiert werden. Das hier entwickelte Zeit-Nutzenpotenzial ist als *strategiegeleiteter relationaler Zeit-Erfolg* aufzufassen. Dieser relationale Zeit-Erfolg bemisst sich nach der produktiven Nutzung, Gestaltung und Entwicklung von verfügbaren Wissens- und Kompetenzenpotenzialen der Personen des Personalbestands in deren Handlungszeiten. Diese Handlungszeiten beinhalten wiederum in verschiedenen Leistungsprozessen die Nutzung unterschiedlicher materieller und immaterieller Ressourcenpotenziale.

Als entscheidend wird hier das eigentliche *Handlungsergebnis* aus identifizierbaren verfügbaren und nicht verfügbaren sowie produktiven und unproduktiven Handlungszeiten bzw. Arbeitszeiten des Personalbestands innerhalb seiner *Zeit-Potenziale* erachtet. Die Bestimmung spezifischer *produktiver Soll-Einsatzzeiten* und *produktiver Soll-Leistungsergebnisse* muss sich im Sinn der strategischen Bereitschaft und der strategischen Ausrichtung an der jeweiligen *Strategie* im Unternehmensbereich und Geschäftsbereich orientieren. In diesem Zusammenhang sind vor allem der Einsatz und die Nutzung von Informationstechnogien sowie spezifische Kunden- und Qualitätsausrichtungen als maßgebend für produktive Handlungszeiten in wissensintensiven Unternehmen einzuschätzen.

**Spezifische Modellelemente des entwickelten theoretischen Modells der Zeit-Nutzenpotenziale**

Als spezifische Modellelemente bewähren konnten sich neben der *Strategie* und der *Wissens- und Kompetenzenpotenziale* mit deren Nutzung von Ressourcenpotenzialen die unabhängige Variable des Zeit-Potenzials für die Bestimmung der institutionellen Randbedingung sowie zwei zentrale Einflussvariablen des relationalen Zeit-Erfolgs.

Zu diesen Variablen gehören die unabhängige Variable $X_{Pot}$ für die Abbildung des *Zeit-Potenzials des Personalbestands*, die Einflussvariable $X_{Ver}$ für die Abbildung der *Verfügbarkeit* sowie die Einflussvariable $X_{Prod}$ für die Abbildung der *Produktivität.* Diese Variablen können nach dem ressourcen- und kompetenzenbasierten Ansatz die Höhe des relationalen Zeit-Erfolgs bzw.

die Höhe des strategiegeleiteten Zeit-Nutzenpotenzials bemessen in Handlungszeiten bzw. in jeweiligen Arbeitszeiten bestimmen.

Die Abbildung eines Zeit-Nutzenpotenzials in der relationalen Zeit-Dimension gelingt gleichwohl nur auf Basis des Zeit-Potenzials des Personalbestands als institutionelle Randbedingung. Erst dann lässt sich der relationale Zeit-Erfolg über die Höhe des zu bestimmenden relationalen Zeit-Verbrauchs aus Nichtverfügbarkeit und Unproduktivität bemessen in Handlungszeiten bzw. Arbeitszeiten ermitteln.

**Gestaltung eines strategischen Planungsmodells für Zeit-Nutzenpotenziale mit Zeit-Ergebnisrechnungen in der relationalen Zeit-Dimension der Handlungszeiten**

Aufbauend auf den praktischen Erkenntnissen der empirisch-exemplarischen Anwendung des entwickelten theoretischen Modells der Zeit-Nutzenpotenziale ist es möglich, für eine systematische Verwendung durch das strategische Management ein umfassendes *strategisches Planungsmodell* mit einheitlichen *strategischen Zeit-Ergebnisrechnungen* zu gestalten.

Die entwickelten Zeit-Ergebnisrechnungen erlauben es, in strukturierter, konsistenter und vergleichbarer Form differenzierte Abweichungsanalysen für relationale Zeit-Erfolge bzw. für strategiegeleitete Zeit-Nutzenpotenziale vorzunehmen. Die Differenzierung gelingt dabei auf Basis des Personalbestands nach Wissens- und Kompetenzenpotenzialarten sowie nach Leistungsprozessarten. Als strategische Zeit-Ergebnisrechnungen werden die periodenorientierte *Zeit-Nutzenpotenzialrechnung*, die verlaufsorientierte *Zeit-Überschussrechnung* nach Zeithorizonten sowie die bilanzähnliche *Zeit-Bestandsrechnung* präsentiert.

**Strategische Vorsteuerung von Wert-Erfolgspotenzialen als Wertschöpfungspotenziale**

Mit den differenziert darstellbaren Zeit-Nutzenpotenzialen in der relationalen Zeit-Dimension bemessen in Handlungszeiten bzw. in Arbeitszeiten können im Sinn einer *strategischen Vorsteuerungsgröße* wiederum konsistente Bezüge auf *Wert-Erfolgspotenziale* in der Wert-Dimension hergestellt werden. Diese sollten in Anlehnung an die gesamtwirtschaftliche Arbeitszeitrechnung in Form der betriebswirtschaftlichen Wertschöpfung ausgewiesen sein. Die Grundüberlegung dazu ist, dass Wert-Erfolge letztlich nur über verfügbare und produktive Handlungszeiten des gesamten Personalbestands zusammen mit der Nutzung und Gestaltung von Kapital-Ressourcenpotenzialen möglich sind. Die üblicherweise getrennte Darstellung von Arbeit und verschiedenen Kapitalarten für Zwecke der Rechnungslegung ist hier deshalb nicht zielführend. Durchschnittliche Benchmarkwerte für eine erste Orientierung liegen aus der gesamtwirtschaftlichen Arbeitszeitrechnung vor.

Mit der bilanzähnlich aufgebauten relationalen *Zeit-Bestandsrechnung* ist es zudem möglich, Bezüge zur Bewertung von Human-, Struktur- und Beziehungspotenzialen herzustellen. Zu berücksichtigen ist hierbei, dass diese Darstellung einer Zeit-Bestandsrechnung nur über die Ableitung einer verlaufsbezogenen *Zeit-Überschussrechnung* unter Berücksichtigung von spezifischen Zeithorizonten der Leistungsprozesse gelingt.

**Notwendige Transformationen in der relationalen Zeit-Dimension für die Wert-Vorsteuerung**

Für die strategische Vorsteuerung von Wert-Erfolgspotenzialen durch Zeit-Nutzenpotenziale der Handlungszeiten sind gleichwohl zwei *Transformationen* in der strategischen und operativen Planung notwendig. In einem *ersten Transformationsschritt* sind die aus der Strategie abgeleiteten strategischen Programme und strategischen Initiativen in ihren jeweiligen Kombinationen von Wissen, Kompetenzen, Ressourcen und Prozessen einheitlich als Produktivitätssteigerungen in Handlungszeiten der relationalen Zeit-Dimension darzustellen. In einem darauf folgenden *zweiten Transformationsschritt* ist auf die konsistente Übertragung der langfristig-entwicklungsorientierten strategischen Produktivitätsvorgaben von Handlungszeiten auf die operativen Funktionsbereiche und Leistungsprozesse zu achten.

Die genannten Transformationsschritte in der relationalen Zeit-Dimension setzen vorzugsweise ein umfassendes *strategisches Produktivitätsmanagement* voraus. Die schrittweise operative Umsetzung von Produktivitätsvorgaben für wissensintensive Leistungsprozesse und für die individuelle Wissensarbeit wäre dann mit einem betrieblichen und einem individuellen Zeitmanagement zu bewerkstelligen.

**Gesamtsicht des strategisches Managements für wissensintensive Unternehmen in der Informations- und Wissensökonomie**

In der Gesamtsicht des strategischen Managements für wissensintensive Unternehmen eröffnen sich mit den konzipierten und entwickelten Zeit-Nutzenpotenzialen der Handlungszeiten des Personalbestands innerhalb der Zeit-, Wert- und Finanz-Dimension neuartige Möglichkeiten für die Gestaltung der strategischen Planung.

Mit dem Bewusstsein und der Kenntnis einer unternehmensspezifischen relationalen Zeit-Dimension im Verbund mit der Wert- und Finanz-Dimension im jeweiligen Unternehmens-Umwelt-System erweitert sich ganz wesentlich der Blick für die strategische Steuerung wissensintensiver Unternehmen in der Wissensökonomie. Die Kenntnis von unternehmensspezifischen Handlungszeiten führt so zu Zeitautonomie und damit wiederum zu Handlungsautonomie. Die in einer relationalen Zeit-Dimension darstellbaren strategiegeleiteten Zeit-Nutzenpotenziale sind dann die Grundlage für eine erweiterte einheitliche und operationale strategische Planung innerhalb eines strategischen Unternehmensrechnungssystems.

Diese einheitliche Sichweise von verfügbaren produktiven Handlungszeiten des Personalbestands als Zeit-Nutzenpotenzial kann vor allem auch die Strategieimplementierung in der Schnittstelle von strategischer Planung und operativer Planung bedeutend erleichtern. Ein weiterer wesentlicher Vorteil einheitlich operationaler Zeit-Nutzenpotenziale ist die Verwendung als strategische Vorsteuerungsgröße für Wert-Erfolgspotenziale. Nach den Erkenntnissen der gesamtwirtschaftlichen Arbeitszeitrechnung bietet sich hier insbesondere der Bezug auf die betriebswirtschaftliche Wertschöpfung als gemeinschaftliche Leistung von Arbeit und Kapital an.

Die immer häufiger aus der Unternehmenspraxis vernehmbaren Forderungen, „Zeit" genauso professionell wie „Kapital" zu gestalten und zu entwickeln, erscheinen damit in einem gänzlich neuen Licht. Das Ziel des strategischen Managements in wissensintensiven Unternehmen sollte deshalb sein, die jeweilige unternehmensspezifische Zeit-Dimension vollständig als ökonomische *Systemzeit* zu erfassen. Hierzu gehören die neu entwickelte *relationale Zeit-Dimension* der individuellen Handlungszeiten für die Konfiguration von Wissens- und Kompetenzenpotenzialen und Ressourcenpotenzialen sowie die bisherige *absolute Zeit-Dimension* der Uhrzeit und Kalenderzeit für deren Koordination und Synchronisation.

# 7 Weiterer Forschungsbedarf zur strategischen Integration von Zeit-Dimension, Produktivitätsmanagement und Produktivitätssystem

Empfehlungen für die zukünftige Richtung und den inhaltlichen Ansatz der weiteren Forschungen ergeben sich insbesondere aus der zentralen Bedeutung des Einflusses von spezifischen *Produktivitätsfaktoren* auf die verfügbaren Zeit-Potenziale des Personalbestands in wissensintensiven Unternehmen. In einer übergreifenden Sichtweise ist hierfür das strategische Management in der Zeit-Dimension explizit mit einem *strategischen Produktivitätsmanagement* für strategische Steuerungszwecke unter Einschluss des betrieblichen und individuellen Zeitmanagements zu erweitern. Für die technologische Unterstützung in Form eines *Produktivitätssystems* sind neuere Entwicklungen im Bereich der *Business Intelligence* bzw. der *analytischen Informationssysteme* mit komplexen Handlungszeiten-Analysen unter Einsatz des Big Data Mining zu berücksichtigen. Siehe dazu im Überblick Abb. 33.

Im Sinn des hier entwickelten *theoretischen Modells der strategischen Zeit-Nutzenpotenziale* in der relationalen Zeit-Dimension wirkt sich die Produktivität als Gesamtkonstrukt und entscheidende Einflussvariable im Zeithorizont wissensintensiver Leistungsprozesse über die Position des *relationalen Zeit-Verbrauchs* erhöhend oder reduzierend auf den relationalen Zeit-Erfolg bzw. das strategiegeleitete Zeit-Nutzenpotenzial aus. Das in Handlungszeiten bzw. Arbeitszeiten einheitlich operationalisierbare Zeit-Nutzenpotenzial kann sich wiederum als *strategische Vorsteuerungsgröße* erhöhend oder reduzierend auf Wert-Erfolgspotenziale bemessen als Wertschöpfung innerhalb der Wert-Dimension auswirken.[1105]

**Erweitertes Verständnis von Produktivität in der Wissens- und Informationsökonomie**

Wegen ihrer offensichtlichen Bedeutung für den Unternehmenserfolg erfreut sich die Produktivität in wissensintensiven Unternehmen eines zunehmenden Forschungsinteresses.[1106] Gleichzeitig scheint sich in der Unternehmenspraxis die allgemeine Skepsis bezüglich der Erfassung und Messung von Produktivität, insbesonderere in Form der Arbeitsproduktivität langsam zu legen.

---

1105 Vgl. Kap. 4.2.4 und Kap. 5.2.5 zur Gesamtsicht des entwickelten theoretischen Modells der Zeit-Nutzenpotenziale.

1106 Vgl. von Garrel et al. 2014, S. 78 ff. Vgl. Weiß et al. 2014, S. 12 ff. Vgl. Backhaus et al. 2014, S. 62 ff. Vgl. Bruhn/Hadwich 2011, S. 15 ff. Vgl. Bartsch/Demmelmair/Meyer 2011, S. 48 ff. Vgl. Borchert et al. 2011, S. 94 ff.

Denn es ist offensichtlich, dass in personal- und wissensintensiven Unternehmen der Wissens- und Informationsökonomie ein strategisches Management ohne die explizite Einbeziehung der Arbeitsproduktivität bzw. der Wirtschaftlichkeit von Handlungszeiten des Personalbestands letztlich nur bedingt funktionieren kann.

Allerdings hat sich auch das Verständnis von Produktivität in der Wissensarbeit eines qualifizierten und kompetenten Personalbestands grundlegend verändert. Dieses neuere Verständnis von Produktivität orientiert sich zum Beispiel an zielorientierten Handlungszeiten, Teilleistungsergebnissen, Bereitschafts-, Erstellungs- oder Verwertungsleistungen, Kundenausrichtungen oder Informationstechnologie-Nutzungen. Damit unterscheidet sich diese neuere Wissens- und Kompetenzen-Produktivität doch wesentlich von der ursprünglich rein industriell, maschinell und technisch geprägten Produktivität des direkten Input und Output.[1107]

**Integration von strategischem Management, relationaler und absoluter Zeit-Dimension, strategischem Produktivitätsmanagement und Produktivitätssystem**

Für die weitere Forschung erscheint es empfehlenswert, die hier erarbeiteten Konzeptionen, theoretischen Modelle und Planungsgestaltungen für das *strategische Zeit-Nutzenpotenzial in der relationalen Zeit-Dimension,* das *strategische Produktivitätsmanagement* sowie das *Produktivitätssystem* konsistenter miteinander zu verknüpfen, siehe dazu einen ersten Ansatz in Abb. 33.[1108]

Als technologische Basis für die Integration dient ein Produktivitätssystem mit mehreren Modulen der Informationstechnologie bzw. der *Business Intelligence* (BI) im Sinn umfassender informationsanalytischer Werkzeuge für die ganzheitliche Unternehmenssteuerung. Als geeignete *Module* könnten zum Beispiel technologische Systeme für das *Performance Management* und das *Business Process Management* eingesetzt werden, siehe dazu Abb. 33. Für Analysen

---

1107 Vgl. Kap. 3.4 i. V. m. Kap. 2.5.

1108 Vgl. Weiß et al. 2014, S. 22 ff. zu möglichen Modulen der Informationstechnologie im Rahmen des BMBF-Verbundvorhabens PROMIDIS zur Messung und Verbesserung der Produktivität von industriellen oder produktbegleitenden Dienstleistungen von kleinen und mittleren Unternehmen. Vgl. Bokranz/Landau 2006, S. 30 ff. zu Arbeitssystemen und S. 39 ff. zum Produktivitätsmanagement von Arbeitssystemen. Vgl. Mankins/Brahm/Caimi 2014, S. 78 zu möglichen Big Data Anwendungen für die Analyse von Handlungszeiten mit Informationstechnologien. Vgl. Kap. 4.2.4 und Kap. 5.2.5 zur Gesamtsicht des entwickelten theoretischen Modells der Zeit-Nutzenpotenziale. Vgl. zum Produktivitätsmanagement und zur Produktivität Kap. 3.4 i. V. m. Kap. 2.5.

von Handlungszeiten des Personalbestands in Unternehmen liegen darüber hinaus erste informationstechnologische Anwendungen im Rahmen von analytischen Informationssystemen gestaltet als Big Data Mining vor.[1109]

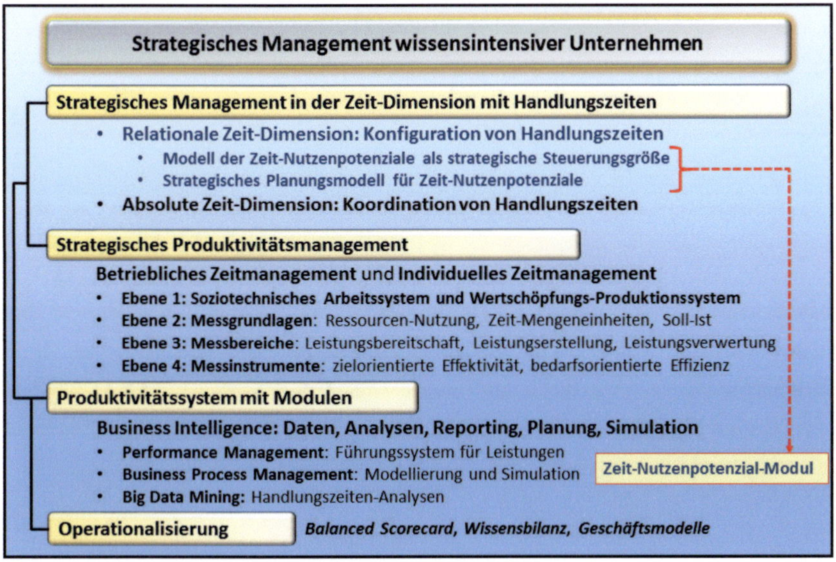


Abb. 33: Strategische Integration von Zeit-Dimension , Produktivitätsmanagement und BI

Dazu wäre auf der obersten Ebene nach Abb. 33 die *Zeit-Dimension* des Unternehmens als unternehmensspezifische *Systemzeit* abzubilden. Die Abbildung dieser Zeit-Dimension ist in der Kombination von *relationaler Zeit-Dimension* für die Konfiguration von Handlungszeiten und von *absoluter Zeit-Dimension* für die Koordination und Synchronisierung von Handlungszeiten vorzunehmen. Das in der relationalen Zeit-Dimension hier entwickelte *theoretische Modell der Zeit-Nutzenpotenziale* sowie das gestaltete *strategische Planungsmodell für Zeit-Nutzenpotenziale* wären dann als zentrale Bestandteile eines neuartigen *Zeit-Nutzenpotenzial-Moduls* in das Produktivitätssystem einzubinden.

Als grundlegende Voraussetzung für die ganzheitliche Funktionsfähigkeit des Produktivitätsmodells wäre ein *strategisches Produktivitätsmanagement* zu installieren, siehe dazu Abb. 33. Das strategische Produktivitätsmanagement dient der strategiegeleiteten Ausrichtung von pro-

---

1109 Vgl. Mankins/Brahm/Caimi 2014, S. 78 zu möglichen Anwendungen des Big Data Mining für die Analyse von Handlungszeiten in größeren Unternehmungen.

duktiven Handlungszeiten im verfügbaren Zeit-Potenzial des Personalbestands mit dessen Wissens- und Kompetenzenpotenzialen zur Nutzung, Gestaltung und Entwicklung der strategischen Bereitschaft in wissensintensiven Unternehmen. Innerhalb des strategischen Produktivitätsmanagements sind als maßgebliche Module das *betriebliche Zeitmanagement* sowie das *individuelle Zeitmanagement* für die Produktivitätsausrichtung von wissensintensiven Leistungsprozessen und von individueller Wissensarbeit zu installieren.

Notwendig wäre darüber hinaus nach Abb. 33 innerhalb des strategischen Produktivitätsmanagements eine konsistente Integration von verschiedenen Ebenen mit dem unternehmensspezifischen *Arbeitssystem* und *Produktionssystem* sowie den zugehörigen Messgrundlagen, Messbereichen und Messinstrumenten.

Mit diesem neu konzipierten Modell für das *strategische Management in wissensintensiven Unternehmen* nach Abb. 33 in der relationalen Zeit-Dimension der Handlungszeiten für die Konfiguration und in der absoluten Zeit-Dimension für die Koordination könnten anschließend unter Einbeziehung des hier neu entwickelten *Zeit-Nutzenpotenzial-Moduls* einheitliche strategische Operationalisierungen von Managementmodellen vorgenommen werden.

# Glossar der Zeit-Dimension

| Begriff der Zeit-Dimension | Erklärung |
|---|---|
| Absolute Zeit<br><br>(Vgl. Kap. 2.2.1, Kap. 2.2.3 und Kap.3.3.2) | *Newton'sche* Vorstellung einer mechanischen Zeit als mathematische Größe ohne Bezüge zur äußeren Umwelt mit einer universal existierenden Hintergrundzeit ohne Zeitrichtung, mit der Uhrzeit und Kalenderzeit als stetige und taktmäßige Maßeinheit zur exakten Beschreibung und Reproduzierbarkeit von Ereignissen nach Zeitpunkten und Zeitdauern, unabhängig vom Standort und symetrisch in Vergangenheit und Zukunft. Die absolute Zeit dient vorwiegend der Koordination und Synchronisation und findet u. a. Anwendung in der klassischen ökonomischen Modellzeit (→Modellzeit der Ökonomie). Die absolute Zeit wird (fälschlicherweise) häufig als Ressource betrachtet. Siehe auch: →Relationale Zeit |
| Abwesenheitszeiten<br><br>(Vgl. Kap. 2.2.4, Kap. 4.1.3 und Anhang 3) | Nach dem →Arbeitszeitkonzept der bezahlten Stunden für den Wertschöpfungsprozess und die Nutzung von Wissens- und Kompetenzen-potenzialen nicht verfügbare →Zeit-Potenziale $X_{Pot}$ des Personalbestands als Arbeitszeiten mit Entgeltanspruch in Form von Urlaubszeiten, gesundheitsbedingten Abwesenheitszeiten, persönlichen Arbeitsverhinderungszeiten, Feiertagen und Ersatzruhetagen sowie anderen Zeiten wie Kurzarbeit, einschließlich Abwesenheiten ohne Entgeltanspruch, ausgenommen Freizeiten sowie Wegzeiten von und zur Beschäftigung. Siehe auch: →Verfügbarkeit des Zeit-Potenzials $X_{Pot}$ |
| Arbeitsproduktivität<br><br>(Vgl. Kap. 2.5.1 und Kap. 2.5.2, Kap. 3.4.2 und Kap. 4.1.4 sowie Anhang 2) | Faktorproduktivität der Arbeit für die Beschreibung der Leistungsfähigkeit von handelnden Individuen als individueller Wirkungsgrad und Maßstab der Ergiebigkeit betrieblicher Leistungsprozesse. Dies unter Berücksichtigung der zielorientierten und bedarfsorientierten Eignung der eingesetzten Handlungszeiten als Arbeitszeiten zur Hervorbringung von bestimmten |

| **Begriff der Zeit-Dimension** | **Erklärung** |
|---|---|
| (zu: Arbeitsproduktivität) | Leistungsergebnissen in mengen-, güte- und wertmäßiger Form. Die gesamtwirtschaftliche Arbeitszeitrechnung (AZR) beschreibt die Arbeitsproduktivität u. a. als die je geleisteter Erwerbstätigenstunde (Stundenkonzept) erwirtschaftete volkswirtschaftliche Bruttowertschöpfung. Siehe auch: →Produktivität des Zeit-Potenzials $X_{Pot}$ des Personalbestands $P_1$, $P_2$, ...$P_n$, →Zeitnutzen →Zeitverbrauch |
| Arbeitszeiten<br><br>(Vgl. Kap. 2.2.4 mit Anhang 2) | Messkonzeption für die Zeit des →Personalbestands in Unternehmen nach dem →Arbeitszeitkonzept der bezahlten Stunden sowie dem →Arbeitszeitkonzept der geleisteten Stunden unter Berücksichtigung der Konzeption der →Abwesenheitszeiten. Siehe auch: →Arbeitszeiten, bezahlte sowie →Arbeitszeiten, geleistete |
| Arbeitszeiten, bezahlte<br><br>(Vgl. Kap. 2.2.4 mit Anhang 2) | Nach dem Arbeitszeitkonzept der bezahlten Stunden bestimmbares maximales →Zeit-Potenzial $X_{Pot}$ des →Personalbestands mit vertraglichen Arbeitsstunden aus gesetzlichen, tarifvertraglichen und einzelvertraglichen Regelungen (Arbeitszeitkonzept der vertraglichen Stunden) unter Berücksichtigung von →Abwesenheitszeiten als bezahlte aber nicht geleistete Arbeitsstunden und zuzüglich bezahlter Überstunden im Rahmen arbeitsgesetzlicher Regelungen. Siehe auch: →Arbeitszeiten →Arbeitszeiten, geleistete |
| Arbeitszeiten, geleistete<br><br>(Vgl. Kap. 2.2.4 mit Anhang 2) | Nach dem Arbeitszeitkonzept der geleisteten Stunden tatsächlich erbrachte Arbeitsstunden im Sinn der verfügbaren Arbeitszeit des →Personal-bestands zuzüglich der bezahlten Überstunden, der Überstunden aus Arbeitszeitkonten und sonstiger geleisteter unbezahlter Überstunden, einschließlich der Zeiten u. a. aus Arbeitsvorbereitung, Wartung, Stillstandszeiten, Ruhepausen und Bereitschaftsdienst. Siehe auch: |

| **Begriff der Zeit-Dimension** | **Erklärung** |
|---|---|
| (zu: Arbeitszeiten, geleistete) | →Verfügbarkeit des Zeit-Potenzials $X_{Pot}$ des Personalbestands $P_1, P_2, \ldots P_n$ →Arbeitszeiten →Abwesenheitszeiten |
| Arbeitszeiten, nicht verfügbare | →Abwesenheitszeiten |
| Arbeitszeitkonzept der bezahlten Stunden | →Arbeitszeiten, bezahlte |
| Arbeitszeitkonzept der geleisteten Stunden | →Arbeitszeiten, geleistete |
| Echtzeit<br><br>(Vgl. Kap. 3.2.2) | Extreme Verkürzung von Reaktions- und Aktionszeiten im →Zeithorizont durch eine zeitliche Verkürzung von Prozessen im →Zeithorizont unter Berücksichtigung von Kosten- und Qualitätskriterien innerhalb einer optimierten System-Infrastruktur. Siehe auch: →Zeitmanagement |
| Eigenzeit<br><br>(Vgl. Kap. 2.2.2) | Die den handelnden Individuen zugesprochene individuelle Handlungszeiten. Siehe auch: →Systemzeit |
| Emergente Zeit<br><br>(Vgl. Kap. 2.2.1) | Naturwissenschaftliches Modell der Zeit, die nach *Callender*[1110] nicht als universale →absolute Zeit im Hintergrund existiert, sondern erst aus interagierenden Systemkomponenten emergiert. Zeit wäre demnach als emergente Eigenschaft auch von Individual-Handlungen aufzufassen. Siehe auch: →Relationale Zeit →Zeit-Dimension $t_r$, $t_i$ |
| Geldwert von Handlungszeit<br><br>(Vgl. Kap. 2.4.2, Kap. 3.4.2 und Kap. 4.4.3.4) | Betrachtung der in einem →Zeithorizont der →Zeit-Dimension $t_r$, $t_i$ mit endlichen Handlungs-optionen von Individuen erzielbare geldwerte →Zeitnutzen, ausgedrückt als Erwartung in Form von Wert- oder Finanzvorteilen (Money Value of Time). Der Geldwert von Handlungszeit ist nicht die Bewertung von absoluter |

[1110] Vgl. Callender 2010, S. 33 f.

| **Begriff der Zeit-Dimension** | **Erklärung** |
|---|---|
| (zu: Geldwert von Handlungszeit) | Zeit als Ressource. Siehe auch: →Opportunitätskosten der Zeit →Arbeitsproduktivität |
| Güterzeit<br><br>(Vgl. Kap. 2.2.3) | Ökonomische Darstellung der Handlungszeiten als knappes bzw. begrenztes und möglichst optimal bzw. wirtschaftlich einzusetzendes Gut. Siehe auch: →Zeitallokation →Opportunitätskosten der Zeit →Zeitverbrauch |
| Irreversible Zeit $t_i$<br><br>(Vgl. Kap. 2.2.1 und Kap. 3.2.3 i.V.m. Kap. 4.1.6) | Ausprägung von indeterminiert verlaufenden Handlungszeiten in Anlehnung an das Zeitbaum-Modell nach *Cramer*[1111], dargestellt als vertikaler → Zeitpfeil $t_i$. Die irreversible Zeit $t_i$ ist eine emergente Eigenschaft (→emergente Zeit) von unbestimmt verlaufenden und nicht reproduzierbaren Entwicklungsbahnen in Handlungssystemen. Zeitpfeile der irreversiblen Zeit $t_i$ können an Ordnungs-Chaos-Punkten in stabile reversible Zeitkreise $t_r$ einmünden (→reversible Zeit $t_r$). Siehe auch: →Zeit-Dimension $t_r$, $t_i$ |
| Just-in-Time<br><br>(Vgl. Kap. 3.3.3) | Auf Zeitpunkte bezogene Kompetenz in Handlungszeiten und Prozesszeiten im →Zeithorizont $Z_T$ mit komplexen Synchronisierungs-Erfordernissen. |
| Kalenderzeit<br><br>(Vgl. Kap. 2.2.3 und Kap. 3.3.2) | Auf Konventionen und kulturhistorischen Errungenschaften beruhende Vorstellung einer →absoluten Zeit für Zwecke der Koordination mit der Unterteilung eines →Zeithorizonts $Z_T$ nach astronomischen Gesichtspunkten z. B. in Jahre, Monate, Wochen und Tage. Daraus ableitbar sind Zeitpunkte für Fristen. Siehe auch: →Absolute Zeit |
| Modellzeit der Ökonomie | Ökonomische Vorstellung der Zeit als → absolute Zeit bzw. als universale Hintergrundzeit und nicht als |

[1111] Vgl. Cramer 1996, S. 104 f. und S. 120 ff.

| Begriff der Zeit-Dimension | Erklärung |
|---|---|
| (Vgl. Kap. 2.2.3)<br><br>(zu: Modellzeit der Ökonomie) | emergente Eigenschaft von Individual-Handlungen (→emergente Zeit). Der Zeit als Handlungszeit wird gleichwohl im Rahmen des ökonomischen Prinzips ein Knappheitscharakter sowie ein Nutzencharakter hinsichtlich eines Wertpotenzials zugesprochen. |
| Monochronologisches Zeitsystem<br><br>(Vgl. Kap. 3.3.4) | Organisatorisches System von Handlungszeiten bzw. →Arbeitszeiten in betrieblichen Leistungs-prozessen mit eindeutig bestimmbaren Zeitpunkten und Zeitdauern in festgefügten periodischen Abfolgen mit direkt erkennbaren Ursache-Wirkungs-Zusammenhängen. Aus Sicht der handelnden Individuen ist die auferlegte Zeitdisziplin eher fremdbestimmt. Siehe auch: →Polychronologisches Zeitsystem →Zeitsystem |
| Objektive Zeit<br><br>(Vgl. Kap. 2.2.2) | Sozialwissenschaftliches Konstrukt der Zeit als →absolute Zeit und strikt standardisiertes Organisations- und Koordinationsinstrument mit regulierenden und kontrollierenden Funktionen. Gegenentwurf zur →subjektiven Zeit des Individuums. Siehe auch: →Relationale Zeit |
| Ökonomische Modellzeit | →Modellzeit der Ökonomie →Absolute Zeit |
| Operational Time<br><br>(Vgl. Kap. 3.3.2) | Ziel- und ergebnisorientierte Abfolge von individuellen Handlungszeiten und Leistungs-prozessen mit einem →Zeithorizont in einem zumeist geschlossenen und kontinuierlichen Ursache-Wirkungs-Verbund als Ausprägung in der →reversiblen Zeit $t_r$. Die Operational Time einzelner betrieblicher Leistungsprozesse als relative Operational Time kann in die absolute Operational Time der Gesamtunternehmung überführt werden. |
| Opportunitätskosten der Handlungszeit (Zeit)<br><br>(Vgl. Kap. 2.2.3) | Entgangener →Zeitnutzen aus unproduktiv eingesetzten Handlungszeiten sowie nicht verfügbaren Handlungszeiten (→Abwesenheitszeiten) von Personen des |

| **Begriff der Zeit-Dimension** | **Erklärung** |
|---|---|
| (zu: Opportunitätskosten der Handlungszeit) | Personalbestands im →Zeithorizont der →Zeit-Dimension, ausgedrückt als →Geldwert von Handlungszeiten für Wert- oder Finanzpotenziale. |
| Paradoxie der produktiven Zeitnutzung<br><br>(Vgl. Kap. 3.2.4) | Philosophisch geprägte Zeitvorstellung, dass durch die beständige Zunahme von Bedürfnissen und Erwartungen die Menge der Handlungszwänge dauerhaft schneller wächst als die gewonnene Menge an Handlungsoptionen aus produktiver Nutzung von Handlungszeiten. Siehe auch: →Zeitnutzen |
| Personalbestand $P_{1,} P_2, \ldots P_n$<br><br>(Vgl. Kap. 4.1.2 und Kap. 5.2.2) | Gesamtheit der dem wissensintensiven Unternehmen arbeitsrechtlich zur Verfügung stehenden Personen einschließlich der Organvertreter. Siehe auch: →Zeit-Potenzial $X_{Pot}$ des Personalbestands $P_1$, $P_2$, $\ldots P_n$.→Arbeitszeiten |
| Polychronologisches Zeitsystem<br><br>(Vgl. Kap. 3.3.4) | Organisatorisches System von Handlungszeiten bzw. →Arbeitszeiten in Leistungsprozessen mit einer Vielzahl unabhängiger simultaner Zyklen (→Zykus) und einem variablen Raum-Zeit-Bezug mit nicht eindeutig bestimmbaren Zeitpunkten und Zeitdauern sowie nicht direkt erkennbaren Ursache-Wirkungs-Zusammenhängen, häufig mit Leistungszwischenergebnissen. Aus Sicht der handelnden Individuen ist die auferlegte Zeitdisziplin eher eigenbestimmt und zunehmend autonom. Siehe auch: →Monochronologisches Zeitsystem |
| Produktivität $X_{Prod}$ des Zeit-Potenzials $X_{Pot}$ des Personalbestands $P_1$, $P_2$, $\ldots P_n$<br><br>(Vgl. Kap. 4.1.4 i.V.m. Kap. 3.4.2 und Kap. 2.5 sowie Kap. 5.2.3.2 i.V.m. Kap. 5.3.3) | Dargestellt als Einflussvariable $X_{Prod}$ mit positiver oder negativer Beeinflussung auf das verfügbare →Zeit-Potenzial $X_{Pot}$ des →Personalbestands $P_1$, $P_2$, $\ldots P_n$ in der →Zeit-Dimension $t_r$, $t_i$ hinsichtlich der zielorientierten Eignung der eingesetzten Handlungszeiten sowie der bedarfsorientierten Hervorbringung von Leistungsergebnissen in mengen-, güte- oder wertmäßiger Form. Die unproduktive Nutzung der eingesetzten Handlungszeiten gemessen in Arbeitsstunden zur Hervor- |

| **Begriff der Zeit-Dimension** | **Erklärung** |
|---|---|
| (zu: Produktivität $X_{Prod}$ des Zeit-Potenzials $X_{Pot}$ des Personalbestands $P_1$, $P_2$, …$P_n$) | bringung von Leistungsergebnissen führt unter der Annahme der Zeitkonzepte der →Güterzeit und der →Zeitallokation zu einem →(relationalen) Zeitverbauch. Die produktive Nutzung der eingesetzten Handlungszeiten führt zu einer Reduzierung des →(relationalen) Zeit-Verbrauchs und damit zu einer Erhöhung des →(relationalen) Zeit-Erfolgs bzw. des →Zeit-Nutzenpotenzials. Siehe auch: →Verfügbarkeit des Zeit-Potenzials $X_{Pot}$ →Relationale Zeit →Zeitnutzen |
| Prozessdurchlaufzeit<br><br>(Vgl. Kap. 2.1 i.V.m. Kap. 3.4.2) | Zeitdauer für mehrere Prozesse auf Basis von Handlungszeiten innerhalb eines abgeschlossenen Leistungsprozesses in der Wertschöpfungskette mit Zeitpunkten für den Beginn und das Ende. Siehe auch: →Operational Time |
| Prozesszeit<br><br>(Vgl. Kap. 3.4.2) | Dauer von Handlungszeiten innerhalb eines einzelnen Prozesses. Siehe auch: →Operational Time |
| Real Time | →Echtzeit |
| Relationale Zeit<br><br>(Vgl. Kap. 2.2.1 und Kap. 2.2.3) | Zeitverständnis mit der substantiierten Zeit von individuellen Handlungen (Auftreten von Zeit) und der Zeit als emergente Eigenschaft von Handlungen in Prozessen (Erfassbarkeit von Zeit). Das ökonomische Verständnis der relationalen Zeit umfasst auf der Grundlage der Konzepte der →Güterzeit und →Zeitallokation die Handlungsorientierung von Individuen in der →Zeit-Dimension $t_r$, $t_i$ mit einer Nutzenausrichtung auf Handlungsergebnisse und der Berücksichtigung von (relationalem) Zeitverbrauch bei Nichtverfügbarkeit und Unproduktivität von Handlungszeiten. Die relationale Zeit für Zwecke der Konfiguration ist ein Gegenentwurf zur →absoluten Zeit für Zwecke der Koordination. Siehe auch: |

| **Begriff der Zeit-Dimension** | **Erklärung** |
|---|---|
| (zu: Relationale Zeit) | →Emergente Zeit →Zeitnutzen →Zeitverbrauch →Zeitautonomie |
| Reversible Zeit $t_r$<br><br>(Vgl. Kap. 2.2.1 und Kap. 3.2.3 i.V.m. Kap. 4.1.6) | Ausprägung von Handlungszeiten mit hohen Graden an Determiniertheit (Bestimmtheit) und Reproduzierbarkeit innerhalb periodischer Abläufe und Routinen in Anlehnung an Cramer[1112], dargestellt als horizontaler Zeitkreis $t_r$. Die reversible Zeit ist die emergente Eigenschaft (→Emergente Zeit) von Handlungszeiten in vorübergehend stabilen Systemen. In reversiblen Zeitkreisen ausgepräge Handlungen können an Schnittstellen von Ordnungs-Chaos-Punkten indeterminiert verlaufen (→Irreversible Zeit $t_i$). Die reversible Zeit $t_r$ ist *nicht* identisch mit der mechanistischen Vorstellung der →absoluten Zeit als universal gültige Hintergrundzeit. Siehe auch: →Zeit-Dimension $t_r$, $t_i$ |
| Subjektive Zeit<br><br>(Vgl. Kap. 2.2.2) | Sozialwissenschaftliches Konstrukt der subjektiv erlebten Zeitdauer bei individuellen Handlungen mit schöpferisch-kreativen Inhalten und einer qualitativen Bewertung der richtigen Zeitpunkte und Zeitdauern. Die subjektive Zeit steht unter der Souveränität des Individuums und gilt als Gegenentwurf zur →objektiven Zeit. |
| Systemzeit<br><br>(Vgl. Kap. 3.2 mit Kap. 4.1.1 i.V.m. Kap. 5.2.1 und Kap. 5.3.1) | Strategische Metastruktur der →Zeit-Dimension als Kombination von →relationaler Zeit für Konfigurationszwecke und →absoluter Zeit für Koordinationszwecke strukturiert in verschiedenen →Zeitordnungen, →Zeitebenen und →Zeitformen in →reversibler und →irreversibler Ausprägung der Zeit. Die Kenntnis der unternehmensspezifischen Systemzeit sichert →Zeitautonomie und damit Handlungsautonomie. Siehe auch: →Eigenzeit →Zeit-Dimension $t_r$, $t_i$ →Reversible Zeit $t_r$ →Irreversible Zeit $t_i$ |

[1112] Vgl. Cramer 1996, S. 104 und S. 121 f.

| **Begriff der Zeit-Dimension** | **Erklärung** |
|---|---|
| Time Based Management | →Zeitmanagement |
| Verfügbarkeit $X_{Ver}$ des Zeit-Potenzials $X_{Pot}$ des Personalbestands $P_1, P_2, \ldots P_n$<br><br>(Vgl. Kap. 4.1.3 i.V.m. Kap. 2.2.3 und Kap. 2.2.4 sowie Kap. 5.2.3.2 und Kap. 5.3.3) | Dargestellt als Einflussvariable $X_{Ver}$ mit positiver oder negativer Beeinflussung auf das →Zeitpotenzial $X_{Pot}$ des →Personalbestands $P_1, P_2, \ldots P_n$ in der →Zeit-Dimension unter Berücksichtigung des Kriteriums der →Abwesenheitszeiten nach dem →Arbeitszeitkonzept der bezahlten Stunden. Die Nichtverfügbarkeit bzw. Abwesenheit von →Zeitpotenzial $X_{Pot}$ des Personalbestands $P_1, P_2, \ldots P_n$ gemessen in →Arbeitszeiten führt damit unter der Annahme der Zeitkonzepte der →Güterzeit und →Zeitallokation zu einem →(relationalen) Zeitverbauch. Die Erhöhung der Verfügbarkeit von Handlungszeiten führt ceteris paribus zu einer Reduzierung des (relationalen) Zeitverbrauchs und damit zu einer Erhöhung des →Zeit-Erfolgs bzw. des →Zeit-Nutzenpotenzials. Siehe auch: →Produktivität des Zeitpotenzials $X_{Pot}$ →Relationale Zeit |
| Zeitachse t<br><br>(Vgl. Kap. 2.2.3 und Kap. 4.1.5) | Zeitachsen beinhalten eine →Zeitskala mit einem (absoluten) Zeitmaß in Zeiteinheiten für Zeitpunkte und Zeitdauer. Zeitachsen bestehen als Zeitachse $t_n$ in der →absoluten Zeit sowie als Zeitachse $t_r$ und Zeitachse $t_i$ in der relationalen Zeit der →reversiblen und →irreversiblen Ausprägung von Handlungszeiten. Nach dem Zeitbaum-Modell von *Cramer*[1113] wäre die horizontal-zyklische Zeitachse $t_r$ mit der vertikal-indeterminiert verlaufenden Zeitachse $t_i$ zu ergänzen. Siehe auch: →Zeitpfeil $t_i$ |
| Zeitallokation<br><br>(Vgl. Kap. 2.2.3) | Ökonomische Modellvorstellung der Zeit mit verfügbaren Handlungszeiten (→Verfügbarkeit $X_{Ver}$) eines Individuums im →Zeithorizont $Z_T$, welche für individuelle Handlungen in der Weise zuzuteilen und einzu- |

[1113] Vgl. Cramer 1996, S. 104 f. und S. 120 ff.

| **Begriff der Zeit-Dimension** | **Erklärung** |
|---|---|
| (zu: Zeitallokation) | setzen sind, dass eine maximale Nutzengenerierung ermöglicht wird. Innerhalb der verfügbaren Handlungszeiten führt die als notwendig angenommene Zeitdauer einzelner Handlungen zu einer Begrenzung der Nutzenmaximierung und bei alternativen Handlungsmöglichkeiten zu Opportunitätskosten. Siehe auch: →Opportunitätskosten der Zeit →Güterzeit |
| Zeitausprägung<br><br>(Vgl. Kap. 2.2.1) | In Zeiteinheiten bemessene Handlungen von Personen des Personalbestands in →reversibler und →irreversibler Ausprägung innerhalb einer →Zeit-Dimension, aufgefasst als erst dann substantiierte Zeit von Handlungen in der Annahme einer nicht existenten →absoluten Zeit als universale Hintergrundzeit. Siehe auch: →Emergente Zeit →Relationale Zeit |
| Zeitautonomie<br><br>(Vgl. Kap. 3.1 i.V.m. Kap. 2.6.1 und Kap. 2.7 sowie Kap. 5.2.1 mit Kap. 5.3.1) | Konstrukt einer disponiblen →Zeit-Dimension als unternehmensspezifische →Systemzeit zur Sicherung der autonomen Handlungsfähigkeit von Individuen. In Bezug auf das Unternehmens-Umwelt-System erfolgt damit eine explizite Abgrenzung zu den autonomen Systemzeiten anderer Wirtschaftsakteure. Siehe auch: →Relationale Zeit |
| Zeitdauer<br><br>(Vgl. Kap. 2.2) | Zeitform eines Systems für die Beschreibung der zeitlichen Erstreckung einer Veränderung mit einem bestimmten Tempo und einer bestimmten Veränderungsgeschwindigkkeit auf einer →Zeitskala. Mehrere Veränderungen verlaufen in Systemen entweder simultan, sukzessive oder überschneidend. Zeitdauer und →Zeitpunkte in größerer Anzahl erfordern eine Synchronisierung. Siehe auch: →Zeitelemente von Systemen |
| Zeit-Dimension (relationale Zeit-Dimension) | Die relationale Zeit-Dimension als handlungsbasierte Zeit-Dimension in reversibler und irreversibler Ausprägung beschreibt das handlungsbedingte zeitliche Ausmaß der unternehmensspezifischen relationalen |

| **Begriff der Zeit-Dimension** | **Erklärung** |
|---|---|
| (Vgl. Kap. 1.1 und Kap. 2.2 i.V.m. Kap. 3.1, Kap. 3.2 und Kap. 3.3 sowie Kap. 4.1 und Kap. 4.2 i.V.m. mit Kap. 5.2, Kap. 5.3 und Kap. 5.4)<br><br>(zu: Zeit-Dimension) | Zeit als substantiierte Zeit in Verbindung mit den Leistungs- und Güterbewegungen im Unternehmens-Umwelt-System. Dies gemessen mit dem →Zeit-Potenzial von Personen des Personalbestands und deren individuellen Wissens- und Kompetenzenpotenzialen als gegenwärtige und zukünftige Handlungs-kompetenzen für die zielausgerichtete und bedarfsoptimale Nutzenausrichtung nach dem Wirtschaftlichkeitsprinzip zur Erzielung eines (relationalen) Zeit-Erfolgs. Innerhalb der relationalen Zeit-Dimension bestimmt auf Grundlage der Strategie das →Zeit-Potenzial $X_{Pot}$ des Personalbestands $P_1, P_2, \ldots P_n$ unter Beeinflussung der Variablen der →Verfügbarkeit $X_{Ver}$ und der →Produktivität $X_{Prod}$ über die Höhe des →Zeit-Erfolgs bzw. des →Zeit-Nutzenpotenzials sowie weiter über die Höhe des potenziellen Wert-Erfolgs. Siehe auch: →Systemzeit →Zeitautonomie →Zeitallokation →Güterzeit |
| Zeitebenen<br><br>(Vgl. Kap. 3.2.2) | Modellelemente der →Systemzeit für die Strukturierung der →Zeit-Dimension einer Unternehmung mit der absoluten Zeitebene der →absoluten Zeit-Dimension der Koordination, mit der relationalen Zeitebene der →relationalen Zeit-Dimension der Konfiguration sowie einer technologischen Zeitebene der Echtzeitausprägungen mit Hilfe von Informationstechnologie. Siehe auch: →Zeitordnungen →Zeitformen |
| Zeit-Erfolg $Y_{Erf}$ (relationaler Zeit-Erfolg)<br><br>(Vgl. Kap. 4.1 i.V.m. Kap. 3.4) | Ein relationaler Zeit-Erfolg bestimmt sich aus verfügbaren (→Verfügbarkeit $X_{Ver}$) sowie zielausgerichteten und bedarfsoptimalen Handlungszeiten (→Produktivität $X_{Prod}$) eines gegebenen Zeit-Potenzials $X_{Pot}$ des Personalbestands $P_1, P_2, \ldots P_n$. Dies im Rahmen zur Hervorbringung von Leistungsergebnissen in einem →Zeithorizont $Z_T$ auf Basis von Leistungs- und Güterbewegungen im Unternehmens-Umwelt-System. Der erzielte relationale Zeit-Erfolg gemessen in Arbeitsstunden wird als ursächlich für den Werterfolg in der |

| Begriff der Zeit-Dimension | Erklärung |
|---|---|
| (zu: Zeit-Erfolg $Y_{Erf}$) | Wert-Dimension angenommen. Siehe auch: →Arbeitsproduktivität →Zeit-Nutzenpotenzial |
| Zeitformen<br><br>(Vgl. Kap. 3.2.2) | Bestandteile der → Systemzeit für die Strukturierung der →Zeit-Dimension einer Unternehmung in Bezug auf Handlungszeiten in Prozessen mit der Duration i. S. v. →Zeitdauer, der Instantaneität i. S. v. Vergleichzeitigung (→Echtzeit), der Sequenz i. S. v. Aufeinander-folge, der Simultaneität i. S. v. Gleichzeitigkeit sowie dem Rhythmus i. S. einer zyklischen Wiederkehr und dem Takt i. S. eines gleichbleibenden Zeitmaßes. Zeitformen bedürfen der Synchronisierung und der Festlegung einer Geschwindigkeit. Siehe auch: →Zeitebenen →Zeitordnungen |
| Zeithorizont $Z_T$<br><br>(Vgl. Kap. 4.1.5 i.V.m. Kap. 2.2.1 und 2.2.3) | Endlicher Planungshorizont auf einer →Zeitachse t mit einer systemspezifischen →Zeitskala zur Abbildung von Zeitpunkten und Zeitdauer von Handlungszeiten und Leistungsprozessen in der →Zeit-Dimension. Über den Zeithorizont $Z_T$ erfolgt die geplante Realisierung von →Zeit-Nutzenpotenzial $Y_{Erf}$ bzw. von →Zeit-Erfolg $Y_{Erf}$ mit unterschiedlichen zeitlichen Abgrenzungen von →Zeit-Potenzial und →Zeit-Verbrauch in Leistungsprozessen über mehrere Planperioden hinweg. |
| Zeitkompetenz<br><br>(Vgl. Kap. 1.1 i.V.m. Kap. 3.1) | Langfristige Lern- und Entwicklungsperspektive im Unternehmens-Umwelt-System zur Generierung von →Zeit-Nutzenpotenzialen innerhalb der →Zeit-Dimension unter Berücksichtigung der unternehmensspezifischen →Systemzeit verbunden mit einer strategischen Anpassungsfähigkeit und dem strategischen Fit. |
| Zeitkosten (Vgl. Kap. 3.4.2.3 und Kap. 3.4.2.5) | →Zeitrelevante Kosten der Handlungszeiten einschließlich der →Opportunitätskosten der Handlungszeit i. S. eines bewerteten Nutzenentgangs aus einer |

| Begriff der Zeit-Dimension | Erklärung |
|---|---|
| (zu: Zeitkosten) | nicht optimalen Zuteilung (→Zeitallokation) von Handlungszeiten für die Nutzengenerierung. Als Zeitkosten gelten auch beschäftigungsgrad-unabhängige Kosten im Sinn von Fixkosten. |
| Zeitkostenrechnung<br><br>(Vgl. Kap. 3.4.2.3 und Kap. 3.4.2.5) | Nebenrechnung der Kostenrechnung im Rahmen des →Zeitmanagements für die Bestimmung von →zeitrelevanten Kosten und Opportunitätskosten insbesondere bei der Verkürzung von Durchlaufzeiten und Lieferzeiten mit der Aufschlüsselung nach relevanten Zeitkostenarten. Siehe auch: →Zeitkosten |
| Zeitmanagement<br><br>(Vgl. Kap. 3.3) | Management von Handlungszeiten in der →Zeit-Dimension ursprünglich mit dem Ziel der Verkürzung von internen und externen Response-Zeiten durch Reduzierung, Eliminierung, Konzentration, Beschleunigung und Parallelisierung. In der erweiterten betriebswirtschaftlichen Sicht beinhaltet Zeitmanagement das betriebliche und individuelle Zeitmanagement für wissensintensive Leistungsprozesse und für individuelle Wissensarbeit mit Methoden und Maßnahmen des strategischen Produktivitätsmanagements. Siehe auch: →Systemzeit |
| Zeitnutzen (relational)<br><br>(Vgl. Kap. 2.2.3 i.V.m. Kap. 3.4.2 sowie Kap. 4.2.3 mit Kap. 5.2.4.1) | Der im →Zeithorizont $Z_T$ innerhalb der →Zeit-Dimension erzielte oder erwartete Nutzen-zuwachs aus einer abgrenzbaren Menge an verfügbaren und produktiven Handlungszeiten von Individuen im Rahmen des →Zeitpotenzials $X_{Pot}$ des Personalbestands $P_1, P_2, \ldots P_n$ mit deren Wissens- und Kompetenzenpotenzialen. Die eingesetzten Handlungszeiten zur Hervorbringung von Leistungsergebnissen sind nach dem ökonomischen Prinzip durch produktive Handlungen im Sinn von Effektivität und Effizienz zu nutzen. Nutzenpositionen beruhen dabei auf der Basis von Präferenzen. Siehe auch: →Zeit-Nutzenpotenzial →Arbeitsproduktivität |

| Begriff der Zeit-Dimension | Erklärung |
|---|---|
| (zu: Zeitnutzen) | →Zeit-Erfolg →Verfügbarkeit $X_{Ver}$ →Produktivität $X_{Prod}$ →Opportunitätskosten der Zeit |
| Zeit-Nutzenpotenzial $Y_{Erf}$<br><br>(Vgl. Kap. 4.2 i.V.m. Kap. 4.1 sowie Kap. 5.2.4.1 mit Kap. 5.3.4) | Innerhalb der →Zeit-Dimension mit dem verfügbaren (→Verfügbarkeit $X_{Ver}$) und dem produktiven (→Produktivität $X_{Prod}$) →Zeit-Potenzial $X_{Pot}$ des Personalbestands $P_1$, $P_2$, …$P_n$ in einem →Zeithorizont $Z_T$ erzielbarer →(relationaler) Zeit-Erfolg als abhängige Variable $Y_{Erf}$. Der relationale Zeit-Erfolg als Zeit-Nutzenpotenzial beinhaltet die strategiegeleitete Bezugnahme auf die Nutzung, Gestaltung und Entwicklung der Wissens- und Kompetenzenpotenziale des Personalbestands. Die Strategie entscheidet über die strategische Bereitschaft und zukünftige strategische Ausrichtung des Zeit-Potenzials $X_{Pot}$. |
| Zeitordnungen<br><br>(Vgl. Kap. 3.2.1) | Bestandteil der →Systemzeit von Unternehmungen mit der kollektiven Zeitordnung von Natur, Manufaktur und Handwerk, der gemeinschaftlichen Zeitordnung der industriellen Produktion und der individuellen Zeitordnung der Wissensökonomie. Siehe auch: →Zeitebenen →Zeitformen →Zeit-Dimension |
| Zeitpfeil $t_i$<br><br>(Vgl. Kap. 2.2.1 mit Kap. 3.2.3 sowie Kap. 4.1.6) | Symbol für die (vertikale) Darstellung der →irreversiblen Zeit $t_i$ als Ausprägung von Handlungszeiten mit einem niedrigen Grad an Determiniertheit hinsichtlich der Leistungsergebnisse. Irreversible Zeitpfeile beschreiben aus physikalischer Sicht eine Ausrichtung in Zustände höherer Entropie als Maß niedrigerer Ordnung mit gleichwohl mehr Möglichkeiten. |
| Zeit-Potenzial $X_{Pot}$ des Personalbestands $P_1$, $P_2$, …$P_n$<br><br>(Vgl. Kap. 4.1.2 mit Kap. 5.2.3.1 i.V.m. Kap. 5.3.3) | Dargestellt als unabhängige Variable $X_{Pot}$ der maximal einsetzbaren und abrufbaren Handlungszeiten des →Personalbestands $P_1$, $P_2$, …$P_n$ einer Unternehmung als maximales Leistungspotenzial gemessen in Arbeitsstunden innerhalb der vorgegebenen gesetzlichen, tarif- und einzelvertraglichen Rahmenbestimmungen |

| **Begriff der Zeit-Dimension** | **Erklärung** |
|---|---|
| (zu: Zeit-Potenzial $X_{Pot}$ des Personalbestands $P_1, P_2, \dots P_n$) | nach dem →Arbeitszeitkonzept der bezahlten Stunden. Siehe auch: →Verfügbarkeit $X_{Ver}$ →Produktivität $X_{Prod}$ →Zeit-Nutzenpotenzial →Zeit-Erfolg |
| Zeitpreis (Preis der Zeit)<br><br>(Vgl. Kap. 2.2.3 und Kap. 3.4.2.3) | Bezeichnung für den Lohnsatz handelnder Individuen in der Erwerbsarbeit. Der Zeitpreis ermöglicht die direkte Umrechnung von Arbeitszeit in Geldeinheiten. Der Zinssatz als ein Preis der Zeit dient der Vergleichbarkeit knapper Ressourcen. Siehe auch: →Absolute Zeit |
| Zeitpunkte<br><br>(Vgl. Kap. 2.2.1) | Existentes und unveränderliches Element der Zeit für die punktuelle Abbildung von Ereignissen und Prozessen. Zeitpunkte bestimmen auch den Beginn und das Ende von Handlungszeiten und Prozessen auf einer →Zeitskala. Siehe auch: →Zeitdauer |
| Zeitrelevante Kosten<br><br>(Vgl. Kap. 3.4.2.3) | Operative Kostenpositionen bzw. Kostenarten, die im Rahmen der Methoden und Maßnahmen des →Zeitmanagements bei der Durchlaufzeiten-Minimierung zu berücksichtigen sind. Siehe auch: →Zeitkostenrechnung |
| Zeitskala<br><br>(Vgl. Kap. 1.1 mit Kap. 2.2.1 und Kap. 2.2.3) | Skala mit einem konstanten Zeitmaß in Form von Zeiteinheiten auf einer →Zeitachse t mit einem Anfangszeitpunkt $t_0$ und einem Gegenwartszeitpunkt für die Darstellung von Handlungen und Ereignissen nach →Zeitpunkten und →Zeitdauern innerhalb eines bestimmten Systems. Siehe auch: →Zeitelemente von Systemen →absolute Zeit |
| Zeitsystem<br><br>(Vgl. Kap. 3.3.4) | Art der Organisation von Arbeitszeiten innerhalb der →Zeit-Dimension in den zwei Grundausrichtungen eines →monochronologischen Zeitsystems und eines →polychronologischen Zeitsystems. |

| **Begriff der Zeit-Dimension** | **Erklärung** |
|---|---|
| Zeitverbrauch, absolute Zeit<br><br>(Vgl. Kap. 2.2.3 und Kap. 2.6.2. mit Kap. 3.4.2.3 mit Kap. 3.4.2.5) | Zeitverbrauchs- und Güterverbrauchsgefüge eingesetzter Produktionsfaktoren einschließlich des Potenzialguts des Personalbestands in der Kostenrechnung mit der vollständigen Zurechnung aller relevanten Kosten einschließlich Personalkosten zu eingesetzten Leistungszeiten unter Anwendung des Verursachungs- und Kostenwirkungsprinzips. Zeit wird dabei pauschal und absolut als Kosteneinflussgröße und Variable einer Kostenfunktion interpretiert. Siehe auch: →Absolute Zeit →Zeitverbrauch, →relationale Zeit →Arbeitszeiten, bezahlte →Arbeitszeiten, geleistete |
| Zeitverbrauch, relationale Zeit<br><br>(Vgl. Kap. 4.1.3 mit Kap. 4.1.4 sowie Kap. 5.2.3.2 mit Kap. 5.2.4.1 und Kap. 5.3.3 i.V.m. Kap. 2.2.3, Kap. 2.2.4 und Kap. 2.5) | Die in einem →Zeithorizont innerhalb der →relationalen Zeit-Dimension im Sinn der Konzepte der →Güterzeit und →Zeitallokation nicht verfügbaren (→Verfügbarkeit $X_{Ver}$) und unproduktiv (→Produktivität $X_{Prod}$) eingesetzten Handlungszeiten des →Zeitpotenzials $X_{Pot}$ des Personalbestands $P_1$, $P_2$, ...$P_n$.zur Hervorbringung bestimmter Leistungsergebnisse. Ein relationaler Zeitverbrauch lässt sich erst auf der Basis von verfügbaren Handlungszeiten des Zeit-Potenzials mit deren unproduktiven Verwendungen ermitteln. Siehe auch: →Zeitnutzen →Relationale Zeit→Arbeitsproduktivität →Opportunitätskosten der Zeit |
| Zeitwert<br><br>(Vgl. Kap. 2.6.2.2) | Beizulegender Wert als regulär erzielbarer Preis beim Verkauf von Vermögensgegenständen oder bei der Übertragung von Verbindlichkeiten zu einem bestimmten Stichtag unter gegebenen ökonomischen Interessen und Marktbedingungen mit Einbeziehung des Barwertkalküls. |
| Zeitwirtschaftssystem<br><br>(Vgl. Kap. 2.2.4) | Stationäres oder mobiles technologiegestütztes System für die Erfassung von Arbeitszeiten, Leistungs- und Betriebsdaten sowie für die Personaleinsatz- und Personalbedarfsplanung mit Schnittstellen zu ERP-Systemen. |

# Anhang

## Anhang 1 – Wissensintensive Wirtschaftszweige nach NIW/ISI/ZEW

**NIW/ISI/ZEW- Liste wissensintensiver Wirtschaftszweige 2010 in zweistelliger Wirtschaftsgliederung nach WZ 2008 bzw. NACE Rev. 2 in gesamtwirtschaftlicher Sicht**[1114]

**Wissensintensive Industrien**

20 Herstellung von Chemischen Erzeugnissen

21 Herstellung von pharmazeutischen Erzeugnissen

26 Herstellung von Datenverarbeitungsgeräten, elektronischen und optischen Erzeugnissen

27 Herstellung von elektrischen Ausrüstungen

28 Maschinenbau

29 Herstellung von Kraftwagen und Teilen

30 Sonstiger Fahrzeugbau

**Wissensintensives übriges Gewerbe**

6 Gewinnung von Erdöl und Erdgas

9 Erbringung von Dienstleistungen für den Bergbau und die Gewinnung von Steinen und Erden

19 Kokerei und Mineralölverarbeitung

35 Energieversorgung

36 Wasserversorgung

**Wissensintensive Dienstleistungen**

58 Verlagswesen

59 Herstellung, Verleih, Vertrieb v. Filmen u. Fernsehprogrammen; Kinos, Tonstudios, Musikverlage

60 Rundfunkveranstalter

---

[1114] Gehrke/Frietsch/Rammer 2010, S. 11-12. Zu WZ 2008 vgl. Statistisches Bundesamt 2007 zur Gliederung der Klassifikation der Wirtschaftszweige, Ausgabe 2008 (WZ 2008).

**Wissensintensive Dienstleistungen (Fortsetzung)**

61 Telekommunikation

62 Erbringung von Dienstleistungen der Informationstechnologie

63 Informationsdienstleistungen

64 Erbringung von Finanzdienstleistungen

65 Versicherungen, Rückversicherungen und Pensionskassen (ohne Sozialversicherung)

66 Mit Finanz- und Versicherungsdienstleistungen verbundene Tätigkeiten

69 Rechts- und Steuerberatung, Wirtschaftsprüfung

70 Verwaltung und Führung von Unternehmen und Betrieben; Unternehmensberatung

71 Architektur- und Ingenieurbüros, technische, physikalische und chemische Untersuchung

72 Forschung und Entwicklung

73 Werbung und Marktforschung

74 Sonstige freiberufliche, wissenschaftliche und technische Tätigkeiten

75 Veterinärwesen

86 Gesundheitswesen

90 Kreative, künstlerische und unterhaltende Tätigkeiten

91 Bibliotheken, Archive, Museen, botantische und zoologische Gärten

## Anhang 2 – Arbeitszeiten in Unternehmen

**Tab. 1: Arbeitsstunden nach Arbeitszeitkonzepten von vollzeitbeschäftigten Arbeitnehmern aller Wirtschaftszweige in Deutschland und ausgewählten Ländern der EU für 2013**[1115]

| EU-Land, EU-Ländergruppe (alphabetisch, eigene Auswahl) | **Vertraglich vereinbarte Arbeitsstunden pro Woche** (5 Tage) | **Vertraglich vereinbarte Arbeitsstunden pro Jahr**[1] | **Gesetzliches Maximum für Arbeitsstunden pro Woche** | **Tatsächlich geleistete Arbeitsstunden pro Woche** | **Bezahlte Arbeitsstunden pro Jahr**[2] |
|---|---|---|---|---|---|
| - | **Arbeitszeitkonzept der vertraglichen Stunden** | **Arbeitszeitkonzept der vertraglichen Stunden** | - | **Arbeitszeitkonzept der geleisteten Stunden** | **Arbeitszeitkonzept der bezahlten Stunden** |
| **Jahr** | **2013** | **2013** | **2013** | **2013** | **2013** |
| **Deutschland** | **37,7** | **1.658,8** | **48,0**[3] | **40,4** | **1.960,4** |
| Frankreich | 35,6 | 1.566,4 | 48,0 | 37,4 | 1.851,2 |
| Großbritannien | 37,7 | 1.713,1 | 48,0 | 40,8 | 1.960,4 |
| Italien | 38,0 | 1.694,8 | 40,0 | 38,0 | 1.976,0 |
| Österreich | 38,8 | 1.738,2 | 40,0 | 40,0 | 2.017,6 |
| Rumänien | 40,0 | 1.840,0 | 40,0 | 41,2 | 2.080,0 |
| Schweden | 37,1 | 1.662,1 | 40,0 | 38,6 | 1.929,2 |
| Spanien | 38,3 | 1.715,8 | 40,0 | 39,5 | 1.991,6 |
| EU28 | 38,1 | 1.711,8 | - | 39,5 | 1.980,7 |
| EU15 (vor 2004) | 37,6 | 1.678,5 | - | 39,3 | 1.954,3 |

[1115] Vgl. Eurofound 2014, S. 3 ff. zu den vertraglich vereinbarten wöchentlichen Arbeitszeiten nach Ländern und Wirtschaftszweigen, S. 10 ff. zu den gesetzlichen Rahmenbedingungen der Arbeitszeiten, S. 13 ff. zu den tatsächlich geleisteten Wochenarbeitszeiten, S. 16 ff. zu Urlaubszeiten und S. 18 ff. zu den bezahlten und vertraglichen Arbeitszeiten auf Jahresbasis. Zur Gesamtübersicht vgl. a. a. O., S. 19 f. Eigene Auswahl von Ländern und Zusammenfassung der Tabellen und Übersetzung des englischen Originaltextes. Alle Daten beziehen sich auf einen Vollzeitbeschäftigten mit 5-Tage-Rhythmus pro Woche. [1]Bezahlte Arbeitsstunden abzüglich Urlaubs- und Feiertagszeiten. [2]Vertraglich vereinbarte Wochenarbeitszeit mal 52 Wochen, einschl. Urlaubs- und Feiertagszeiten, Werte gerundet, vgl. a.a.O., S. 19 f. [3]Gesetzliche maximale Regelarbeitszeit pro Woche für sechs Werktage nach § 3 ArbZG mit einer werktäglichen Arbeitszeit von maximal 8 Stunden i. V. m. dem grundsätzlichen Sonntagsarbeitsverbot nach § 9 ArbZG. Zu den Arbeitszeitkonzepten vgl. Kap. 2.2.4. Eurofound ist eine EU-Körperschaft, welche die europäische Sozialpolitik mit Vergleichsdaten, Forschungen und Empfehlungen fördert. Unterstützt wird Eurofound durch die European Industrial Relations Observatory (EIRO).

**Tab. 2: Geleistete Arbeitsstunden, Arbeitsproduktivität und Lohnstückkosten der Erwerbstätigen aller Wirtschaftszweige in Deutschland 2000 und 2012-2015 (Übersicht)**[1116]

| Arbeitszeitrechnungen | 2000 | 2012 | 2013 | 2014 | 2015 |
|---|---|---|---|---|---|
| Anzahl der Erwerbstätigen in allen Wirtschaftszweigen (1000 Personen) | 39.917 | 42.060 | 42.328 | 42.703 | 43.032 |
| (Veränderung zur Vorperiode) | | (+1,2%) | (+0,6%) | (+0,9%) | (+0,8%) |
| Geleistete Arbeitsstunden der Erwerbstätigen (Mio. Std.) | 57.960 | 57.845 | 57.639 | 58.349 | 58.999 |
| (Veränderung zur Vorperiode) | | (-0,1%) | (-0,4%) | (+1,2%) | (+1,1%) |
| Erzielte Bruttowertschöpfung (Mrd. EUR) | 1.909,237 | 2.475,120 | 2.536,860 | 2.623,090 | 2.722,657 |
| (Veränderung zur Vorperiode) | | (+1,9%) | (+2,5%) | (+3,4%) | (+3,8%) |
| Arbeitsproduktivität je Erwerbstätigenstunde (Index 2010=100) | 89,93 | 102,58 | 103,25 | 103,63 | 104,22 |
| Lohnstückkosten (Index 2010=100) | 95,23 | 103,61 | 105,66 | 107,40 | 109,21 |

Unter den Erwerbstätigen finden sich nach Angaben des Statistischen Bundesamtes[1117] für das Jahr 2010 insgesamt 7,84 Mio. sog. atypisch Beschäftigte mit geringeren Arbeitszeiten, welche die durchschnittlich geleistete Arbeitszeit je Beschäftigten reduzieren. Hierzu gehören Beschäftigungsverhältnisse mit befristeten Arbeitsverhältnissen, Teilzeitbeschäftigungen bis zu 20 Wochenstunden, geringfügige Beschäftigungen und Zeitarbeitsverhältnisse.

1116 Vgl. Statistisches Bundesamt 2016a, S. 57 zur Anzahl der Erwerbstätigen und zu geleisteten Arbeitsstunden der Erwerbstätigen (Arbeitsvolumen). Vgl. a. a. O. , S. 59 zur Bruttowertschöpfung in jeweiligen Preisen. Vgl. a. a. O., S. 58 zur Arbeitsproduktivität je Erwerbstätigenstunde, berechnet aus der Bruttowertschöpfung je geleisteter Erwerbstätigenstunde. Vgl. a. a. O., S. 84 zu den Lohnstückkosten nach dem Stundenkonzept, berechnet aus dem Arbeitnehmerentgelt je Arbeitnehmerstunde in Relation zur Arbeitsproduktivität von preisbereinigter Bruttowertschöpfung je geleisteter Erwerbstätigenstunde. Vgl. Brücker et al. 2012, Kapitel E, S. 6 u. S. 8 zu den Erwerbstätigen mit deren Jahresarbeitszeiten, Arbeitsvolumen und Produktivität von 1991 bis 2010 sowie Statistisches Bundesamt 2011a, S. 1 u. S. 2 zu den Erwerbstätigen und deren geleisteten Arbeitsstunden 2008-2010.

1117 Vgl. Statistisches Bundesamt 2011b, S. 1 f.

**Tab. 3: Geleistete Arbeitsstunden, Arbeitsproduktivität und Lohnstückkosten je Arbeitnehmer und Erwerbstätigen für alle Wirtschaftszweige und das produzierende Gewerbe in Deutschland 2012-2015**[1118]

| Arbeitszeitrechnungen | 2012 | 2013 | 2014 | 2015 |
|---|---|---|---|---|
| Geleistete Arbeitsstunden je Erwerbstätigen insgesamt für alle Wirtschaftszweige | 1.375,3 | 1.361,7 | 1.366,4 | 1.371,0 |
| Geleistete Arbeitsstunden je Arbeitnehmer insgesamt für alle Wirtschaftszweige | 1.300,9 | 1.290,5 | 1.298,1 | 1.303,9 |
| Geleistete Arbeitsstunden je Erwerbstätigen im produzierenden Gewerbe | 1.440,4 | 1.443,6 | 1.455,0 | 1.464,8 |
| Geleistete Arbeitsstunden je Arbeitnehmer im produzierenden Gewerbe | 1.413,6 | 1.419,1 | 1.432,1 | 1.442,7 |
| Bruttowertschöpfung je geleisteter Erwerbstätigenstunde für alle Wirtschaftszweige (Arbeitsproduktivität) (EUR) | 47,62 | 48,94 | 49,97 | 51,29 |
| Bruttowertschöpfung je geleisteter Erwerbstätigenstunde im produzierenden Gewerbe (Arbeitsproduktivität) (EUR) | 56,56 | 56,58 | 57,51 | 59,24 |
| Arbeitsproduktivität je geleisteter Erwerbstätigenstunde für alle Wirtschaftszweige (Index, 2010=100) | 102,58 | 103,25 | 103,63 | 104,22 |
| Arbeitsproduktivität je geleisteter Erwerbstätigenstunde im produzierenden Gewerbe (Index, 2010=100) | 102,21 | 101,97 | 102,32 | 103,42 |
| Arbeitnehmerentgelt je geleisteter Arbeitnehmerstunde für alle Wirtschaftszweige (EUR) | 28,48 | 29,23 | 29,82 | 30,50 |
| Arbeitnehmerentgelt je geleisteter Arbeitnehmerstunde im produzierenden Gewerbe (EUR) | 34,79 | 35,77 | 36,25 | 36,96 |
| Lohnstückkosten nach dem Stundenkonzept für alle Wirtschaftszweige (Index, 2010=100) | 103,61 | 105,66 | 107,40 | 109,21 |
| Lohnstückkosten nach dem Stundenkonzept im produzierenden Gewerbe (Index, 2010=100) | 102,21 | 105,33 | 106,39 | 107,32 |

[1118] Vgl. Statistisches Bundesamt 2016b, Tab. 1.12 zu den geleisteten Arbeitsstunden je Erwerbstätigen und Arbeitnehmer für alle Wirtschaftszweige. Vgl. a. a. O., Tab. 2.8 zu den geleisteten Arbeitsstunden je Erwerbstätigen im produzierenden Gewerbe (ohne Baugewerbe). Vgl. a. a. O., Tab. 2.10 zu den geleisteten Arbeitsstunden je Arbeitnehmer im produzierenden Gewerbe (ohne Baugewerbe). Vgl. a. a. O., Tab. 2.12 zur Bruttowertschöpfung in jeweiligen Preisen je geleisteter Erwerbstätigenstunde für alle Wirtschaftszweige und im produzierenden Gewerbe (ohne Baugewerbe). Vgl. a. a. O., Tab. 2.14 zum Arbeitsproduktivitäts-Index je geleisteter Erwerbstätigenstunde für alle Wirtschaftszweige und im produzierenden Gewerbe (ohne Baugewerbe), Arbeitsproduktivität-Index berechnet aus Bruttowertschöpfung preisbereinigt je geleisteter Erwerbstätigenstunde. Vgl. a. a. O., Tab. 2.16 zum Arbeitnehmerentgelt je geleisteter Arbeitnehmerstunde für alle Wirtschaftszweige und im produzierenden Gewerbe. Vgl. a. a. O., Tab. 2.20 zu den Lohnstückkosten nach dem Stundenkonzept für alle Wirtschaftszweige und im produzierenden Gewerbe (Index). Lohnstückkosten-Index berechnet aus dem Arbeitnehmerentgelt je geleisteter Arbeitnehmerstunde in Relation zur Arbeitsproduktivität aus Bruttowertschöpfung je geleisteter Erwerbstätigenstunde.

**Tab. 4: Geleistete Arbeitsstunden nach Vollzeit- und Teilzeitbeschäftigten in Deutschland 2012-2015**[1119]

| **Arbeitszeitrechnungen** | **2012** | **2013** | **2014** | **2015** |
|---|---|---|---|---|
| beschäftigte Arbeitnehmer in Vollzeit (Tsd.)<br>(Veränderung zum Vorjahr) | 23.230<br>(+ 1,4%) | 23.288<br>(+ 0,2%) | 23.534<br>(+ 1,1%) | 23.917<br>(+ 1,6%) |
| beschäftigte Arbeitnehmer in Teilzeit (Tsd.)<br>(Teilzeitquote) | 14.270<br>(38,1%) | 14.581<br>(38,5%) | 14.772<br>(38,6%) | 14.815<br>(38,3%) |
| tatsächlich geleistete Arbeitszeit eines Vollzeitbeschäftigten in Stunden (Veränderung zum Vorjahr) | 1.656,4<br>(- 1,3%) | 1.645,4<br>(- 0,7%) | 1.651,5<br>(+ 0,4%) | 1.656,5<br>(+ 0,3%) |
| tatsächlich geleistete Arbeitszeit eines Teilzeitbeschäftigten in Stunden (Veränderung zum Vorjahr) | 679,4<br>(- 0,1%) | 681,0<br>(+ 0,2%) | 692,0<br>(+1,6%) | 691,8<br>(0,0%) |
| effektive Arbeitstage ohne Urlaub und Krankenstand | 209,6 | 208,1 | 208,6 | 210,4 |
| **geleistete Arbeitszeiten je Arbeitnehmer berücksichtigen:** | **2012** | **2013** | **2014** | **2015** |
| Feiertage (Tage) | 11,4 | 12,0 | 11,8 | 9,4 |
| Urlaub und sonstige Freistellungen (Tage) | 30,8 | 31,3 | 31,2 | 31,2 |
| Krankenstand in Arbeitsstunden | 54,5 | 56,2 | 55,7 | 59,0 |
| bezahlte Überstunden je Arbeitnehmer (Stunden) | 22,9 | 21,0 | 20,8 | 21,1 |
| unbezahlte Überstunden je Arbeitnehmer (Stunden) | 27,7 | 25,9 | 25,9 | 25,7 |
| Überstunden je Arbeitnehmer gesamt (Stunden) | 50,6 | 46,9 | 46,7 | 46,8 |

[1119] Vgl. IAB 2016, o. S. zur Arbeitszeit in Deutschland mit der Weiterentwicklung der Arbeitszeitrechnung auf Basis der Generalrevision der Volkswirtschaftlichen Gesamtrechnung zum Sept. 2014 u. a. m. Änderungen bei d. Höhe u. Struktur der Erwerbstätigenzahlen. Prozentuale Veränderungen gerundet. Vgl. Wanger/Weigand/Zapf 2014, S. 10 ff. zu den Revisionsarbeiten in der AZR auf Basis der ESVG 2010 u. a. mit der Weiterentwicklung der Konzepte der geleisteten Arbeitsstunden und der bezahlten und unbezahlten Überstunden.

## Anhang 3 – Abwesenheitszeiten

**Abwesenheitszeiten des Arbeitszeitkonzepts der bezahlten Stunden**[1120]

| Arten von Abwesenheitszeiten | Komponenten | Einzelelemente (Beispiele) |
|---|---|---|
| **Abwesenheitszeiten mit Entgeltanspruch** | • Urlaubszeiten | • Jahresurlaub, Sonder-/Zusatzurlaub<br>• Elternurlaub, Bildungsurlaub |
| | • gesundheitsbedingte Abwesenheitszeiten | • Krankheit, Kuraufenthalt<br>• Arbeitsunfall, Privatunfall |
| | • persönliche Arbeitsverhinderungszeiten | • gesetzliche Pflichten<br>• Freistellung |
| | • Feiertage und Ersatzruhetage | |
| | • andere Zeiten | • Mittagspausen, Kurzarbeit |
| **Abwesenheitszeiten ohne Entgeltanspruch** | • unbezahlte Urlaubszeiten | • Prüfungsvorbereitung, private Ausbildung |
| | • Arbeitsverhinderungszeiten | • unentschuldigtes Fehlen, Verspätungen |
| | • andere Zeiten | • Streik |
| **Sonstige Abwesenheitszeiten** | • andere Zeiten | • Fahrtzeiten zum Arbeitsplatz |

---

[1120] Darstellung in Anlehnung an Boonstra-Hörwein 2003, S. 11-14 und S. 31 ff. Vgl. Wanger/Weigand/Zapf 2014, S. 10 ff. zu geleisteten Arbeitsstunden der Leistungstätigkeit einschließl. beruflicher Weiterbildung, Rüst- und Wartungszeiten, Bereitschaftsdienst, Maschinenausfall, Ruhepausen sowie Arbeit auf Abruf. Diese Zeiten zählen im Rahmen der Arbeitszeitrechnung nicht zu den Abwesenheitszeiten.

## Anhang 4 – Fallstudie: Experteninterview

**Mit Ingrid Genau, Genau Consulting, Training und Coaching, 82319 Starnberg**

**Autorin der Fallstudie Prima GmbH – Interview geführt von Claus Conzelmann**

Internet: www.genau.biz

Mit freundlicher Genehmigung zur spezifischen Nutzung und Auswertung der Daten in der Fallstudie Prima GmbH für wissenschaftliche Zwecke in dieser Dissertation. Eine Nutzung der Fallstudie Prima GmbH in anderen Publikationen ist nicht gestattet und bedarf der ausdrücklichen Zustimmung der Autorin als ausschließliche Rechteinhaberin.

Die Fallstudie Prima GmbH auf den Seiten 7-64 ist integriert in der Publikation Genau, I. (2012): Der Unternehmensplan- bankenfähige Geschäftspläne systematisch entwickeln. Mit der Fallstudie Prima GmbH, 4. Auflage, Freiburg 2012, ISBN 978-3-648-02531-4, Seite 1-137. Download der Fallstudie Prima GmbH unter http://www.genau.biz/pdf/Fallstudie-Prima-GmbH-Der-Unternehmensplan.pdf, Aufruf zuletzt am 18.05.2016.

**Frau Genau, seit wann sind Sie als Unternehmensberaterin und Trainerin tätig und welche Zielgruppen betreuen Sie?**

Seit 2003 bin ich als selbstständige Unternehmensberaterin, Führungskräftetrainerin und Management-Coach tätig. Davor war ich als angestellte Geschäftsführerin und in Personalunion als Chief Financial Officer mittelständischer Unternehmen bzw. Konzerne tätig. Meine Zielgruppe im Bereich Beratung sind in erster Linie kleine und mittlere Unternehmen, wobei die Businessplanung mehrheitlich von den Geschäftsführern bzw. geschäftsführenden Gesellschaftern in enger Zusammenarbeit mit mir erstellt wird. In meinen Trainingsangeboten betreue ich Steuerberater und Unternehmensberater sowie Führungskräfte aus mittleren Unternehmen und großen Konzernen. Ein spezielles Management-Coaching biete ich Gesellschaftergeschäftsführern von kleinen und mittleren Unternehmen an.

**Welche speziellen Anforderungen hat Ihre Zielgruppe der Geschäftsführer und Manager bezüglich Strategie und Unternehmensplanung?**

Geschäftsführer und Manager haben generell die Erwartung pragmatischer Lösungsansätze zur Unterstützung bei der Zielerreichung. Dabei sollen einerseits intuitiv bedienbare Softwareprodukte zum Einsatz kommen, deren Ergebnisse transparent und nachvollziehbar sind. Andererseits sollen die Softwarewerkzeuge zum Beispiel für die operative Unternehmensplanung mit ein oder mehreren Beispielen aus der Praxis unterlegt sein, so dass die zugrunde liegenden theoretischen Modelle leichter verständlich sind.

**Wie kam Ihre Idee für die Gestaltung einer Fallstudie mit der anonymisierten Prima GmbH zustande?**

Die Idee resultierte aus dem Zusammentreffen mehrerer Gegebenheiten vor dem Hintergrund gestiegener Anforderungen der Bankinstitute im Kontext von Basel II bzw. jetzt Basel III. Ich betreute einen deutschen Unternehmer, der gerade weltweit sein Patent angemeldet und einen Markennamen registriert hatte und seine Produkte im großen Stil produzieren und vermarkten wollte. Dazu benötigte der Unternehmer eine Beratung für einen Geschäftsplan. Die Einwilligung des Unternehmers der „Prima GmbH" für die Veröffentlichung einer anonymisierten Fallstudie erfolgte dann im Rahmen der laufenden Beratungstätigkeit.

**Wie sind Sie bei der Ausgestaltung der Fallstudie Prima GmbH vorgegangen?**

Konkret habe ich den Original-Geschäftsplan des existierenden Unternehmens durch das Herausnehmen allzu fach- und unternehmensspezifischer Angaben, Bilder, Skizzen und Berechnungen vereinfacht und teilweise umformuliert. Für die Finanz- und Ertragsplanung wurden die originalen Strukturen und Kostenverhältnisse zu einem großen Teil übernommen. Die original geplanten und tatsächlich realisierten Wachstums-Zahlen habe ich in der Fallstudie reduziert.

**Ist die zugrunde liegende reale Unternehmung der Fallstudie noch auf dem Markt tätig?**

Das dieser Fallstudie zugrunde liegende reale Unternehmen ist weiterhin am Markt tätig und wirtschaftet profitabel.

**Ein häufiger Befund in empirischen Studien sind Schwierigkeiten bei der Umsetzung von Strategien. Sehen Sie aus Sicht des strategischen Managements Ansatzpunkte informationstechnologischer Art, diese Schnittstelle zu überbrücken?**

Laut Prof. Dr. John P. Kotter, der im Rahmen seiner Tätigkeit für die Harvard Business School 150 Strategieprojekte untersuchte, fließt die Strategie häufig nicht in die Finanzplanung und Ressourcenzuteilung ein. Der Einsatz einer klassischen operativen Unternehmensplanungssoftware erleichtert zumindest die Erstellung einer Finanzplanung mit den dazu notwendigen Ressourcen. Tatsächliche rechne ich –soweit die Kunden dieses wünschen- die finanziellen Implikationen verschiedener Strategiealternativen durch, um so über eine bessere Entscheidungsgrundlage zu verfügen. Relevant ist, dass die Finanzplanung nicht, wie dies in der Praxis häufig geschieht, eine Fortschreibung der historischen Daten ist. Ein wichtiger praxisrelevanter Aspekt ist die Einbindung des operativen Managements in den Budgetierungsprozess für die Strategie. Dies steigert die Qualität, die Akzeptanz und die Umsetzungswahrscheinlichkeit der Strategie. Als Praxisproblem bestätigen kann ich die häufig mangelhafte Überführung der strategischen Ziele und Maßnahmen in operative Ziele und Maßnahmen. Häufig nicht beachtet werden nach meiner Erfahrung die rechnerische Berücksichtigung und die Kontrolle von strategischen Zwischenzielen auf der Zeitachse.

## Anhang 5 – Fallstudie: Balanced Scorecard Strategy Map

**Balanced Scorecard Strategy Map der Prima GmbH[1121] nach Kaplan/Norton[1122]**

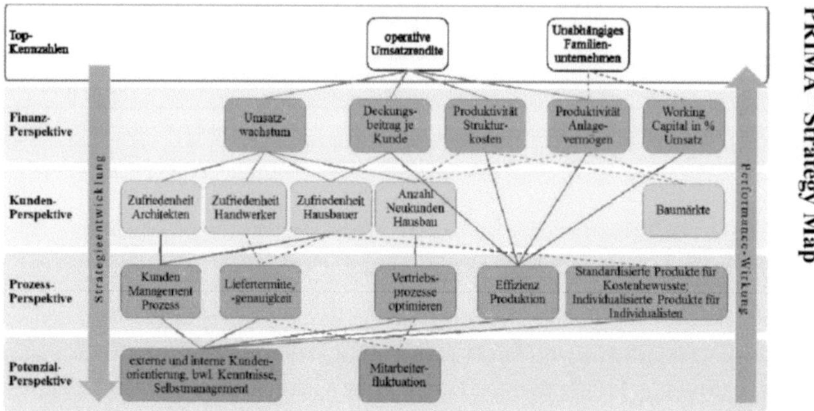


[1121] Genau 2012, S. 39. Zu den Maßnahmen und Messgrößen in der Potenzial-, Geschäftsprozess-, Kunden- und Finanzperspektive vgl. Genau 2012, S. 40-42.

[1122] Vgl. Kaplan/Norton 2004, S. 10 und S. 27 ff. zur Strategy Map.

## Anhang 6 – Fallstudie: Operative Planung in der Wert-Dimension

**Operative Planung der Prima GmbH: Plan-GuV**[1123]

(in EUR; Ist 2011 als Ist-Jahr 1, Plan 2012 als Plan-Jahr 2, Plan 2013 als Plan-Jahr 3, Plan 2014 als Plan-Jahr 4)

| Bezeichnung | Ist 2011 | Plan 2012 | Plan 2013 | Plan 2014 |
|---|---|---|---|---|
| Umsatzerlöse | 6.584.276 | 8.889.370 | 10.667.244 | 12.802.014 |
| Sonstige betriebliche Erträge | | | | |
| Direkte Kosten | 3.558.404 | 4.672.312 | 5.606.774 | 6.728.760 |
| Bruttoergebnis | 3.025.872 | 4.217.059 | 5.060.470 | 6.073.254 |
| Produktion & Logistik | 442.988 | 713.458 | 869.984 | 1.027.447 |
| Marketing & Vertrieb | 1.017.810 | 1.260.068 | 1.528.232 | 1.831.200 |
| Finanzen & Verwaltung | 546.471 | 743.028 | 868.755 | 999.050 |
| Forschung & Entwicklung | 315.548 | 319.397 | 417.772 | 475.354 |
| Wertbericht. auf Forderungen | 7.584 | 8.889 | 10.667 | 12.802 |
| Abschreibungen | 113.500 | 215.917 | 305.000 | 393.600 |
| Gewährleistung | 16.461 | 22.223 | 26.668 | 32.005 |
| Rückstellungen | 10.000 | 19.200 | 24.000 | 28.000 |
| Summe Aufwand | 2.470.362 | 3.302.181 | 4.051.078 | 4.799.459 |
| Betriebsergebnis | 555.510 | 914.878 | 1.009.392 | 1.273.795 |
| Zinsertrag | | 2.401 | | 3.060 |
| Zinsaufwand | 128.562 | 45.380 | 37.763 | 33.548 |
| Zinsergebnis | -128.562 | -42.979 | -37.763 | -30.488 |
| Außerord. Ertrag | | | | |
| Außerord. Aufwand | | | | |
| AO Ergebnis | | | | |
| Vorläufiges Ergebnis vor Steuern | 426.948 | 871.898 | 971.629 | 1.243.308 |
| Steuern E/E | 178.780 | 305.164 | 340.069 | 435.157 |
| Jahresüberschuss / -fehlbetrag | 248.168 | 566.734 | 631.560 | 808.151 |
| Ausschüttungen / Entnahmen | | | 63.156 | 80.815 |
| Rücklagen | | | 200.000 | 200.000 |
| Bilanzergebnis | 248.168 | 566.734 | 368.404 | 527.336 |

[1123] Genau 2012, S. 57. Für den innerhalb der Fallstudie Prima GmbH verwendeten Begriff des Bruttoergebnisses (Umsatzerlöse abzüglich der Materialaufwendungen als sog. direkte Kosten) wird für Zwecke der empirischen Prüfung des entwickelten theoretischen Modells in Kap. 4.4 i. V. m. Kap. 4.3 der Wertschöpfungsbegriff bevorzugt, hier in der vereinfachten Form der betrieblichen Bruttowertschöpfung (Umsatz abzüglich Materialaufwand), vgl. Coenenberg 2005, S. 1108 zur betrieblichen Bruttowertschöpfung i. V. m. S. 1110 zur Entstehungsrechnung der Wertschöpfung nach dem GuV-Gesamtkostenverfahren und S. 1113 zur Entstehungsrechnung nach dem GuV-Umsatzkostenverfahren.

**Operative Planung der Prima GmbH: Liquiditätsplanung**[1124]

(in EUR; Plan 2012 als Plan-Jahr 2, Plan 2013 als Plan-Jahr 3, Plan 2014 als Plan-Jahr 4)

| Bezeichnung | Plan 2012 | Plan 2013 | Plan 2014 |
|---|---|---|---|
| Anfangsbestand Bank | -340.755 | -158.453 | -34.510 |
| Einnahmen/Einzahlungen aus Forderungen | 10.468.474 | 12.432.138 | 15.117.676 |
| Wertbericht. auf Forderungen | -8.889 | -10.667 | -12.802 |
| Einzahlung Zinseinnahmen | 2.401 | | 3.060 |
| Einnahmen aus Desinvestitionen | 238.000 | | |
| Einzahlung Neuaufnahme von Darlehen | 400.000 | 200.000 | 200.000 |
| Einzahlungen Sonst. Forderungen | 65.254 | | |
| Außerord. Ertrag | | | |
| Eigenkapitalveränderung | | | |
| Summe Cash In | 11.165.240 | 12.621.470 | 15.307.934 |
| Auszahlung Personalaufwand | 2.298.588 | 2.860.836 | 3.389.743 |
| Auszahlung Material | 5.153.910 | 5.984.219 | 7.238.339 |
| Auszahlung Aufwand | 1.552.764 | 1.747.755 | 2.055.513 |
| Auszahlung Zinsaufwand | 45.380 | 37.763 | 33.548 |
| Auszahlung Investitionen | 936.133 | 800.969 | 903.316 |
| Auszahlung Tilgung | 60.000 | 110.000 | 150.000 |
| Auszahlung Steuern | 325.000 | 337.164 | 412.069 |
| Auszahlung Umsatzsteuersaldo | 611.162 | 548.465 | 757.243 |
| Sonstige Auszahlungen | | 7.200 | 8.000 |
| Ausschüttungen | | 63.156 | 80.815 |
| Summe Cash Out | 10.982.938 | 12.497.528 | 15.028.586 |
| Perioden-Über-/Unterdeckung | 182.302 | 123.943 | 279.348 |
| Endbestand Bank Kontokorrent | -158.453 | -34.510 | 244.838 |

1124 Genau 2012, S. 58.

**Operative Planung der Prima GmbH: Bilanzplanung**[1125]

(in EUR; Ist 2011 als Ist-Jahr 1, Plan 2012 als Plan-Jahr 2, Plan 2013 als Plan-Jahr 3, Plan 2014 als Plan-Jahr 4)

| **Bezeichnung** | **Ist 2011** | **Plan 2012** | **Plan 2013** | **Plan 2014** |
|---|---|---|---|---|
| Anlagevermögen | 300.000 | 924.875 | 1.300.958 | 1.671.358 |
| Investitionen | 800.000 | 592.000 | 675.400 | 761.480 |
| (kumulierte) Abschreibungen (-) | -175.125 | -215.917 | -305.000 | -393.600 |
| Summe Anlagevermögen | 924.875 | 1.300.958 | 1.671.358 | 2.039.238 |
| Vorräte | 281.565 | 567.147 | 680.000 | 820.000 |
| Forderungen | 211.852 | 321.728 | 583.611 | 700.332 |
| Sonst. Forderungen | | 21.112 | | |
| Flüssige Mittel | 10.499 | | | 244.838 |
| Summe Umlaufvermögen | 503.916 | 909.987 | 1.263.611 | 1.765.170 |
| Summe Aktiva | 1.428.791 | 2.210.946 | 2.934.969 | 3.804.408 |
| Gez. Kapital / Einlagen | 500.000 | 500.000 | 500.000 | 500.000 |
| Rücklagen | | | 200.000 | 400.000 |
| Gewinn-/Verlustvortrag | 150.090 | 418.258 | 984.992 | 1.353.396 |
| Bilanzergebnis lfd. Periode | 268.168 | 566.734 | 368.404 | 527.336 |
| Summe Eigenkapital | 918.258 | 1.484.992 | 2.053.396 | 2.780.731 |
| Pensionsrückstellungen | | | | |
| Sonstige Rückstellungen | 56.250 | 75.450 | 92.250 | 112.250 |
| Langfr. Verbindlichkeiten | | 340.000 | 430.000 | 480.000 |
| Summe langfristige Verbindlichkeiten | 56.250 | 415.450 | 522.250 | 592.250 |
| Kontokorrent | 351.254 | 158.453 | 34.510 | |
| Verbindlichkeiten L/L | 18.412 | 121.887 | 211.209 | 254.650 |
| Sonst. Verbindlichkeiten | | | | |
| Umsatzsteuerverbindlichkeiten | 34.617 | | 80.535 | 120.620 |
| Steuerverbindlichkeiten E/E | 50.000 | 30.164 | 33.069 | 56.157 |
| Verbindlichkeiten Personal | | | | |
| Summe kurzfr. Verbindlichkeiten | 454.283 | 310.504 | 359.324 | 431.427 |
| Summe Passiva | 1.428.791 | 2.210.946 | 2.934.969 | 3.804.408 |

[1125] Genau 2012, S. 60.

# Anhang 7 – Fallstudie: Personalbedarfsplanung

**Personalbedarfsplanung der Prima GmbH**[1126]

| **Personalbestand in betrieblichen Funktionsbereichen** | **Ist-Ausgangs-Jahr 1** | **Plan-Jahr 2** (Veränderung zum Vorjahr) | **Plan-Jahr 3** (Veränderung zum Vorjahr) | **Plan-Jahr 4** (Veränderung zum Vorjahr) |
|---|---|---|---|---|
| **Personalbestand gesamt** | **30** | **38** (+26,7%) | **53** (+39,5%) | **61** (+15,1%) |
| **Einkauf gesamt** | **2** | **2** (0%) | **3** (+50,0%) | **3** (0%) |
| Einkaufsleiter | 1 | 1 | 1 | 1 |
| Einkaufssachbearbeiter | 1 | 1 | 2 | 2 |
| **Produktion und Logistik gesamt** | **13** | **17** (+30,8%) | **23** (+35,3%) | **27** (+17,4%) |
| Produktionsleiter | 1 | 1 | 1 | 1 |
| Vorarbeiter | 1 | 2 | 3 | 4 |
| Arbeitsvorbereiter | 1 | 1 | 2 | 2 |
| Facharbeiter Produktion | 10 | 12 | 15 | 18 |
| Qualitätssicherer | 0 | 1 | 2 | 2 |
| **Marketing und Vertrieb gesamt** | **5** | **7** (+40,0%) | **10** (+42,9%) | **12** (+20,0%) |
| Marketing-Manager | 1 | 1 | 1 | 1 |
| Marketing-Assistenten | 1 | 1 | 2 | 2 |
| Verkaufsleiter | 1 | 1 | 1 | 1 |
| Verkäufer | 1 | 2 | 3 | 4 |
| Auftragssachbearbeiter | 1 | 2 | 3 | 4 |
| Fortsetzung der Personalbedarfsplanung auf der nächsten Seite | | | | |

1126 Genau 2012, S. 47.

| **Personalbedarfsplanung der Prima GmbH**[1127]<br><br>Fortsetzung der Personalbedarfsplanung von der vorherigen Seite | | | | |
|---|---|---|---|---|
| **Personalbestand in betrieblichen Funktionsbereichen** | **Ist-Ausgangs-Jahr 1** | **Plan-Jahr 2**<br>(Veränderung zum Vorjahr) | **Plan-Jahr 3**<br>(Veränderung zum Vorjahr) | **Plan-Jahr 4**<br>(Veränderung zum Vorjahr) |
| **Geschäftsführung, Finanzen und Verwaltung gesamt** | **7** | **8** (+14,3%) | **11** (+37,5%) | **13** (18,2%) |
| Geschäftsführer | 1 | 1 | 1 | 1 |
| Assistenz | 1 | 1 | 1 | 1 |
| Finanzbuchhalter | 1 | 2 | 3 | 4 |
| Controller | 1 | 1 | 1 | 1 |
| Personalsachbearbeiter | 1 | 1 | 2 | 2 |
| Empfang | 1 | 1 | 1 | 1 |
| Auszubildende | 1 | 1 | 2 | 3 |
| **Forschung und Entwicklung gesamt** | **3** | **4** (+33,3%) | **6** (+ 50,0%) | **6** (0%) |
| Chefingenieur | 1 | 1 | 1 | 1 |
| Ingenieure | 0 | 1 | 2 | 2 |
| Musterbauer | 1 | 1 | 2 | 2 |
| Assistenz | 1 | 1 | 1 | 1 |

[1127] Genau 2012, S. 47.

# Literaturverzeichnis

**Abolhassan 2003,** Abolhassan, F. (2003): Das Real-Time Enterprise – Eine Einordnung, in: Scheer, A.-W./Abolhassan, F./Bosch, W. (Hrsg.): Real-Time Enterprise. Mit beschleunigten Managementprozessen Zeit und Kosten sparen, Berlin - Heidelberg 2003, S. 1-8.

**Achouri 2011,** Achouri, C. (2011): Human Resources Management. Eine praxisorientierte Einführung,Wiesbaden 2011.

**Ackermann/Bahner 2009,** Ackermann, K.-F./Bahner, J. (2009): Mitarbeiterorientierte Unternehmensführung, in: Bullinger, H.-J./Spath, D./Warnecke, H.-J./Westkämper, E. (Hrsg.): Handbuch Unternehmensorganisation. Strategien - Planung - Umsetzung, 3. Auflage, Berlin - Heidelberg 2009, S. 197-212.

**Adam/Whipp/Sabelis 2002,** Adam, B./Whipp, R./Sabelis, I. (2002): Choreographing Time and Management: Traditions, Developments, and Opportunities, in: Whipp, R./Adam, B./Sabelis, I. (Hrsg.): Making Time: Time and Management in Modern Organizations, Oxford - New York 2002, S. 1-28.

**Al-Laham/Welge 2003,** Al-Laham, A./Welge, M. K. (2003): State-of-the-Art der Strategischen Planung in der Unternehmenspraxis, in: Horváth, P./Gleich, R. (Hrsg.): Neugestaltung der Unternehmensplanung. Innovative Konzepte und erfolgreiche Praxislösungen, Stuttgart 2003, S. 225-246.

**Alter 2006,** Alter, H. (2006): Möglichkeiten der Erfassung von Arbeitszeit in Unternehmensbefragungen, in: Statistisches Bundesamt (Hrsg.): Wirtschaft und Statistik 7/2006, Wiesbaden 2006, S. 759-767.

**Alwert 2005,** Alwert, K. (2005): Wissensbilanzen - Im Spannungsfeld zwischen Forschung und Praxis, in: Mertins, K./Alwert, K./Heisig, P. (Hrsg.): Wissensbilanzen. Intellektuelles Kapital erfolgreich nutzen und entwickeln, Berlin - Heidelberg 2005, S. 19-40.

**Alwert et al. 2010,** Alwert, K./Bornemann, M./Meyer, C./Will, M./Wuscher, S. (2010): Studie "Wissensstandort Deutschland". Deutsche Unternehmen auf dem Weg in die wissensbasierte Wirtschaft, Zwischenergebnisse 2009, in: Bundesministerium für Wirtschaft und Technologie (Hrsg.): Wissensbilanz Made in Germany, Fit für den Wissenswettbewerb, Berlin 2010.

**Alwert/Bornemann/Will 2008,** Alwert, K./Bornemann, M./Will, M. (2008): Wissensbilanz - Made in Germany. Leitfaden 2.0 zur Erstellung einer Wissensbilanz, in: Bundesministerium für Wirtschaft und Technologie (Hrsg.): Fit für den Wissenswettbewerb, Dokumentation Nr. 574, Berlin 2008.

**Alwert/Heisig/Mertins 2005,** Alwert, K./Heisig, P./Mertins, K. (2005): Wissensbilanzen - Intellektuelles Kapital erfolgreich nutzen und entwickeln, in: Mertins, K./Alwert, K./Heisig, P. (Hrsg.): Wissensbilanzen. Intellektuelles Kapital erfolgreich nutzen und entwickeln, Berlin - Heidelberg 2005, S. 1-16.

**Appel 1997,** Appel, H. (1997): Der physikalische Zeitbegriff im Wandel naturwissenschaftlicher Erkenntnis, in: Ehlert, T. (Hrsg.): Zeitkonzeptionen, Zeiterfahrung, Zeitmessung: Stationen ihres Wandels vom Mittelalter bis zur Moderne, Paderborn et al. 1997, S. 49-68.

**Arbeitskreis Schmalenbach-Gesellschaft 2003,** Arbeitskreis Wertorientierte Führung in mittelständischen Unternehmen der Schmalenbach-Gesellschaft für Betriebswirtschaft e.V. (2003): Wert(e)orientierte Führung in mittelständischen Unternehmen, in: FinanzBetrieb, Ausgabe 9/2003, S. 525-533.

**Arbeitskreis Schmalenbach-Gesellschaft 2013,** Arbeitskreis Externe Unternehmensrechnung der Schmalenbach-Gesellschaft für Betriebswirtschaft e.V. (2013): Integrated Reporting – Herausforderungen für die Finanzberichterstattung, in: Betriebs-Berater, Ausgabe 15/2013, S. 875-882.

**Backhaus et al. 2014,** Backhaus, K./Becker, J./Beverungen, D./Breuker, D./Bröker, O./Brüne, P. A./Dietrich, H.-A./Knackstedt, R./Rauer, H. P./Reichle, F./Wilken, R. : Effizienzmessung industrieller Dienstleistungen mittels Data Envelopment Analysis (ServDEA), in: Möller, K./Schultze, W. (Hrsg.): Produktivität von Dienstleistungen, Wiesbaden 2014, S. 53-134.

**Bamberger/Wrona 1996,** Bamberger, I./Wrona, T. (1996): Der Ressourcenansatz und seine Bedeutung für die Strategische Unternehmensführung, in: Zeitschrift für betriebswirtschaftliche Forschung, 48. Jahrgang 1996, S. 130-153.

**BARC 2011a,** Bange, C./Mack, M. (2011): Strategische Planung heute. Status quo, Nutzen und Verbesserungspotenzial. Eine unabhängige Anwenderbefragung, als White Paper erstellt von Business Application Research Center (BARC), Würzburg 2011, unter http://barc.de/docs/strategische-planung-heute, Login-Aufruf zuletzt am 18.05.2016.

**BARC 2011b,** Fuchs, C./Mack, M. (2011): Performance Management nach der Finanzkrise. Verbesserung der Planung als wesentlicher Erfolgsfaktor. Eine unabhängige Anwenderbefragung, als White Paper erstellt von Business Application Research Center (BARC), Würzburg 2011, unter http://barc.de/docs/performance-management-nach-der-finanzkrise, Login-Aufruf zuletzt am 18.05.2016.

**BARC 2014,** Fuchs, C./Janoschek, N. (2014): Planung bei Best-in-Class-Unternehmen in der DACH-Region – Von den Besten lernen, BARC Research Note, erstellt von Business Application Research Center (BARC), Würzburg 2014, unter http://barc.de/docs/planung-bei-best-in-class-unternehmen-in-der-dach-region-von-den-besten-lernen, Login-Aufruf zuletzt am 18.05.2016.

**BARC 2015,** Fuchs, C./Wyszogrodzki, A. (2015): Effizienter planen mit Advanced Planning. Status Quo und Nutzen fortgeschrittener Planungsansätze, BARC Research Study, erstellt von Business Application Research Center (BARC), Würzburg 2015, unter http://barc.de/docs/advanced-planning-survey, Login-Aufruf zuletzt am 18.05.2016.

**Bartsch/Demmelmair/Meyer 2011,** Bartsch, S./Demmelmair, M. F./Meyer, A. (2011): Dienstleistungsproduktivität- Stand der Forschung und Zusammenhang zu zentralen vorökonomischen Größen im Dienstleistungsmarketing, in: Bruhn, M./ Hadwich, K. (Hrsg.): Dienstleistungsproduktivität. Management, Prozessgestaltung, Kundenperspektive, Band 1, Wiesbaden 2011, S. 35-58.

**Bea/Haas 2005,** Bea, F. X./Haas, J. (2005): Strategisches Management, 4. Auflage, Stuttgart 2005.

**Bea/Haas 2013,** Bea, F. X./Haas, J. (2013): Strategisches Management, 6. Auflage, Konstanz - München 2013.

**Becke 2012,** Becke, G. (2012): Flexibilisierung in der Arbeitswelt: Perspektiven arbeitsbezogener Gesundheitsförderung, in: Badura, B./Ducki, A./Schröder, H./Klose, J./Meyer, M. (Hrsg.): Fehlzeiten-Report 2012. Zahlen, Daten, Analysen aus allen Branchen der Wirtschaft. Gesundheit in der flexiblen Arbeitswelt: Chancen nutzen – Risiken minimieren, Berlin - Heidelberg 2012, S. 279-288.

**Becker 1982,** Becker, G. S. (1982): Eine Theorie der Zeit, in: Becker, G. S. (Hrsg.): Der ökonomische Ansatz zur Erklärung menschlichen Verhaltens, Tübingen 1982, S. 97-130.

**Becker/Labucay/Rieger 2007,** Becker, M./Labucay, I./Rieger, C. (2007): Erfassung und Bewertung von Humankapital: Kritische Anmerkungen zur Saarbrücker Formel, in: Betriebswirtschaftliche Forschung und Praxis, 59. Jahrgang 2007, S. 38-58.

**Belitz/Clemens/Gornig 2008,** Belitz, H./Clemens, M./Gornig, M. (2008): Wirtschaftsstrukturen und Produktivität im internationalen Vergleich. Deutsches Institut für Wirtschaftsforschung Berlin (DIW), in: Expertenkommission Forschung und Innovation (Hrsg.): Studien zum deutschen Innovationssystem Nr. 2-2008, Berlin 2008.

**Bendixen 2011,** Bendixen, P. (2011): Die Kultur des unternehmerischen Handelns. Unternehmensführung jenseits der Betriebswirtschaft, Wiesbaden 2011.

**Bergmann 1988,** Bergmann, W. (1988): Bewusstsein oder Handlung: Ansatzpunkte einer soziologischen Zeittheorie, in: Seifert, E. K. (Hrsg.): Ökonomie und Zeit: Beiträge zur interdisziplinären Zeitökonomie, Arnoldshainer Schriften zur Interdisziplinären Ökonomie, Band 15, Frankfurt 1988, S. 79-101.

**Bieg/Kußmaul 2009,** Bieg, H./Kußmaul, H. (2009): Finanzierung, 2. Auflage, München 2009.

**Bierer/Liappas 2003,** Bierer, W./Liappas, I. (2003): Strategieentwicklung im Real-Time Enterprise (RTE), in: Scheer, A.-W./Abolhassan, F./Bosch, W. (Hrsg.): Real-Time Enterprise. Mit beschleunigten Managementprozessen Zeit und Kosten sparen, Berlin - Heidelberg 2003, S. 11-24.

**Biervert/Held 1995,** Biervert, B./Held, M. (1995): Time matters - Zeit in der Ökonomik und Ökonomik in der Zeit, in: Biervert, B./Held, M. (Hrsg.): Zeit in der Ökonomik: Perspektiven für die Theoriebildung, Frankfurt a. M. - New York 1995, S. 7-32.

**Blair 2011,** Blair, M. M. (2011): An Economic Perspektive on the Notion of "Human Capital", in: Burton-Jones, A./Spender, J.-C. (Hrsg.): The Oxford Handbook of Human Capital, Oxford - New York 2011, S. 49-70.

**Blair/Wallman 2003,** Blair, M./Wallman, S. (2003): The Growing Intangibles Reporting Discrepancy, in: Hand, J./Lev, B. (Hrsg.): Intangible Assets, Values, Measures, and Risks, Oxford - New York 2003, S. 449-468.

**Blanchard/Illing 2009,** Blanchard, O./Illing, G. (2009): Makroökonomie, 5. Auflage, München 2009.

**Blasius/Fischer 1995,** Blasius, R./Fischer, H. (1995): Umweltkostenrechnung, in: Bundesumweltministerium und Umweltbundesamt (Hrsg.): Handbuch Umwelt-Controlling, München 1995, Autoren im Autorenverzeichnis genannt, S. 439-457.

**Bleicher 1988,** Bleicher, K. (1988): Grenzen des Rechnungswesens für die Lenkung der Unternehmensentwicklung, in: Lücke, W. (Hrsg.): Betriebswirtschaftliche Steuerungs- und Kontrollprobleme, Wiesbaden 1988, S. 33-47.

**Bleicher 1999,** Bleicher, K. (1999): Das Konzept integriertes Management: Visionen-Missionen-Programme, 5. Auflage, Frankfurt a.M. - New York 1999.

**Bokranz/Landau 2006,** Bokranz, R./Landau, K. (2006): Produktivitätsmanagement von Arbeitssystemen, unter fachlicher Mitwirkung von: Carl Becks, Dr. Bernd Britzke, Dr. Hans Fischer, Knuth Jasker, Dr. Liesbeth Sackewitz, Gerhard Sanzenbacher, Rainer Schosnig, Thomas Weber. Herausgeber: Deutsche MTM (Methods-Time Measurement)-Vereinigung e.V., Stuttgart 2006.

**Boonstra-Hörwein 2003,** Boonstra-Hörwein, K. (2003): Abwesenheitsrechnung bei flexiblen Arbeitszeitmodellen. Mit einem Beitrag von Christoph Klein, Zürich 2003.

**Borchardt/Göthlich 2009,** Borchardt, A./Göthlich, S. E. (2009): Erkenntnisgewinnung durch Fallstudien, in: Albers, S./Klapper, D./Konradt, U./Walter, A./Wolf, J. (Hrsg.): Methodik der empirischen Forschung, 3. Auflage, Wiesbaden 2009, S. 33-48.

**Borchert et al. 2011,** Borchert, M./Hamburger, J./ Brockhaus, N./Strina, G./Klinkhammer, S./ Heinen, E. (2011): Produktivitätsmanagement für Dienstleistungen aus der KMU-Perspektive, in: Bruhn, M./Hadwich, K. (Hrsg.): Dienstleistungsproduktivität. Management, Prozessgestaltung, Kundenperspektive, Band 1, Wiesbaden 2011, S. 89-120.

**Brandenburg/Nieder 2009,** Brandenburg, U./Nieder, P. (2009): Betriebliches Fehlzeiten-Management. Instrumente und Praxisbeispiele für erfolgreiches Anwesenheits- und Vertrauensmanagement, 2. Auflage, Wiesbaden 2009.

**Breid 1994,** Breid, V. (1994): Erfolgspotenzialrechnung. Konzeption im System einer finanzierungstheoretisch fundierten, strategischen Erfolgsrechnung, Stuttgart 1994.

**Briggs/Peat 1990,** Briggs, J./Peat, F. D. (1990): Die Entdeckung des Chaos. Eine Reise durch die Chaos-Theorie, München - Wien 1990.

**Brücker et al. 2012,** Brücker; H./Klinger, S./Möller, J./Walwei, U. (2012): Handbuch Arbeitsmarkt 2013. Analysen, Daten, Fakten, IAB-Bibliothek, Die Buchreihe des Instituts für Arbeitsmarkt- und Berufsforschung, Die Forschungseinrichtung der Bundesagentur für Arbeit, Reihe 334, Nürnberg-Bielefeld 2012.

**Bruhn/Hadwich 2011,** Bruhn, M./Hadwich, K. (2011): Dienstleistungsproduktivität – Einführung in die theoretischen und praktischen Problemstellungen, in: Bruhn, M./Hadwich, K. (Hrsg.): Dienstleistungsproduktivität. Management, Prozessgestaltung, Kundenperspektive, Band 1, Wiesbaden 2011, S. 3-32.

**Callender 2010,** Callender, C. (2010): Ist Zeit eine Illusion? , in: Spektrum der Wissenschaft, Ausgabe Oktober 2010, S. 33-39.

**Caspers 2004,** Caspers, R. (2004): Gesellschaftliche Bedeutung von Wissen und Wissensnetzwerken, in: Caspers, R./Bickhoff, N./Bieger, T. (Hrsg.): Interorganisatorische Wissensnetzwerke. Mit Kooperationen zum Erfolg, Berlin-Heidelberg 2004, S. 59-108.

**Caspers/Kreis-Hoyer 2004,** Caspers, R./Kreis-Hoyer, P. (2004): Konzeptionelle Grundlagen der Produktion, Verbreitung und Nutzung von Wissen in Wirtschaft und Gesellschaft, in: Caspers,

R./Bickhoff, N./Bieger, T. (Hrsg.): Interorganisatorische Wissensnetzwerke. Mit Kooperationen zum Erfolg, Berlin-Heidelberg 2004, S. 17-58.

**Chamoni/Gluchowski/Hahne 2005,** Chamoni, P./Gluchowski, P./Hahne, M. (2005): Business Information Warehouse. Perspektiven betrieblicher Informationsversorgung und Entscheidungsunterstützung auf der Basis von SAP-Systemen, Berlin-Heidelberg 2005.

**Clases/Wehner 2002,** Clases, C./Wehner, T. (2002): Handlungsfelder im Wissensmanagement, in: Lüthy, W./Voit, E./Wehner, T. (Hrsg.): Wissensmanagement-Praxis. Einführung, Handlungsfelder und Fallbeispiele, Zürich 2002, S. 39-53.

**Coenenberg 2005,** Coenenberg, A. G. (2005): Jahresabschluss und Jahresabschlussanalyse. Betriebswirtschaftliche, handelsrechtliche, steuerrechtliche und internationale Grundsätze- HGB, IFRS und US-GAAP, 20. Auflage, Stuttgart 2005.

**Coenenberg/Haller/Schultze 2014,** Coenenberg, A. G./Haller, A./Schultze, W. (2014): Jahresabschluss und Jahresabschlussanalyse. Betriebswirtschaftliche, handelsrechtliche, steuerrechtliche und internationale Grundlagen – HGB, IAS/IFRS, US-GAAP, DRS, 23. Auflage, Stuttgart 2014.

**Collins 2001,** Collins, J. C. (2001): Good to Great: Why some companies make the leap... and others don´t, New York 2001.

**Cramer 1996,** Cramer, F. (1996): Der Zeitbaum. Grundlegung einer allgemeinen Zeittheorie, Frankfurt a. M. - Leipzig 1996.

**Daum 2003,** Daum, J. H. (2003): Intangible Assets and Value Creation, Chichester 2003.

**Daum 2004,** Daum, J. H. (2004): Transparenzproblem Intangible Assets: Intellectual Capital Statements und der Neuentwurf eines Framework für Unternehmenssteuerung und externes Reporting, in: Horváth, P./Möller, K. (Hrsg.): Intangibles in der Unternehmenssteuerung - Strategien und Instrumente zur Wertsteigerung des immateriellen Kapitals, München 2004, S. 45-81.

**Deking 2003,** Deking, I. (2003): Management des Intellectual Capital. Bildung einer strategiefokussierten Wissensorganisation, Diss., Wiesbaden 2003.

**Dichtl/Leach 1997,** Dichtl, E./Leach, M. (1997): Die Ambivalenz der Zeitkomponente im Wettbewerb, in: Kötzle, A. (Hrsg.): Strategisches Management. Theoretische Ansätze, Instrumente und Anwendungskonzepte für Dienstleistungsunternehmen, Stuttgart 1997, S. 45-58.

**Diefenbach/Vordank 2005,** Diefenbach, T./Vordank, T. (2005): Erfassung und Bewertung von intangible assets im Rahmen betrieblicher Meß- und Bewertungssysteme, in: Moldaschl, M. (Hrsg.):

Immaterielle Ressourcen - Nachhaltigkeit von Unternehmensführung und Arbeit I, Band 3 Arbeit, Innovation und Nachhaltigkeit, München und Mering 2005, S. 177-220.

**Dilger 2008,** Dilger, A. (2008): Wert und Bewertung von Humankapital aus Unternehmenssicht, in: Hering, T./Klingelhöfer, H. E./Koch, W. (Hrsg.): Unternehmenswert und Rechnungswesen. Festschrift für Univ.-Prof. Dr. Manfred Jürgen Matschke zum 65. Geburtstag, Wiesbaden 2008, S. 133-148.

**Drucker 1999,** Drucker, P. F. (1999): Management. Tasks, Responsibilities, Practices, Oxford 1999.

**Drucker 2001,** Drucker, P. F. (2001): Management Challenges for the 21st Century, New York 2001.

**Drukarczyk/Schüler 2007,** Drukarczyk, J./Schüler, A. (2007): Unternehmensbewertung, 5. Auflage, München 2007.

**Drumm 2005,** Drumm, H. J. (2005): Personalwirtschaft, 5. Auflage, Berlin - Heidelberg 2005.

**Dürndorfer/Nink/Wood 2005,** Dürndorfer, M./Nink, M./Wood, G. (2005): Human-Capital-Management in deutschen Unternehmen. Eine Studie von Gallup und The Value Group, Hamburg 2005.

**Dux 1998,** Dux, G. (1998): Die Zeit in der Geschichte. Ihre Entwicklungslogik vom Mythos zur Weltzeit. Mit kulturvergleichenden Untersuchungen in Brasilien (J. Mensing), Indien (G.. Dux/K. Kälble/J. Meßmer) und Deutschland (B. Kiesel), 2. Auflage, Frankfurt 1998.

**Edler 2003,** Edler, J. (2003): How German Companies Employ Knowledge Management. An OECD Survey on Usage, Motivations and Effects, in: Mertins, K./Heisig, P./Vorbeck, J. (Hrsg.): Knowledge Management - Concepts and Best Practices, 2. Auflage, Berlin – Heidelberg - New York 2003, S. 207-221.

**Edvinsson 2003,** Edvinsson, L. (2003): Foreword, in: Mertins, K./Heisig, P./Vorbeck, J. (Hrsg.): Knowledge Management - Concepts and Best Practices, 2. Auflage, Berlin –Heidelberg - New York 2003, S. V-VI.

**Edvinsson/Brünig 2000,** Edvinsson, L./Brünig, G. (2000): Aktivposten Wissenskapital. Unsichtbare Werte bilanzierbar machen, Wiesbaden 2000.

**Edvinsson/Kivikas 2007,** Edvinsson, L./Kivikas, M. (2007): Intellectual capital (IC) or Wissensbilanz process: some German experiences, in: Journal of Intellectual Capital, Vol. 8, No. 3, S. 376-385.

**EU-Kommission 2002,** EU-Kommission (2002): Mitteilung der Kommission an den Rat und das Europäische Parlament vom 21. Mai 2002- Produktivität: Schlüssel zur Wettbewerbsfähigkeit der europäischen Volkswirtschaften und Unternehmen, KOM (2002) 262, nicht im Amtsblatt veröffentlicht, unter http://europa.eu/legislation_summaries/enterprise/industry/n26027_de.htm, Aufruf zuletzt am 18.05.2016.

**Eurofound 2014,** Cabrita, J. (2014): Developments in collectively agreed working time 2013, in: Eurofound- European Foundation for the Improvement of Living and Working Conditions (Hrsg.), ID: TN1405020s, Publikationsdatum: 23.06.2014, Dublin 2014, S. 1-28 unter https://www.eurofound.europa.eu/observatories/eurwork/comparative-information/developments-in-collectively-agreed-working-time-2013, Aufruf zuletzt am 18.05.2016.

**Europäisches Parlament/Rat 2006,** Europäisches Parlament/Rat (2006): Beschluss Nr. 1639/2006/EG des Europäischen Parlaments und des Rates vom 24. Oktober 2006 zur Einrichtung eines Rahmenprogramms für Wettbewerbsfähigkeit und Innovation (2007-2013), unter http://europa.eu/legislation_summaries/enterprise/business_environment/n26104_de.htm, Aufruf zuletzt am 18.05.2016.

**Finkbeiner 2012,** Finkbeiner, M. (2012): Umweltmanagement für kleine und mittlere Unternehmen. Die Normenreihe ISO 14000 und ihre Umsetzung, in: DIN Deutsches Institut für Normung e.V. (Hrsg.): Umweltschutz Praxis, 2. Auflage, Berlin – Wien – Zürich 2012.

**Fischer 2001,** Fischer, J. (2001): Zeitwettbewerb: Grundlagen, strategische Ausrichtung und ökonomische Bewertung zeitbasierter Wettbewerbsstrategien, München 2001.

**Freiling 2008,** Freiling, J. (2008): Unternehmerfunktionen und Management-Kompetenz im Mittelstand, in: Meyer, J.-A. (Hrsg.): Management-Kompetenz in kleinen und mittleren Unternehmen, Jahrbuch der KMU-Forschung und Praxis 2008 in der Edition "Kleine und Mittlere Unternehmen", Lohmar – Köln 2008, S. 11-23.

**Freiling/Welling 2006,** Freiling, J./Welling, M. (2006): Isolationsmechanismen als Herausforderung im Management sog. "intangibler Potenziale" - eine kompetenzbasierte Analyse, in: Matzler, K./Hinterhuber, H.H./Renzl, B./Rothenberger, S. (Hrsg.): Immaterielle Vermögenswerte. Handbuch der intangible Assets, Berlin 2006, S. 103-132.

**Frenkel/John 2011,** Frenkel, M./John, K. D. (2011): Volkswirtschaftliche Gesamtrechnung, 7. Auflage, München 2011.

**Fried 2005,** Fried, A. (2005): Was erklärt die Resource-based View of the Firm? , in: Moldaschl, M. (Hrsg.): Immaterielle Ressourcen. Nachhaltigkeit von Unternehmensführung und Arbeit I, München und Mering 2005, S. 143-176.

**Friedag/Schmidt 2004,** Friedag, H. R./Schmidt, W. (2004): My Balanced Scorecard. Das Praxishandbuch für Ihre individuelle Lösung: Fallstudien, Checklisten, Präsentationsvorlagen, 3. Auflage, Freiburg – Berlin – München 2004.

**Friedl 2010,** Friedl, B. (2010): Kostenrechnung. Grundlagen, Teilrechnungen und Systeme der Kostenrechnung, 2. Auflage, München 2010.

**Furkel 2011,** Furkel, D. (2011): Neue Anforderungen, neue Produkte („...Zeitwirtschaftslösungen..."), in: Personalmagazin, 13. Jahrgang, 10/2011, S. 56-59.

**Gälweiler 1999,** Gälweiler, A. (1999): Determinanten des Zeithorizontes in der Unternehmensplanung, in: Hahn, D./Taylor, B. (Hrsg.): Strategische Unternehmensplanung - Strategische Unternehmensführung, 8. Auflage, Heidelberg 1999, S. 385-402.

**Gälweiler 2005,** Gälweiler, A. (2005): Strategische Unternehmensführung, zusammengestellt, bearbeitet und ergänzt von Markus Schwaninger aus dem wissenschaftlichen Nachlass von Aloys Gälweiler. Mit einem Vorwort von Fredmund Malik, 3. Auflage, Frankfurt a.M. 2005.

**Gaiser/Greiner 2003,** Gaiser, B./Greiner, O. (2003): Strategiegerechte Planung mit Hilfe der Balanced Scorecard, in: Horváth, P./Gleich, R. (Hrsg.): Neugestaltung der Unternehmensplanung. Innovative Konzepte und erfolgreiche Praxislösungen, Stuttgart 2003, S. 269-296.

**Gehrke/Frietsch/Rammer 2010,** Gehrke, B./Frietsch, R./Rammer, C. (2010): Listen wissens- und technologieintensiver Güter und Wirtschaftszweige. Zwischenbericht zu den NIW/ISI/ZEW-Listen 2010/2011, Niedersächsisches Institut für Wirtschaftsforschung e.V. (NIW), Fraunhofer Institut für System- und Innovationsforschung (ISI), Zentrum für Europäische Wirtschaftsforschung (ZEW), in: Expertenkommission Forschung und Innovation (Hrsg.): Studien zum deutschen Innovationssystem Nr. 19-2010, Berlin – Hannover 2010.

**Geisler 2011,** Geisler, F. (2011): Datenbanken. Grundlagen und Design, 4. Auflage, Heidelberg et al. 2011.

**Geißler 2001,** Geißler, K. A. (2001): Im Wandel der Zeit - Die Zeit im Wandel - Perspektiven einer Ökologie der Zeit, in: Brieskorn, N./Wallacher, J. (Hrsg.): Beschleunigen, Verlangsamen: Herausforderungen an zukunftsfähige Gesellschaften, Stuttgart et al. 2001, S. 107-126.

**Geißler 2006,** Geißler, K. A. (2006): Von der Vielfalt der Zeiten - und der Einfalt der Uhrzeit, in: Geißler, K. A./Kümmerer, K./Sabelis, I. H. (Hrsg.): Zeitvielfalt. Wider das Diktat der Uhr, Stuttgart 2006, S. 9-20.

**Genau 2012,** Genau, I. (2012): Der Unternehmensplan - Bankenfähige Geschäftspläne systematisch entwickeln. Mit der Fallstudie Prima GmbH (ISBN 978-3-648-02531-4), 4. Auflage, Freiburg

2012, S. 7-64. Download der Fallstudie Prima GmbH unter http://www.genau.biz/pdf/Fallstudie-Prima-GmbH-Der-Unternehmensplan.pdf, Aufruf zuletzt am 18.05.2016.

**Gleich/Quitt 2012,** Gleich, R./Quitt, A. (2012): Balanced Scorecard im Kontext des modernen Performance Measurement, in: Gleich, R. (Hrsg.): Balanced Scorecard: Best-Practice-Lösungen für die Unternehmenssteuerung, Freiburg – Berlin – München 2012, S. 45-64.

**Gluchowski/Gabriel/Dittmar 2008,** Gluchowski, P./Gabriel, R./Dittmar, C. (2008): Management Support Systeme und Business Intelligence: Computergestützte Informationssysteme für Fach- und Führungskräfte, Berlin 2008.

**Götze 2010,** Götze, U. (2010): Kostenrechnung und Kostenmanagement, 5. Auflage, Berlin – Heidelberg 2010.

**Greene 2004,** Greene, B. (2004): Der Stoff, aus dem der Kosmos ist. Raum, Zeit und die Beschaffenheit der Wirklichkeit. Aus dem amerikanischen Englisch von Hainer Kober, München 2004.

**Grill 2008,** Grill, J. (2008): Die strategische Bedeutung des Human Capital und seine Bewertung, Diss., Frankfurt 2008.

**Guggenheim Bilbao 2007,** Guggenheim Museum Bilbao, Connaissance des Arts, English Edition, SFPA Société Francaise de Promotion Artistique, Paris 2007.

**Günther/Fischer 2000,** Günther, T./Fischer, J. (2000): Zeitkostenrechnung, in: Götze, U./Mikus, B./Bloech, J. (Hrsg.): Management und Zeit, Heidelberg 2000, S. 269-296.

**Gutenberg (1958/1990) ,** Gutenberg, E. (1958/1990): Einführung in die Betriebswirtschaftslehre, 1. Auflage 1958, unveränderter Nachdruck 1990 mit einem Nachwort von Horst Albach, Wiesbaden 1990.

**Haeffner 2001,** Haeffner, G. (2001): Zeitentwürfe und Eigengeschwindigkeiten - Anthropologische Sondierungen, in: Brieskorn, N./Wallacher, J. (Hrsg.): Beschleunigen, Verlangsamen: Herausforderungen an zukunftsfähige Gesellschaften, Stuttgart et. al. 2001, S. 79-93.

**Hahn 2006a,** Hahn, D. (2006): Strategische Unternehmensführung – Grundkonzept, in: Hahn, D./Taylor, B. (Hrsg.): Strategische Unternehmensplanung - Strategische Unternehmensführung. Stand und Entwicklungstendenzen, 9. Auflage, Berlin – Heidelberg - New York 2006, S. 29-50.

**Hahn 2006b,** Hahn, D. (2006): Stand und Entwicklungstendenzen der strategischen Planung, in: Hahn, D./Taylor, B. (Hrsg.): Strategische Unternehmensplanung - Strategische Unternehmensführung. Stand und Entwicklungstendenzen, 9. Auflage, Berlin – Heidelberg - New York 2006, S. 3-28.

**Hammer 2011,** Hammer, R. (2011): Planung und Führung, 8. Auflage, München 2011.

**Hamprecht 2000,** Hamprecht, M. (2000): Grundlagen eines betrieblichen Zeitmanagements, in: Götze, U./Mikus, B./Bloech, J. (Hrsg.): Management und Zeit, Heidelberg 2000, S. 57-72.

**Hawking 1989,** Hawking, S. W. (1989): Eine kurze Geschichte der Zeit. Die Suche nach der Urkraft des Universums, Deutsch von Hainer Kober unter fachlicher Beratung von Dr. Bernd Schmidt, Reinbek 1989.

**Hax/Majluf 2006,** Hax, A. C./Majluf, N. S. (2006): Corporate Strategy: The Core Concepts, in: Hahn, D./Taylor, B. (Hrsg.): Strategische Unternehmensplanung - Strategische Unternehmensführung. Stand und Entwicklungstendenzen, 9. Auflage, Berlin – Heidelberg - New York 2006, S. 73-82.

**Hedaa/Törnroos 2002,** Hedaa, L./Törnroos, J.-A. (2002): Towards a Theory of Timing: Kairology in Business Networks, in: Whipp, R./Adam, B./Sabelis, I. (Hrsg.): Making Time: Time and Management in Modern Organizations, Oxford - New York 2002, S. 31-45.

**Heinen 1970,** Heinen, E. (1970): Betriebswirtschaftliche Kostenlehre: Kostentheorie und Kostenentscheidungen, 3. Auflage, Wiesbaden 1970.

**Heisig 2003,** Heisig, P. (2003): Business Process Oriented Knowledge Management, in: Mertins, K./Heisig, P./Vorbeck, J. (Hrsg.): Knowledge Management. Concepts and Best Practices, 2. Auflage, Berlin – Heidelberg - New York 2003, S. 15-44.

**Helmstädter 1995,** Helmstädter, E. (1995): Zeit in der Ökonomie und wie geht die Ökonomik damit um? , in: Biervert, B./Held, M. (Hrsg.): Zeit in der Ökonomik: Perspektiven für die Theoriebildung, Frankfurt a.M. - New York 1995, S. 33-47.

**Henckel 2001,** Henckel, D. (2001): Die Überholspur als der gerade Weg ins Glück? Zu aktuellen Beschleunigungstendenzen in modernen Gesellschaften, in: Brieskorn, N./Wallacher, J. (Hrsg.): Beschleunigen, Verlangsamen: Herausforderungen an zukunftsfähige Gesellschaften, Stuttgart et. al. 2001, S. 1-25.

**Henzel 1973,** Henzel, F. (1973): Führungsprobleme der industriellen Unternehmung, Erster Band, Berlin 1973.

**Heß 2005,** Heß, H. (2005): Von der Unternehmensstrategie zur Prozess-Performance – Was kommt nach Business Intelligence? , in: Scheer, A.-W./Jost, W./Heß, H./Kronz, A. (Hrsg.): Corporate Performance Management. ARIS in der Praxis, Berlin – Heidelberg 2005, S. 7-30.

**Hinterhuber 2004,** Hinterhuber, H. H. (2004): Strategische Unternehmensführung, Band 1, Strategisches Denken, 7. Auflage, Berlin 2004.

**Höhn 2002,** Höhn, H.-J. (2002): Ökonomie der Zeit - Ökologie der Zeit, in: Schmidinger, H. (Hrsg.): Wovon wir leben werden - Die Ressourcen der Zukunft, Innsbruck – Wien 2002, S. 49-84.

**Hölscher 2010,** Hölscher, R. (2010): Investition, Finanzierung und Steuern, Schierenbeck Management Edition, Hrsg. Henner Schierenbeck, München 2010.

**Hofmann 2012,** Hofmann, J. (2012): Zukunftsmodelle der Arbeit, in: Badura, B./Ducki, A./Schröder, H./Klose, J./Meyer, M. (Hrsg.): Fehlzeiten-Report 2012. Zahlen, Daten, Analysen aus allen Branchen der Wirtschaft. Gesundheit in der flexiblen Arbeitswelt: Chancen nutzen – Risiken minimieren, Berlin-Heidelberg 2012, S. 89-96.

**Holtbrügge 2007,** Holtbrügge, D. (2007): Personalmanagement, 3. Auflage, Berlin – Heidelberg 2007.

**Horváth 2003,** Horváth, P. (2003): Neugestaltung der Planung – Notwendigkeiten und Lösungsansätze, in: Horváth, P./Gleich, R. (Hrsg.): Neugestaltung der Unternehmensplanung. Innovative Konzepte und erfolgreiche Praxislösungen, Stuttgart 2003, S. 3-18.

**Horváth 2011,** Horváth, P. (2011): Aufgaben und Organisation des Finanz-Controlling, in: Gleich, R./Horváth, P./Michel, U. (Hrsg.): Finanz-Controlling. Strategische und operative Steuerung der Liquidität, Freiburg – Berlin – München 2011, S. 15-32.

**Horváth/Kaufmann 1999,** Horváth, P./Kaufmann, L. (1999): Beschleunigung und Ausgewogenheit im strategischen Managementprozess - Strategieumsetzung mit der Balanced Scorecard, in: Hahn, D./Taylor, B. (Hrsg.): Strategische Unternehmensplanung - Strategische Unternehmensführung, Stand und Entwicklungstendenzen, 8. Auflage, Heidelberg 1999, S. 354-369.

**Horváth/Mayer 1989,** Horváth, P./Meyer, R. (1989): Prozesskostenrechnung. Der neue Weg zu mehr Kostentransparenz und wirkungsvolleren Unternehmensstrategien, in: Controlling 1/1989, S. 214-219.

**Howgego 2011,** Howgego, C. (2011): Geld in der Antiken Welt. Eine Einführung, 2. Auflage, Darmstadt-Mainz 2011.

**Huch/Neuschulz 2000,** Huch, B./Neuschulz, J. (2000): Petri-Netze zur dynamischen Modellierung des Investitionsprozesses, in: Götze, U./Mikus, B./Bloech, J. (Hrsg.): Management und Zeit, Heidelberg 2000, S. 371-395.

**Hüpen 1995,** Hüpen, R. (1995): Über die Bedeutung der Modellierung von Zeit für die Wirtschaftstheorie, in: Biervert, B./Held, M. (Hrsg.): Zeit in der Ökonomik: Perspektiven für die Theoriebildung, Frankfurt a.M. - New York 1995, S. 48-68.

**Hungenberg/Wulf 2003,** Hungenberg, H./Wulf, T. (2003): Gestaltung der Schnittstelle zwischen strategischer und operativer Planung, in: Horváth, P./Gleich, R. (Hrsg.): Neugestaltung der Unternehmensplanung. Innovative Konzepte und erfolgreiche Praxislösungen, Stuttgart 2003, S. 249-268.

**IAB 2016,** Institut für Arbeitsmarkt- und Berufsforschung IAB – Die Forschungseinrichtung der Bundesagentur für Arbeit (2016): Durchschnittliche Arbeitszeit und ihre Komponenten in Deutschland 1991-2015, Stand: Februar 2016, mit der Weiterentwicklung der Arbeitszeitrechnung (AZR) auf Basis der Generalrevision der Volkswirtschaftlichen Gesamtrechnungen des Statistischen Bundesamtes, in http://iab.de in der Rubrik Daten/Aktuelle Daten Arbeitsmarkt/Daten zur aktuellen Konjunktur- und Arbeitsmarktent-wicklung/Daten zur Entwicklung der Arbeitszeit und ihrer Komponenten.unter http://doku.iab.de/arbeitsmarktdaten/AZ_Komponenten.xlsx, Aufruf zuletzt am 18.05.2016.

**IdU/BDU 2009,** Institut der Unternehmensberater IdU im BDU (2009): Grundsätze ordnungsgemäßer Planung (GoP), Version 2.1, Leitfaden des Instituts der Unternehmensberater IdU im Bundesverband Deutscher Unternehmensberater BDU e.V. , 3. Auflage, Bonn – Berlin 2009, unter http://www.bdu.de/media/105219/gop21-web.pdf, Aufruf zuletzt am 18.05.2016.

**Jochem/Landgraf 2010,** Jochem, R./Landgraf, K. (2010): Die Prozessorganisation, in: Jochem, R./Mertins, K./Knothe, T. (Hrsg.): Prozessmanagement: Strategien, Methoden, Umsetzung, Düsseldorf 2010, S. 55-76.

**Johnson/Scholes/Whittington 2011,** Johnson, G./Scholes, K./Whittington, R. (2011): Strategisches Management. Eine Einführung. Analyse, Entscheidung und Umsetzung, 9.Auflage, München 2011.

**Kaplan/Norton 1996a,** Kaplan, R. S./Norton, D. P. (1996a): The Balanced Scorecard: Translating Strategy into Action, Boston/Mass. 1996.

**Kaplan/Norton 1996b,** Kaplan, R. S./Norton, D. P. (1996b): Using the Balanced Scorecard as a Strategic Management System, in: Harvard Business Review, 74. Jahrgang, Jan-Feb 1996, Heft 1, S. 75- 85.

**Kaplan/Norton 2004,** Kaplan, R. S./Norton, D. P. (2004): Strategy Maps - Der Weg von immateriellen Werten zum materiellen Erfolg, aus dem Amerikanischen von Péter Horváth und Bernd Gaiser, unter Mitarbeit von Dirk Steffens, Stuttgart 2004.

**Kaplan/Norton 2006,** Kaplan, R. S./Norton, D. P. (2006): Alignment - Mit der Balanced Scorecard Synergien schaffen, aus dem Amerikanischen von Péter Horváth, Bernd Gaiser und Dirk Steffens, Stuttgart 2006.

**Kaufmann/Schneider 2006,** Kaufmann, L./Schneider, Y. (2006): Intangible Unternehmenswerte als internationales Forschungsgebiet der Unternehmensführung - Literaturübersicht, Schwerpunkte und Forschungslücken, in: Matzler, K./Hinterhuber, H. H./Renzl, B./Rothenberger, S. (Hrsg.): Immaterielle Vermögenswerte. Handbuch der intangible Assets, Berlin 2006, S. 23-42.

**Keuth 2011,** Keuth, H. (2011): Die Philosophie Karl Poppers, 2. Auflage, Tübingen 2011.

**Kirsch/Reglin 1991,** Kirsch, W./Reglin, B. (1991): Umsetzung strategischer Programme: Strategische Steuerung und operative Managementsysteme, in: Kirsch, W. (Hrsg.): Beiträge zum Management strategischer Programme, München 1991, S. 647-711.

**Kirschbaum 1995,** Kirschbaum, V. (1995): Unternehmenserfolg durch Zeitwettbewerb: Strategie, Implemenation und Erfolgsfaktoren, München – Mering 1995.

**Kivikas/Pfeifer 2005,** Kivikas, M./Pfeifer, G. (2005): Wissensbilanzierung als Chance für den Standort Deutschland: Ein Fallbeispiel, in: FinanzBetrieb 12/2005, S. 799-807.

**Kivikas/Pfeifer/Wulf 2006,** Kivikas, M./Pfeifer, G./Wulf, I. (2006): Wissensbilanzen als Wettbewerbsfaktor für KMU - Vorteile bei der Beschaffung von Finanzmitteln nach Basel II, in: Betriebs-Berater, 61. Jahrgang, Heft 45, November 2006, S. 2461-2465.

**Kivikas/Wulf 2006,** Kivikas, M./Wulf, I. (2006): Wissensbilanzierung als Element des Value Reporting, in: Zeitschrift für Controlling und Management (ZfCM), Sonderheft 3-2006, S. 42-60.

**Klier 2007,** Klier, A. (2007): Betriebliche Synchronie. Über das komplexe Zusammenspiel der Zeitformen Dauer, Warten und Pause in betrieblichen Organisationen, Diss., Marburg 2007.

**Knyphausen-Aufseß 2000,** Knyphausen-Aufseß, D. zu (2000): Überleben in turbulenten Umwelten: Zur Behandlung der Zeitproblematik im Strategischen Management, in: Götze, U./Mikus, B./Bloech, J. (Hrsg.): Management und Zeit, Heidelberg 2000, S. 121-141.

**Koch 2009,** Koch, G. (2009): 75 Prozent des Vermögens sind nicht in Zahlen fassbar, in: Frankfurter Allgemeine Zeitung vom 23. Februar 2009, Interview mit Seiser, M., S. 10.

**Kohl/Orth 2010,** Kohl, J./Orth, R. (2010): Prozessmanagement und Wissensmanagement, in: Jochem, R./Mertins, K./Knothe, T. (Hrsg.): Prozessmanagement: Strategien, Methoden, Umsetzung, Düsseldorf 2010, S. 169-194.

**Kollmann 2013,** Kollmann, T. (2013): E-Business. Grundlagen elektronischer Geschäftsprozesse in der Net Economy, 5. Auflage, Wiesbaden 2013.

**Komus 2011,** Komus, A. (2011): BPM Best Practice – Erfolgsfaktoren der Prozessorientierung, in: Komus, A. (Hrsg.): BPM Best Practice – Wie führende Unternehmen ihre Geschäftsprozesse managen, Berlin-Heidelberg 2011, S. 3-60.

**Krüger 1994,** Krüger, W. (1994): Organisation der Unternehmung, 3. Auflage, Stuttgart – Berlin 1994.

**Kümmerer 2006,** Kümmerer, K. (2006): Vielfalt der Zeiten in Natur und Kultur - ein komplexes Wechselspiel, in: Geißler, K. A./Kümmerer, K./Sabelis, I. H. (Hrsg.): Zeitvielfalt. Wider das Diktat der Uhr, Stuttgart 2006, S. 21-40.

**Küpper 1997,** Küpper, H.-U. (1997): Controlling. Konzeption, Aufgaben und Instrumente, 2. Auflage, Stuttgart 1997.

**Kuhn/Maurer 1995,** Kuhn, T./Maurer, A. (1995): Ökonomische Theorie der Zeitallokation – Gary Becker´s Weiterentwicklung der Konsum- und Haushaltstheorie, in: Biervert, B./Held, M. (Hrsg.): Zeit in der Ökonomik: Perspektiven für die Theoriebildung, Frankfurt a. M. - New York 1995, S. 132-146.

**Lachnit/Wulf 2009,** Lachnit, L./Wulf, I. (2009): Quantifizierung immaterieller Potenziale. Ein Methodenansatz für Zwecke der Unternehmensführung, in: Controlling- Zeitschrift für erfolgsorientierte Unternehmenssteuerung, 21. Jahrgang 2009, Heft 10, S. 526-534.

**Lee/Liebenau 2002,** Lee, H./Liebenau, J. (2002): A New Time Discipline: Managing Virtual Work Environments, in: Whipp, R./Adam, B./Sabelis, I. (Hrsg.): Making Time: Time and Management in Modern Organizations, Oxford - New York 2002, S. 126-139.

**Lehner 2014,** Lehner, F. (2014): Wissensmanagement. Grundlagen, Methoden und technische Unterstützung, 5. Auflage, München 2014.

**Leibold/Probst/Gibbert 2002a,** Leibold, M./Probst, G./Gibbert, M. (2002): Fundamental Impacts of the Global Knowledge Economy on Strategic Management, in: Leibold, M./Probst, G./Gibbert, M. (Hrsg.): Strategic Management in the Knowledge Economy - New Approaches and Business Applications, Erlangen 2002, S. 12-23.

**Leibold/Probst/Gibbert 2002b,** Leibold, M./Probst, G./Gibbert, M. (2002): Frameworks for Systemic Strategic Management, in: Leibold, M./Probst, G./Gibbert, M. (Hrsg.): Strategic Management in the Knowledge Economy. New Approaches and Business Applications, Erlangen 2002, S. 178-195.

**Lemser 2008,** Lemser, B. (2008): Kuppelproduktion, Stoffumsatz und Materialeffizienz: Die Materialverlustkostenrechnung als techno-ökonomisches Instrument zur Entscheidungsunterstützung im Stoffstrommanagement von Industrieunternehmen, in: Hering, T./Klingelhöfer, H.E./Koch, W.

(Hrsg.): Unternehmenswert und Rechnungswesen. Festschrift für Univ.-Prof. Dr. Manfred Jürgen Matschke zum 65. Geburtstag, Wiesbaden 2008, S. 341-360.

**Lev 2003,** Lev, B. (2003): What Then Must We Do? , in: Hand, J./Lev, B. (Hrsg.): Intangible Assets. Values, Measures, and Risks, Oxford - New York 2003, S. 511-524.

**Lev 2004,** Lev, B. (2004): Intangibles at a Crossroads, in: Horváth, P./Möller, K. (Hrsg.): Intangibles in der Unternehmenssteuerung - Strategien und Instrumente zur Wertsteigerung des immateriellen Kapitals, München 2004, S. 3-14.

**Lev/Daum 2003,** Lev, B./Daum, J.H. (2003): Intangible Assets: Neue Ansätze für Unternehmenssteuerung und Berichtwesen, in: Horváth, P./Gleich, R. (Hrsg.): Neugestaltung der Unternehmensplanung. Innovative Konzepte und erfolgreiche Praxislösungen, Stuttgart 2003, S. 33-50.

**Lingemann 2005,** Lingemann, H.-F. (2005): Instrumente für Wissens- und Personalarbeit, in: Mertins, K./Alwert, K./Heisig, P. (Hrsg.): Wissensbilanzen. Intellektuelles Kapital erfolgreich nutzen und entwickeln, Berlin – Heidelberg 2005, S. 87-108.

**Lücke 2000,** Lücke, W. (2000): Kalenderzeit und Operational Time in der Betriebswirtschaftslehre, in: Götze, U./Mikus, B./Bloech, J. (Hrsg.): Management und Zeit, Heidelberg 2000, S. 29-55.

**Luhmann 1984,** Luhmann, N. (1984): Die Wirtschaft der Gesellschaft als autopoietisches System, in: Zeitschrift für Soziologie, Ausgabe 13-1984, S. 308-327.

**Luhmann 1994,** Luhmann, N. (1994): Politische Planung. Aufsätze zur Soziologie von Politik und Verwaltung, 4. Auflage, Opladen 1994.

**Luhmann 2005,** Luhmann, N. (2005): Wirtschaft als soziales Systen, in: Luhmann, N. (2005): Soziologische Aufklärung 1, Aufsätze zur Theorie sozialer Systeme, 7. Auflage, Wiesbaden 2005, S. 256-290.

**Macharzina/Wolf 2010,** Macharzina, K./Wolf, J. (2010): Unternehmensführung. Das internationale Managementwissen. Konzepte, Methoden, Praxis, 7. Auflage, Wiesbaden 2010.

**Malik 2007,** Malik, F. (2007): Management: Das A und O des Handwerks, Frankfurt a.M. 2007.

**Mankins/Brahm/Caimi 2014,** Mankins, M./Brahm, C./Caimi, G. (2014): Your Scarcest Resource. Time is money, but few organizations treat it that way, in: Harvard Business Review (HBR), Vol. 92, No. 5, Mai 2014, S. 74-80. HBR Reprint nach Registrierung unter http://hbr.org/2014/05/your-scarcest-resource/ar/1, Aufruf am 31.10.2014. Deutscher Kurztext nach Bain & Company (2014): Sünden im Zeitmanagement verursachen hohe Kosten, 13.08.2014 unter http://www.bain.de/-press/press-archive/your-scarestyresource.aspx, Aufruf am 31.10.2014.

**Mankiw/Taylor 2012,** Mankiw, N. G./Taylor, M. P. (2012): Grundzüge der Volkswirtschaftslehre, aus dem amerikanischen Englisch übertragen von Adolf Wagner und Marco Herrmann, 5. Auflage, Stuttgart 2012.

**Mansfeldt 2012,** Mansfeldt, K. (2012): Integrierte Gestaltung und Bewertung für strategische Entscheidungen: Ein serviceorientierter Ansatz am Beispiel der Finanzindustrie, Diss. , Leipziger Beiträge zur Wirtschaftsinformatik, Band 9, Herausgeber Prof. Dr. Rainer Alt, Prof. Dr. Klaus-Peter Fähnrich, Prof. Dr. Bogdan Franczyk, Berlin 2012.

**Marr 2001,** Marr, R. (2001): Arbeitszeitmanagement: Die Nutzung der Ressource Zeit - Zur Legitimation einer bislang vernachlässigten Managementaufgabe, in: Marr, R. (Hrsg.): Arbeitszeitmanagement. Grundlagen und Perspektiven der Gestaltung flexibler Arbeitszeitsysteme, 3. Auflage, Berlin 2001, S. 13-32.

**Martin/Hansen 2010,** Martin, A./Hansen, N. K. (2010): Dynamische Kompetenz als reflexiv-kreatives Handeln, in: Stephan, M./Kerber, W./Lingenfelder, M./Kessler, T. (Hrsg.): 25 Jahre ressourcen- und kompetenzorientierte Forschung: Der Kompetenzbasierte Ansatz auf dem Weg zum Schlüsselparadigma in der Managementforschung, Wiesbaden 2010, S. 57-85.

**Matschke/Brösel 2007,** Matschke, M. J./Brösel, G. (2007): Unternehmensbewertung: Funktionen, Methoden, Grundsätze, 3. Auflage, Wiesbaden 2007.

**Meinsen 2003,** Meinsen, S. (2003): Konstruktivistisches Wissensmanagement. Wie Wissensarbeiter ihre Arbeit organisieren, Diss., Weinheim – Basel – Berlin 2003.

**Menz et al. 2011,** Menz, M./Schmid, T./Müller-Stewens, G./Lechner, C. (2011): Strategische Initiativen und Programme. Unternehmen gezielt transformieren, Wiesbaden 2011.

**Mertins/Wang 2010,** Mertins, K./Wang, W.-H. (2010): Prozessmanagement und integrierte Managementsysteme, in: Jochem, R./Mertins, K./Knothe, T. (Hrsg.): Prozessmanagement: Strategien, Methoden, Umsetzung, Düsseldorf 2010, S. 35-54.

**Meyer/Weirauch/Weber 2012,** Meyer, M./Weirauch, H./Weber, F. (2012): Krankheitsbedingte Fehlzeiten in der deutschen Wirtschaft im Jahr 2011, in: Badura, B./Ducki, A./Schröder, H./Klose, J./Meyer, M. (Hrsg.): Fehlzeiten-Report 2012. Zahlen, Daten, Analysen aus allen Branchen der Wirtschaft. Gesundheit in der flexiblen Arbeitswelt: Chancen nutzen – Risiken minimieren, Berlin-Heidelberg 2012, S. 291-458.

**Mikus 2000,** Mikus, B. (2000): Zum Verhältnis von Management und Zeit - Zeit im Management und Zeitmanagement, in: Götze, U./Mikus, B./Bloech, J. (Hrsg.): Management und Zeit, Heidelberg 2000, S. 3-27.

**Miller 2011,** Miller, M. (2011): Drei Bausteine für die Arbeitszeit auf Wunsch, in: Personalmagazin, 13. Jahrgang, 10/2011, S. 21-23.

**Mintzberg 1999,** Mintzberg, H. (1999): Strategy Safari: Eine Reise durch die Wildnis des strategischen Managements, zusammen mit Bruce Ahlstrand und Joseph Lampel, deutsche Ausgabe, Wien – Frankfurt 1999.

**Moldaschl 2005a,** Moldaschl, M. (2005): Nachhaltigkeit von Arbeit und Unternehmensführung. Eine integrative potentialorientierte Perspektive, in: Moldaschl, M. (Hrsg.): Immaterielle Ressourcen - Nachhaltigkeit von Unternehmensführung und Arbeit I, Band 3 Arbeit, Innovation und Nachhaltigkeit, München und Mering 2005, S. 19- 46.

**Moldaschl 2005b,** Moldaschl, M. (2005): Kapitalarten, Verwertungsstrategien, Nachhaltigkeit. Grundbegriffe und ein Modell zur Analyse von Handlungsfolgen, in: Moldaschl, M. (Hrsg.): Immaterielle Ressourcen - Nachhaltigkeit von Unternehmensführung und Arbeit I, Band 3 Arbeit, Innovation und Nachhaltigkeit, München und Mering 2005, S. 47-68.

**Moldaschl 2005c,** Moldaschl, M. (2005): Essentials der Potenzialorientierten Perspektive, in: Moldaschl, M. (Hrsg.): Immaterielle Ressourcen - Nachhaltigkeit von Unternehmensführung und Arbeit I, Band 3 Arbeit, Innovation und Nachhaltigkeit, München und Mering 2005, S. 315-317.

**Moldaschl 2010,** Moldaschl, M. (2010): Das Elend des Kompetenzbegriffs: Kompetenzkonstrukte in der aktuellen Unternehmenstheorie, in: Stephan, M./Kerber, W./Lingenfelder, M./Kessler, T. (Hrsg.): 25 Jahre ressourcen- und kompetenzorientierte Forschung: Der Kompetenzbasierte Ansatz auf dem Weg zum Schlüsselparadigma in der Managementforschung, Wiesbaden 2010, S. 3-40.

**Moore 1999,** Moore, C. R. (1999): Performance Measures for Knowledge Management, in: Liebowitz, J. (Hrsg.): Knowledge Management Handbook, Boca Raton et al. 1999, S. 6-1 bis 6-29.

**Mrosek/Kies/Schulte 2005,** Mrosek, T./Kies, U./Schulte, A. (2005): Clusterstudie Forst und Holz Deutschland 2005, in: Holz-Zentralblatt (Sonderdruck), Nr. 84 vom 4. November2005, S. 1-8.

**Müller 2010,** Müller, A. (2010): Umweltorientiertes betriebliches Rechnungswesen, 3. Auflage, München 2010.

**Müller/Renzl 2014,** Müller, J./Renzl, B. (2014): Leadership im Wissenszeitalter - eine empirische Follow-up Studie, in: Matzler, K./Pechlauer, H./Renzl, B. (Hrsg.): Strategie und Leadership, Festschrift für Hans H. Hinterhuber, Wiesbaden 2014, S. 71-94.

**Munck/Badura 2012,** Munck, C./Badura, A. (2012): Innovationsorientiertes Performance Measurement mit Innovation Scorecards, in: Gleich, R. (Hrsg.): Balanced Scorecard: Best-Practice-Lösungen für die Unternehmenssteuerung, Freiburg – Berlin – München 2012, S. 165-186.

**Neely et al. 2004,** Neely, A./Marr, B./Roos, G./Pike, S. (2004): The Evolution of Measuring Intangible Assets - Past, Present and Future, in: Horváth, P./Möller, K. (Hrsg.): Intangibles in der Unternehmenssteuerung - Strategien und Instrumente zur Wertsteigerung des immateriellen Kapitals, München 2004, S. 31-44.

**Niessen 1988,** Niessen, H.-J. (1988): Die mikroökonomische Theorie der Zeitallokation, in: Seifert, E. K. (Hrsg.): Ökonomie und Zeit: Beiträge zur interdisziplinären Zeitökonomie, Arnoldshainer Schriften zur Interdisziplinären Ökonomie, Band 15, Frankfurt a. M. 1988, S. 66-78.

**Nishimoto 2002,** Nishimoto, I. (2002): Cooperation Engineered: Efficiency in the "Just-in-Time" System, in: Whipp, R./Adam, B./Sabelis, I. (Hrsg.): Making Time: Time and Management in Modern Organizations, Oxford - New York 2002, S. 104-114.

**North 2002,** North, K. (2002): Wissensorientierte Unternehmensführung. Wertschöpfung durch Wissen, 3. Auflage, Wiesbaden 2002.

**North 2011,** North, K. (2011): Wissensorientierte Unternehmensführung. Wertschöpfung durch Wissen, 5. Auflage, Wiesbaden 2011.

**North/Güldenberg 2008,** North, K./Güldenberg, S. (2008): Produktive Wissensarbeit(er): Antworten auf die Management-Herausforderung des 21. Jahrhunderts, Wiesbaden 2008.

**O´Driscoll/Rizzo 1996,** O´Driscoll, G. P./Rizzo, M. J. (1996): The Economics of Time and Ignorance, London - New York 1996.

**OECD 2004,** OECD (2004): Was ist Wirtschaftswachstum? Eine Betrachtung aus makroökonomischer, branchenbezogener und betriebswirtschaftlicher Sicht. Mit einem Vorwort von Jean-Philippe Cotis, OECD Publishing, Paris 2004.

**OECD 2010,** OECD (2010): OECD-Wirtschaftsberichte: Deutschland 2010, OECD Publishing, Paris 2010.

**OECD 2012,** OECD (2012): OECD-Wirtschaftsberichte: Deutschland 2012, OECD Publishing, Paris 2012.

**Ortelbach 2007,** Ortelbach, B. (2007): Controlling in wissenschaftlichen Verlagen. Analyse IT-induzierter Veränderungen wissenschaftlicher Verlage und Konzeption ausgewählter Controlling-Instrumente, Diss., Band 5 der Reihe "Göttinger Schriften zur Internetforschung", Hrsg. Svenja

Hagenhoff, Dieter Hogrefe, Elmar Mittler, Matthias Schumann, Gerald Spindler und Volker Wittke, Göttingen 2007.

**Orth/Voigt/Kohl 2011,** Orth, R./Voigt, S./Kohl, I. (2011): Praxisleitfaden Wissensmanagement. Prozessorientiertes Wissensmanagement nach dem ProWis-Ansatz einführen, herausgegeben von Kai Mertins und Holger Seidel, Fraunhofer-Institut für Produktionsanlagen und Konstruktionstechnik (IPK) Berlin und Fraunhofer-Institut für Fabrikbetrieb und - automatisierung (IFF) Magdeburg, Stuttgart 2011, unter http://www.prowis.net/prowis/?q=praxisleitfaden-wissensmanagement.html, Aufruf zuletzt am 18.05.2016.

**Paetzmann 2008,** Paetzmann, K. (2008): Corporate Governance. Strategische Marktrisiken, Controlling, Überwachung, Berlin – Heidelberg 2008.

**Paul/Stein 2008,** Paul, S./Stein, S. (2008): Management-Kompetenz als Werttreiber - Zu den Verbindungen zwischen Innovations- und Finanzmanagement, in: Meyer, J.-A. (Hrsg.): Management-Kompetenz in kleinen und mittleren Unternehmen. Jahrbuch der KMU-Forschung und -Praxis 2008 in der Edition "Kleine und mittlere Unternehmen", Lohmar – Köln 2008, S. 271-282.

**Perridon/Steiner/Rathgeber 2009,** Perridon, L./Steiner, M./Rathgeber, A. W. (2009): Finanzwirtschaft der Unternehmung, 15. Auflage, München 2009.

**Peters/Waterman 1990,** Peters, T. J./Waterman, R. H. (1990): Auf der Suche nach Spitzenleistungen, 2. Auflage, München 1990.

**Pfau 2001,** Pfau, W. (2001): Strategisches Management, München 2001.

**Pfau/Jänsch/Mangliers 2007a,** Pfau, W./Jänsch, K./Mangliers, S. (2007): Internationale Studie zur Strategischen Kompetenz von Unternehmen, Forschungsprojekt ISTRAKO, Aachen 2007.

**Pfau/Jänsch/Mangliers 2007b,** Pfau, W./Jänsch, K./Mangliers, S. (2007): Strategische Kompetenz von Unternehmen - Eine Bestandsaufnahme von Strategieentwicklung und -implementierung im deutschen Mittelstand, Forschungsprojekt MISTRAKO, Forschungsbericht Technische Universität Clausthal 2007.

**Pfau/Mangliers 2009,** Pfau, W./Mangliers, S. (2009): Human- und technologieorientiertes Wissensmanagement als Basis für Innovationen - Ein Vergleich zwischen KMU und Großunternehmen, in: Hünerberg, R./Mann, A. (Hrsg.): Ganzheitliche Unternehmensführung in dynamischen Märkten, Wiesbaden 2009, S. 125-142.

**Porter 1989,** Porter, M. E. (1989): Der Wettbewerb auf globalen Märkten: Ein Rahmenkonzept, in: Porter, M. E. (Hrsg.): Globaler Wettbewerb: Strategien der neuen Internationalisierung, aus dem Amerikanischen übersetzt von Manfred Brandl, Wiesbaden 1989, S. 17-68.

**Prahalad/Hamel 1990,** Prahalad, C. K./Hamel, G. (1990): The Core Competence of the Corporation, in: Harvard Business Review, May-June 1990, S. 79-91.

**Probst/Raub/Romhardt 1999,** Probst, G./Raub, S./Romhardt, K. (1999): Wissen managen: Wie Unternehmen ihre wertvollste Ressource optimal nutzen; 3. Auflage; Frankfurt a. M. – Wiesbaden 1999.

**Proudfoot 2008,** Proudfoot Consulting (2008): Global Productivity Report 2008. A world of unrealised opportunities. The eighth annual study of global productivity produced by Proudfoot; Atlanta/Georgia 2008, Alexander Proudfoot Research and Publications, unter http://www.alexanderproudfoot.com/publicationspage_two.aspx?pageid=2327&terms=Global%20Productivity in der Rubrik Alexander Proudfoot 2008 Productivity Report, Aufruf zuletzt am 18.09.2013.

**Pümpin 1986,** Pümpin, C. (1986): Management strategischer Erfolgspositionen, 3. Auflage, Bern – Stuttgart 1986.

**Rappaport 1986,** Rappaport, A. (1986): Creating Shareholder Value: The New Standard for Business Performance, New York 1986.

**Reese 1999,** Reese, J. (1999): Produktion, in: Corsten, H./Reiß, M. (1999): Betriebswirtschaft, 3. Auflage, München-Wien 1999, S. 723-808.

**Rieg 2012,** Rieg, R. (2012): Prozesskostenrechnung: Chancen und Risiken im Gemeinkostenmanagement, in: Gleich, R./Rieg, R. (Hrsg.): Gemeinkostencontrolling: Instrumente und Fallbeispiele für die erfolgreiche Umsetzung, Band 23 Der Controlling-Berater, herausgegeben von Ronald Gleich und Andreas Klein, Freiburg – München 2012, S. 51-66.

**Riese 1995,** Riese, H. (1995): Geld – Zeit – Wert: Grundfragen einer Ökonomik der Zeit, in: Biervert, B./Held, M. (Hrsg.): Zeit in der Ökonomik: Perspektiven für die Theoriebildung, Frankfurt a. M. - New York 1995, S. 69-91.

**Roehl 2002,** Roehl, H. (2002): Organisationen des Wissens. Anleitung zur Gestaltung, Stuttgart 2002.

**Röttger 2003,** Röttger, G. (2003): Zeit, Wert, Geld. Eine begriffliche Analyse der Ökonomie, Diss. , Frankfurt a. M. 2003.

**Roos/Pike/Fernström 2004,** Roos, G./Pike, S./Fernström, L. (2004): Intellectual Capital Management, Measurement and Disclosure, in: Horváth, P./Möller, K. (Hrsg.): Intangibles in der Unternehmenssteuerung - Strategien und Instrumente zur Wertsteigerung des immateriellen Kapitals, München 2004, S. 127-158.

**Sabelis 2002,** Sabelis, I. (2002): Hidden Causes for Unknown Losses: Time Compression in Management, in: Whipp, R./Adam, B./Sabelis, I. (Hrsg.): Making Time: Time and Management in Modern Organizations, Oxford - New York 2002, S. 89-103.

**Safranski 2015,** Safranski, R. (2015): Zeit. Was sie mit uns macht und was wir aus ihr machen, München 2015.

**Schäffer 2000,** Schäffer, U. (2000): Zeit des Managements - Kern einer Theorie der Unternehmenssteuerung?, in: Götze, U./Mikus, B./Bloech, J. (Hrsg.): Management und Zeit, Heidelberg 2000, S. 73-94.

**Scharpf 2008,** Scharpf, M. (2008): Produktivitätsmanagement in der Deutschen Rentenversicherung: Situationsanalyse, aktionsorientiertes Konzept für den indirekten Bereich und exemplarische Implementierung im Sozialmedizinischen Dienst, Diss., Wien et al. 2008.

**Schindler/Jaitner 2003,** Schindler, R./Jaitner, A. (2003): Intellectual Capital: Measuring Knowledge Management, in: Mertins, K./Heisig, P./Vorbeck, J. (Hrsg.): Knowledge Management - Concepts and Best Practices, 2. Auflage, Berlin - Heidelberg - New York 2003, S. 151-175.

**Schlick/Bruder/Luczak 2010,** Schlick, C./Bruder, R./Luczak, H. (2010): Arbeitswissenschaft, 3. Auflage, Berlin - Heidelberg 2010.

**Schmelzer/Sesselmann 2013,** Schmelzer, H. J./Sesselmann, W. (2013): Geschäftsprozess-Management in der Praxis. Kunden zufriedenstellen, Produktivität steigern, Wert erhöhen, 8. Auflage, München 2013.

**Schmidt et al. 2011,** Schmidt, K.-H./Fuhrmann, H./Lange, I./Diestel, S. (2011): Messung und Bewertung von Dienstleistungen als Grundlage für Produktivitätssteigerungen, in: Bruhn, M./Hadwich, K. (Hrsg.): Dienstleistungsproduktivität. Management, Prozessgestaltung, Kundenperspektive, Band 1, Wiesbaden 2011, S. 205-224.

**Schmidt/Friedag 2012,** Schmidt, W./Friedag, H. (2012): Balanced Scorecard - ein strategisches Führungsinstrument, in: Gleich, R. (Hrsg.): Balanced Scorecard: Best-Practice-Lösungen für die Unternehmenssteuerung, Freiburg – Berlin - München 2012, S. 25-44.

**Scholl/Heisig 2003,** Scholl, W./Heisig, P. (2003): Delphi Study on the Future of Knowledge Management - Overview of the Results, in: Mertins, K./Heisig, P./Vorbeck, J. (Hrsg.): Knowledge Management - Concepts and Best Practices, 2. Auflage, Berlin – Heidelberg - New York 2003, S. 179-190.

**Scholz 2000,** Scholz, C. (2000): Personalmanagement. Informationsorientierte und verhaltenstheoretische Grundlagen, 5. Auflage, München 2000.

**Scholz/Stein/Bechtel 2004,** Scholz, C./Stein, V./Bechtel, R. (2004): Human Capital Management. Wege aus der Unverbindlichkeit, München/Unterschleißheim 2004.

**Schreyögg 1984,** Schreyögg, G. (1984): Unternehmensstrategie: Grundfragen einer Theorie strategischer Unternehmensführung, Berlin - New York 1984.

**Schreyögg/Kliesch 2005,** Schreyögg, G./Kliesch, M. (2005): Organisationale Kompetenzen und die Möglichkeiten ihrer Dynamisierung: Eine strategische Perspektive, in: Arbeitsgemeinschaft Betriebliche Weiterbildungsforschung e.V./ Projekt Qualifikations-Entwicklungs-Management (Hrsg.), Individuelle und organisationale Kompetenzen im Rahmen des strategischen Managements, QUEM-report, Heft 94, Berlin 2005, S. 3-49.

**Schuh et al. 2011,** Schuh, G./Boos, W./Kampker, A./Gartzen, U. (2011): Strategie, in: Schuh, G./Kampker, A. (Hrsg.): Strategie und Management produzierender Unternehmen, 2. Auflage, Berlin – Heidelberg 2011, S. 63-132.

**Schweitzer/Küpper 2011,** Schweitzer, M./Küpper, H.-U. (2011): Systeme der Kosten- und Erlösrechnung, 10. Auflage, München 2011.

**Seifert 1988,** Seifert, E. K. (1988): Entstehung des modernen Zeitbewusstseins und industrielle Zeitdisziplin, in: Seifert, E. K. (Hrsg.): Ökonomie und Zeit: Beiträge zur interdisziplinären Zeitökonomie, Arnoldshainer Schriften zur Interdisziplinären Ökonomie, Band 15, Frankfurt 1988, S. 4-28.

**Sellschopf/Ehlers/Seyffert 2012,** Sellschopf, C./Ehlers, M./Seyffert, S. (2012): Ausbaustufen der Balanced Scorecard im Risikomanagement - am Beipiel der Projektentwicklung, in: Gleich, R. (Hrsg.): Balanced Scorecard: Best-Practice-Lösungen für die Unternehmenssteuerung, Freiburg – Berlin – München 2012, S. 87-110.

**Sieglin 2010,** Sieglin, M. (2010): Strategische Planung im globalen mehrdivisionalen Großkonzern Siemens, in: Zimmermann, A. (Hrsg.): Praxisorientierte Unternehmensplanung mit harten und weichen Daten. Das strategische Führungssystem, Berlin –Heidelberg 2010, S. 133-142.

**Silbermayr 1981,** Silbermayr, F. (1981): Die Zeit als Kontrollmaß und Rechnungseinheit der betrieblichen Leistungserstellung, in: Loitlsberger, E./Seicht, G. (Hrsg.): Management und Kontrolle: Festgabe für Erich Loitlsberger zum 60. Geburtstag, Berlin 1981, S. 255-272.

**Simon 2004,** Simon, H. (2004): Think! Strategische Unternehmensführung statt Kurzfrist-Denke, Frankfurt a. M. - New York 2004.

**Stalk/Hout 1990,** Stalk, G. jr./Hout, T. M. (1990): Competing against Time. How Time-based Competition is reshaping Global Markets, New York 1990.

**Stalk/Hout 1992,** Stalk, G. jr./Hout, T. M. (1992): Zeitwettbewerb: Schnelligkeit entscheidet auf den Märkten der Zukunft, 3. Auflage, Frankfurt a. M. - New York 1992.

**Standfield 2002,** Standfield, K. (2002): Intangible Management - Tools for Solving the Accounting and Management Crisis, San Diego – London 2002.

**Standfield 2005,** Standfield, K. (2005): Intangible Finance Standards - Advances in Fundamental Analysis and Technical Analysis, Burlington – San Diego – London 2005.

**Statistisches Bundesamt 2007,** Statistisches Bundesamt (2007): Gliederung der Klassifikation der Wirtschaftszweige, Ausgabe 2008 (WZ 2008), Wiesbaden 2007, unter http://www.statistikportal.de/statistik-portal/klassiWZ08.pdf, Aufruf zuletzt am 10.12.2015.

**Statistisches Bundesamt 2010,** Körner, T./Puch, K./Wingerter, C. (2010): Qualität der Arbeit. Geld verdienen und was sonst noch zählt, herausgegeben vom Statistischen Bundesamt, Wiesbaden 2010.

**Statistisches Bundesamt 2011a,** Statistisches Bundesamt (2011): 41 Millionen Erwerbstätige im 2. Quartal 2011, Pressemitteilung Nr. 299 vom 18.08.2011, Wiesbaden 2011, unter https://www.destatis.de/DE/PresseService/Presse/Pressemitteilungen/2011/08/PD11_299_13321.html, Aufruf zuletzt am 18.09.2013.

**Statistisches Bundesamt 2011b,** Statistisches Bundesamt (2011): Beschäftigungszuwachs 2010 zu großen Teilen von Zeitarbeit getragen, Pressemitteilung Nr. 270 vom 19.07.2011, Wiesbaden 2011 unter https://www.destatis.de/DE/PresseService/Presse/Pressemitteilungen/2011/07/PD11_270_132.html, Aufruf zuletzt am 18.09.2013.

**Statistisches Bundesamt 2012,** Statistisches Bundesamt (2012): Arbeitsproduktivität in Deutschland seit 1991 um 22,7% gestiegen, Pressemitteilung Nr. 149/12 vom 30. April 2012, Wiesbaden 2012, unter https://www.destatis.de/DE/PresseService/Presse/Pressemitteilungen/2012/04/PD12_149_811pdf.pdf?__blob=publicationFile, Aufruf zuletzt am 18.05.2016.

**Statistisches Bundesamt 2016a,** Statistisches Bundesamt (2016): Volkswirtschaftliche Gesamtrechnungen, Fachserie 18, Reihe 1.4, Inlandsproduktberechnung, detaillierte Jahresergebnisse 2015, einschl. der Jahre 2000-2015, Stand: 06.04.2016, Erscheinungsfolge jährlich, Artikelnummer: 2180140168004, einschl. der VGR-Generalrevision auf Basis des neuen ESVG 2010, Quelle für geleistete Arbeitsstunden: Institut für Arbeitsmarkt- und Berufsforschung (IAB) der Bundesagentur für Arbeit (BA), Wiesbaden 2016.

**Statistisches Bundesamt 2016b,** Statistisches Bundesamt (2016): Volkswirtschaftliche Gesamtrechnungen, Fachserie 18, Reihe 1.2, Inlandsproduktberechnung, Vierteljahresergebnisse, 4. Vierteljahr 2015, einschl. der Gesamtjahre 2011-2015, Stand: 06.04.2016, Erscheinungsfolge vierteljährlich, Artikelnummer: 2180120153244, einschl. der VGR-Generalrevision auf Basis des neuen ESVG 2010. Quelle für geleistete Arbeitsstunden: Institut für Arbeitsmarkt- und Berufsforschung (IAB) der Bundesagentur für Arbeit (BA), Wiesbaden 2016.

**Statistisches Bundesamt 2016c,** Statistisches Bundesamt (2016): Volkswirtschaftliche Gesamtrechnungen, Fachserie 18, Reihe 1.5, Inlandsproduktberechnung, Lange Reihen ab 1970, für Zeiträume 1991-2015, Angaben nach WZ 2008, Ergebnisse der VGR-Revision 2014, Erscheinungsfolge jährlich, Artikelnummer 2180150157004, Stand: 06. April 2016, Wiesbaden 2016.

**Stock-Homburg 2008,** Stock-Homburg, R. (2008): Personalmanagement. Theorien – Konzepte – Instrumente, Wiesbaden 2008.

**Stock-Homburg 2012,** Stock-Homburg, R. (2012): Der Zusammenhang zwischen Mitarbeiter- und Kundenzufriedenheit. Direkte, indirekte und moderierende Effekte, 5. Auflage, Wiesbaden 2012.

**Stoi 2004,** Stoi, R. (2004): Management und Controlling von Intangibles auf Basis der immateriellen Werttreiber des Unternehmens, in: Horváth, P./Möller, K. (Hrsg.): Intangibles in der Unternehmenssteuerung - Strategien und Instrumente zur Wertsteigerung des immateriellen Kapitals, München 2004, S. 187-201.

**Sullivan 2000,** Sullivan, P. H. (2000): Value-driven Intellectual Capital: How to convert intangible corporate assets into market value, New York 2000.

**Sveiby 1997,** Sveiby, K.-E. (1997): The New Organizational Wealth: Managing and Measuring Knowledge-Based Assets, San Francisco 1997.

**Sveiby 1998,** Sveiby, K.-E. (1998): Measuring Intangibles und Intellectual Capital - An Emerging First Standard, 1998 unter http://www.sveiby.com/articles/emergingstandard.html, Aufruf zuletzt am 18.05.2016.

**Sveiby 2010,** Sveiby, K.-E. (2010): Methods for Measuring Intangible Assets 2001- 2010, letzte inhaltliche Aktualisierung des Artikels vom 27. 04. 2010 unter http://www.sveiby.com/articles/IntangibleMethods.htm, Aufruf zuletzt am 18.05.2016.

**Teece 2009,** Teece, D. J. (2009): Dynamic Capabilities and Strategic Management. Organizing for Innovation and Growth, Oxford et al. 2009.

**Teece/Pisano 1998,** Teece, D. J./Pisano, G. (1998): The Dynamic Capabilities of Firms: an Introduction, in: Teece, D. J. (Hrsg.): Economic Performance and the Theory of the Firm. The Selected Papers of David J. Teece, Volume One. A collection of articles previously published between 1978-1997, Cheltenham 1998, S. 56-75.

**Thonemann 2005,** Thonemann, U. (2005): Operations Management. Konzepte, Methoden und Anwendungen. Unter Mitarbeit von M. Albers, A. Brinkhoff, K. Hohberg und M. Sieke, München et al. 2005.

**Töpfer 2010,** Töpfer, A. (2010): Erfolgreich Forschen, 2. Auflage, Heidelberg et al. 2010.

**Ulrich 1998,** Ulrich, P. (1998): Integrative Wirtschaftsethik. Grundlagen einer lebensdienlichen Ökonomie, 2. Auflage, Bern et. al. 1998.

**Upton 2003,** Upton, W. S. Jr. (2003): Challenges from the New Economy for Business and Financial Reporting, in: Hand, J./Lev, B. (Hrsg.): Intangible Assets, Values, Measures, and Risks, Oxford - New York 2003, S. 469-486.

**Valentin/Schmiedinger 2006,** Valentin, K./Schmiedinger, B. (2006): Plexus - Entscheidungsunterstützende Methoden und Werkzeuge für das Management und die Bewertung von Intellektuellem Vermögen in Unternehmensnetzwerken, in: Matzler, K./Hinterhuber, H. H./Renzl, B./Rothenberger, S. (Hrsg.): Immaterielle Vermögenswerte. Handbuch der intangible Assets, Berlin 2006, S. 155-172.

**Varnholt/Lebefromm/Hoberg 2012,** Varnholt, N./Lebefromm, M./Hoberg, P. (2012): Controlling. Betriebswirtschaftliche Grundlagen und Anwendungen mit SAP ERP, 2. Auflage, München 2012.

**Vedder 2001,** Vedder, G. (2001): Zeitnutzung und Zeitknappheit im mittleren Management, München und Mering 2001.

**Velthuis/Wesner 2005,** Velthuis, L. J./Wesner, P. (2005): Value Based Management. Bewertung, Performancemessung und Managemententlohnung mit ERIC, unter Mitarbeit von Martin Hebertinger und Matthias M. Schnabel, Stuttgart 2005.

**Viere/Möller/Prox 2009,** Viere, T./Möller, A./Prox, M. (2009): Materialflusskostenrechnung - ein Ansatz für die Identifizierung und Bewertung von Verbesserungen in der Ökobilanzierung, in: Feifel, S./Walk, W./Wursthorn, S./Schebek, L. (Hrsg.): Ökobilanzierung 2009 - Ansätze und Weiterentwicklungen zur Operationalisierung von Nachhaltigkeit. Tagungsband Ökobilanz-Werkstatt 2009, Karlsruhe 2009, S. 45-54.

**Voigt 2000,** Voigt, K.-I. (2000): Zeitwettbewerb, in: Götze, U./Mikus, B./Bloech, J. (Hrsg.): Management und Zeit, Heidelberg 2000, S. 193-220.

**von Garrel et al. 2014,** von Garrel, J./Tackenberg, S./Seidel, H./Grandt, C. (2014): Dienstleistungen produktiv erbringen. Eine empirische Analyse wissensintensiver Unternehmen in Deutschland, Wiesbaden 2014.

**Wanger/Weigand/Zapf 2014,** Wanger, S./Weigand, R./Zapf, I. (2014): Revision der IAB-Arbeitszeitrechnung 2014- Grundlagen, methodische Weiterentwicklungen sowie ausgewählte Ergebnisse im Rahmen der Revision der Volkswirtschaftlichen Gesamtrechnungen, in: IAB-Forschungsbericht 9/2014, Herausgeber: Institut für Arbeitsmarkt- und Berufsforschung der Bundesagentur für Arbeit, Nürnberg 2014 unter: http://doku.iab.de/forschungsbericht/-2014/fb0914.pdf, Aufruf zuletzt am 18.05.2016.

**Weber 2011,** Weber, J. (2011): Controlling-Agenda 2016. Die Tabelle der Zukunftsthemen, in: Controller Magazin, 36. Jahrgang, Ausgabe 6, Nov./Dez. 2011, S. 24-25.

**Wehling/Franzen/Schaade 2000,** Wehling, M./Franzen, A./Schaade, B. (2000): Implikationen des individuellen Zeitmanagements für die Unternehmensführung, in: Götze, U./Mikus, B./Bloech, J. (Hrsg.): Management und Zeit, Heidelberg 2000, S. 95-117.

**Weiß et al. 2014,** Weiß, P./Platz, S./Crezelius, S./Große, C./Hogreve, J./Albrecht, K./Zolnowski, A. (2014): Methoden und Instrumente zur Messung und Verbesserung der Produktivität industrieller Dienstleistungen in KMU, in: Möller, K./Schultze, W. (Hrsg.): Produktivität von Dienstleistungen, Wiesbaden 2014, S. 1-52.

**Welge/Al-Laham 2008,** Welge, M. K./Al-Laham, A. (2008): Strategisches Management. Grundlagen – Prozess – Implementierung, 5. Auflage, Wiesbaden 2008.

**Wildemann 2000,** Wildemann, H. (2000): Durchlaufzeit-Controlling, in: Götze, U./Mikus, B./Bloech, J. (Hrsg.): Management und Zeit, Heidelberg 2000, S. 397-420.

**Wulf 2008,** Wulf, I. (2008): RL-Kennzahlensystem und immaterielle Potenziale, in: Freidank, C.-C./Müller, S./Wulf, I. (Hrsg.): Controlling und Rechnungslegung. Festschrift zum 65. Geburtstag von Univ.-Prof. Dr. Laurenz Lachnit, Wiesbaden 2008, S. 53-68.

**Wulf/Pfeifer/Kivikas 2009,** Wulf, I./Pfeifer, G./ Kivikas, M. (2009): Der Zukunftsfähigkeitsindex (ZFI) - Eine integrierte, systematische Darstellung der harten und weichen Erfolgsfaktoren von Unternehmen, in: Möller, K./Piwinger, M./Zerfaß, A. (Hrsg.): Immaterielle Vermögenswerte. Bewertung, Berichterstattung und Kommunikation, Stuttgart 2009, S. 145-159.

**Yin 2003,** Yin, R. K. (2003): Case Study Research - Design and Methods, 3rd edition, Thousand Oaks et al. California 2003.

**Zahn/Bullinger/Gagsch 2009,** Zahn, E./Bullinger, H.-J./Gagsch, B. (2009): Führungskonzepte im Wandel, in: Bullinger, H.-J./Spath, D./Warnecke, H.-J./Westkämper, E. (Hrsg.): Handbuch Unternehmensorganisation. Strategien – Planung - Umsetzung, 3. Auflage, Berlin - Heidelberg 2009, S. 109-126.

**Zelewski 2008,** Zelewski, S. (2008): Grundlagen, in: Corsten, H./Reiß, M. (Hrsg.): Betriebswirtschaftslehre, Band 1, 4. Auflage, München 2008, S. 1-98.

**Zentes 1995,** Zentes, J. (1995): Wettbewerbsstrategien auf europäischen Märkten, in: Scholz, C./Zentes, J. (Hrsg.): Strategisches Euro-Management, Stuttgart 1995, S. 3-30.